工程造价纠纷避免与索赔处理对策

本书编写组 编

中国建材工业出版社

图书在版编目(CIP)数据

工程造价纠纷避免与索赔处理对策一本通/《工程造价纠纷避免与索赔处理对策一本通》编写组编.—北京：中国建材工业出版社,2013.1

ISBN 978-7-5160-0304-6

Ⅰ.①工… Ⅱ.①工… Ⅲ.①建设工程-工程造价-基本知识-中国 Ⅳ.①TU723.3

中国版本图书馆CIP数据核字(2012)第225268号

工程造价纠纷避免与索赔处理对策一本通

本书编写组 编

出版发行：中国建材工业出版社

地 址：北京市西城区车公庄大街6号

邮 编：100044

经 销：全国各地新华书店

印 刷：北京紫瑞利印刷有限公司

开 本：787mm×1092mm 1/16

印 张：19

字 数：511千字

版 次：2013年1月第1版

印 次：2013年1月第1次

定 价：49.00元

本社网址：www.jccbs.com.cn

本书如出现印装质量问题，由我社发行部负责调换。电话：(010)88386906

对本书内容有任何疑问及建议，请与本书责编联系。邮箱：dayi51@sina.com

内容提要

本书以《建设工程工程量清单计价规范》(GB 50500)及工程建设相关概预算定额为依据，通过大量案例对工程建设过程中常见工程造价纠纷产生的原因进行了分析，并对相关造价纠纷应如何进行处理及索赔进行了详细阐述。全书主要内容包括概论、招标投标阶段纠纷分析与处理、合同阶段纠纷分析与处理、造价编制阶段纠纷分析与处理、工程变更与签证阶段纠纷分析与处理、工程施工索赔处理等。

本书内容丰富，理论与实践紧密结合，具有很强的实用价值，可供建设工程造价编制与管理人员使用。

《工程造价纠纷避免与索赔处理对策一本通》

编写组

主　编：陈爱连

副主编：张　娜　李良因

编　委：崔奉卫　华克见　邵建荣　黄志安

孙邦丽　许斌成　贾　宁　蒋林君

汪永涛　张婷婷　沈志娟　秦礼光

马　静　何晓卫

前 言

随着建筑业的发展，因建筑工程承包双方对建筑工程承包责任及法律观念不强等造成工程款拖欠、施工质量差等问题所引起的纠纷案时有发生。工程造价纠纷一般发生在招投标、决策和设计阶段的合同、施工阶段设计变更、工程结算等方面。一旦发生纠纷，双方利益都将受到很大损失，而由此产生的工程质量问题更会使国家财产和人民生命安全遭受不必要的损失。因此加大对建筑市场的纠察力度，完善监督管理体系非常关键，相关管理部门更应对工程的招投标、承建人的资质、工程合同签订、施工质量、审核验收一系列过程严格把关。

在整个施工过程中，从工程的立项决策阶段到施工验收和交付使用都会发生纠纷。工程造价纠纷的出现，让本身就处于劣势地位的施工单位处于更加被动的局面，低价中标、固定总价、设计变更，工程量增加的签证索赔不勤，质量保修金等约定不明，都可能造成施工单位微薄的利润付诸东流。因此应加强工程造价管理，从源头上避免造价纠纷，是施工单位节省成本，增加利润的好方法。

在现代承包工程中，特别是在国际承包工程中，由于工程规模大、施工工期长、多专业相互交叉的项目多，索赔经常发生，而且索赔额很大。索赔是当事人在合同实施过程中，根据法律、合同规定及惯例，对不应由自己承担责任的情况造成的损失，向合同的另一方当事人提出给予赔偿或补偿要求的行为。工程索赔在国际建筑市场上是承包商保护自身正当权益、补偿工程损失、提高经济效益的重要和有效手段。许多国际工程项目，通过成功的索赔能使工程收入的改善达到工程造价的10%~20%，有些工程的索赔额甚至超过了工程合同额本身。工程索赔的健康开展，对于培育和发展建筑市场，促进建筑业的发展，提高工程建设的效益，将发挥非常重用的作用。

本书针对招标投标阶段、合同阶段、造价计算阶段、施工阶段分别详细阐述了工程造价纠纷产生的原因以及处理的方法，并给出了避免工程造价纠纷的各种对策，以帮助读者切实了解工程中产生的各种纠纷，具备解决这些基本纠纷的能力，具有防患于未然的意识，尽量避免纠纷的发生；具备进行工程索赔和反索赔的能力，掌握一定的索赔技巧。

本书在编写中摘录了部分法律、规范，以给读者提供相关的法律依据，便于读者掌握相关法律知识，从而做到处理问题有理有据；给出了部分合同范本，以供读者在实际工作中作为参考；还列举了部分工程造价纠纷案例，以帮助读者从实际案例中总结经验，吸取教训，从而在实际处理工程造价纠纷中，能够掌握主动，采用适当的方法处理好纠纷。

本书编写过程中参考或引用了部分单位和个人的相关资料，在此表示衷心感谢。尽管本书编写人员已尽最大努力，但书中错误及不当之处在所难免，敬请广大读者批评指正，以便及时修订与完善。

编　者

目录

第一章　概　　论

第一节　工程造价纠纷产生原因与解决途径

一、工程造价的含义

工程造价本质上属于价格范畴。在市场经济条件下，工程造价有两种含义。

1. 工程造价的第一种含义

工程造价的第一种含义是指建设一项工程预期开支或实际开支的全部固定资产投资费用。显然，这一含义是从投资者——业主的角度来定义的。投资者选定一个投资项目，为了获得预期的效益，就要通过项目评估进行决策，然后进行设计招标、工程招标，直至竣工验收等一系列投资管理活动。投资者在投资活动中所支付的全部费用形成了固定资产和无形资产。所有这些开支构成了工程造价。从这个意义上说，工程造价就是工程投资费用，建设项目工程造价就是建设项目固定资产投资。

2. 工程造价的第二种含义

工程造价的第二种含义是指工程价格，即为建成一项工程，预计或实际在土地市场、设备市场、技术劳务市场，以及承包市场等交易活动中所形成的建筑安装工程的价格和建设工程总价格。显然，工程造价的第二种含义是以社会主义商品经济和市场经济为前提的。它是以工程这种特定的商品形式作为交易对象，通过招投标或其他交易方式，在进行多次预估的基础上，最终由市场形成的价格。

工程造价的两种含义，是以不同角度把握同一事物的本质。对建设工程的投资者来说，面对市场经济条件下的工程造价就是项目投资，是"购买"项目要付出的价格；同时也是投资者在作为市场供给主体时"出售"项目时定价的基础。

工程造价的两种含义是对客观存在的概括。它们既共生于一个统一体，又相互区别。区别工程造价的两种含义，其理论意义在于为投资者和以承包商为代表的供应商的市场行为提供理论依据。不同的利益主体绝不能混为一谈。同时，两种含义也是对单一计划经济理论的一个否定和反思。

二、工程造价纠纷的现状

随着建筑业的发展，因建筑工程承包双方对建筑工程承包责任及法律观念不强等造成工程款拖欠、施工质量差等问题所引起的纠纷案时有发生。工程造价纠纷主要发生在招投标、决策和设计阶段的合同、施工阶段设计变更、工程结算等方面。一旦发生纠纷，双方利益都将受到很大损失。因工程造价纠纷产生的豆腐渣工程或烂尾楼更会使国家财产和人民的生命安全遭受更大的损失。因此加大对建筑市场的纠察力度，完善监督管理体系非常关键，相关管理部门应对工程的招投标、承建人的资质、工程合同签订、施工质量、审核验收一系列过程严格把关。树立诚实信用观念，强化公民的法律意识，也是从事建筑活动的单位和个人以及承建单位均应具备相应的条件和资质。同样私人住宅也必须委托有资质的施工单位或者持资格证书的个体工匠施工。

现阶段，合同价格条款不严密，不合法的无效条款等现象仍然存在。如由施工方提出诉讼，或停工待款，迫使业主通过工程造价管理部门仲裁或法院判决来解决双方的纠纷，具体表现在以下几点：

(1)合同价过低，施工单位无利可图，实施停工，造成纠纷。

(2)现场签证不严密，或因监理方受贿心虚，对乙方多报工程量不能从严把关。

(3)对材料价格认定不一致。

(4)施工方对合同中不合法的无效条款通过正当法律途径进行更改。

(5)对工程质量有争议，甲方拒绝付款。

(6)非施工方原因造成的停工、窝工，施工方要求赔偿补偿等。

(7)业主要求提前竣工，赶工费的争议。

建设工程承发包合同是承发包双方权利和义务的法律保证，合同条款中的每一项内容都直接关系到双方的切身利益。因此，必须认真分析合同条款的内容，明确各自的权利和义务。然而，合同也不可能面面俱到，无法预知将来随着工程建设的全面开展而逐步显现出来的弊端，从而发生工程造价的纠纷。

【解决纠纷的依据】

工程造价咨询企业管理办法(节选)

中华人民共和国建设部令

第149号

《工程造价咨询企业管理办法》已于2006年2月22日经建设部第85次常务会议讨论通过，现予发布，自2006年7月1日起施行。

建设部部长　汪光焘

二〇〇六年三月二十二日

第四章　工程造价咨询管理

第十九条　工程造价咨询企业依法从事工程造价咨询活动，不受行政区域限制。

甲级工程造价咨询企业可以从事各类建设项目的工程造价咨询业务。

乙级工程造价咨询企业可以从事工程造价5000万元人民币以下的各类建设项目的工程造价咨询业务。

第二十条　工程造价咨询业务范围包括：

(一)建设项目建议书及可行性研究投资估算、项目经济评价报告的编制和审核；

(二)建设项目概预算的编制与审核，并配合设计方案比选、优化设计、限额设计等工作进行工程造价分析与控制；

(三)建设项目合同价款的确定(包括招标工程工程量清单和标底、投标报价的编制和审核)；合同价款的签订与调整(包括工程变更、工程洽商和索赔费用的计算)及工程款支付，工程结算及竣工结(决)算报告的编制与审核等；

(四)工程造价经济纠纷的鉴定和仲裁的咨询；

(五)提供工程造价信息服务等。

工程造价咨询企业可以对建设项目的组织实施进行全过程或者若干阶段的管理和服务。

第二十一条　工程造价咨询企业在承接各类建设项目的工程造价咨询业务时，应当与委托人订立书面工程造价咨询合同。

工程造价咨询企业与委托人可以参照《建设工程造价咨询合同》(示范文本)订立合同。

第二十二条　工程造价咨询企业从事工程造价咨询业务，应当按照有关规定的要求出具工程造价成果文件。

工程造价成果文件应当由工程造价咨询企业加盖有企业名称、资质等级及证书编号的执业印章，并由执行咨询业务的注册造价工程师签字、加盖执业印章。

第二十三条　工程造价咨询企业设立分支机构的，应当自领取分支机构营业执照之日起30日内，持下列材料到分支机构工商注册所在地省、自治区、直辖市人民政府建设主管部门备案：

(一)分支机构营业执照复印件；

(二)工程造价咨询企业资质证书复印件；

(三)拟在分支机构执业的不少于3名注册造价工程师的注册证书复印件；

(四)分支机构固定办公场所的租赁合同或产权证明。

省、自治区、直辖市人民政府建设主管部门应当在接受备案之日起20日内，报国务院建设主管部门备案。

第二十四条　分支机构从事工程造价咨询业务，应当由设立该分支机构的工程造价咨询企业负责承接工程造价咨询业务、订立工程造价咨询合同、出具工程造价成果文件。

分支机构不得以自己名义承接工程造价咨询业务、订立工程造价咨询合同、出具工程造价成果文件。

第二十五条　工程造价咨询企业跨省、自治区、直辖市承接工程造价咨询业务的，应当自承接业务之日起30日内到建设工程所在地省、自治区、直辖市人民政府建设主管部门备案。

第二十六条　工程造价咨询收费应当按照有关规定，由当事人在建设工程造价咨询合同中约定。

第二十七条　工程造价咨询企业不得有下列行为：

(一)涂改、倒卖、出租、出借资质证书，或者以其他形式非法转让资质证书；

(二)超越资质等级业务范围承接工程造价咨询业务；

(三)同时接受招标人和投标人或两个以上投标人对同一工程项目的工程造价咨询业务；

(四)以给予回扣、恶意压低收费等方式进行不正当竞争；

(五)转包承接的工程造价咨询业务；

(六)法律、法规禁止的其他行为。

第二十八条　除法律、法规另有规定外，未经委托人书面同意，工程造价咨询企业不得对外提供工程造价咨询服务过程中获知的当事人的商业秘密和业务资料。

第二十九条　县级以上地方人民政府建设主管部门、有关专业部门应当依照有关法律、法规和本办法的规定，对工程造价咨询企业从事工程造价咨询业务的活动实施监督检查。

第三十条　监督检查机关履行监督检查职责时，有权采取下列措施：

(一)要求被检查单位提供工程造价咨询企业资质证书、造价工程师注册证书，有关工程造价咨询业务的文档，有关技术档案管理制度、质量控制制度、财务管理制度的文件；

(二)进入被检查单位进行检查，查阅工程造价咨询成果文件以及工程造价咨询合同等相关资料；

(三)纠正违反有关法律、法规和本办法及执业规程规定的行为。

监督检查机关应当将监督检查的处理结果向社会公布。

第三十一条　监督检查机关进行监督检查时，应当有两名以上监督检查人员参加，并出示执法证件，不得妨碍被检查单位的正常经营活动，不得索取或者收受财物、谋取其他利益。

有关单位和个人对依法进行的监督检查应当协助与配合，不得拒绝或者阻挠。

第三十二条 有下列情形之一的，资质许可机关或者其上级机关，根据利害关系人的请求或者依据职权，可以撤销工程造价咨询企业资质：

（一）资质许可机关工作人员滥用职权、玩忽职守作出准予工程造价咨询企业资质许可的；

（二）超越法定职权作出准予工程造价咨询企业资质许可的；

（三）违反法定程序作出准予工程造价咨询企业资质许可的；

（四）对不具备行政许可条件的申请人作出准予工程造价咨询企业资质许可的；

（五）依法可以撤销工程造价咨询企业资质的其他情形。

工程造价咨询企业以欺骗、贿赂等不正当手段取得工程造价咨询企业资质的，应当予以撤销。

第三十三条 工程造价咨询企业取得工程造价咨询企业资质后，不再符合相应资质条件的，资质许可机关根据利害关系人的请求或者依据职权，可以责令其限期改正；逾期不改的，可以撤回其资质。

第三十四条 有下列情形之一的，资质许可机关应当依法注销工程造价咨询企业资质：

（一）工程造价咨询企业资质有效期满，未申请延续的；

（二）工程造价咨询企业资质被撤销、撤回的；

（三）工程造价咨询企业依法终止的；

（四）法律、法规规定的应当注销工程造价咨询企业资质的其他情形。

第三十五条 工程造价咨询企业应当按照有关规定，向资质许可机关提供真实、准确、完整的工程造价咨询企业信用档案信息。

工程造价咨询企业信用档案应当包括工程造价咨询企业的基本情况、业绩、良好行为、不良行为等内容。违法行为、被投诉举报处理、行政处罚等情况应当做为工程造价咨询企业的不良记录记入其信用档案。

任何单位和个人有权查阅信用档案。

三、造成工程造价纠纷的原因

1. 建筑市场混乱

建筑市场混乱是导致工程造价纠纷的外部环境因素。

(1)现阶段建筑市场是买方市场，施工方被迫压价承包，使一直处于微利经营的施工企业无利可图。这种“僧多粥少”的局面使得多数施工单位为取得项目而采取低价投标策略，对招标人在招标文件中提供的招投标项目分部分项工程数量径直编制投标报价，甚至漏估工程数量而欲低价中标。

(2)建筑产品价格管理不力，无法制止建筑产品的“倾销”现象。

(3)建筑企业等级管理办法的漏洞使大量微利经营的施工企业得以生存，对建筑市场的“倾销”现象起了推波助澜的作用。

以上三个方面原因造成了建筑市场出现一定程度的恶性竞争，使得施工企业争相压价，然后在工程合同签订以后，再通过以下不正当手段牟利：①偷工减料，强压成本；②以次充好，虚报材料价格；③采取不正当手段，如行贿等，拉拢甲方及监理在合同履行中途变更价格或更多签虚报工程量。当上述三种手段都不起作用时，便诉诸法律，通过法律保护当事双方利益的条款起诉对方，造成工程造价纠纷。

2. 业主及监理缺乏工程造价知识和法律知识

(1)业主及监理在不太懂行的情况下,盲目追求降低承包造价,利用买方优势;不顾国家有关规定压级压价;提出不合法的无效条款迫使施工方无利可图发生纠纷,在所难免。

(2)施工方利用业主缺乏相应知识和盲目压价的心理,故意接受其提出的不合法条款,签订承包合同,而后诉诸法律,起诉对方,利用这些无效条款迫使对方就范,以达到增加工程造价的目的。

(3)约定固定总价。建设单位为节省开发成本,采用固定总价一次性包死的做法越发普遍,而施工单位对约定固定总价存在的风险认识不足。所以,采用固定总价时施工单位应再三考虑其他风险因素,在承接工程之余将风险降至最低。

【例】 材料涨价,如果在合同中约定由乙方包工、包料,但没有约定材料费用的调整方法,一旦材料涨价从而使施工单位成本增加,施工单位再以材料涨价要求建设单位进行补偿,建设单位可能会以双方签订的是固定总价合同,材料款已包括在总价范围内来进行抗辩。

(4)质量保修金约定不明。实践中,建设单位通常会约定工程结算价的5%作为工程质量保修金,保修期满二年后30天内甲方支付5%的工程余款给乙方。在这里,如果施工单位没有注意而签订了合同,这工程结算价的5%的质量保修金将可能拿不回来,对于某些利润就在这5%里面的施工企业来说,无疑是很大的损失。所以,在约定质量保修金时,应注意区分质量保修期和预留质量保修金的期限。

(5)签证索赔问题。施工单位在签证索赔中存在很多问题,如:对零星工程忘记签证,不按合同中约定索赔时间进行索赔,不保留索赔证据原件,甚至对什么事项应该签证,索赔报告如何撰写不清楚,这些问题都或多或少地存在于施工单位中。所以,在实践中,施工单位首先应注意签证、索赔的约定,如约定向谁签证,签证索赔文件的送达方式、索赔文件的内容等;其次,应严格按照签证、索赔的时间向建设单位提出。

【例】 有些建设单位在合同中约定要求施工单位在施工过程中设计工程量的签证必须在实际发生后多少天内提出,并经监理单位及建设单位确认方有效;对索赔的提出,也应按照合同约定程序进行,以《建设工程施工合同》示范文本为例,通常在索赔事件发生28天内,向工程师发出索赔意向书,发出意向书后28天内,向工程师提出延长工期或经济补偿等,这些过程都有严格的时间限制。

再次,施工单位应注意约定索赔文件如发包人在多长时间未给予答复,将视为默认。这点是保障施工单位在建设单位故意刁难时能获得索赔的好办法。

3. 工程造价管理脱节,政策不配套

(1)造价管理部门对工程承包合同价审查疏漏是工程结算时发生工程造价纠纷的一个间接原因。

(2)现行的工程造价管理规定对业主缺乏约束力,对于他们违反规定的行为没有相应的强制性措施,使造价管理流于形式,助长了工程造价纠纷的发生。

(3)政出多门、文件打架也是造成工程造价纠纷的重要原因。

4. 现行工程造价计算方法和计价依据不够完善

我们现行定额的编制是在正常施工条件下进行的,而建筑产品的多样性、复杂性,不能用一个固定的模式去一概而论,从而造成发生纠纷时很难找到解决的依据。

5. 施工设计深度不够

施工设计深度不够,尤其是现在市政工程属政府指令性计划工程,往往仓促开工,迫切竣工,设计、拆迁、施工同时进行，造成设计的严密性大打折扣，设计变更很多，初期设计不能准确地反映工程的真实性。因此，过多的设计变更、施工签证，使工程决算一再提高，造成施工纠纷的可能性。

另外，还有其他原因，如自然条件的变化、各种不能预见的政策性调整等，都可能引起纠纷。

四、解决工程造价纠纷的途径

（一）避免工程造价纠纷的对策

（1）合同条款签订应严密、有效。首先，施工方和业主有关人员应认真学习《中华人民共和国合同法》（以下简称《合同法》）等有关法律知识，认真学习国家和地方的有关工程造价的各种文件规定，并严格按规定办理工程预结算。其次，要坚持实事求是原则，业主不盲目压价，施工方不接受不合理压价要求，不施“苦肉计”，以免签订不合法的无效条款。

（2）加强勘察设计管理资料。

（3）施工图预算要全面、准确、合法、有效。

（4）在施工过程中，要严格执行现场签证制度。监理工程师应做到守法、诚信、公正、科学。

（5）在开工前应签订材料价格确认方案的规定性文件，并严格执行，以避免以材料找差引起纠纷。

另外，各级工程造价部门应大力宣传有关造价的政策法规，完善造价各环节的管理措施。

（二）工程造价纠纷解决方式

工程造价纠纷主要可以通过协商、调解、仲裁或诉讼方式解决。

1. 协商

按照法律和商业惯例，一旦出现商业纠纷，双方应首先在自愿、平等的基础上进行友好协商，寻求解决的可能性。双方既有商业联系，对纠纷产生的原因应心中有数，如果双方从合作的愿望出发并持客观公正的态度，进行坦诚、细致的磋商，纠纷是不难解决的。

关键是双方协商应本着互谅互让、实事求是的精神，提出公平合理的解决方案，即可达成和解协议。这是大多数人的首选方式。当然，这种和解协议的内容必须合法，不损害国家、社会、第三人利益。

2. 调解

经过协商不能达成协议时，双方可申请业务主管部门（如工程造价管理协会等）出面进行调解。业务主管部门依法负有对日常商业活动的指导、管理、监督之责，他们比较熟悉本行业的业务，比较全面的掌握情况，由其出面调解，既容易做纠纷双方的思想工作，又能正确运用法规，提出合理和中肯的解决方案。此外，主管部门还可以运用法律和制度允许的方式，给纠纷双方以必要的帮助、照顾和支持。

如果协商一致，纠纷双方也可以共同委托所信赖的第三者（个人或团体）出面调解。由第三者进行调解，有较高的灵活性、中立性、专业性和权威性，比较超脱和公正，不致因某种利害关系而偏袒一方或损害另一方的利益，调解专家充分听取双方的意见，耐心细致说服双方，以自己专业和人格上的感召力促使双方互相让步而达成和解。

3. 仲裁

如果纠纷双方不愿通过协商和调解，或者协商、调解不成时，就只能在仲裁和诉讼两种方式中作一选择。仲裁作为解决商业纠纷的重要方式，具有与法院诉讼同等的法律地位和强制执行效力。目前，更多的商家宁愿选择仲裁而不愿到法院诉讼，这是因为：

第一,仲裁程序更简便,审理期限更短,效率更高。

第二,商家在仲裁程序中有更大的自主权。

第三,仲裁实行一审终局,没有上诉,因而仲裁费用更低。

此外,仲裁实行不公开审理,第三人不可旁听案件审理,媒体也不得报道仲裁程序及裁决,因此,仲裁更能保守商业秘密。

【解决纠纷的依据】

中华人民共和国仲裁法

中华人民共和国仲裁法是为保证公正、及时地仲裁经济纠纷,保护当事人的合法权益,保障社会主义市场经济健康发展,制定的法规。于 1994 年 8 月 31 日第八届全国人民代表大会常务委员会第九次会议通过。

第一章　总则

第一条　为保证公正、及时地仲裁经济纠纷,保护当事人的合法权益,保障社会主义市场经济健康发展,制定本法。

第二条　平等主体的公民、法人和其他组织之间发生的合同纠纷和其他财产权益纠纷,可以仲裁。

第三条　下列纠纷不能仲裁:

(一)婚姻、收养、监护、扶养、继承纠纷;

(二)依法应当由行政机关处理的行政争议。

第四条　当事人采用仲裁方式解决纠纷,应当双方自愿,达成仲裁协议。没有仲裁协议,一方申请仲裁的,仲裁委员会不予受理。

第五条　当事人达成仲裁协议,一方向人民法院起诉的,人民法院不予受理,但仲裁协议无效的除外。

第六条　仲裁委员会应当由当事人协议选定。

仲裁不实行级别管辖和地域管辖。

第七条　仲裁应当根据事实,符合法律规定,公平合理地解决纠纷。

第八条　仲裁依法独立进行,不受行政机关、社会团体和个人的干涉。

第九条　仲裁实行一裁终局的制度。裁决作出后,当事人就同一纠纷再申请仲裁或者向人民法院起诉的,仲裁委员会或者人民法院不予受理。

裁决被人民法院依法裁定撤销或者不予执行的,当事人就该纠纷可以根据双方重新达成的仲裁协议申请仲裁,也可以向人民法院起诉。

第二章　仲裁委员会和仲裁协会

第十条　仲裁委员会可以在直辖市和省、自治区人民政府所在地的市设立,也可以根据需要在其他设区的市设立,不按行政区划层层设立。

仲裁委员会由前款规定的市的人民政府组织有关部门和商会统一组建。

设立仲裁委员会,应当经省、自治区、直辖市的司法行政部门登记。

第十一条　仲裁委员会应当具备下列条件:

(一)有自己的名称、住所和章程;

(二)有必要的财产;

(三)有该委员会的组成人员;

(四)有聘任的仲裁员。

仲裁委员会的章程应当依照本法制定。

第十二条 仲裁委员会由主任一人、副主任二至四人和委员七至十一人组成。

仲裁委员会的主任、副主任和委员由法律、经济贸易专家和有实际工作经验的人员担任。仲裁委员会的组成人员中，法律、经济贸易专家不得少于三分之二。

第十三条 仲裁委员会应当从公道正派的人员中聘任仲裁员。

仲裁员应当符合下列条件之一：

（一）从事仲裁工作满八年的；

（二）从事律师工作满八年的；

（三）曾任审判员满八年的；

（四）从事法律研究、教学工作并具有高级职称的；

（五）具有法律知识、从事经济贸易等专业工作并具有高级职称或者具有同等专业水平的。

仲裁委员会按照不同专业设仲裁员名册。

第十四条 仲裁委员会独立于行政机关，与行政机关没有隶属关系。仲裁委员会之间也没有隶属关系。

第十五条 中国仲裁协会是社会团体法人。仲裁委员会是中国仲裁协会的会员。中国仲裁协会的章程由全国会员大会制定。

中国仲裁协会是仲裁委员会的自律性组织，根据章程对仲裁委员会及其组成人员、仲裁员的违纪行为进行监督。

中国仲裁协会依照本法和民事诉讼法的有关规定制定仲裁规则。

第三章 仲裁协议

第十六条 仲裁协议包括合同中订立的仲裁条款和以其他书面方式在纠纷发生前或者纠纷发生后达成的请求仲裁的协议。

仲裁协议应当具有下列内容：

（一）请求仲裁的意思表示；

（二）仲裁事项；

（三）选定的仲裁委员会。

第十七条 有下列情形之一的，仲裁协议无效：

（一）约定的仲裁事项超出法律规定的仲裁范围的；

（二）无民事行为能力人或者限制民事行为能力人订立的仲裁协议；

（三）一方采取胁迫手段，迫使对方订立仲裁协议的。

第十八条 仲裁协议对仲裁事项或者仲裁委员会没有约定或者约定不明确的，当事人可以补充协议；达不成补充协议的，仲裁协议无效。

第十九条 仲裁协议独立存在，合同的变更、解除、终止或者无效，不影响仲裁协议的效力。

仲裁庭有权确认合同的效力。

第二十条 当事人对仲裁协议的效力有异议的，可以请求仲裁委员会作出决定或者请求人民法院作出裁定。一方请求仲裁委员会作出决定，另一方请求人民法院作出裁定的，由人民法院裁定。

当事人对仲裁协议的效力有异议，应当在仲裁庭首次开庭前提出。

第四章 仲裁程序

第一节 申请和受理

第二十一条 当事人申请仲裁应当符合下列条件：

（一）有仲裁协议；

（二）有具体的仲裁请求和事实、理由；

（三）属于仲裁委员会的受理范围。

第二十二条 当事人申请仲裁，应当向仲裁委员会递交仲裁协议、仲裁申请书及副本。

第二十三条 仲裁申请书应当载明下列事项：

（一）当事人的姓名、性别、年龄、职业、工作单位和住所，法人或者其他组织的名称、住所和法定代表人或者主要负责人的姓名、职务；

（二）仲裁请求和所根据的事实、理由；

（三）证据和证据来源、证人姓名和住所。

第二十四条 仲裁委员会收到仲裁申请书之日起五日内，认为符合受理条件的，应当受理，并通知当事人；认为不符合受理条件的，应当书面通知当事人不予受理，并说明理由。

第二十五条 仲裁委员会受理仲裁申请后，应当在仲裁规则规定的期限内将仲裁规则和仲裁员名册送达申请人，并将仲裁申请书副本和仲裁规则、仲裁员名册送达被申请人。

被申请人收到仲裁申请书副本后，应当在仲裁规则规定的期限内向仲裁委员会提交答辩书。仲裁委员会收到答辩书后，应当在仲裁规则规定的期限内将答辩书副本送达申请人。被申请人未提交答辩书的，不影响仲裁程序的进行。

第二十六条 当事人达成仲裁协议，一方向人民法院起诉未声明有仲裁协议，人民法院受理后，另一方在首次开庭前提交仲裁协议的，人民法院应当驳回起诉，但仲裁协议无效的除外；另一方在首次开庭前未对人民法院受理该案提出异议的，视为放弃仲裁协议，人民法院应当继续审理。

第二十七条 申请人可以放弃或者变更仲裁请求。被申请人可以承认或者反驳仲裁请求，有权提出反请求。

第二十八条 一方当事人因另一方当事人的行为或者其他原因，可能使裁决不能执行或者难以执行的，可以申请财产保全。

当事人申请财产保全的，仲裁委员会应当将当事人的申请依照民事诉讼法的有关规定提交人民法院。

申请有错误的，申请人应当赔偿被申请人因财产保全所遭受的损失。

第二十九条 当事人、法定代理人可以委托律师和其他代理人进行仲裁活动。委托律师和其他代理人进行仲裁活动的，应当向仲裁委员会提交授权委托书。

第二节 仲裁庭的组成

第三十条 仲裁庭可以由三名仲裁员或者一名仲裁员组成。由三名仲裁员组成的，设首席仲裁员。

第三十一条 当事人约定由三名仲裁员组成仲裁庭的，应当各自选定或者各自委托仲裁委员会主任指定一名仲裁员，第三名仲裁员由当事人共同选定或者共同委托仲裁委员会主任指定。第三名仲裁员是首席仲裁员。

当事人约定由一名仲裁员成立仲裁庭的，应当由当事人共同选定或者共同委托仲裁委员会主任指定仲裁员。

第三十二条 当事人没有在仲裁规则规定的期限内约定仲裁庭的组成方式或者选定仲裁员的，由仲裁委员会主任指定。

第三十三条 仲裁庭组成后，仲裁委员会应当将仲裁庭的组成情况书面通知当事人。

第三十四条 仲裁员有下列情形之一的，必须回避，当事人也有权提出回避申请：

（一）是本案当事人或者当事人、代理人的近亲属；

（二）与本案有利害关系；

（三）与本案当事人、代理人有其他关系，可能影响公正仲裁的；

（四）私自会见当事人、代理人，或者接受当事人、代理人的请客送礼的。

第三十五条 当事人提出回避申请，应当说明理由，在首次开庭前提出。回避事由在首次开庭后知道的，可以在最后一次开庭终结前提出。

第三十六条 仲裁员是否回避，由仲裁委员会主任决定；仲裁委员会主任担任仲裁员时，由仲裁委员会集体决定。

第三十七条 仲裁员因回避或者其他原因不能履行职责的，应当依照本法规定重新选定或者指定仲裁员。

因回避而重新选定或者指定仲裁员后，当事人可以请求已进行的仲裁程序重新进行，是否准许，由仲裁庭决定；仲裁庭也可以自行决定已进行的仲裁程序是否重新进行。

第三十八条 仲裁员有本法第三十四条第四项规定的情形，情节严重的，或者有本法第五十八条第六项规定的情形的，应当依法承担法律责任，仲裁委员会应当将其除名。

第三节 开庭和裁决

第三十九条 仲裁应当开庭进行。当事人协议不开庭的，仲裁庭可以根据仲裁申请书、答辩书以及其他材料作出裁决。

第四十条 仲裁不公开进行。当事人协议公开的，可以公开进行，但涉及国家秘密的除外。

第四十一条 仲裁委员会应当在仲裁规则规定的期限内将开庭日期通知双方当事人。当事人有正当理由的，可以在仲裁规则规定的期限内请求延期开庭。是否延期，由仲裁庭决定。

第四十二条 申请人经书面通知，无正当理由不到庭或者未经仲裁庭许可中途退庭的，可以视为撤回仲裁申请。

被申请人经书面通知，无正当理由不到庭或者未经仲裁庭许可中途退庭的，可以缺席裁决。

第四十三条 当事人应当对自己的主张提供证据。

仲裁庭认为有必要收集的证据，可以自行收集。

第四十四条 仲裁庭对专门性问题认为需要鉴定的，可以交由当事人约定的鉴定部门鉴定，也可以由仲裁庭指定的鉴定部门鉴定。

根据当事人的请求或者仲裁庭的要求，鉴定部门应当派鉴定人参加开庭。当事人经仲裁庭许可，可以向鉴定人提问。

第四十五条 证据应当在开庭时出示，当事人可以质证。

第四十六条 在证据可能灭失或者以后难以取得的情况下，当事人可以申请证据保全。当事人申请证据保全的，仲裁委员会应当将当事人的申请提交证据所在地的基层人民法院。

第四十七条 当事人在仲裁过程中有权进行辩论。辩论终结时，首席仲裁员或者独任仲裁员应当征询当事人的最后意见。

第四十八条 仲裁庭应当将开庭情况记入笔录。当事人和其他仲裁参与人认为对自己陈述的记录有遗漏或者差错的，有权申请补正。如果不予补正，应当记录该申请。

笔录由仲裁员、记录人员、当事人和其他仲裁参与人签名或者盖章。

第四十九条 当事人申请仲裁后，可以自行和解。达成和解协议的，可以请求仲裁庭根据和解协议作出裁决书，也可以撤回仲裁申请。

第五十条 当事人达成和解协议，撤回仲裁申请后反悔的，可以根据仲裁协议申请仲裁。

第五十一条 仲裁庭在作出裁决前，可以先行调解。当事人自愿调解的，仲裁庭应当调解。

调解不成的,应当及时作出裁决。

调解达成协议的,仲裁庭应当制作调解书或者根据协议的结果制作裁决书。调解书与裁决书具有同等法律效力。

第五十二条 调解书应当写明仲裁请求和当事人协议的结果。调解书由仲裁员签名,加盖仲裁委员会印章,送达双方当事人。

调解书经双方当事人签收后,即发生法律效力。

在调解书签收前当事人反悔的,仲裁庭应当及时作出裁决。

第五十三条 裁决应当按照多数仲裁员的意见作出,少数仲裁员的不同意见可以记入笔录。仲裁庭不能形成多数意见时,裁决应当按照首席仲裁员的意见作出。

第五十四条 裁决书应当写明仲裁请求、争议事实、裁决理由、裁决结果、仲裁费用的负担和裁决日期。当事人协议不愿写明争议事实和裁决理由的,可以不写。裁决书由仲裁员签名,加盖仲裁委员会印章。对裁决持不同意见的仲裁员,可以签名,也可以不签名。

第五十五条 仲裁庭仲裁纠纷时,其中一部分事实已经清楚,可以就该部分先行裁决。

第五十六条 对裁决书中的文字、计算错误或者仲裁庭已经裁决但在裁决书中遗漏的事项,仲裁庭应当补正;当事人自收到裁决书之日起三十日内,可以请求仲裁庭补正。

第五十七条 裁决书自作出之日起发生法律效力。

第五章 申请撤销裁决

第五十八条 当事人提出证据证明裁决有下列情形之一的,可以向仲裁委员会所在地的中级人民法院申请撤销裁决:

(一)没有仲裁协议的;

(二)裁决的事项不属于仲裁协议的范围或者仲裁委员会无权仲裁的;

(三)仲裁庭的组成或者仲裁的程序违反法定程序的;

(四)裁决所根据的证据是伪造的;

(五)对方当事人隐瞒了足以影响公正裁决的证据的;

(六)仲裁员在仲裁该案时有索贿受贿,徇私舞弊,枉法裁决行为的。

人民法院经组成合议庭审查核实裁决有前款规定情形之一的,应当裁定撤销。

人民法院认定该裁决违背社会公共利益的,应当裁定撤销。

第五十九条 当事人申请撤销裁决的,应当自收到裁决书之日起六个月内提出。

第六十条 人民法院应当在受理撤销裁决申请之日起两个月内作出撤销裁决或者驳回申请的裁定。

第六十一条 人民法院受理撤销裁决的申请后,认为可以由仲裁庭重新仲裁的,通知仲裁庭在一定期限内重新仲裁,并裁定中止撤销程序。仲裁庭拒绝重新仲裁的,人民法院应当裁定恢复撤销程序。

第六章 执行

第六十二条 当事人应当履行裁决。一方当事人不履行的,另一方当事人可以依照民事诉讼法的有关规定向人民法院申请执行。受申请的人民法院应当执行。

第六十三条 被申请人提出证据证明裁决有民事诉讼法第二百一十三条第二款规定的情形之一的,经人民法院组成合议庭审查核实,裁定不予执行。

第六十四条 一方当事人申请执行裁决,另一方当事人申请撤销裁决的,人民法院应当裁定中止执行。

人民法院裁定撤销裁决的,应当裁定终结执行。撤销裁决的申请被裁定驳回的,人民法院应当裁定恢复执行。

第七章 涉外仲裁的特别规定

第六十五条 涉外经济贸易、运输和海事中发生的纠纷的仲裁，适用本章规定。本章没有规定的，适用本法其他有关规定。

第六十六条 涉外仲裁委员会可以由中国国际商会组织设立。

涉外仲裁委员会由主任一人、副主任若干人和委员若干人组成。

涉外仲裁委员会的主任、副主任和委员可以由中国国际商会聘任。

第六十七条 涉外仲裁委员会可以从具有法律、经济贸易、科学技术等专门知识的外籍人士中聘任仲裁员。

第六十八条 涉外仲裁的当事人申请证据保全的，涉外仲裁委员会应当将当事人的申请提交证据所在地的中级人民法院。

第六十九条 涉外仲裁的仲裁庭可以将开庭情况记入笔录，或者作出笔录要点，笔录要点可以由当事人和其他仲裁参与人签字或者盖章。

第七十条 当事人提出证据证明涉外仲裁裁决有民事诉讼法第二百五十八条第一款规定的情形之一的，经人民法院组成合议庭审查核实，裁定撤销。

第七十一条 被申请人提出证据证明涉外仲裁裁决有民事诉讼法第二百五十八条第一款规定的情形之一的，经人民法院组成合议庭审查核实，裁定不予执行。

第七十二条 涉外仲裁委员会作出的发生法律效力的仲裁裁决，当事人请求执行的，如果被执行人或者其财产不在中华人民共和国领域内，应当由当事人直接向有管辖权的外国法院申请承认和执行。

第七十三条 涉外仲裁规则可以由中国国际商会依照本法和民事诉讼法的有关规定制定。

第八章 附则

第七十四条 法律对仲裁时效有规定的，适用该规定，法律对仲裁时效没有规定的，适用诉讼时效的规定。

第七十五条 中国仲裁协会制定仲裁规则前，仲裁委员会依照本法和民事诉讼法的有关规定可以制定仲裁暂行规则。

第七十六条 当事人应当按照规定交纳仲裁费用。

收取仲裁费用的办法，应当报物价管理部门核准。

第七十七条 劳动争议和农业集体经济组织内部的农业承包合同纠纷的仲裁，另行规定。

第七十八条 本法施行前制定的有关仲裁的规定与本法的规定相抵触的，以本法为准。

第七十九条 本法施行前在直辖市、省、自治区人民政府所在地的市和其他设区的市设立的仲裁机构，应当依照本法的有关规定重新组建；未重新组建的，自本法施行之日起届满一年时终止。

本法施行前设立的不符合本法规定的其他仲裁机构，自本法施行之日起终止。

第八十条 本法自 1995 年 9 月 1 日起施行。

4. 诉讼

毫无疑问，诉讼是解决商业纠纷最严厉的手段，同时也是最终的手段，在万不得已之下才予以采用。目前商业纠纷立案难，程序烦琐、耗时漫长，诉讼费、律师费高，不可预测的因素（如法官素质、行政干预、地方保护等）多、风险大。随着司法制度的不断健全和完善，“打官司”将变得越来越方便、越来越公正。

五、工程造价纠纷解决方法的改进

工程造价纠纷的解决应当遵循以下几点。

(1)在建设工程纠纷中,涉及工程款纠纷的,当事人有明确约定的,人民法院应当按照当事人的约定判决;如果约定不明确,如暂定等,但约定按照某一定额进行结算,人民法院委托鉴定时应当明确按照该定额进行结算。这样做是符合《合同法》第64条的规定的。但是,法院这样做的前提是有赖于工程造价行业的观念和管理方式的改变。其核心在于如何看待建设工程定额的性质,一旦明确了定额不是政府定价或者政府指导价后,这种变化是必然的。但是,人民法院在这一改变前并不是无能为力的,因为理论上人民法院的判决是具有最高效力的行为指针。人民法院可以通过尊重当事人的判决来推动这一变化。

(2)应当允许当事人在工程建设的过程中提起诉讼,也可以对工程造价进行阶段性的鉴定。不能一概地要求建设工程诉讼必须是在工程竣工后进行。

(3)对于当事人的违约责任,人民法院必须严格追究。不能因为建设工程纠纷的违约责任追究十分困难就放弃追究。我国建设工程领域的许多问题(包括质量问题),都是起因于不能严格履行合同。

此外,还有必要在合同的结算方面加以完善。

完善合同的结算条款:为避免合同造价纠纷,积极的办法就是当事人在设定承发包合同时增加工程造价过程控制的内容,按工程形象进度分阶段进行结算并确定相应的操作程序,使承发包合同签约时不能确定的工程造价,在合同履行过程中按约定的程序得到确定,从而避免可能出现的造价纠纷。

一般认为,针对我国目前的实际情况,设定造价过程控制程序需要增加以下条款:

(1)约定业主按工程形象进度分段提供施工图的期限和开发商组织分段图纸会审的期限。

(2)约定承包商收到分段施工图后提供相应工程预算以及业主批复同意分段预算的期限;经业主认可的分段预算是该段工程备料款和进度款的付款依据。

(3)约定承包商按经业主认可的分段施工组织设计和分段进度计划组织基础、结构、装修阶段施工,合同规定的分阶段进度计划具有决定合同是否继续履行的直接约束力。

(4)约定承包商完成分阶段工程并经质量检查符合合同约定条件向业主递交该形象进度阶段的工程决算的期限,以及业主审核批准的期限。

(5)约定业主拨付承包商各分阶段预算工程款的比例,以及备料款、进度款、工程量增减值和设计变更签证、新型特殊材料差价的分阶段结算方法。

(6)约定全部工程竣工通过验收后承包商递交工程最终决算造价的期限,以及开发商审核是否同意及提出异议的期限和方法,双方约定经业主提出异议,承包商作修改、调整后双方能协商一致的,即为工程最终造价。

(7)约定承发包双方对结算工程最终造价有异议时的委托审价机构审价以及该机构审价对双方均具有约束力,双方均承认该机构审定的即为工程最终造价。

(8)约定双方自行审核确定的或由约定审价机构审定的最终造价的支付以及与工程保修预留款的互相关系和处理方法。

(9)约定结算工程最终造价期间与工程交付使用的互相关系及处理方法,实际交付使用和实际结算完毕之间的期限是否计取利息以及计取的方法。

建筑工程承发包合同对事先难以确定的造价设定分阶段预决算和确定工程最终造价的特别约定,与承发包合同的其他条款,例如分阶段工期及质量标准、分阶段备料工程款的支付及调整及竣工交付使用的限制等都有密切的联系，与政府的专业管理和社会的配套服务和中介机构的服务也有直接的关系。

第二节 工程造价纠纷分析与解决程序

一、收集资料

在工程造价纠纷的化解中，所要收集的资料就是书证和物证。

(一)书证

书证是指以其内容来证明待证事实的有关情况的文字材料。凡是以文字来记载人的思想和行为以及采用各种符号、图案来表达人的思想，其内容对待证事实具有证明作用的物品都是书证。当事人向法院提供书证时，应当提交原件，如提交原件确有困难的，可以提交复制品、照片、副本或节录本。

1. 书证的特点

(1)书证是用思想内容来证明案件事实的。

(2)书证的思想内容是通过文字、符号或者图画等表达的。

2. 书证意义

(1)有些书证可以直接证明案件的性质、作案动机和目的。

(2)书证可以鉴别其他证据的真伪。

(3)书证可以揭穿犯罪分子的狡辩和虚伪的陈述。

(4)在贪污等经济犯罪案件中，书证是不可缺少的证据。

3. 书证特性

(1)书证在形式上必须是文字、符号或图案等记载或表达人的特定思想内容的物质材料，并且，这种以一定方式所记载的思想内容，应按照通常标准为人们所认识和理解，并作为传播信息资源的必要媒体。

(2)书证由于其所载的实体具有明确的思想内容，因此容易被常人所理解。

(3)书证不仅内容明确，且形式上也相对固定，稳定性较强，一般不受时间的影响，易于长期保存。

(4)书证具有物质性，基于书证所表达的思想内容必须以反映一定的物质材料作为其存在的客观载体。

(5)书证的制作方法一般为手写，但也包括打印、雕刻、拼对等。

(6)书证具有思想性、客观性、真实性，并与案件有关联性。

4. 建设工程纠纷案例中常收集的书证

工程纠纷案件中书证非常多，如：合同文本，招标文件，投标文件，建设工程施工合同，补充协议(可能有多份)，工程报建、规划、土地、施工许可文件，图纸，工程说明，各种施工指令，设计变更文件，工程量签证单据，工程签证，来往函件，会议纪要，工程材料供应情况资料，工程进度情况，工程施工日志，施工日记，验收报告，工程结算、决算资料，支付工程款情况资料，工期索赔文件，费用索赔文件，不可抗力证明文件及损失证明等。

(二)物证

一切物品均是客观存在的,都有自己的外形、质量、规格、特征等。因此,凡是以物品、痕迹等客观物质实体的外形、性状、质地、规格等证明案件事实的证据即称为物证。

物证的收集是指执法人员或者律师发现、提取、固定、保管和保全物证的专门活动。它是诉讼活动的重要环节。物证收集应当遵守客观、细致、及时、依靠群众和善于运用科技手段的原则。

物证的收集、调查是一项十分严肃的诉讼活动,是一种法律行为,必须严格遵守法律规定的程序。根据我国三大诉讼法的规定,收集、调查物证的方法可归纳为以下几种。

1. 勘验、检查

勘验是司法人员在诉讼的过程中,对与案件有关的场所、物品等进行查看和检验,以发现、收集、核实证据的活动。我国刑事诉讼法第 101～107 条规定了侦查人员勘验现场的程序和方法。民事诉讼法第 73 条规定:"勘验物证或者现场,勘验人必须出示人民法院的证件,并邀请当地基层组织或者当事人所在单位派人参加。当事人或者当事人的成年家属应当到场,拒不到场的,不影响勘验的进行。有关单位和个人根据人民法院的通知,有义务保护现场,协助勘验工作。勘验人应当将勘验情况和结果制作笔录,由勘验人、当事人和被邀参加人签名或者盖章。"

检查是执法人员检查人身或者在特定场所进行的专门调查活动。检查必须依照法定程序进行。如检查人员不能少于两人,检查妇女的身体,应当由女工作人员进行,检查人员必须出示证件,犯罪嫌疑人和被告人拒绝接受检查的,侦查人员可以依法强制检查,检查要制作检查笔录,由参加检查的人员签名或盖章,等等。

2. 搜查

根据刑事诉讼法第 109 条的规定:"为了收集犯罪证据、查获犯罪人,侦查人员可以对犯罪嫌疑人以及可能隐藏罪犯或者犯罪证据的人的身体、物品、住处和其他有关的地方进行搜查。"民事诉讼法第 227 条规定:"被执行人不履行法律文书确定的义务,并隐匿财产的,人民法院有权发出搜查令,对被执行人及其住所或者财产隐匿地进行搜查。采取前款措施,由院长签发搜查令。"

但是,由于搜查是一种极为严肃的法律行为,它关系到公民的人身权利和财产利益,特别是刑事诉讼中的搜查,涉及人权保障的问题,因此,一要严格控制适用,二要严格依照法律规定的程序进行,特别要严格批准程序,搜查时要依法制作笔录,搜查中的扣押要开列清单,等等。

3. 扣押

扣押通常是结合勘验、检查、搜查等同时进行,它是执法机关依法暂时扣留与案件有关的物品的一种专门调查活动。物证的扣押,主要适用于刑事诉讼。在民事诉讼、协助执法中,扣押通常只是一种执行措施。由于刑事诉讼中的扣押,关系到公民的物权问题,因此,必须按刑事诉讼法规定的程序进行,特别是对于扣押的各种物品,或者冻结的存款、汇款,一旦查明与案件无关,必须在 3 日以内解除扣押、冻结,退还原主。

4. 提供与调取

根据刑事诉讼法第 45 条的规定,公安司法机关有权向有关单位和个人收集、调取证据。有关单位和个人也应当如实提供证据,凡是隐匿证据的,必须受法律追究。民事诉讼中物证的提取应当是原物,只有在特定情况下,才可以是复制品或照片。行政诉讼中,对物证的提供应当符合下列要求:

(1)提供原物。提供原物确有困难的,可以提供与原物核对无误的复制件或者证明该物证的照片、录像等其他证据。

(2)原物为数量较多的种类物的,提供其中的一部分。

二、遵从与分析合同

1. 遵从合同

在民事诉讼活动中，合同是双方当事人真实意思的体现。根据《合同法》的自愿和诚实信用原则，明确了在工程结算出现纷争时，约定优先是法定原则。

【解决纠纷的依据】

《中华人民共和国合同法》

第八条规定："依法成立的合同，对当事人具有法律约束力。当事人应当按照约定履行自己的义务，不得擅自变更或者解除合同。依法成立的合同，受法律保护。"

2. 分析合同

(1)明确合同关系。合同双方之所以会发生造价纠纷，主要是因为有了合同关系而产生的。明确了合同关系，才能依据合同进行下一步的造价工作。对于双方未签订书面合同如何确定合同关系呢？双方当事人未签订书面合同，对双方设立的法律关系的性质发生争议，应依双方当事人的实际行为确定。

(2)了解合同效力。根据最高人民法院关于适用《中华人民共和国合同法》若干问题的解释(一)第三条规定："人民法院确认合同效力时，对合同法实施以前成立的合同，适用当时的法律合同无效而适用合同法有效的，则适用合同法。"第四条规定："合同法实施以后，人民法院确认合同无效时，应当以全国人大及其常务委员会制定的法律和国务院制定的行政法规为依据，不得以地方法规、行政规章为依据。"所以，合同效力的认定，通常是法官的职责。

同时，《最高人民法院关于审理建设工程施工合同纠纷案件适用法律问题的解释》第一条和第四条将无效建设工程施工合同的确认分为以下五种情形：①承包人未取得建筑施工企业资质或者超越资质等级的；②没有资质的实际施工人借用有资质的建筑施工企业名义的；③建设工程必须进行招标而未招标或者中标无效的；④承包人非法转包建设工程的；⑤承包人违法分包建设工程的。

(3)明确合同约定事项。重视索赔、变更条款的约定，通过合同条款明确发承包双方的责任与义务。

1)树立正确的合同索赔理念。索赔是合同公平原则的具体体现，索赔是合同双方的权利，具有促进合同双方认真守约的积极意义。与《建设工程施工合同范本》相比，《标准施工招标文件》的通用合同条款明确了索赔期限，23.1款中，"承包人未在前述28天内发出索赔意向通知书的，丧失要求追加付款和(或)延长工期的权利"以及23.3款中对承包人提出索赔的期限做了详细的规定，对于发包人来说，这是有利的方面，避免出现工程项目结束后，仍有承包人提出工程索赔的现象。同时，发包人应注意，索赔是双向的，如果因为承包人原因对项目产生损失或工期延误，发包人有权力对承包人提出索赔，要求承包人承担因此产生的损失或延长的缺陷责任期，并注意发包人的索赔延长的缺陷责任期应在缺陷责任期届满前发出。

2)对变更部分的约定。变更部分虽然是以后发生的工作，但双方应前瞻性地对工程变更进行约定，专用合同条款中还可针对不同工程项目的不同计量和支付方法，进行数量指标、具体工艺、工序等形象目标变更的约定。对于工程中频繁发生变更的项目，约定一个包干系数和费用调整的界限，约定如果工程变更引起费用在约定的费用调整界限内时，属于工程包干范围不进行调整，当超出约定界限时只对超出部分进行调整。

(4)合同文件的组成及解释顺序。

1)建设工程施工合同通用条款中施工合同文件的组成部分及说明如下：

①施工合同协议书(双方有关工程的洽商、变更等书面协议或文件视为施工合同协议书的组

成部分。）

②中标通知书；

③投标书及附件；

④施工合同专用条款；

⑤施工合同通用条款；

⑥标准、规范及有关技术文件；

⑦图纸；

⑧工程量清单；

⑨工程报价单或预算书。

关于以上解释的说明：上述合同文件应能够互相解释、互相说明；当合同文件中出现不一致时，上面的顺序就是合同的优先解释顺序；当合同文件出现含糊不清或者当事人有不同理解时，按照合同争议的解决方式处理；在不违反法律、行政法规的前提下，当事人可以通过协商变更施工合同。此变更的协议或文件，效力高于其他合同文件，签署在后的协议或文件高于在先的；招标文件其实应是最高的，不响应招标文件早就是废标了。所以招标文件不在“施工合同”的解释顺序里，但可以在施工合同中约定招标文件为合同的组成部分。

2）FIDIC施工合同条件（CONS）通用条件优先解释顺序如下：

①合同协议书；

②中标函；

③投标函；

④专用条件；

⑤通用条件；

⑥规范要求；

⑦图纸；

⑧资料表和构成合同组成部分的任何其他文件。

3）北京市现行的08版合同通用条件，合同文件的组成及解释顺序如下：

①合同协议书；

②中标通知书；

③投标函及其附录；

④已标价的工程量清单（含暂估价的材料和工程设备损耗率表）；

⑤合同条款专用部分；

⑥合同条款通用部分；

⑦技术标准和要求；

⑧合同图纸。

三、寻找法律依据

在工程造价实践中，经常发生造价纠纷，这些纠纷问题往往与法律问题紧密联系在一起。对解决合约不明的问题，只懂工程造价知识的人员是很难作出判断的，这时我们寻求法律的帮助。对个人实在吃不消的问题，可以由法院裁定。

【解决纠纷的依据】

《中华人民共和国合同法》

第六十二条规定：“价款或者报酬不明确的，按照订立合同时履行地的市场价格履行。”

进行工程造价纠纷分析时，依据合同工程开工时间，以工程所在地作为合同履行地，按照“当时当地”的定额、市场价格信息及相关工程造价管理文件对此部分合同外工程进行造价鉴定。

《建设工程价款结算暂行办法》

第十一条 工程价款结算应按合同约定办理，合同未作约定或约定不明的，发、承包双方应依照下列规定与文件协商处理：

（一）国家有关法律、法规和规章制度。

（二）国务院建设行政主管部门、省、自治区、直辖市或有关部门发布的工程造价计价标准、计价办法等有关规定。

（三）建设项目的合同、补充协议、变更签证和现场签证，以及经发、承包人认可的其有效文件。

（四）其他可依据的材料。

《最高人民法院关于审理建设工程施工合同纠纷案件适用法律问题的解释》

第十六条 当事人对建设工程的计价标准或者计价方法有约定的，按照约定结算工程价款。因设计变更导致建设工程的工程量或者质量标准发生变化，当事人对该部分工程价款不能协商一致的，可以参照签订建设工程施工合同时当地建设行政主管部门发布的计价方法或者计价标准结算工程价款。

第三节 造价相关法律文件

一、建设法规体系

1. 建设法规体系的概念

法规体系是指由一个国家的全部现行法律规范分类组合为不同的法律部门而形成的有机联系的统一整体。

建设法规体系是指把已经制定和需要制定的建设法律、建设行政法规和建设部门规章衔接起来，形成一个相互联系、相互补充、相互协调的完整统一的体系。就广义的建设法规体系而言，还应包括地方性法规和规章。

建设法规体系是国家法律体系的重要组成部分。同时，建设法规体系又相对自成体系，具有相对独立性。根据法制统一原则，建设方面的法律必须与宪法和相关的法律保持一致，建设行政法规、部门规章和地方性法规、规章不得与宪法、法律以及上一层次的法规相抵触。

2. 建设法规体系的构成

建设法规体系是由很多不同层次的法规组成的，它的结构形式一般有宝塔形和梯形两种。我国建设法规体系采用的是梯形结构形式。

根据《中华人民共和国立法法》有关立法权限的规定，我国建设法规体系由五个层次组成。

(1)建设法律。它是指由全国人民代表大会及其常务委员会审议发布的属于建设行政主管部门主管业务范围的各项法律，它是建设法律体系的核心和基础。如 1997 年 11 月 1 日第八届全国人民代表大会常务委员会第二十八次会议通过的《中华人民共和国建筑法》是国务院建设行政主管部门对全国的建筑活动实施统一监督管理的法律。

(2)建设行政法规。指国务院依法制定并颁布的属于建设部主管业务范围内的各项法规。如 2000 年 1 月 30 日国务院为了加强对建设工程质量的管理，保证建设工程质量，保护人民生命和财产安全，根据《中华人民共和国建筑法》制定的《建设工程质量管理条例》。

(3)建设部门规章。它是指原建设部根据国务院规定的职责范围，依法制定并颁布的各项规章，或由原建设部与国务院有关部门联合制定并发布的规章。这类部门规章主要是针对各部门行为，实施范围有一定的局限性。如原建设部发布的《建设工程勘察质量管理办法》、《房屋建筑工程质量保修办法》、原交通部发布的《公路工程质量管理办法》等。

(4)地方性建设法规。它是在不与宪法、法律、行政法规相抵触的前提下，由省、自治区、直辖市人大及其常委会制定并发布的建设方面的法规，包括省会城市和经国务院批准的较大的市人大及其常委会制定的，报经省、自治区人大或其常委会批准的各种法规。

(5)地方建设规章。它是指省、自治区、直辖市以及省会城市和经国务院批准市人民政府，根据法律和国务院的行政法规制定并颁布的建设方面的规章。

其中，建设法律的法律效力最高，层次越往下的法规的法律效力越低。法律效力低的建设法规不得与比其法律效力高的建设法规相抵触；否则，其相应的规定将被视为无效。此外，与建设活动关系密切的相关的法律、行政法规和部门规章，也起着调整一部分建设活动的作用。其所包含的内容或某些规定，也构成建设法规体系的内容。

3. 常见建设法规简介

(1)建筑法。为了加强对建筑业活动的监督管理，维护建筑市场秩序，保证建设工程的质量和安全，促进建筑业健康发展，保障建筑活动当事人的合法权益，全国人大常务委员会通过并于1997年11月1日发布了《中华人民共和国建筑法》(以下简称《建筑法》)。

《建筑法》共分8章。第一章总则共6条，是整部法律的纲领性规定，明确了为什么立法、立法要管什么以及由谁来管理等重大问题。第一条是本法的立法目的。第二条是本法的调整对象和适用范围。第三条是确保建筑工程质量和安全的原则。《建筑法》以建筑工程质量与安全为主线，对保证质量和安全作出了一些重要规定。第四条是建筑业扶持政策。第五条规定了建筑活动当事人的权利和义务。第六条是建筑管理体制。

第二章建筑许可分2节，共8条，是对建筑工程施工许可制度和从事建筑活动的单位及个人从业资格制度的规定。

第三章建筑工程发包与承包分3节，15条，是有关建筑工程发包与承包活动的规定。

第四章建筑工程监理，是对建筑工程监理的范围、程序、依据、内容及工程监理单位和工程监理人员的权利、义务与责任的规定。

第五章建筑安全生产，共16条，是对建筑安全生产的方针、管理体制、安全责任制度、安全教育培训制度等的规定，目的在于保证建筑工程安全和建筑职工的人身安全。

第六章建筑工程质量管理，共12条，确定了在建筑工程质量管理过程中的五项基本法律制度。即建筑工程政府质量监督制度、质量体系认证制度、质量责任制度、建筑工程竣工验收制度以及建筑工程质量保修制度，是《建筑法》所确立的法律制度较多的一章，也是在实践中最受关注的一章。本章所涉及的行为主体包括从事建筑活动的各方行为主体，包括建设单位，勘察设计单位，施工企业，建筑材料、构配件和设备供应单位。

第七章法律责任，共17条，是对违反《建筑法》应承担的法律责任的规定。即指建筑法律关系中的主体由于其行为违反了《建筑法》，按照法律规定必须承担的法律后果。

第八章附则，共5条，是对《建筑法》的重要补充，主要规定了专业工程的适用、小型房屋建筑工程的适用，特别工程的除外，军事工程的实施办法、收费办法以及本法实施日期。本章与总则同样重要，甚至可以说是附则"总则化"。

(2)招标投标法。为了规范招标投标活动，保护国家利益、社会公共利益和招标投标活动当事人的合法权益，提高经济效益，保证项目质量，1999年8月30日全国人大通过了《中华人民共和国招标投标法》。《中华人民共和国招标投标法》共分6章，68条。

第一章总则，共7条，对法律适用范围、适用对象、应当遵循的原则、招标投标活动的实施监督进行了规定。

第二章招标，共17条，规定了在我国进行建设工程招标的只能是具备一定条件的建设单位或招标代理机构，个人没有资格直接进行招标活动。同时对建设单位、招标代理机构、招标项目必须具备的条件，招标方式，信息发布的要求，禁止实行歧视待遇的要求，保证合理时间等进行了相应的规定。

第三章投标，共9条，与招标相同，投标人必须是法人或其他经济组织，自然人不能成为建设工程的投标人。同时对投标人的条件、投标时应提交的资料、投标文件内容要求、投标时间要求、投标行为要求及投标人数量的要求进行了相应的规定。

第四章开标、评标与中标，共15条，主要内容有：开标时间与地点、开标的相应规定、评标委员会、评标的相关规定、评标结果、中标通知书、签订书面合同、提交招标投标报告。

第五章法律责任，共16条。对违反招标投标法规定进行招标的项目的处罚，招标代理机构违反规定，招标人、投标人、评标委员会违反规定，中标人转让中标项目的行为都作出了相应处罚规定。

第六章附则，共4条，对招标活动的监督、不进行招标项目的范围及实施日期进行了规定。

(3)合同法。为了保护合同当事人的合法权益，维护社会经济秩序，促进社会主义现代化建设，第九届全国人大常务委员会通过并于1999年3月15日公布了《中华人民共和国合同法》，于1999年10月1日起施行。合同法分总则、分则和附则三部分，共23章。总则包括：一般规定，合同的订立、效力、履行、变更和转让，合同的权利义务终止，违约责任等一般规定。15个分则对15类合同作出了特殊的规定，其中包括建设工程合同。

(4)建设工程质量管理条例。《建设工程质量管理条例》于2000年1月由中华人民共和国国务院通过，为了加强对建设工程的质量管理，保证建设工程的质量，保护人民生命财产安全，根据《中华人民共和国建筑法》制定的，是建筑法的配套法规之一，共分9章，82条。主要内容包括条例适用范围、建设单位、勘察设计单位、施工单位、工程监理的质量责任和义务，以及建设工程质量保修、监督管理、违反条例规定的处罚等。

二、造价相关条文节录

1. 中华人民共和国价格法

中华人民共和国价格法(节录)

第三条　国家实行并逐步完善宏观经济调控下主要由市场形成价格的机制。价格的制定应当符合价值规律，大多数商品和服务价格实行市场调节价，极少数商品和服务价格实行政府指导价或者政府定价。

市场调节价，是指由经营者自主制定，通过市场竞争形成的价格。

本法所称经营者是指从事生产、经营商品或者提供有偿服务的法人、其他组织和个人。

政府指导价，是指依照本法规定，由政府价格主管部门或者其他有关部门，按照定价权限和范围规定基准价及其浮动幅度，指导经营者制定的价格。

政府定价，是指依照本法规定，由政府价格主管部门或者其他有关部门，按照定价权限和范围制定的价格。

第四条　国家支持和促进公平、公开、合法的市场竞争，维护正常的价格秩序，对价格活动实行管理、监督和必要的调控。

第五条 国务院价格主管部门统一负责全国的价格工作。国务院其他有关部门在各自的职责范围内,负责有关的价格工作。

县级以上地方各级人民政府价格主管部门负责本行政区域内的价格工作。县级以上地方各级人民政府其他有关部门在各自的职责范围内,负责有关的价格工作。

第六条 商品价格和服务价格,除依照本法第十八条规定适用政府指导价或者政府定价外,实行市场调节价,由经营者依照本法自主制定。

第七条 经营者定价,应当遵循公平、合法和诚实信用的原则。

第八条 经营者定价的基本依据是生产经营成本和市场供求状况。

第十一条 经营者进行价格活动,享有下列权利:

(一)自主制定属于市场调节的价格;

(二)在政府指导价规定的幅度内制定价格;

(三)制定属于政府指导价、政府定价产品范围内的新产品的试销价格,特定产品除外;

(四)检举、控告侵犯其依法自主定价权利的行为。

第十二条 经营者进行价格活动,应当遵守法律、法规,执行依法制定的政府指导价、政府定价和法定的价格干预措施、紧急措施。

第十八条 下列商品和服务价格,政府在必要时可以实行政府指导价或者政府定价:

(一)与国民经济发展和人民生活关系重大的极少数商品价格;

(二)资源稀缺的少数商品价格;

(三)自然垄断经营的商品价格;

(四)重要的公用事业价格;

(五)重要的公益性服务价格。

第十九条 政府指导价、政府定价的定价权限和具体适用范围,以中央的和地方的定价目录为依据。

中央定价目录由国务院价格主管部门制定、修订,报国务院批准后公布。

地方定价目录由省、自治区、直辖市人民政府价格主管部门按照中央定价目录规定的定价权限和具体适用范围制定,经本级人民政府审核同意,报国务院价格主管部门审定后公布。

省、自治区、直辖市人民政府以下各级地方人民政府不得制定定价目录。

第二十条 国务院价格主管部门和其他有关部门,按照中央定价目录规定的定价权限和具体适用范围制定政府指导价、政府定价;其中重要的商品和服务价格的政府指导价、政府定价,应当按照规定经国务院批准。

省、自治区、直辖市人民政府价格主管部门和其他有关部门,应当按照地方定价目录规定的定价权限和具体适用范围制定在本地区执行的政府指导价、政府定价。

市、县人民政府可以根据省、自治区、直辖市人民政府的授权,按照地方定价目录规定的定价权限和具体适用范围制定在本地区执行的政府指导价、政府定价。

第二十一条 制定政府指导价、政府定价,应当依据有关商品或者服务的社会平均成本和市场供求状况、国民经济与社会发展要求以及社会承受能力,实行合理的购销差价、批零差价、地区差价和季节差价。

2. 中华人民共和国合同法

中华人民共和国合同法(节录)

第十六章建设工程合同

第二百六十九条 建设工程合同是承包人进行工程建设,发包人支付价款的合同。建设工程合同包括工程勘察、设计、施工合同。

第二百七十条 建设工程合同应当采用书面形式。

第二百七十一条 建设工程的招标投标活动，应当依照有关法律的规定公开、公平、公正进行。

第二百七十二条 发包人可以与总承包人订立建设工程合同，也可以分别与勘察人、设计人、施工人订立勘察、设计、施工承包合同。发包人不得将应当由一个承包人完成的建设工程肢解成若干部分发包给几个承包人。

总承包人或者勘察、设计、施工承包人经发包人同意，可以将自己承包的部分工作交由第三人完成。第三人就其完成的工作成果与总承包人或者勘察、设计、施工承包人向发包人承担连带责任。承包人不得将其承包的全部建设工程转包给第三人或者将其承包的全部建设工程肢解以后以分包的名义分别转包给第三人。

禁止承包人将工程分包给不具备相应资质条件的单位。禁止分包单位将其承包的工程再分包。建设工程主体结构的施工必须由承包人自行完成。

第二百七十三条 国家重大建设工程合同，应当按照国家规定的程序和国家批准的投资计划、可行性研究报告等文件订立。

第二百七十四条 勘察、设计合同的内容包括提交有关基础资料和文件（包括概预算）的期限、质量要求、费用以及其他协作条件等条款。

第二百七十五条 施工合同的内容包括工程范围、建设工期、中间交工工程的开工和竣工时间、工程质量、工程造价、技术资料交付时间、材料和设备供应责任、拨款和结算、竣工验收、质量保修范围和质量保证期、双方相互协作等条款。

第二百七十六条 建设工程实行监理的，发包人应当与监理人采用书面形式订立委托监理合同。发包人与监理人的权利和义务以及法律责任，应当依照本法委托合同以及其他有关法律、行政法规的规定。

第二百七十七条 发包人在不妨碍承包人正常作业的情况下，可以随时对作业进度、质量进行检查。

第二百七十八条 隐蔽工程在隐蔽以前，承包人应当通知发包人检查。发包人没有及时检查的，承包人可以顺延工程日期，并有权要求赔偿停工、窝工等损失。

第二百七十九条 建设工程竣工后，发包人应当根据施工图纸及说明书、国家颁发的施工验收规范和质量检验标准及时进行验收。验收合格的，发包人应当按照约定支付价款，并接收该建设工程。建设工程竣工经验收合格后，方可交付使用；未经验收或者验收不合格的，不得交付使用。

第二百八十条 勘察、设计的质量不符合要求或者未按照期限提交勘察、设计文件拖延工期，造成发包人损失的，勘察人、设计人应当继续完善勘察、设计，减收或者免收勘察、设计费并赔偿损失。

第二百八十一条 因施工人的原因致使建设工程质量不符合约定的，发包人有权要求施工人在合理期限内无偿修理或者返工、改建。经过修理或者返工、改建后，造成逾期交付的，施工人应当承担违约责任。

第二百八十二条 因承包人的原因致使建设工程在合理使用期限内造成人身和财产损害的，承包人应当承担损害赔偿责任。

第二百八十三条 发包人未按照约定的时间和要求提供原材料、设备、场地、资金、技术资料的，承包人可以顺延工程日期，并有权要求赔偿停工、窝工等损失。

第二百八十四条 因发包人的原因致使工程中途停建、缓建的，发包人应当采取措施弥补或者减少损失，赔偿承包人因此造成的停工、窝工、倒运、机械设备调迁、材料和构件积压等损失和实际费用。

第二百八十五条 因发包人变更计划，提供的资料不准确，或者未按照期限提供必需的勘察、设计工作条件而造成勘察、设计的返工、停工或者修改设计，发包人应当按照勘察人、设计人实际消耗的工作量增付费用。

第二百八十六条 发包人未按照约定支付价款的，承包人可以催告发包人在合理期限内支付价款。发包人逾期不支付的，除按照建设工程的性质不宜折价、拍卖的以外，承包人可以与发包人协议将该工程折价，也可以申请人民法院将该工程依法拍卖。建设工程的价款就该工程折价或者拍卖的价款优先受偿。

第二百八十七条 本章没有规定的，适用承揽合同的有关规定。

3. 原建设部合同示范文本

《建设工程施工合同(示范文本)》(GF—1999—0201)(节录)

第二部分 通用条款

一、词语定义及合同文件

2 合同文件及解释顺序

2.1 合同文件应能相互解释，互为说明。除专用条款另有约定外，组成本合同的文件及优先解释顺序如下：

(1)本合同协议书

(2)中标通知书

(3)投标书及其附件

(4)本合同专用条款

(5)本合同通用条款

(6)标准、规范及有关技术文件

(7)图纸

(8)工程量清单

(9)工程报价单或预算书

合同履行中，发包人承包人有关工程的洽商、变更等书面协议或文件视为本合同的组成部分。

2.2 当合同文件内容含糊不清或不相一致时，在不影响工程正常进行的情况下，由发包人承包人协商解决。双方也可以提请负责监理的工程师作出解释。双方协商不成或不同意负责监理的工程师作出解释。双方协商不成或不同意负责监理的工程师的解释时，按本通用条款第37条关于争议的约定处理。

六、合同价款与支付

23 合同价款及调整

23.1 招标工程的合同价款由发包人承包人依据中标通知书中的中标价格在协议书内约定。非招标工程的合同价款由发包人承包人依据工程预算书在协议书内约定。

23.2 合同价款在协议书内约定后，任何一方不得擅自改变。下列三种确定合同价款的方式，双方可在专用条款内约定采用其中一种：

(1)固定价格合同。双方在专用条款内约定合同价款包含的风险范围和风险费用的计算方法，在约定的风险范围内合同价款不再调整。风险范围以外的合同价款调整方法，应当在专用条款内约定。

(2)可调价格合同。合同价款可根据双方的约定而调整，双方在专用条款内约定合同价款调整方法。

(3)成本加酬金合同。合同价款包括成本和酬金两部分，双方在专用条款内约定成本构成和酬金的计算方法。

23.3 可调价格合同中合同价款的调整因素包括：

(1)法律、行政法规和国家有关政策变化影响合同价款；

(2)工程造价管理部门公布的价格调整；

(3)一周内非承包人原因停水、停电、停气造成停工累计超过 8 小时；

(4)双方约定的其他因素。

23.4 承包人应当在 23.3 款情况发生后 14 天内，将调整原因、金额以书面形式通知工程师，工程师确认调整金额后作为追加合同价款，与工程款同期支付。工程师收到承包人通知后 14 天内不予确认也不提出修改意见，视为已经同意该项调整。

24 工程预付款

实行工程预付款的，双方应当在专用条款内约定发包人向承包人预付工程款的时间和数额，开工后按约定的时间和比例逐次扣回。预付时间应不迟于约定的开工日期前 7 天。发包人不按约定预付，承包人在约定预付时间 7 天后向发包人发出要求预付的通知，发包人收到通知后仍不能按要求预付，承包人可在发出通知后 7 天停止施工，发包人应从约定应付之日起向承包人支付应付款的贷款利息，并承担违约责任。

25 工程量的确认

25.1 承包人应按专用条款约定的时间，向工程师提交已完工程量的报告。工程师接到报告后 7 天内按设计图纸核实已完工程量(以下称计量)，并在计量前 24 小时通知承包人，承包人为计量提供便利条件并派人参加。承包人收到通知后不参加计量，计量结果有效，作为工程价款支付的依据。

25.2 工程师收到承包人报告后 7 天内未进行计量，从第 8 天起，承包人报告中开列的工程量即视为被确认，作为工程价款支付的依据。工程师不按约定时间通知承包人，致命承包人未能参加计量，计量结果无效。

25.3 对承包人超出设计图纸范围和因承包人原因造成返工的工程量，工程师不予计量。

26 工程款(进度款)支付

26.1 在确认计量结果后 14 天内，发包人应向承包人支付工程款(进度款)。按约定时间发包人应扣回的预付款，与工程款(进度款)同期结算。

26.2 本通用条款第 23 条确定调整的合同价款，第 31 条工程变更调整的合同价款及其他条款中约定的追加合同价款，应与工程款(进度款)同期调整支付。

26.3 发包人超过约定的支付时间不支付工程款(进度款)，承包人可向发包人发出要求付款的通知，发包人收到承包人通知后仍不能按要求付款，可与承包人协商签订延期付款协议，经承包人同意后可延期支付。协议应明确延期支付的时间和从计量结果确认后第 15 天起应付款的贷款利息。

26.4 发包人不按合同约定支付工程款(进度款)，双方又未达成延期付款协议，导致施工无法进行，承包人可停止施工，由发包人承担违约责任。

八、工程变更

29 工程设计变更

29.1 施工中发包人需对原工程设计变更，应提前14天以书面形式向承包人发出变更通知。变更超过原设计标准或批准的建设规模时，发包人应报规划管理部门和其他有关部门重新审查批准，并由原设计单位提供变更的相应图纸和说明。承包人按照工程师发出的变更通知及有关要求，进行下列需要的变更：

(1)更改工程有关部分的标高、基线、位置和尺寸；

(2)增减合同中约定的工程量；

(3)改变有关工程的施工时间和顺序；

(4)其他有关工程变更需要的附加工作。

因变更导致合同价款的增减及造成的承包人损失，由发包人承担，延误的工期相应顺延。

29.2 施工中承包人不得对原工程设计进行变更。因承包人擅自变更设计发生的费用和由此导致发包人的直接损失，由承包人承担，延误的工期不予顺延。

29.3 承包人在施工中提出的合理化建议涉及对设计图纸或施工组织设计的更改及对材料、设备的换用，须经工程师同意。未经同意擅自更改或换用时，承包人承担由此发生的费用，并赔偿发包人的有关损失，延误的工期不予顺延。

工程师同意采用承包人合理化建议，所发生的费用和获得的收益，发包人承包人另行约定分担或分享。

30 其他变更

合同履行中发包人要求变更工程质量标准及发生其他实质性变更，由双方协商解决。

31 确定变更价款

31.1 承包人在工程变更确定后14天内，提出变更工程价款的报告，经工程师确认后调整合同价款。变更合同价款按下列方法进行：

(1)合同中已有适用于变更工程的价格，按合同已有的价格变更合同价款；

(2)合同中只有类似于变更工程的价格，可以参照类似价格变更合同价款；

(3)合同中没有适用或类似于变更工程的价格，由承包人提出适当的变更价格，经工程师确认后执行。

31.2 承包人在双方确定变更后14天内不向工程师提出变更工程价款报告时，视为该项变更不涉及合同价款的变更。

31.3 工程师应在收到变更工程价款报告之日起14天内予以确认，工程师无正当理由不确认时，自变更工程价款报告送达之日起14天后视为变更工程价款报告已被确认。

31.4 工程师不同意承包人提出的变更价款，按本通用条款第37条关于争议的约定处理。

31.5 工程师确认增加的工程变更价款作为追加合同价款，与工程款同期支付。

31.6 因承包人自身原因导致的工程变更，承包人无权要求追加合同价款。

九、竣工验收与结算

33 竣工结算

33.1 工程竣工验收报告经发包人认可后28天内，承包人向发包人递交竣工结算报告及完整的结算资料，双方按照协议书约定的合同价款及专用条款约定的合同价款调整内容，进行工程竣工结算。

33.2 发包人收到承包人递交的竣工结算报告及结算资料后28天内进行核实，给予确认或者提出修改意见。发包人确认竣工结算报告通知经办银行向承包人支付工程竣工结算价款。承包人收到竣工结算价款后14天内将竣工工程交付发包人。

33.3 发包人收到竣工结算报告及结算资料后28天内无正当理由不支付工程竣工结算价

款，从第29天起按承包人同期向银行贷款利率支付拖欠工程价款的利息，并承担违约责任。

33.4 发包人收到竣工结算报告及结算资料后28天内不支付工程竣工结算价款，承包人可以催告发包人支付结算价款。发包人在收到竣工结算报告及结算资料后56天内仍不支付的，承包人可以与发包人协议将该工程折价，也可以由承包人申请人民法院将该工程依法拍卖，承包人就该工程折价或者拍卖的价款优先受偿。

33.5 工程竣工验收报告经发包人认可后28天内，承包人未能向发包人递交竣工结算报告及完整的结算资料，造成工程竣工结算不能正常进行或工程竣工结算价款不能及时支付，发包人要求交付工程的，承包人应当交付；发包人不要求交付工程的，承包人承担保管责任。

33.6 发包人承包人对工程竣工结算价款发生争议时，按本通用条款第37条关于争议的约定处理。

十、违约、索赔和争议

35 违约

35.1 发包人违约。当发生下列情况时：

(1)本通用条款第24条提到的发包人不按时支付工程预付款；

(2)本通用条款第26.4款提到的发包人不按合同约定支付工程款，导致施工无法进行；

(3)本通用条款第33.3款提到的发包人无正当理由不支付工程竣工结算价款；

(4)发包人不履行合同义务或不按合同约定履行义务的其他情况。

发包人承担违约责任，赔偿因其违约给承包人造成的经济损失，顺延延误的工期。双方在专用条款内约定发包人赔偿承包人损失的计算方法或者发包人应当支付违约金的数额或计算方法。

35.2 承包人违约。当发生下列情况时：

(1)本通用条款第14.2款提到的因承包人原因不能按照协议书约定的竣工日期或工程师同意顺延的工期竣工；

(2)本通用条款第15.1款提到的因承包人原因工程质量达不到协议书约定的质量标准；

(3)承包人不履行合同义务或不按合同约定履行义务的其他情况。

承包人承担违约责任，赔偿因其违约给发包人造成的损失。双方在专用条款内约定承包人赔偿发包人损失的计算方法或者承包人应当支付违约金的数额可计算方法。

35.3 一方违约后，另一方要求违约方继续履行合同时，违约方承担上述违约责任后仍应继续履行合同。

36 索赔

36.1 当一方向另一方提出索赔时，要有正当索赔理由，且有索赔事件发生时的有效证据。

36.2 发包人未能按合同约定履行自己的各项义务或发生错误以及应由发包人承担责任的其他情况，造成工期延误和(或)承包人不能及时得到合同价款及承包人的其他经济损失，承包人可按下列程序以书面形式向发包人索赔：

(1)索赔事件发生后28天内，向工程师发出索赔意向通知；

(2)发出索赔意向通知后28天内，向工程师提出延长工期和(或)补偿经济损失的索赔报告及有关资料；

(3)工程师在收到承包人送交的索赔报告和有关资料后，于28天内给予答复，或要求承包人进一步补充索赔理由和证据；

(4)工程师在收到承包人送交的索赔报告和有关资料后28天内未予答复或未对承包人作进一步要求，视为该项索赔已经认可；

(5)当该索赔事件持续进行时，承包人应当阶段性向工程师发出索赔意向，在索赔事件终了后28天内，向工程师送交索赔的有关资料和最终索赔报告。索赔答复程序与(3)、(4)规定相同。

36.3 承包人未能按合同约定履行自己的各项义务或发生错误，给发包人造成经济损失，发包人可按36.2款确定的时限向承包人提出索赔。

37 争议

37.1 发包人承包人在履行合同时发生争议，可以和解或者要求有关主管部门调解。当事人不愿和解、调解或者和解、调解不成的，双方可以在专用条款内约定以下一种方式解决争议：第一种解决方式：双方达成仲裁协议，向约定的仲裁委员会申请仲裁；

第二种解决方式：向有管辖权的人民法院起诉。

37.2 发生争议后，除非出现下列情况的，双方都应继续履行合同，保持施工连续，保护好已完工程：

(1)单方违约导致合同确已无法履行，双方协议停止施工；

(2)调解要求停止施工，且为双方接受；

(3)仲裁机构要求停止施工；

(4)法院要求停止施工。

十一、其他

38 工程分包

38.1 承包人按专用条款的约定分包所承包的部分工程，并与分包单位签订分包合同。非经发包人同意，承包人不得将承包工程的任何部分分包。

38.2 承包人不得将其承包的全部工程转包给他人，也不得将其承包的全部工程肢解以后以分包的名义分别转包给他人。

38.3 工程分包不能解除承包人任何责任与义务。承包人应在分包场地派驻相应管理人员，保证本合同的履行。分包单位的任何违约行为或疏忽导致工程损害或给发包人造成其他损失，承包人承担连带责任。

38.4 分包工程价款由承包人与分包单位结算。发包人未经承包人同意不得以任何形式向分包单位支付各种工程款项。

39 不可抗力

39.1 不可抗力包括因战争、动乱、空中飞行物体坠落或其他非发包人承包人责任造成的爆炸、火灾，以及专用条款约定的风、雨、雪、洪、震等自然灾害。

39.2 不可抗力事件发生后，承包人应立即通知工程师，在力所能及的条件下迅速采取措施，尽力减少损失，发包人应协助承包人采取措施。不可抗力事件结束后48小时内承包人向工程师通报受害情况和损失情况，及预计清理和修复的费用。不可抗事件持续发生，承包人应每隔7天向工程师报告一次受害情况。不可抗力事件结束后14天内，承包人向工程师提交清理和修复费用的正式报告及有关资料。

39.3 因不可抗力事件导致的费用及延误的工期由双方按以下方法分别承担：

(1)工程本身的损害、因工程损害导致第三人人员伤亡和财产损失以及运至施工场地用于施工的材料和待安装的设备的损害，由发包人承担；

(2)发包人承包人人员伤亡由其所在单位负责，并承担相应费用；

(3)承包人机械设备损坏及停工损失，由承包人承担；

(4)停工期间，承包人应工程师要求留在施工场地的必要的管理人员及保卫人员的费用由发包人承担；

(5)工程所需清理、修复费用,由发包人承担;

(6)延误的工期相应顺延。

39.4 因合同一方迟延履行合同后发生不可抗力的,不能免除迟延履行方的相应责任。

4. 最高人民法院关于审理建设工程施工合同纠纷案件适用法律问题的解释

最高人民法院关于审理建设工程施工合同纠纷案件适用法律问题的解释(节录)

法释[2004]14号

《最高人民法院关于审理建设工程施工合同纠纷案件适用法律问题的解释》已于2004年9月29日由最高人民法院审判委员会第1327次会议通过,现予公布,自2005年1月1日起施行。

最高人民法院

二〇〇四年十月二十五日

根据《中华人民共和国民法通则》、《中华人民共和国合同法》、《中华人民共和国招标投标法》、《中华人民共和国民事诉讼法》等法律规定,结合民事审判实际,就审理建设工程施工合同纠纷案件适用法律的问题,制定本解释。

第一条 建设工程施工合同具有下列情形之一的,应当根据合同法第五十二条第(五)项的规定,认定无效:

(一)承包人未取得建筑施工企业资质或者超越资质等级的;

(二)没有资质的实际施工人借用有资质的建筑施工企业名义的;

(三)建设工程必须进行招标而未招标或者中标无效的。

第二条 建设工程施工合同无效,但建设工程经竣工验收合格,承包人请求参照合同约定支付工程价款的,应予支持。

第三条 建设工程施工合同无效,且建设工程经竣工验收不合格的,按照以下情形分别处理:

(一)修复后的建设工程经竣工验收合格,发包人请求承包人承担修复费用的,应予支持;

(二)修复后的建设工程经竣工验收不合格,承包人请求支付工程价款的,不予支持。

因建设工程不合格造成的损失,发包人有过错的,也应承担相应的民事责任。

第四条 承包人非法转包、违法分包建设工程或者没有资质的实际施工人借用有资质的建筑施工企业名义与他人签订建设工程施工合同的行为无效。人民法院可以根据民法通则第一百三十四条规定,收缴当事人已经取得的非法所得。

第五条 承包人超越资质等级许可的业务范围签订建设工程施工合同,在建设工程竣工前取得相应资质等级,当事人请求按照无效合同处理的,不予支持。

第六条 当事人对垫资和垫资利息有约定,承包人请求按照约定返还垫资及其利息的,应予支持,但是约定的利息计算标准高于中国人民银行发布的同期同类贷款利率的部分除外。

当事人对垫资没有约定的,按照工程欠款处理。

当事人对垫资利息没有约定,承包人请求支付利息的,不予支持。

第七条 具有劳务作业法定资质的承包人与总承包人、分包人签订的劳务分包合同,当事人以转包建设工程违反法律规定为由请求确认无效的,不予支持。

第八条 承包人具有下列情形之一,发包人请求解除建设工程施工合同的,应予支持:

(一)明确表示或者以行为表明不履行合同主要义务的;

(二)合同约定的期限内没有完工,且在发包人催告的合理期限内仍未完工的;

(三)已经完成的建设工程质量不合格,并拒绝修复的;

(四)将承包的建设工程非法转包、违法分包的。

第九条　发包人具有下列情形之一，致使承包人无法施工，且在催告的合理期限内仍未履行相应义务，承包人请求解除建设工程施工合同的，应予支持：

（一）未按约定支付工程价款的；

（二）提供的主要建筑材料、建筑构配件和设备不符合强制性标准的；

（三）不履行合同约定的协助义务的。

第十条　建设工程施工合同解除后，已经完成的建设工程质量合格的，发包人应当按照约定支付相应的工程价款；已经完成的建设工程质量不合格的，参照本解释第三条规定处理。

因一方违约导致合同解除的，违约方应当赔偿因此而给对方造成的损失。

第十一条　因承包人的过错造成建设工程质量不符合约定，承包人拒绝修理、返工或者改建，发包人请求减少支付工程价款的，应予支持。

第十二条　发包人具有下列情形之一，造成建设工程质量缺陷，应当承担过错责任：

（一）提供的设计有缺陷；

（二）提供或者指定购买的建筑材料、建筑构配件、设备不符合强制性标准；

（三）直接指定分包人分包专业工程。

承包人有过错的，也应当承担相应的过错责任。

第十三条　建设工程未经竣工验收，发包人擅自使用后，又以使用部分质量不符合约定为由主张权利的，不予支持；但是承包人应当在建设工程的合理使用寿命内对地基基础工程和主体结构质量承担民事责任。

第十四条　当事人对建设工程实际竣工日期有争议的，按照以下情形分别处理：

（一）建设工程经竣工验收合格的，以竣工验收合格之日为竣工日期；

（二）承包人已经提交竣工验收报告，发包人拖延验收的，以承包人提交验收报告之日为竣工日期；

（三）建设工程未经竣工验收，发包人擅自使用的，以转移占有建设工程之日为竣工日期。

第十五条　建设工程竣工前，当事人对工程质量发生争议，工程质量经鉴定合格的，鉴定期间为顺延工期期间。

第十六条　当事人对建设工程的计价标准或者计价方法有约定的，按照约定结算工程价款。

因设计变更导致建设工程的工程量或者质量标准发生变化，当事人对该部分工程价款不能协商一致的，可以参照签订建设工程施工合同时当地建设行政主管部门发布的计价方法或者计价标准结算工程价款。

建设工程施工合同有效，但建设工程经竣工验收不合格的，工程价款结算参照本解释第三条规定处理。

第十七条　当事人对欠付工程价款利息计付标准有约定的，按照约定处理；没有约定的，按照中国人民银行发布的同期同类贷款利率计息。

第十八条　利息从应付工程价款之日计付。当事人对付款时间没有约定或者约定不明的，下列时间视为应付款时间：

（一）建设工程已实际交付的，为交付之日；

（二）建设工程没有交付的，为提交竣工结算文件之日；

（三）建设工程未交付，工程价款也未结算的，为当事人起诉之日。

第十九条　当事人对工程量有争议的，按照施工过程中形成的签证等书面文件确认。承包人能够证明发包人同意其施工，但未能提供签证文件证明工程量发生的，可以按照当事人提供的其他证据确认实际发生的工程量。

第二十条　当事人约定，发包人收到竣工结算文件后，在约定期限内不予答复，视为认可竣工结算文件的，按照约定处理。承包人请求按照竣工结算文件结算工程价款的，应予支持。

第二十一条　当事人就同一建设工程另行订立的建设工程施工合同与经过备案的中标合同实质性内容不一致的，应当以备案的中标合同作为结算工程价款的依据。

第二十二条　当事人约定按照固定价结算工程价款，一方当事人请求对建设工程造价进行鉴定的，不予支持。

第二十三条　当事人对部分案件事实有争议的，仅对有争议的事实进行鉴定，但争议事实范围不能确定，或者双方当事人请求对全部事实鉴定的除外。

第二十四条　建设工程施工合同纠纷以施工行为地为合同履行地。

第二十五条　因建设工程质量发生争议的，发包人可以以总承包人、分包人和实际施工人为共同被告提起诉讼。

第二十六条　实际施工人以转包人、违法分包人为被告起诉的，人民法院应当依法受理。

实际施工人以发包人为被告主张权利的，人民法院可以追加转包人或者违法分包人为本案当事人。发包人只在欠付工程价款范围内对实际施工人承担责任。

第二十七条　因保修人未及时履行保修义务，导致建筑物毁损或者造成人身、财产损害的，保修人应当承担赔偿责任。

保修人与建筑物所有人或者发包人对建筑物毁损均有过错的，各自承担相应的责任。

第二十八条　本解释自二〇〇五年一月一日起施行。

施行后受理的第一审案件适用本解释。

施行前最高人民法院发布的司法解释与本解释相抵触的，以本解释为准。

第二章　招标投标阶段纠纷分析与处理

第一节　工程项目招标范围划分

工程建设招标可以是全过程招标，其工作内容包括可行性研究、勘察设计、物资供应、建筑安装施工乃至使用后的维修；也可以是阶段性建设任务的招标，如勘察设计、项目施工；可以是整个项目发包，也可是单项工程发包。在施工阶段，可依承包内容的不同，工程建设招标分为包工包料、包工部分包料、包工不包料。进行工程招标时，业主必须根据工程项目的特点，结合自身的管理能力，确定工程的招标范围。

一、必须招标的范围

根据《中华人民共和国招标投标法》的规定，在中华人民共和国境内进行的下列工程项目必须进行招标：①大型基础设施、公用事业等关系社会公共利益、公众安全的项目；②全部或者部分使用国有资金或者国家融资的项目；③使用国际组织或者外国政府贷款、援助资金的项目。

1. 关系社会公共利益、公众安全的基础设施项目的范围

根据《工程建设项目招标范围和规模标准规定》（原国家计委令第3号）规定，关系社会公共利益、公众安全的基础设施项目的范围包括：

(1)煤炭、石油、天然气、电力、新能源等能源项目。

(2)铁路、公路、管道、水运、航空以及其他交通运输业等交通运输项目。

(3)邮政、电信枢纽、通信、信息网络等邮电通信项目。

(4)防洪、灌溉、排涝、引(供)水、滩涂治理、水土保持、水利枢纽等水利项目。

(5)道路、桥梁、地铁和轻轨交通、污水排放及处理、垃圾处理、地下管道、公共停车场等城市设施项目。

(6)生态环境保护项目。

(7)其他基础设施项目。

2. 关系社会公共利益、公众安全的公用事业项目的范围

(1)供水、供电、供气、供热等市政工程项目。

(2)科技、教育、文化等项目。

(3)体育、旅游等项目。

(4)卫生、社会福利等项目。

(5)商品住宅，包括经济适用住房。

(6)其他公用事业项目。

3. 使用国有资金投资项目的范围

(1)使用各级财政预算资金的项目。

(2)使用纳入财政管理的各种政府性专项建设基金的项目。

(3)使用国有企业事业单位自有资金,并且国有资产投资者实际拥有控制权的项目。

4. 国家融资项目的范围

(1)使用国家发行债券所筹资金的项目。

(2)使用国家对外借款或者担保所筹资金的项目。

(3)使用国家政策性贷款的项目。

(4)国家授权投资主体融资的项目。

(5)国家特许的融资项目。

5. 使用国际组织或者外国政府资金项目的范围

(1)使用世界银行、亚洲开发银行等国际组织贷款资金的项目。

(2)使用外国政府及其机构贷款资金的项目。

(3)使用国际组织或者外国政府援助资金的项目。

【例】 2008年9月,某民营公司(以下简称A公司)欲开发建设自用仓库,未经过招标程序即与某建筑公司(以下简称B公司)签订单项施工承包合同一份,施工合同价款为人民币500万元,据此约定B公司进场施工。后A公司反悔,书面通知B公司,称项目未经过招标程序因而双方所签合同无效,要求B公司离场。B公司遂向法院起诉,请求法院判决确认合同有效,并要求继续履行合同。

分析:对强制招标的项目,我国《中华人民共和国招标投标法》第三条已有明确规定。虽然2000年5月1日国家发展计划委员会发布的《工程建设项目招标范围和规模标准规定》(简称国家计委规定)指出施工单项合同估算价在200万元人民币以上或项目总投资在3000万元人民币以上的,必须进行招标,但此规定仅适用于依法必须进行招投标的项目,若不属于强制招投标项目范畴,则不受"施工单项合同估算价在200万元人民币以上或项目总投资在3000万元人民币以上"的限制。而本案涉及的项目是建设自用仓库,无论是从项目性质、还是从资金来源上看不属于法律及国务院规定的必须进行招投标的项目,建设单位有权自行决定与施工单位签订施工合同,部委规章不得与法律相抵触,在没有出现违反《中华人民共和国合同法》和《中华人民共和国招标投标法》等法律法规及其他导致合同无效的法定情形外,双方签订的施工合同属于有效合同,应当继续履行合同。

结论:A公司可以不经招标程序而自行选定施工单位,故A、B双方签订的施工合同依法有效。

二、可以不进行招标的范围

按照《中华人民共和国招标投标法》(简称《招标投标法》)和有关规定,属于下列情形之一的,经县级以上地方人民政府建设行政主管部门批准,可以不进行招标:

(1)涉及国家安全、国家秘密的工程。

(2)抢险救灾工程。

(3)利用扶贫资金实行以工代赈、需要使用农民工等特殊情况的工程。

(4)建筑造型有特殊要求的设计。

(5)采用特定专利技术、专有技术进行设计或施工。

(6)停建或者缓建后恢复建设的单位工程,且承包人未发生变更的。

(7)施工企业自建自用的工程,且施工企业资质等级符合工程要求的。

(8)在建工程追加的附属小型工程或者主体加层工程,且承包人未发生变更的。

(9)法律、法规、规章规定的其他情形。

当工程建设项目不属于国家法律和法规规定必须进行招标的范围的，根据《中华人民共和国合同法》的规定，原、被告间订立的合同属于效力待定状态。

【例】 2006年4月，北京市某外商独资公司向当地五家公司发出招标文件，同时这五家公司也向该独资公司发出了投标书。经评定其中一家公司为评标第一名。议标后，该外商独资公司并未当场定标，事后也未在五家公司中确定中标者，却在同年6月12日向中国××建设公司(简称××建设公司)发出了“中标通知书”，依此“中标通知书”，双方于6月27日签订了施工承包合同，并向××建设公司预付了260万元的工程款。双方确定该合同关系时，外商独资公司并未办理该项工程立项审批等手续。

次年2月份，在××建设公司完成一号馆的情况下，该外商独资公司向其发出解除合同的通知，要求××建设公司退回工程预付款，撤出工地，并承诺对履行期间在工地上的实际损失将给予合理的赔付。

分析：××建设公司未参与工程的招投标，其取得“中标通知书”直接违反了《招标投标法》的规定，故中标无效，由此订立的承包合同也无效。但外商独资公司所招标的工程项目不属于《招标投标法》及国务院批准发布的《工程建设项目招标范围和规模标准规定》规定不许强制进行招投标的项目，故即使××建设公司不是通过招投标取得中标书，但外商独资公司选定其并与之签订合约，所以合同仍然有效。

结论：根据《中华人民共和国招标投标法》第三条及2000年4月4日国务院批准，2000年5月1日国家发展计划委员会发布的《工程建设项目招标范围和规模标准规定》第二条、第三条、第四条、第五条、第六条、第七条的规定，外商独资公司所建设的工程建设项目不属国家法律和法规规定的必须进行招标的范围。因此《中华人民共和国招标投标法》在本案中不适用。又根据《合同法》的规定，这两家公司间订立的合同属于效力待定状态，属合同是否成立、何时成立生效之范畴。

第二节　工程招标过程审查

一、工程招标范围审查

《中华人民共和国招标投标法》规定，首先应查明责任项目是否属于必须公开招标的范围。必须招标的范围具体见本章第一节。

二、工程招标条件审查

按照《中华人民共和国招标投标法》第九条规定，在招标开始前应完成的准备工作和应满足的有关条件主要有两项：一是履行审批手续，二是落实资金来源。

1. 履行审批手续

按照国家规定履行审批手续的招标项目，应当先履行审批手续。根据现行的投融资管理体制，这些项目大多需要经过国务院、国务院有关部门或者省市有关部门的审批。只有经国务院、国务院有关部门批准后，而且建设资金或资金来源已经落实，才能进行招标。对于那些不属于必须招标范围，但需要政府平衡建设和生产条件的项目，或者国家限制发展的项目也要按有关规定进行审批。这些项目也需经履行审批手续并获批准后，才能进行招标。

2. 落实资金来源

所谓“具有进行招标项目的相应资金或者资金来源已经落实”，是指进行某一单项建设项目、货物或服务采购所需的资金已经到位，或者尽管资金没有到位，但来源已经落实。

招标人应当有进行招标项目的相应资金或者资金来源已经落实，并在招标文件中如实载明。由于一些项目的建设周期比较长，中标合同的履行期限也比较长；在实际工作中经常出现合同正在执行过程中，由于种种原因资金无法到位，项目单位无法给施工企业或供货企业支付价款，甚至要求企业先行垫款，致使合同无法顺利履行等现象。作此规定是便于投标企业了解和掌握项目资金状况，作为是否投标的决策依据。表 2-1 所列为不同性质的工程项目招标条件的侧重点。

表 2-1　　不同性质的工程项目招标条件的侧重点

序号	不同性质的工程项目	招标条件的侧重点
1	建设工程勘察设计招标	(1)设计任务书或可行性研究报告已获批准。 (2)具有设计所必需的可靠的基础资料
2	建设工程施工招标	(1)建设工程已列入年度投资计划。 (2)建设资金(含自筹资金)已按规定存入银行。 (3)施工前期工作已基本完成。 (4)有持证设计单位设计的施工图纸和有关设计文件
3	建设监理招标	(1)设计任务书或初步设计已获批准。 (2)工程建设的主要技术工艺要求已确定
4	建设工程材料设备供应招标	(1)建设项目已列入年度投资计划。 (2)建设资金(含自筹资金)已按规定存入银行。 (3)具有批准的初步设计或施工图设计所附的设备清单，专用、非标设备应有设计图纸、技术资料等
5	建设工程总承包招标	(1)计划文件或设计任务书已获批准。 (2)建设资金和地点已经落实

三、工程招标代理审查

为了确保招标投标活动的质量，真正达到选拔最优秀的承包商和建设投资最低化的目的，各地的政府招标投标主管部门还对招标人的招标资质进行了规定。

建设工程招标人的招标资质主要由以下两方面标准确定：

(1)招标人是否有与招标项目相适应的数量和级别的技术、经济等专业技术人员；

(2)招标人是否具有编制招标文件和组织招标活动的能力。

若招标人不具备上述条件，无相应的招标资质，就不容许自行组织招标，而必须委托具有相应资质的招标代理机构代理招标。

建设工程招标代理，是指工程建设单位，将建设工程招标事务委托给具有相应资质的中介服务机构，由该中介服务机构在招标人委托授权的范围内，以招标人的名义，独立组织建设工程招标活动，并由建设单位接受招标活动的法律效果的一种制度。这里，代替他人进行建设工程招标活动的中介服务机构，称为招标代理人。

建设工程招标人委托建设工程中介服务机构作为自己的代理人，必须有委托授权行为。

委托授权是建设工程招标人作为被代理人，将招标代理权授予代理人的单方行为。被代理人一方一旦授权，代理人就取得了招标代理权。建设工程招标当事人委托授予代理权，应当采用书面形式。授权委托书应当具体载明代理人的姓名或者名称、代理事项、代理的权限范围和代理权的有效期限，并且由委托人签名盖章。授权委托书授权不明，代理人凭借授权不明的授权委托书与善意的第三人（相对人）进行了不符合被代理人本意的招标事务，其效果仍应归属于被代理人，因此致使第三人（相对人）受损害的，被代理人应向受害人负赔偿责任，代理人负连带责任。

招标代理人受招标人委托代理招标，必须签订书面委托代理合同。授权委托书和委托代理合同关系十分密切，但两者不是一回事。授权委托书和委托代理合同的主要区别是：授权委托书体现为单方法律行为，委托合同体现为双方法律行为。所谓委托代理合同，是指招标人委托招标代理机构处理招标事务，招标代理机构接受委托的协议。

政府招标主管部门对招标代理机构实行资质管理。招标代理机构必须按照有关规定，在资质证书容许的范围内展开业务活动。招标代理的资质主要根据以下条件确定：

(1)机构的营业场所和资金情况；

(2)技术、经济专业人员的数量、职称和工作经验情况；

(3)机构在招标代理方面的工作业绩。

越级代理属于一种无权代理行为，不受法律保护。

四、工程招标方式审查

1. 公开招标

公开招标又称为无限竞争招标，是由招标人以招标公告的方式邀请不特定的法人或者其他组织投标，并通过国家指定的报刊、广播、电视及信息网络等媒介发布招标公告，有意的投标人接受资格预审、购买招标文件，参加投标的招标方式。

公开招标是最具竞争性的招标方式，其参与竞争的投标人数量最多，只要符合相应的资质条件，投标人愿意便可参加投标，不受限制，因而竞争程度最为激烈。它可以为招标人选择报价合理、施工工期短、信誉好的承包商，为招标人提供最大限度的选择范围。

公开招标程序最严密、最规范，有利于招标人防范风险，保证招标的效果；有利于防范招标投标活动操作人员和监督人员的舞弊现象。

2. 邀请招标

邀请招标又称为有限竞争性招标，是指招标人以投标邀请书的方式邀请特定的法人或其他组织投标。这种方式不发布公告，招标人根据自己的经验和所掌握的各种信息资料，向具备承接该项工程施工能力、资信良好的三个以上承包商发出投标邀请书，收到邀请书的单位参加投标。由于投标人的数量是招标人确定的，有限制的，所以又将其称之为"有限竞争性招标"。招标人采用邀请招标方式时，特邀的投标人必须能胜任招标工程项目的实施任务。

邀请招标中所选投标人应具备的条件：

(1)投标人当前和过去的财务状况均良好；

(2)投标人近期内成功地承包过与招标工程类似的项目，有较丰富的经验；

(3)投标人有较好的信誉；

(4)投标人的技术装备、劳动力素质、管理水平等均符合招标工程的要求；

(5)投标人在施工期内有足够的力量承担招标工程的任务。

总之，被邀请的投标人必须具有经济实力、信誉实力、技术实力、管理实力，能胜任招标工程。

邀请招标该方式在建设工程招标中广泛采用，特别为一些实力雄厚、信誉较高的老牌开发商所垂青。究其原因，首先由建设工程的地域性的特点决定。开发商主要在当地选择投标单位，而当地的投标人数量少;其次开发商的市场经验丰富,具备挑选上乘的建设工程企业参加投标的能力。

3. 协议招标

协议招标又称为非竞争性招标、指定性招标、议标、谈判招标,是招标人邀请不少于两家(含两家)的承包商,通过直接协商谈判,选择承包商的招标方式。

业主不必发布招标公告,直接选择有能力承担建设工程项目的企业投标,实质上是更小范围的邀请招标。首先招标人选定某几个工程承包人进行谈判,双方可以相互协商,投标人通过修改标价与招标人取得一致,业主通常采取多角协商、货比三家的原则,择优选择投标人,商定工程价款,签订工程承包合同。其实质是一种谈判合同,是一般意义上的建设工程承发包。接近传统的商务方式,是招标方式与传统商务方式的结合,兼顾两者的优点,既节省了时间和招标成本,又可以获取有竞争力的标价。议标必须经过三个基本阶段:第一是报价阶段,第二是比较阶段,第三是评定阶段。不过有的时候采用单项议标的方法也比较多见,如小型改造维修工程。国家对不宜公开招标或邀请招标的特殊工程,应报主管机构,经批准后可以议标。议标在我国新兴的建设工程招标中还有着用武之地,尤其是针对广大的中小房地产开发商,议标为建设工程招标投标事业在我国的发展壮大起到了先锋作用。因此,如何规范和完善议标的法律地位,是一个值得研究的问题。

议标方式不是法定的招标形式,招标投标法也未进行规范。但议标方式不同于直接发包。从形式上看,直接发包没有"标",而议标是有"标"的。议标的招标人事先须编制议标招标文件,有时还要有标底,议标的投标人必须有议标投标文件。议标方式还是在一定范围内存在,各地的招标投标管理机构把议标纳入管理范围。依法必须招标的建设项目,采用议标方式招标必须经招标投标管理机构审批。议标的文件、程序和中标结果也须经招标投标管理机构审查。

潜在投标人很少的特殊工程或大型复杂的建设工程,缺乏经验的业主自行招标,都不宜采用议标方式;复杂的传统招标项目,如工程承包和设备采购等,就更不采用议标方式进行招标。

4. 综合性招标

综合性招标是指招标人将公开招标和邀请招标相结合(有时将技术标和商务标分成两个阶段评选)的方式。首先进行公开招标,开标后(有时先评技术标),按照一定的标准,淘汰其中不合格的投标人,选出若干家合格的投标人(一般选三四家),再进行邀请招标(有时只评选商务标)。通过对被邀请投标人投标书的评价,最后决定中标人。如果同时投技术标和商务标,须将两者分开密封包装。先评审技术标,再评技术标合格的投标人的商务标。

在公开招标和邀请招标中可分别或组合进行。综合性招标有时相当于传统招标方法的两阶段招标法。

5. 两阶段招标

在招标中,常采用两阶段招标方式。所谓两阶段招标,是指在工程招标投标时将技术标和商务标分阶段评选,先评技术标,被选中技术标的单位,才有权参加商务标的竞争。如同时投技术标、商务标的,也须将两者分开密封包装。先开、先评技术标,经评标淘汰其中技术标不合格的投标人,然后再由技术标通过的投标人投商务标,或再开、再评技术通过的投标人的商务标。两阶段招标不是一种独立的招标方式,两阶段招标既可用在公开招标中,也可用在邀请招标中。

不同方式的招标范围与优、缺点见表2-2。

表 2-2 不同方式的招标范围与优、缺点

招标方式	招标范围	优点	缺点
公开招标	在国际上，招标通常都是指公开招标。在某种程度上，公开招标已成为招标的代名词。我国《招标投标法》规定，凡法律法规要求招标的建设项目必须采用公开招标的方式，若因某些原因需要采用邀请招标，必须经招标投标管理机构批准	投标的承包商多，范围广，竞争激烈，建设单位有较大的选择余地，有利于降低工程造价、提高工程质量、缩短工期	由于投标的承包商多，招标工作量大，组织工作复杂，需投入较多的人力、物力，招标过程所需时间较长
邀请招标	邀请招标形式在大多数国家适用于私人投资的中、小型建设工程项目。国内规模较小的项目一般都采用邀请招标方式。 国家重点建设项目和省、自治区、直辖市人民政府确定的地方重点建设项目，以及全部使用国有资金投资或者国有资金投资占控股或主导地位的建设工程项目，应当公开招标，有下列情形之一的，经批准可以进行邀请招标： (1)项目技术复杂或有特殊要求，其潜在投标人数量少； (2)自然地域环境限制； (3)涉及国家安全、国家秘密、抢险救灾，不宜公开招标的； (4)拟公开招标的费用与项目的价值相比不经济； (5)法律、法规规定不宜公开招标的	(1)招标所需的时间较短，且招标费用较省。由于被邀请的投标人是经招标人事先选定，具备对招标工程投标资格的承包企业，不需要资格预审；被邀请的投标人数量有限，可减少评标阶段的工作量及费用支出，因此，邀请招标比公开招标时间短、费用少。 (2)目标集中，招标的组织工作容易，程序比公开招标简化。邀请招标的投标人往往为三至五家，比公开招标少，因此评标工作量减少，程序简单	邀请招标不利于招标人获得最优报价，取得最佳投资效益。由于参加的投标人少，竞争性较差。招标人在选择被邀请人前所掌握的信息不可避免地存在一定局限性，业主很难了解市场上所有承包商的情况，常会忽略一些在技术、报价方面都更具竞争力的企业；使业主不易获得最合理的报价
协议招标	根据国际惯例和我国现行的法规，议标方式严格限定在紧急工程、有保密性要求的工程、价格很低的小型工程、零星的维修工程、不宜公开招标或邀请招标的特殊工程，诸如工程造价较低的工程、工期紧迫的特殊抢险工程、专业性强的工程、军事保密工程等	(1)能较快速地完成交易。由于承包人不通过竞争过程产生，也无须通过开标、评标、决标的选择过程，所以，双方能在短时间内签订合同，进行施工，完成建设工程。 (2)节约招标费用。议标方式对招标人的要求很高，要保证议标的成功通常都要求招标人对建设工程行业和建设工程企业的情况充分了解。因此，一般选定的投标人少而精，招标投标费用低廉。 (3)容易迅速开展工作，达成协议，保密性好	协议招标竞争力差，很难获得有竞争力的报价。由于竞争小，发包人比较选择的余地小，无法获得合理报价。由于招标人同时与几个投标人进行谈判，使投标人之间更容易产生不合理的竞争，使得招标人难以选择到有竞争力的企业

续表

招标方式	招标范围	优点	缺点
综合性招标	(1)公开招标时尚不能决定工程内容的工程,招标人缺乏经验的新项目、大型项目。 (2)公开招标开标后,投标报价不满足招标人的要求。 (3)规模大、工期长的工程项目	(1)招标人选择范围大,可获得合理报价,提高工程质量。 (2)程序严密规范,有利于防范工程风险。 (3)评标时间、工作量、费用可控制在合理的范围	(1)综合性招标只适用于不能决定工程内容,招标人缺乏经验的大型的新项目。 (2)时间过程比较长。 (3)费用比较高

五、工程招标文件审查

(一)投标须知

投标须知是招标文件中很重要的一部分内容,主要是告知投标者投标时的有关注意事项,包括资格要求、投标文件要求、投标的语言、报价计算、货币、投标有效期、投标保证、错误的修正以及本国投标者的优惠等,内容应明确、具体。

投标须知这一部分内容,有的业主将它作为正式签订的工程承包合同的一部分,有的不作为正式的合同内容,这一点在编制招标文件时和签订合同时应注意说明。

投标须知大致包括以下内容。

1. 招标项目说明

主要是介绍招标项目的情况及合同的有关情况,如项目的数量、规模、用途,合同的名称、包括的范围、合同的数量、合同对项目的要求,等等。通过上述情况的介绍,使投标人对招标项目有一个整体的了解。

2. 资金来源

资金包括国拨资金、国债资金、银行贷款、自有资金等。项目的出资比例为:国债资金 40%,银行贷款 50%,自有资金 10%,如全部为国债资金,则写 100%国债资金。

根据《招标投标法》第 9 条第 2 款规定,招标人应当有进行招标项目的相应资金或者资金来源已落实,并应在招标文件中如实载明。如:国债资金部分已列入年度计划、银行贷款部分已签订贷款协议、企业自有资金部分已经存入项目专用账户。

3. 对投标人的资格要求

招标文件可以重申投标人对本项目投标所应当具备的资格,列出要证明其资格的文件。在没有进行资格预审的情况下更是如此。

4. 招标文件的目录

在投标须知中列上招标文件目录,是为了使投标人在收到文件后仔细核对文件内容,文件格式、条款和说明,以证实其得到了所有文件。该项条目应强调由于投标人检查疏忽而遗漏的文件,招标人不承担责任。投标人没有按照招标文件的要求制作投标文件进行投标的,其投标将被拒绝。

5. 招标文件的补充或修改

招标文件发售给投标人后,在投标截止日期前的任何时候,招标人均可以对其中的任何内容或者部分内容加以补充或者修改。

(1)对投标人书面质疑的解答。投标人研究招标文件和进行现场考察后会对招标文件中的某些问题提出书面质疑，招标人如果对其问题给予书面解答，就此问题的解答应同时送达每一个投标人，但送给其他人的解答不涉及问题的来源以保证公平竞争。

(2)标前会议的解答。标前会议对投标人和即时提出问题的解答，在会后应以会议纪要的形式发给每一个投标人。

(3)补充文件的法律效力。不论是招标人主动提出的对招标文件有关内容的补充或修改，还是对投标人质疑解答的书面文件或标前会议纪要，均构成招标文件的有效组成部分，若与原发出的招标文件不一致之处，以各文件的发送时间靠后者为准。

(4)补充文件的发送对投标截止日期的影响。在任何时间招标人均可对招标文件的有关内容进行补充或者修改，但应给投标人合理的时间在编制投标书时予以考虑。按照《招标投标法》规定，澄清或者修改文件应在投标截止日期的15天以前送达每一个投标人。因此若迟于上述时间时投标截止日期应当相应顺延。

6. 投标书格式

规定投标人应当提交的投标文件的种类、格式、份数，并规定投标人应当编制投标书份数。

7. 投标语言

特别是在国际性招标中，对投标语言作出规定更是必要。

8. 投标报价和货币的规定

投标报价是投标人说明报价的形式。投标人报价包括单价、总值和投标总价。在招标文件中还应当向投标人说明投标价是否可以调整。在投标货币方面，要求投标人标明投标价的币种及分别的金额。在支付货币方面，或者全部由招标人规定支付货币，或者由投标人选择一定百分比支付货币。同时，也应当写明兑换率。

9. 投标文件

这里主要是规定投标人制作的投标书应当包括的文件。其中包括投标书格式、投标保证金、报价单、资格证明文件、工程项目还有工程量清单等。

10. 投标保证金

投标保证金属于投标文件中可以规定的内容的重要组成部分。所谓投标保证金，是指投标人向招标人出具的，以一定金额表示的投标责任担保。也就是说，投标人保证其投标被接受后对其投标书中规定的责任不得撤销或者反悔。否则，招标人将对投标保证金予以没收。

招标人可以在招标文件中规定投标人出具保证金，并规定投标保证金的额度，投标保证金的金额可定为标价的2%或者一个指定的金额，该金额相当于所估合同价的2%。当然，不是说必须定在标价的2%，除法律有明确规定外，可考虑在标价的1%～5%之间确定。在使用信用证、银行保函或者投标保证金时，要规定该文件的有效期限。一般情况下，这些投标保证形式的有效期要长于投标有效期。该期限的长短要根据投标项目的具体情况来定。对于未中标的投标保证金，应当在发出中标通知书后一定时间内，尽快退还给投标人。

有下列情形之一的，投标保证金将不予退还：

(1)投标人在规定的投标有效期内撤销或修改其投标文件；

(2)中标人在收到中标通知书后，无正当理由拒签合同协议书或未按招标文件规定提交履约担保。

11. 投标截止时间

《招标投标法》第24条规定："招标人应当确定投标人编制投标文件所需要的合理时间；但是，依法必须进行招标的项目，自招标文件开始发出之日起至投标人提交投标文件截止之日止，最短不得少于20日。”投标人获得招标文件后，需要按照招标文件的要求编制投标文件，这需要花费一定的时间，从招标投标活动应当遵循的基本原则出发，招标人应当在招标文件中确定投标人编制投标文件所需要的合理时间。具体的“合理时间”是多长，由招标人根据招标项目的具体性质来确定。但是，对于依法必须进行招标的项目，自招标文件开始发出之日起至投标人提交投标文件截止之日止，最短不得少于20日。这是法律的强制性规定，招标人必须遵守。

上述投标截止时间简称为截标时间。招标人在招标公告和投标邀请书中对于投标截止时间已经予以明确，但是，在投标须知中还需要进一步强调，以引起投标人的重视，防止出现争议。需要说明的是，招标人可以推迟投标截止时间，并应当向投标人说明。

12. 投标有效期

投标有效期是在投标截止日期后规定的一段时间。在这段时间内招标人应当完成开标、评标、中标工作，除所有的投标都不符合招标条件的情形外，招标人应当与中标人订立合同，招标文件规定中标人需要提交履约保证金的，中标人还应当提交履约保证金。

招标文件中规定投标有效期是很有必要的，从招标程序来看，大量的工作是在接到投标以后进行的，开标、评标和确定中标人都需要较长的时间，在这段时间内投标人不得再对投标文件进行修改，否则必然会影响招标人的工作。正如《招标投标法》第29条规定：“投标人在招标文件要求提交投标文件的截止时间前，可以补充、修改或者撤回已提交的投标文件，并书面通知招标人。补充、修改的内容为投标文件的组成部分。”而在投标截止时间后，即在投标有效期内投标人不得对投标文件中的交易条件再行修改。

投标有效期可以定在中标通知以后，而定在中标人提交履约担保之后则是最稳妥的。通常情况下，投标有效期确定后，招标人应当在此期限内完成评标和授予合同等活动。当然，如果出现特殊情况，需要延长投标有效期，则招标人应当在投标有效期届满前以书面形式征求所有投标人的意见，同时要求投标担保也相应延长。招标人的延长投标有效期的要求不是强制性的，目的是不致使投标人在不可预料的长时间中受其投标的约束，从而有碍于投标人参与投标或者促使他们提高投标价格。投标人既可以同意延长投标有效期，也可以拒绝延期而按照原定期限撤销投标。拒绝延期的，其投标担保招标人不能没收。

13. 开标

这是投标须知中对开标的说明。在所有投标人的法定代表人或授权代表在场的情况下，招标人将于“投标人须知”限定的时间和地点举行开标会议，参加开标的投标人的代表应签名报到，以证明其出席开标会议。开标会议在招标投标管理机构监督下，由招标人组织并主持。开标时，对在招标文件要求提交投标文件的截止时间前收到的所有投标文件，都应当众予以拆封、宣读。但对按规定提交合格撤回通知的投标文件，不予开封。投标人的法定代表人或其授权代表未参加开标会议的，视为自动放弃投标。未按招标文件的规定标志、密封的投标文件，或者在投标截止时间以后送达的投标文件将被作为无效的投标文件对待。招标人当众宣布对所有投标文件的核查检视结果，并宣读有效投标的投标人名称、投标报价、修改内容、工期、质量、主要材料用量、投标保证金以及招标人认为适当的其他内容。

14. 评标

这是投标须知中对评标的阐释，主要有以下几个方面。

(1)评标内容的保密。公开开标后，直到宣布授予中标人合同为止，凡属于审查、澄清、评价和比较投标的有关资料，和有关授予合同的信息，以及评标组织成员的名单都不应向投标人或与该过程无关的其他人泄露。招标人应采取必要的措施,保证评标在严格保密的情况下进行。在投标文件的审查、澄清、评价和比较以及授予合同的过程中,投标人对招标人和评标组织其他成员施加影响的任何行为,都将导致取消投标资格。

(2)投标文件的澄清。为了有助于投标文件的审查、评价和比较,评标组织在保密其成员名单的情况下,可以个别要求投标人澄清其投标文件。有关澄清的要求与答复,应以书面形式进行,但不允许更改投标报价或投标的其他实质性内容。

但是按照投标须知规定,校核时发现的算术错误不在此列。

(3)投标文件的符合性鉴定。在详细评标之前,评标组织将首先审定每份投标文件是否在实质上响应了招标文件的要求。实质上响应要求的投标文件,应该与招标文件的所有规定要求、条件、条款和规范相符,无显著差异或保留。

(4)错误的修正。对于符合招标文件要求而且有竞争力的投标,业主将对计算和累加方面的数字错误进行审核和修改。其中:如数字金额与大写金额不符,则以大写金额为准,如单价乘工程量不等于总值时,一般以单价为准,除非业主认为是明显的单价小数点定位错误造成的,则以总值为准。

修正后的投标文件,须经投标者确认,才对其投标具有约束力。如投标者不接受修正,则投标文件将被拒绝,投标保证金也将被没收。

(5)投标文件的评价与比较。评标组织将仅对按照投标须知确定为实质上响应招标文件要求的投标文件进行评价与比较。评标方法为综合评议法(或单项评议法、两阶段评议法)。投标价格采用价格调整的,在评标时不应考虑执行合同期间价格变化和允许调整的规定。

15. 投标文件的修改与撤回

投标人可以在递交投标文件以后,在规定的投标截止时间之前,采用书面形式向招标人递交补充、修改或撤回其投标文件的通知。在投标截止日期以后,不能更改投标文件。投标人的补充、修改或撤回通知,应按投标须知规定编制、密封、加写标志和递交,并在内层包封标明“补充”、“修改”或“撤回”字样。根据投标须知的规定,在投标截止时间与招标文件中规定的投标有效期终止日之间的这段时间内,投标人不能撤回投标文件,否则其投标保证金将不予退还。

16. 合同授予

这是投标须知中对授予合同问题的阐释,主要有以下几点。

(1)授予合同的标准。业主将与投标文件完整且符合招标文件要求,并经审查认为有足够能力和资产来完成本合同,在满足前述各项要求而投标报价最低的投标者签订合同。

业主有不授受最低投标价的权力。

(2)业主有权接受任何投标和拒绝任何或所有投标。业主在签订合同前,有权接受或拒绝任何投标,宣布投标程序无效或拒绝所有投标。对因此而受到影响的投标者不负任何责任,也没有义务向投标者说明原因。

(3)授予合同的通知。在投标有效期期满之前,业主应以电报或电传通知中标者,并用挂号信寄出正式的中标函。

当中标者与业主签订了合同,并提交了履约保证之后,业主应迅速通知其他未中标的投标者。

(4)签订协议。业主向中标者寄发中标函的同时,还应寄去招标文件中所提供的合同协议书格式。中标者应在收到上述文件后规定时间内派出全权代表与业主签署合同协议书。

(5)履约保证。按合同规定,中标者在收到中标通知后的一定时间内(一般规定15～30天)应向业主交纳一份履约保证。如果中标者未能按照业主的规定提交履约保证,则业主有权取消其中标资格，没收其投标保证金，而考虑与另一投标者签订合同或重新招标。

(二)合同条件和合同协议条款

招标文件中的合同条件和合同协议条款，是招标人单方面提出的关于招标人、投标人、监理工程师等各方权利义务关系的设想和意愿，是对合同签订、履行过程中遇到的工程进度、质量、检验、支付、索赔、争议、仲裁等问题的示范性、定式性阐述。

合同条件(通用条件)和合同协议条款(专用条款)是招标文件的重要组成部分。

招标人在招标文件中应说明本招标工程采用的合同条件和对合同条件的修改、补充或不予采用的意见。投标人对招标文件中的说明是否同意，对合同条件的修改、补充或不予采用的意见，也要在投标文件中一一列出。中标后，双方同意的合同条件和协商一致的合同条款，是双方统一意愿的体现，成为合同文件的组成部分。

(三)合同格式

合同格式是招标人在招标文件中拟定好的具体格式，在定标后由招标人与中标人达成一致协议后签署。投标人投标时不填写。

招标文件中的合同格式，主要有合同协议书、房屋建筑工程质量保修书、承包人履约担保书、承包人预付款银行保函、发包人支付担保书等。

(四)规范与图纸

规范即指技术规范，也称作技术规格书。它是招标文件中一个非常重要的组成部分，规范和图纸两者反映了招标单位对工程项目的技术要求，也是施工过程中承包商控制质量和工程师检查验收的主要依据。严格按规范施工与验收才能保证最终获得一项合格的工程。

在拟定技术规范时，既要满足设计要求，保证工程的施工质量，又不能过于苛刻。因为太苛刻的技术要求必然导致投标者提高投标价格。对国际工程而言，过于苛刻的技术要求往往会影响本国的承包商参加投标的兴趣和竞争力。

编写规范时一般可引用国家有关各部委正式颁布的规范。国际工程也可引用某一通用的外国规范，但一定要结合本工程的具体环境和要求来选用，同时往往还需要由咨询工程师再编制一部分具体适用于本工程的技术要求和规定。正式签订合同之后，承包商必须遵循合同列入的规范要求。

规范一般包含下列内容：工程的全面描述；工程所采用材料的要求；施工质量要求；工程计量方法；验收标准和规定；其他不可预见因素的规定。

图纸是招标文件和合同的重要组成部分，是投标者在拟定施工方案，确定施工方法以至提出替代方案，计算投标报价必不可少的资料。

图纸的详细程度取决于设计的深度与合同的类型。详细的设计图纸能使投标者比较准确地计算报价。但实际上，在工程实施中常常需要陆续补充和修改图纸，这些补充和修改的图纸均须经工程师签字后正式下达，才能作为施工及结算的依据。

图纸中所提供的地质钻孔柱状图、探坑展示图等均为投标者的参考资料，它们提供的水文、气象资料也属于参考资料。业主和工程师应对这些资料的准确性负责，而投标者根据上述资料作出自己的分析与判断，据之拟定施工方案，确定施工方法，业主和工程师对这类分析与判断不负责任。

(五)工程量表

工程量表就是对合同规定要实施工程的全部项目和内容按工程部位、性质等列在一系列表内。每个表中即有工程部位需要实施的各个项目，又有每个项目的工程量和计价要求(单价或包干价)，以及每个项目报价和每个表的总计等，后两个栏目留给投标者去填写。

工程量表的用途之一是为投标者报价用，为投标者提供了一个共同的竞争性投标的基础。投标者根据施工图纸和技术规范的要求以及拟定的施工方法，通过单价分析并参照本公司以往的经验，对表中各栏目进行报价，并逐项汇总为各部位以及整个工程的投标报价；用途之二是工程实施过程中，每月结算时可按照表中序号，已实施的项目，单价或价格来计算应付给承包商的款项；用途之三是在工程变更增加新项目或索赔时，可以选用或参照工程量表中的单价来确定新项目或索赔项目的单价和价格。

工程量表和招标文件中的图纸一样，随着设计进度和深度的不同而有粗细程度的不同，当施工详图已完成时，就可以编制得比较细致。

工程量表中的计价办法一般分为两类：一类是按“单价”计价项目，如模板每平方米多少钱，土方开挖每立方米多少钱等，投标文件中此栏一般按实际单位计算；另一类按“项”包干计价项目，如工程保险费，竣工时场地清理费；也有将某一项设备的安装作为一“项”计价的，如闸门采购与安装(包括闸门、预埋件、启闭设备、电气操作设备及仪表等的采购、安装和调试)。编写这类项目时要在括号内把有关项目写全，最好将所采用的图纸号也注明，以方便承包商报价。

编制工程量表时要注意将不同等级要求的工程区分开；将同一性质但不属于同一部位的工作区分开；将情况不同，可能要进行不同报价的项目分开。

编制工程量表划分项目时要做到简单明了，使表中所列的项目既具有高度的概括性、条目简明，又不漏掉项目和应该计价的内容。

(六)投标书格式

招标人在招标文件中，要对投标文件提出明确的要求，并拟定一套投标文件的参考格式，供投标人投标时填写。投标文件的参考格式，主要有投标书及投标书附录、工程量清单与报价表、辅助资料表等。其中，工程量清单与报价表格式，在采用综合单价和工料单价时有所不同，并同时要注意对综合单价投标报价或工料单价投标报价进行说明。

辅助资料表，主要包括项目经理简历表，主要施工人员表，主要施工机械设备表，项目拟分包情况表，劳动力计划表，施工方案或施工组织设计，计划开工、竣工日期和施工进度表，临时设施布置及临时用地表等。

第三节　工程投标过程审查

一、投标人资格审查

按照《工程建设项目施工招标投标办法》第20条规定，如招标人主要审查投标人是否具有独立订立合同的权利，是否具有相应的履约能力等，但不得以不合理的条件限制、排斥投标人，也不得对投标人实行歧视待遇。

资格预审的评审标准必须考虑到评标的标准，一般凡属评标时考虑的因素，资格预审评审时可不必考虑。反过来，也不应该把资格预审中已包括的标准再列入评标的标准(对合同实施至关重要的技术性服务、工作人员的技术能力除外)。

资格预审的评审方法一般采用评分法。将预审应该考虑的各种因素分类，确定它们在评审中应占的分值。如：

机构及组织	10分
人　　员	15分
设备、车辆	15分
经　　验	30分
财务状况	30分
总　　分	100分

一般申请人所得总分在70分以下，或其中有一类得分不足最高分的50%者，应视为不合格。各类因素的权重应根据项目性质以及它们在项目实施中的重要性而定。

评审时，在每一因素下面还可以进一步分若干参数，常用的参数如下。

1. 组织及计划

(1)总的项目实施方案。

(2)分包给分包商的计划。

(3)以往未能履约导致诉讼、损失赔偿及延长合同的情况。

(4)管理机构情况以及总部对现场实施指挥的情况。

2. 人员

(1)主要人员的经验和胜任的程度。

(2)专业人员胜任的程度。

3. 主要施工设施及设备

(1)适用性(型号、工作能力、数量)。

(2)已使用年份及状况。

(3)来源及获得该设施的可能性。

4. 经验(过去3年)

(1)技术方面的介绍。

(2)所完成相似工程的合同额。

(3)在相似条件下完成的合同额。

(4)每年工作量中作为承包商完成的百分比平均数。

5. 财务状况

(1)银行介绍的函件。

(2)保险公司介绍的函件。

(3)平均年营业额。

(4)流动资金。

(5)流动资产与目前负债的比值。

(6)过去5年中完成的合同总额。

资格预审的评审标准应视项目性质及具体情况而定。如财务状况中，为了说明申请人在实施合同期间现金流动的需要，也可以采用申请人能取得银行信贷额多少来代替流动资金或其他参数的办法。

【注意】 承包商申报资格预审时的注意事项

资格预审能否通过是承包商投标过程中的第一关。这里仅就承包商申报资格预审时注意的事项进行介绍。

(1)应注意资格预审有关资料的积累工作，资料应随时存入计算机内，并予以整理，以备填写资格预审表格之用。公司的过去业绩最好与公司介绍印成精美图册。此外,每竣工一项工程,宜请该工程业主和有关单位开具证明工程质量良好等的鉴定信,作为业绩的有力证明。如有各种奖状或ISO 9000认证证书等,应备有彩色照及复印件。总之,资格预审所需资料应平时有目的地积累,不能临时拼凑,以免因达不到业主要求,失去投标机会。

(2)填表时宜重点突出,除满足资格预审要求外,还应能适当地反映出本企业的技术管理水平、财务能力和施工经验。

(3)在本企业拟发展经营业务的地区,平时注意收集信息,发现可投标的项目,应做好资格预审的预备。当认为本公司在某些方面难以满足投标要求时,则应考虑与适当的其他施工企业,组成联营公司来参加资格预审。例:北京国际贸易中心工程分两阶段招标,某国公司在第一阶段工程投标中,由于主分包商选择不当而未入选,该公司在第二阶段工程投标时,由于主分包商选得好而中标。

(4)资格预审表格呈交后,应注意信息跟踪工作,发现不足之处,及时补送资料。

只要参加一个工程招标的资格预审,就要全力以赴,力争通过预审,成为可以投标的合格投标人。

二、工程投标文件审查

建设工程投标文件,是建设工程投标人单方面阐述自己响应招标文件要求,旨在向招标人提出愿意订立合同的意思,是投标人确定和解释有关投标事项的各种书面表达形式的统称。从合同订立过程来分析,建设工程投标文件在性质上属于一种要约,其目的在于向招标人提出订立合同的意愿。投标人应当按照招标文件的要求编制投标文件,对招标文件提出的实质性要求和条件作出响应。

投标文件的内容,大致有以下几项:

(1)投标书。招标文件中通常有规定的格式投标书,投标者只需要按规定的格式填写必要的数据和签字即可,以表明投标者对各项基本保证的确认。

1)确认投标者完全愿意按招标文件中的规定承担工程施工、建成、移交和维修等任务,并写明自己的总报价金额。

2)确认投标者接受的开工日期和整个施工期限。

3)确认在本投标被接受后,愿意提供履约保证金(或银行保函),其金额符合招标文件规定等等。

(2)有报价的工程量表。一般要求在招标文件所附的工程量表原件上填写单价和总价,每页均有小计,并有最后的汇总价。工程量表的每一数字均须认真校核,并签字确认。

(3)业主可能要求递交的文件。如施工方案,特殊材料的样本和技术说明等。

(4)银行出具的投标保函。须按招标文件中所附的格式由业主同意的银行开出。

(5)原招标文件的合同条件、技术规范和图纸。如果招标文件有要求,则应按要求在某些招标文件的每页上签字并交回业主。这些签字表明投标商已阅读过,并承认了这些文件。

【注意】 投标文件的编制注意事项

(1)投标文件中必须采用招标文件规定的文件表格格式。填写表格时应根据招标文件的要求,否则在评标时就认为放弃此项要求。重要的项目或数字,如质量等级、价格、工期等如未填写,将作为无效或作废的投标文件处理。

(2)所编制的投标文件“正本”只有一份,“副本”则按招标文件前附表要求的份数提供。正本与副本不一致,以正本为准。

(3)投标文件应打印清楚、整洁、美观。所有投标文件均应由投标人的法定代表人签署,加盖印章及法人单位公章。

(4)对报价数据应核对,消除算术计算错误。对各分项、分部工程的报价及报价的单方造价、全员劳动生产率,单位工程一般用料和用工指标,人工费和材料费等的比例是否正常等,应根据现有指标和企业内部数据进行宏观审核,防止出现大的错误和漏项。

(5)全套投标文件应当没有涂改和行间插字。如投标人造成涂改或行间插字,则所有这些地方均应由投标文件签字人签字并加盖印章。

(6)如招标文件规定投标保证金为合同总价的某一百分比时,投标人不宜过早开具投标保函,以防泄漏自己一方的报价。

(7)编制投标文件过程中,必须考虑开标后如果进入评标对象时,在评标过程中应采取的对策。

三、投标担保

投标担保是指由担保人为投标人向招标人提供的保证投标人按照招标文件的规定参加招标活动的担保。投标担保可采用银行保函、专业担保公司的保证,或保证金担保方式,具体方式由招标人在招标文件中规定。

【注意】 投标担保注意事项

任何单位和个人不得干涉投标人按照招标文件自主选择投标担保方式。投标担保的担保金额一般不超过投标总价的2%,最高不得超过80万元人民币。招标人要求投标人提交投标担保的,应当在招标文件中载明。投标人应当按照招标文件要求的方式和金额,在规定的时间内向招标人提交投标担保。投标人未提交投标担保或提交的投标担保不符合招标文件要求的,其投标文件无效。

投标担保的有效期应当在合同中约定。投标有效期为从招标文件规定的投标截止之日起到完成评标和招标人与中标人签订合同的30~180天。

四、联合投标

两个以上法人或者其他组织可以组成一个联合体,以一个投标人的身份共同投标。联合体各方均应具备承担招标项目的相应能力。国家有关规定或者招标文件对投标人资格条件有规定的,联合体各方均应当具备规定的相应资格条件。由同一专业的单位组成的联合体,按照资质等级较低的单位确定资质等级。

联合体各方应当签订共同投标协议,明确约定各方拟承担的工作和责任,并将共同投标协议连同投标文件一并提交给招标人。联合体中标的,联合体各方应当共同与招标人签订合同,就中标项目向招标人承担连带责任。

【例】 某装修工程采用设计-施工一体化招标,资质要求为装修专项设计资质乙级及以上,施工二级及以上。其中一个潜在投标人不具有装修专项设计资质,是否可以与其他设计单位联合投标?招标文件中没有对联合投标作出规定,是否应在招标答疑时澄清?

分析:根据《招标投标法》第31条规定和《房屋建筑和市政基础设施工程招标投标管理办法》第30条规定"联合体各方均应当具备规定的相应资格条件"。

《中华人民共和国招标投标法》第31条释义是关于联合体投标的规定。

(1)对本条所规定的联合体投标,作以下说明:①联合体承包的联合各方为法人或者法人之外的其他组织。形式可以是两个以上法人组成的联合体、两个以上非法人组织组成的联合体、或者是法人与其他组织组成的联合体。②联合体为共同投标并在中标后共同完成中标项目而组成的临时性的组织,不具有法人资格。如果属于共同注册并进行长期的经营活动的"合资公司"等法人形式的联合体,则不属于本条所称的联合体。组成联合体的目的是增强投标竞争能力,弥补有关各方技术力量的相对不足,提高共同承担的项目完工的可靠性,同时还可分散联合体各方的投标风险。③联合体的组成是"可以组成",也可以不组成。是否组成联合体由有关各方自己决定。联合体的组成属于各方自愿的共同的一致的法律行为。④联合体对外"以一个投标人的身份共同投标"。也就是说,联合体虽然不是一个法人组织,但是对外投标应以所有组成联合体各方的共同的名义进行,不能以其中一个主体或者两个主体(多个主体的情况下)的名义进行,即由联合体各方"共同与招标人签订合同"。这里需要说明的是,联合体内部之间权利、义务、责任的承担等问题则需要以联合体各方订立的合同为依据。

(2)本条第 2 款规定,联合体投标的各方应具备一定的条件,主要包括:

1)联合体各方均应具备承担招标项目的相应能力,是指完成招标项目所需要的技术、资金、设备、管理等方面的能力。不具备承担招标项目的相应能力的各方组成的联合体,招标方也不得确定其为中标人。

2)国家有关规定或者招标文件对投标人资格条件有规定的,联合体各方均应当具备规定的相应资格条件。这一要求实际上是保证"联合体各方均应具备承担招标项目的相应能力"的规定得以落实的进一步规定。这里所讲的投标人的"资格条件"分为两类:一类是"国家有关规定"确定的资格条件。这里的"国家有关规定"包括三个方面:一是本法和其他有关法律的规定;二是行政法规的规定;三是国务院有关行政主管部门(比如国务院发展改革委员会、住房和城乡建设部等)的规定。另一类是"招标文件"规定的投标人资格条件,招标文件的要求条件一般应包括国家规定的条件和国家规定的条件以外的其他特殊条件。这里重新作出规定的目的是,不能因为是联合体投标,就应降低投标人的要求。这一规定对招标人和投标人均有约束力。

3)由同一专业的单位组成的联合体,按照资质等级较低的单位确定资质等级。这一规定的目的是,防止资质等级较低的一方借用资质等级较高的一方的名义取得中标人资格,造成中标后不能保证建设工程项目质量现象的发生。

(3)关于共同投标的联合体的内外关系,本条第 3 款作了原则性的规定。包括:

1)内部关系以协议的形式确定。为此,联合体各方在确定组成共同投标的联合体时,应当依据本法和有关合同立法的规定共同订立投标协议。本条对协议内容有 2 项特殊要求:一是应在协议中约定联合体各方拟承担的具体工作;另一项是各方应承担的责任,这里所讲的责任应当是在中标后对中标项目有什么样的权利、义务和违反义务后应当承担的责任等内容。上述两项要求均应明确。联合体各方共同投标的协议应以书面形式为宜。

2)共同投标的联合体对外的关系包括两个方面:第一,中标的联合体各方应当共同与招标人签订合同。这里所讲的共同"签订合同",是指联合体各方均应参加合同的订立,并应在合同书上签字或者盖章。第二,"就中标项目向招标人承担连带责任"。这里所讲的"连带责任",一是指在同一类型的债权、债务关系中,联合体的任何一方均有义务履行招标人提出的债权要求;二是指招标人可以要求联合体的任何一方履行全部的义务,被要求的一方不得以"内部订立的权利义务关系"为由而拒绝履行。当然,就联合体的内部关系上来讲,代他人履行义务的一方,仍有求偿权,即依据内部约定,要求他人承担其按照联合协议的约定应当承担的义务。

结论:根据以上分析,本案例中联合体各方都应具备"装修专项设计资质乙级及以上,施工二级及以上"。

五、投标人禁止行为

按照《招标投标法》第32条、第33条的划定，投标人不得实施以下不正当竞争行为。

1. 投标人彼此串通投标报价

《工程建设项目施工招标投标办法》第46条规定，下列行为均属于投标人串通投标报价：

(1)投标人之间相互约定抬高或降低投标报价。

(2)投标人之间相互约定，在招标项目中分别以高、中、低价位报价。

(3)投标人之间先进行内部竞价，内定中标人，然后再参加投标。

(4)投标人之间其他串通投标报价行为。

2. 投标人与招标人通同投标

《工程建设项目施工招标投标办法》第47条规定，下列行为均属于招标人与投标人串通投标：

(1)招标人在开标前开启投标文件，并将投标情形告知其他投标人，或者协助投标人撤换投标文件，更改报价。

(2)招标人向投标人泄露标底。

(3)招标人与投标人约定，投标时压低或抬高标价，中标后再给投标人或招标人额外补偿。

(4)招标人预先内定中标人。

(5)其他串通投标行为。

3. 以行贿的手段谋取中标

《招标投标法》第32条第3款划定："禁止投标人以向招标人或者评标委员会成员行贿的手段谋取中标。"

投标人以行贿的手段谋取中标是严重违反《招标投标法》根本原则的违法行为，对其他投标人是不公平的。投标人以行贿手段谋取中标的法律后果是中标无效，有关责任人和单位应当承担相应的行政责任或刑事责任，给他人造成损失的，还应当承担相应赔偿责任。

4. 以低于成本的报价竞标

《招标投标法》第33条规定，"投标人不得以低于成本的报价竞标"。在这里，所谓"成本"，应指投标人的个别成本，该成本是按照投标人的企业定额测定的成本。如投标人以低于成本的报价竞标时，将很难保证建设工程的安全和质量。

《反不正当竞争法》第11条规定："经营者不得以排挤竞争对手为目的，以低于成本的价钱销售商品。"认为低于成本销售商品属于不正当竞争行为，这个思路与《招标投标法》的思路是一致的。

《工程建设项目货物招标投标办法》第44条规定："最低投标价不得低于成本。"则在《招标投标法》与《反不正当竞争法》中建起了一座桥梁，进一步确认了低于成本竞标的违法性。

5. 以他人名义投标或以其他方式弄虚作假，骗取中标

《招标投标法》第33条规定，"投标人不得以他人名义投标或者以其他方式弄虚作假，骗取中标"。按照《工程建设项目施工招标投标办法》第48条规定，以他人名义投标是指投标人挂靠其他施工单位，或从其他单位通过转让或租借的方式获取资格或资质证书，或者由其他单位及其法定代表人在自己编制的投标文件上加盖印章或签字等行为。

【例】 2006年9月，某地村集体企业公开招标。胡某和夏某等4人商量好后一起去参加投标，他们事前串通约定：不要将标价提得太高，这轮投标不论谁中标，大家私底下还要举行一次投标；两次投标的差价，要拿出来给未中标者平分。

后来，夏某以25万元中标，并交给村集体企业3万元押金。次日，胡某和夏某等4人聚在一块又举行了一次投标，投标前大家约定：每人预交3万元押金（夏某以交给村集体企业的押金相抵），如果此次中标者不把差价拿出来分，则没收3万元押金，并重新投标。结果，胡某以32万元中标，他依约拿出7万元给胡某等3人平分，并付给夏某3万元后拿到了村集体企业出具的押金收条。

不料，村集体企业发现了胡某等人的串通投标行为，不但没和胡某签订承包合同，还没收了3万元押金。胡某后悔不迭，连忙到该县人民法院起诉，要求夏某退还3万元。近日，法院审理后判决驳回了胡某的诉讼请求。

分析：我国《招标投标法》第32条规定，投标人不得相互串通投标报价，不得排挤其他投标人的公平竞争，损害招标人或者其他投标人的合法权益。投标人不得与招标人串通投标，损害国家利益、社会公共利益或者他人的合法权益。禁止投标人以向招标人或者评标委员会成员行贿的手段谋取中标。

对于串通投标的应承担以下法律责任：

(1)中标无效；

(2)处中标项目金额5‰～10‰罚款；

(3)对单位直接负责的主管人员和其他直接责任人处单位罚款数额5%～10%的罚款；

(4)没收违法所得；

(5)情节严重的，取消其一年至二年内投标资格并予公告；

(6)吊销营业执照；

(7)构成犯罪的，追究刑事责任；

(8)给他人造成损失的，承担赔偿责任。

结论：胡某与夏某等人串通一气故意压低标价，其行为违反了民事活动的诚实信用原则，严重损害招标方的利益，同时也给村集体企业造成一定的经济损失，因此村集体企业有权没收3万元投标押金。胡某与夏某串通投标，他们之间的转包行为并非合法的承包合同转让关系，胡某付给夏某的3万元，实际上是夏某把违法行为造成的损失转嫁给了胡某，两人形成的也不是合法的债权债务，同样不受法律保护，故法院判决驳回了胡某的诉讼请求。

【例】 2004年4月，××市有一近300万元的工程在该市建设工程交易服务中心进行公开招投标，该市的6家施工企业参与了投标。经查实，参与投标的5家公司在招投标过程中有串标违纪行为。一是5家公司工程量清单报价中多个子项目报价相同，各组各单位投标报价均上下浮动一分钱。二是有3家公司对该工程的预算，由挂靠包工头找人代为编制；有两家公司的预算均由同一预算员编制。三是存在6家公司投标文件无预算员签名，有4家公司总报价与各分项报价不相符等问题。

分析：对该项工程重新进行招标，建设局对6家违规公司依法处以8000元人民币罚款，并取消一年投标资格，对有关责任人立案查处。

第四节　工程开、评、定标审查

一、开标

开标是指招标人将所有投标人的投标文件启封揭晓。开标应当在招标文件确定的提交投标文件截止时间的同一时间公开进行，开标应当在招标通告中约定的地点。

开标由招标人主持，邀请所有投标人参加。开标时，要当众宣读投标人名称、投标价格、有无撤标情况以及招标单位认为合适的其他内容。

1. 开标程序

(1)主持人宣布开标会议开始，介绍参加开标会议的单位、人员名单及工程项目的有关情况。

(2)由投标人或者其推行的代表确认投标文件的密封性，也可由招标人委托的公证机构进行检查并公证。

(3)宣布公证、唱标、记录人员名单和招标文件规定的评标原则、定标办法。

(4)宣读投标单位的名称、投标报价、工期、质量目标、主要材料用量、投标担保或保函以及投标文件的修改、撤回等情况，并做当场记录。

(5)与会的投标单位法定代表人或者其代理人在记录上签字，确认开标结果。

(6)宣布开标会议结束，进入评标阶段。

2. 无效投标文件的认定

投标单位法定代表人或授权代表未参加开标会议的视为自动弃权。投标文件有下列情形之一的将视为无效：

(1)投标文件未按照招标文件的要求予以密封的。

(2)投标文件中的投标函未加盖投标人的企业及企业法定代表人印章的，或者企业法定代表人委托代理人没有合法、有效的委托书(原件)及委托代理人印章的。

(3)投标文件的关键内容字迹模糊、无法辨认的。

(4)投标人未按照招标文件的要求提供投标保函或者投标保证金的。

(5)组成联合体投标的，投标文件未附联合体各方共同投标协议的。

(6)逾期送达。对未按规定送达的投标书，应视为废标，原封退回。但对于因非投标者的过失(因邮政、战争、罢工等原因)而在开标之前未送达的，投标单位可考虑接受该迟到的投标书。

二、评标

开标后进入评标阶段。即采用统一的标准和方法，对符合要求的投标进行评比，来确定每项投标对招标人的价值，最后达到选定最佳中标人的目的。

1. 评标委员会

《招标投标法》规定，评标由招标人依法组建的评标委员会负责。依法必须招标的项目，评标委员会由招标人的代表和有关技术、经济等方面的专家组成，成员人数为5人以上的单数，其中技术、经济等方面的专家不得少于成员总数的2/3。

技术、经济等专家应当从事相关领域工作满8年且具有高级职称或具有同等专业水平，由招标人从国务院有关部门或省、自治区、直辖市人民政府有关部门提供的专家名册或者招标代理机构的专家库内的相关专业的专家名单中确定；一般招标项目可以采取随机抽取方式，特殊招标项目可以由招标人直接确定。与投标人有利害关系的人不得进入相关项目的评标委员会，已经进入的应当更换。评标委员会成员的名单在中标结果确定前应当保密。

2. 评标的保密性与独立性

按照我国《招标投标法》规定，招标人应当采取必要措施，保证评标在严格保密的情况下进行。所谓评标的严格保密，是指评标在封闭状态下进行，评标委员会在评标过程中有关检查、评审和授标的建议等情况均不得向投标人或与该程序无关的人员透露。

由于招标文件中对评标的标准和方法进行了规定，列明了价格因素和价格因素之外的评标因素及其量化计算方法，因此，所谓评标保密，并不是在这些标准和方法之外另搞一套标准和方法进行评审和比较，而是这个评审过程是招标人及其评标委员会的独立活动，有权对整个过程保密，以免投标人及其他有关人员知晓其中的某些意见、看法或决定，而想方设法干扰评标活动的进行，也可以制止评标委员会成员对外泄漏和沟通有关情况，造成评标不公。

3. 投标文件的澄清和说明

评标时，评标委员会可以要求投标人对投标文件中含义不明确的内容做必要的澄清或者说明，比如投标文件有关内容前后不一致、明显打字（书写）错误或纯属计算上的错误等，评标委员会应通知投标人做出澄清或说明，以确认其正确的内容。澄清的要求和投标人的答复均应采用书面形式，且投标人的答复必须经法定代表人或授权代表人签字，作为投标文件的组成部分。

但是，投标人的澄清或说明，仅仅是对上述情形的解释和补正，不得有下列行为：

(1)超出投标文件的范围。比如，投标文件中没有规定的内容，澄清时候加以补充；投标文件提出的某些承诺条件与解释不一致；等等。

(2)改变或谋求、提议改变投标文件中的实质性内容。所谓实质性内容，是指改变投标文件中的报价、技术规格或参数、主要合同条款等内容。这种实质性内容的改变，其目的就是为了使不符合要求的或竞争力较差的投标变成竞争力较强的投标。实质性内容的改变将会引起不公平的竞争，因此是不允许发生的。

在实际操作中，部分地区采取"询标"的方式来要求投标单位进行澄清和解释。询标一般由受委托的中介机构来完成，通常包括审标、提出书面询标报告、质询与解答、提交书面询标经济分析报告等环节。提交的书面询标经济分析报告将作为评标委员会进行评标的参考，有利于评标委员会在较短的时间内完成对投标文件的审查、评审和比较。

4. 评标原则和程序

为保证评标的公正、公平性，评标必须按照招标文件确定的评标标准、步骤和方法，不得采用招标文件中未列明的任何评标标准和方法，也不得改变招标确定的评标标准和方法。

设有标底的，应当参考标底。评标委员会完成评标后，应当向招标人提出书面评标报告，并推荐合格的中标候选人。招标人根据评标委员会提出的书面评标报告和推荐的中标候选人确定中标人。招标人也可授权评标委员会直接确定中标人。

(1)评标原则。评标只对有效投标进行评审。在建设工程中，评标应遵循下列原则：

1)平等竞争，机会均等。制定评标定标办法要对各投标人一视同仁，在评标定标的实际操作和决策过程中，要用一个标准衡量，保证投标人能平等地参加竞争。对投标人来说，在评标定标办法中不存在对某一方有利或不利的条款，大家在定标结果正式出来之前，中标的机会是均等的，不允许针对某一特定的投标人在某一方面的优势或弱势而在评标定标具体条款中带有倾向性。

2)客观公正，科学合理。对投标文件的评价、比较和分析，要客观公正，不以主观好恶为标准，不带成见，真正在投标文件的响应性、技术性、经济性等方面评出客观的差别和优劣。采用的评标定标方法，对评审指标的设置和评分标准的具体划分，都要在充分考虑招标项目的具体特点和招标人的合理意愿的基础上，尽量避免和减少人为因素，做到科学合理。

3)实事求是，择优定标。对投标文件的评审，要从实际出发，实事求是。评标定标活动既要全面，也要有重点，不能泛泛进行。任何一个招标项目都有自己的具体内容和特点，招标人作为合同的一方主体，对合同的签订和履行负有其他任何单位和个人都无法替代的责任，所以，在其他条件等同的情况下，应该允许招标人选择更符合招标工程特点和自己招标意愿的投标人中标。

招标评标办法可根据具体情况，侧重于工期或价格、质量、信誉等一两个招标工程客观上需要注意的重点，在全面评审的基础上作出合理取舍。这应该说是招标人的一项重要权力，招标投标管理机构对此应予尊重。但招标的根本目的在于择优，而择优决定了评标定标办法中的突出重点、照顾工程特点和招标人意图，只能是在同等的条件下，针对实际存在的客观因素而不是纯粹招标人主观上的需要，才被允许，才是公正合理的。所以，在实践中，也要注意避免将招标人的主观好恶掺入评标定标办法中，防止影响和损害招标的择优宗旨。

(2)中标人的投标应当符合的条件。《招标投标法》规定，中标人的投标应当符合下列条件之一：

1)能够最大限度地满足招标文件中规定的各项综合评价标准。

2)能够满足招标文件的实质性要求，并经评审的投标价格最低；但是投标价格低于成本的除外。

(3)评标程序。评标程序一般分为初步评审和详细评审两个阶段。

1)初步评审，包括对投标文件的符合性评审、技术性评审和商务性评审。

①符合性评审，包括商务符合性评审和技术符合性鉴定。投标文件应实质性响应招标文件的所有条款、条件，无显著差异和保留。所谓显著差异和保留包括以下情况：对工程的范围、质量以及使用性能产生实质性影响；对合同中规定的招标单位的权利及投标单位的责任造成实质性限制；纠正或保留这种差异，将会对其他实质性响应的投标单位的竞争地位产生不公正的影响。

②技术性评审，主要包括对投标人所报的方案或组织设计、关键工序、进度计划，人员和机械设备的配备，技术能力，质量控制措施，临时设施的布置和临时用地情况，施工现场周围环境污染的保护措施等进行评估。

③商务性评审，指对确定为实质上响应招标文件要求的投标文件进行投标报价评估，包括对投标报价进行校核，审查全部报价数据是否有计算上或累计上的算术错误，分析报价构成的合理性。发现报价数据上有算术错误，修改的原则是：如果用数字表示的数额与用文字表示的数额不一致时，以文字数额为准；当单价与工程量的乘积与合价之间不一致时，通常以标出的单价为准，除非评标组织认为有明显的小数点错位，此时应以标出的合价为准，并修改单价。按上述原则调整投标书中的投标报价，经投标人确认同意后，修改的内容将对投标人起约束作用；如果投标人不接受修正后的投标报价，则其投标将被拒绝。

初步评审中，评标委员应当根据招标文件，审查并逐项列出投标文件的全部投资偏差。

投标偏差分为重大偏差和细微偏差。出现重大偏差视为未能实质性响应招标文件，作废标处理；细微偏差指实质上响应招标文件要求，但在个别地方存在漏项或者提供了不完整的技术信息和资料等情况，且补正这些遗漏或不完整不会对其他投标人造成不公正的结果。细微偏差不影响投标文件的有效性。

2)详细评审。经过初步评审合格的投标文件，评标委员会应当根据招标文件确定的评标标准和方法，对其技术部分和商务部分作进一步评审、比较。

5. 评标方法

对于通过资格预审的投标者，对他们的财务状况、技术能力、经验及信誉在评标时可不必再评审。评标时主要考虑报价、工期、施工方案、施工组织、质量保证措施、主要材料用量等方面的条件。对于在招标过程中未经过资格预审的，在评标中首先进行资格后审，剔除在财务、技术和经验方面不能胜任的投标者。在招标文件中应加入资格审查的内容，投标者在递交投标书时，同时递交资格审查的资料。

评标方法的科学性对于实施平等的竞争、公正合理地选择中标者是极端重要的。评标涉及的因素很多，应在分门别类、有主有次的基础上，结合工程的特点确定科学的评标方法。

评标的方法，目前国内外采用较多的是专家评议法、低标价法和打分法。

(1)专家评议法。评标委员会根据预先确定的评审内容，如报价、工期、施工方案、企业的信誉和经验以及投标者所建议的优惠条件等，对各标书进行认真的分析比较后，评标委员会的各成员进行共同的协商和评议，以投票的方式确定中选的投标者。这种方法实际上是定性的优选法。由于缺少对投标书量化的比较，因而易产生众说纷纭，意见难于统一的现象。但是其评标过程比较简单，在较短时间内即可完成，一般适用于小型工程项目。

(2)低标价法。所谓低标价法，也就是以标价最低者为中标者的评标方法。世界银行贷款项目多采用这种方法。但该标价是指评估标价，也就是考虑了各评审要素以后的投标报价，而非投标者投标书中的投标报价。采用这种方法时，一定要采用严谨的招标程序，严格的资格预审，所编制招标文件一定要严密，详评时对标书的技术评审等工作要扎实全面。

这种评标办法有两种方式，一种方式是将所有投标者的报价依次排队，取其 3 或 4 个，对其低报价的投标者进行其他方面的综合比较，择优定标。另一种方式是"$A+B$ 值评标法"，即以低于标底一定百分数以内的报价的算术平均值为 A，以标底或评标小组确定的更合理的标价为 B，然后以"$A+B$"的均值为评标标准价，选出低于或高于这个标准价的某个百分数的报价的投标者进行综合分析比较，择优选定。

(3)打分法。这种方法是由评标委员会事先将评标的内容进行分类，并确定其评分标准，然后由每位委员无记名打分，最后统计投标者的得分。得分超过及格标准分最高者为中标单位。这种定量的评标方法，是在评标因素多而复杂，或投标前未经资格预审就投标时，常采用的一种公正、科学的评标方法，能充分体现平等竞争、一视同仁的原则，定标后分歧意见较小。根据目前国内招标的经验，可按下式进行计算：

$$P=Q+\frac{B-b}{B}\times 200+\sum_{i=1}^{7}m_i$$

式中　P——最后评定分数；

Q——标价基数，一般取 40～70 分；

B——标底价格；

b——分析标价，分析标价＝报价－优惠条件折价；

$\frac{B-b}{B}\times 200$——是指当报价每高于或低于标底 1%时，增加或扣减 2 分；该比例的大小，应根据项目招标时投标价格应占的权重来确定，此处仅是给予建议；

m_1——工期评定分数，分数上限一般取 15～40 分；当招标项目为盈利项目(如旅馆、商店、厂房等)时，工程提前交工，则业主可少付贷款利息并早日营业或投产，从而产生盈利，则工期权重可大些；

m_2，m_3——技术方案和管理能力评审得分，分数上限可分别为 10～20 分；当项目技术复杂、规模大时，权重可适当提高；

m_4——主要施工机械配备评审得分；如果工程项目需要大量的施工机械，如水电工程、土方开挖等，则其分数上限可取为 10～30 分，一般的工程项目，可不予考虑；

m_5——投标者财务状况评审得分，上限可为 5～15 分，如果业主资金筹措遇到困难，需承包者垫资时，其权重可加大；

m_6，m_7——投标者社会信誉和施工经验得分，其上限可分别为 5～15 分。

6. 评标中应注意的几个问题

(1)标价合理。当前一般是以标底价格为中准价,采用接近标底价格的报价为合理标价。如果采用低的报价中标者,应弄清下列情况:一是是否采用了先进技术确实可以降低造价或有自己的廉价建材采购基地,能保证得到低于市场价的建筑材料,或是在管理上有什么独到的方法;二是了解企业是否出于竞争的长远考虑,在一些非主要工程上让利承包,以便提高企业知名度和占领市场,为今后在竞争中获利打下基础。

(2)工期适当。国家规定的建设工程工期定额是建设工期参考标准,对于盲目追求缩短工期的现象要认真分析,是否经济合理。要求提前工期,必须要有可靠的技术措施和经济保证。要注意分析投标企业是否是为了中标而迎合业主无原则要求缩短工期的情况。

(3)要注意尊重业主的自主权。在社会主义市场经济的条件下,特别是在建设项目实行业主负责制的情况下,业主不仅是工程项目的建设者,投资的使用者,而且也是资金的偿还者。评标组织是业主的参谋,要对业主负责,业主要根据评标组织的评标建议做出决策,这是理所当然的。但是评标组织要防止来自行政主管部门和招标管理部门的干扰。政府行政部门、招投标管理部门应尊重业主的自主权,不应参加评标、决标的具体工作,主要从宏观上监督和保证评标、决标工作的公正、科学、合理、合法,为招投标市场的公平竞争创造一个良好的环境。

(4)注意研究科学的评标方法。评标组织要依据本工程特点,研究科学的评标方法,保证评标不“走过场”,防止假评暗定等不正之风。

三、定标

1. 确定中标的时限和条件

招标人应当在投标有效期限截止时限起 30 日内确定中标人。中标人的投标应符合:①能够最大限度地满足招标文件中规定的各项综合评价标准;②能够满足招标文件的实质性要求,并且经评审的投标价格最低(但投标价格没有低于成本)等条件之一。

2. 确定中标人后向建设部门的报告要求

评标结束后,评标委员会应写出评标报告,提出中标单位的建议,交业主或其主管部门审核。评标报告一般由下列内容组成:

(1)招标情况。主要包括工程说明、招标过程等。

(2)开标情况。主要有开标时间、地点、参加开标会议人员、唱标情况等。

(3)评标情况。主要包括评标委员会的组成及评标委员会人员名单、评标工作的依据及评标内容等。

(4)推荐意见。评标委员会提出中标候选人推荐意见。

(5)附件。主要包括评标委员会人员名单;投标单位资格审查情况表;投标文件符合情况鉴定表;投标报价评比报价表;投标文件质询澄清的问题等。

业主或其主管部门根据评标委员会提出的评标报告及其推荐意见,确定中标人,并在法定期限内与中标人签订合同。

四、中标无效的情形

中标无效是指招标人最终作出的中标决定没有法律约束力。

导致中标无效的情况可以分为两类:一是违法行为直接导致中标无效,如《招标投标法》第 53 条、第 54 条、第 57 条的规定;二是只有在违法行为影响了中标结果时,中标才无效,如《招标投标法》第50条、第52条、第55条的规定。具体有以下几种情形：

(1)《中华人民共和国招标投标法》第50条规定，招标投标活动有关的情况和资料，或者与招标人、投标人串通损害国家利益、社会公共利益或者他人合法权益的行为影响中标结果的，中标无效。

(2)《中华人民共和国招标投标法》第52条规定，招标人向他人透露已获取招标文件的潜在投标人的名称、数量或者可能影响公平竞争的有关招标投标的其他情况，或者泄露标底的行为影响中标结果的，中标无效。

(3)《中华人民共和国招标投标法》第53条规定，投标人以他人名义投标或者以其他方式弄虚作假，骗取中标的，中标无效。

(4)《中华人民共和国招标投标》第55条规定，招标人违反本法规定，与投标人就投标价格、投标方案等实质性内容进行谈判的行为影响中标结果的，中标无效。

(5)《中华人民共和国招标投标法》第57条规定，招标人在评标委员会依法推荐的中标候选人以外确定中标人的，或者在所有投标被评标委员会否决后自行确定中标人的，中标无效。

【注意】 中标无效的法律后果

在招标人尚未与中标人签订书面合同的情况下，招标人发出的中标通知书失去了法律约束力，招标人没有与中标人签订合同的义务，中标人失去了与招标人签订合同的权利。当事人之间已经签订了书面合同的，所签合同无效，产生以下后果：

(1)恢复原状。根据《中华人民共和国合同法》的规定，无效的合同自始没有法律约束力。因该合同取得的财产，应当予以返还；不能返还或者没有必要返还的，应当折价补偿。

(2)赔偿损失。有过错的一方应当赔偿对方因此所受到的损失，双方都有过错的，应当各自承担相应的责任。

因为招标代理机构的违法行为而使中标无效的，招标代理机构应当赔偿招标人、投标人因此所受的损失。如果招标人、投标人也有过错的，各自承担相应的责任。根据《民法通则》的规定，招标人知道招标代理机构从事违法行为而不作反对表示的，应当与招标代理机构一起对第三人负连带责任。

(3)重新确定中标人或者重新招标。《中华人民共和国招标投标法》第64条规定，中标无效的，应当依照本法规定的中标条件从其余投标人中重新确定中标人或者依照本法重新进行招标。

【例】 某物流公司保证开发公司在某项工程中参与投标并保证其中标，而收取开发公司200万元前期工作费用，但此事未能成功，开发公司要求物流公司退还200万元并要求其按照约定承担违约责任，支付违约金40万元。

分析：我国《招标投标法》明确规定，招标投标活动应当遵循公开、公平、公正和诚实信用的原则。物流公司与开发公司的合作协议，约定物流公司帮助开发公司在有关工程中参与投标并保证中标而收取费用，从形式上符合合同的要求，但从约定的内容看，明显违反了招标投标活动中应当遵循的原则，属于《合同法》第52条第(3)项："以合法形式掩盖非法目的而订立的合同"的规定，应当认定无效。

结论：物流公司基于该协议取得的款项应予返还。因物流公司与开发公司对协议无效均有过错，所造成的损失应自行承担，故开发公司要求利息损失的请求，不予支持。依据《中华人民共和国合同法》第52条第(3)项、第58条之规定，判决物流公司返还开发公司200万元，驳回开发公司其他诉讼请求。

五、应当重新招标的情形

招标文件对投标人具有法律约束力，招标人也不得任意拒绝所有投标而重新招标。《招标投标法》对重新招标的情形做了明确的规定：

(1)资格预审合格的潜在投标人不足3个的，招标人应当依法重新招标。

(2)在投标截止时间前提交投标文件的投标人少于3个的，招标人应当依法重新招标。

(3)经评标委员会评审，认为所有投标都不符合招标文件要求的，可以否决所有投标，招标人应当依法重新招标。

(4)评标委员会界定为不合格标或废标后，因有效投标不足3个使得明显缺乏竞争，评标委员会决定否决全部投标的，招标人应当依法重新招标。

(5)同意延长投标有效期的投标人少于3个的，招标人应当依法重新招标。

另外，《政府采购法》也有规定，在招标采购中，出现下列情形之一的，应予废标：①符合专业条件的供应商或者对招标文件做实质响应的供应商不足3家的；②出现影响采购公正的违法、违规行为的；③投标人的报价均超出了采购预算，采购人不能支付的；④因重大变故，采购任务取消的。

废标后，除采购任务取消情形外，应当重新组织招标。根据法律规定，废标后重新招标应当符合法定情形。所以，招标人拒绝所有投标重新招标应当符合法定情形。

第五节　招投标阶段易引起的纠纷及其处理措施

一、招标文件不严密

在我国建设领域引入招投标制度以来，工程承发包市场的交易大多通过招投标活动来实现。招投标活动的目的是发挥竞争机制作用，规范建设市场，引导建筑市场领域资源优化配置。招投标过程中，招标文件指导整个招投标工作的正常进行，是招标工作的总纲，招投标活动的一切内容均在招标文件确定的范围内进行。招标文件不仅仅对工程招投标过程有约束力，而且招投标过程结束后，对招标单位和中标单位也同样有约束力。招标文件的内容和条款也是中标后承包双方签订工程合同条件的一部分，招标文件的写法和内容必须符合有关法律和法规条款。因此，一份全面、规范的招标文件，将避免日后建设单位和施工企业在施工过程和结算过程中出现不必要的争议。作为招标人，应加强对招标文件的审查，通过审查招标文件，及时发现错误。

二、招标文件编制时计价条款考虑不成熟

长期以来，招标文件中计价条款的约定都缺少相关依据，存在诸多不合理的霸王条款。常常发生招标文件的编制没有完整考虑工程造价计价规则及可能没有专业人员的参与，造成计价概念混乱。随着《建设工程工程量清单计价规范》(GB 50500—2008)(简称《08清单计价规范》)的实施，对招标文件中计价条款的编制具有一定的指导作用。

1. 招标文件中计价条款的重要作用

(1)《中华人民共和国招投标法》第27条规定：投标人应当按照招标文件的要求编制投标文件。投标文件应当对招标文件提出的实质性要求和条件作出响应。此规定明确了招标文件是指导投标工作的大纲性文件，投标人应根据招标文件中投标报价的编制要求进行商务标的编制，否则将视为废标。

(2)《中华人民共和国招投标法》第46条规定：招标人和中标人应当自中标通知书发出之日起30日内，按照招标文件和中标人的投标文件订立书面合同。招标人和中标人不得再行订立背离合同实质性内容的其他协议。此规定强调了招标文件中计价条款的规定将直接转变为施工合

同的具体条款。

(3)《08 清单计价规范》4.2.3、4.3.3、4.8.3 中招标控制价、投标报价、工程竣工结算的编制依据均有招标文件，突出了招标文件中计价条款的规定直接影响着不同阶段工程造价的确定。

2. 目前招标文件中计价条款存在的问题

(1)招标文件计价条款中规定采用工程量清单计价，要求投标人在短时间内复核工程量清单，如无异议，则视为清单与实际完成的工程量吻合，结算时不再调整。若还有缺项、漏项、错项，则作为投标人的优惠，竣工结算时也不作价款调整等。

(2)招标文件中要求投标人按项目特征、图纸、施工技术要求等方面综合计算工作内容，如果图纸或施工技术要求中已经明确，且在施工中必然发生，即使醒目特征中未描述也应视为有经验的承包人所能预计的风险，施工过程中不另行增加。

(3)招标文件中约定材料涨价等因素除主材可调整原材料价差外，其他材料投标单位应有充分的预计，在投标报价中考虑。有招标文件这样写：本工程为包工包料合同，材料除主材外，其他材料涨价招标人不做价格调整。主材的种类没有列出，涨价幅度为多少可调整也未做相关规定；政策性原因造成工程价款的调整，结算时也不调整。最终造成甲乙双方风险责任约定不清。

(4)招标文件针对设计变更产生新的项目如何确定工程价款也缺少相应条文，包括如何计价、如何下浮等都规定得很模糊。

(5)招标文件对措施费的约定如下：投标人在投标报价时各项措施费由投标单位自行考虑，进行投标报价。应考虑分部分项工程量清单工程量的变化及非承包人原因的工程变更造成施工组织设计或施工方案变更等原因引起措施费发生的增减变化，结算时概不调整。

(6)严重不平衡报价可以调整，但对严重的界定不清楚。如此这么多的规定损害了施工单位的根本利益，这在工程建设中显然有失公平，同时也为今后工程结算留下了诸多隐患。

3. 按工程量清单计价规范规定编制招标文件的计价条款

《08 清单计价规范》的实施，为招标文件计价条款的编制提供了原则性的规定，根据规定不断完善招标文件计价条款的内容，使其更加合理。

(1)根据《08 清单计价规范》3.1.2 规定采用工程量清单方式招标，工程量清单必须作为招标文件的组成部分，其准确性和完整性由招标人负责。明确规定了工程量清单必须作为招标文件的组成部分，投标人依据工程量清单进行投标报价，对工程量清单不负有核实的义务，更不具有修改和调整的权力。招标人应负责清单的准确性——数量不算错，完整性——不缺项、漏项，如招标人委托工程造价咨询人编制，责任仍应由招标人承担。因而招标文件应明确，对固定总价合同，应给予投标人足够的充裕的时间复核工程量清单及招标控制价，不能由投标人承担工程量清单的相关风险，对固定单价合同，应强调工程量的风险由招标人承担。

(2)《08 清单计价规范》3.2.7 规定分部分项工程量清单项目特征应按其附录中规定的项目特征，结合拟建工程项目的实际予以描述。要求招标人在其发布的招标文件中必须对其项目特征进行准确和全面地描述。如果项目特征的描述不具体、特征不清、界限不明，会使得投标人无法准确理解一个清单项目所包括的内容，无法准确确定综合单价，最终导致无法准确履行合同义务，产生大量的造价纠纷。因而在招标文件中应明确投标人不应承担由于工程量清单项目特征描述不清导致的风险和损失，特征项目里未描述的内容结算时可以增加。

(3)《08 清单计价规范》4.1.9 规定采用工程量清单计价的工程，应在招标文件或合同中明确风险内容及其范围(幅度)，不得采用无限风险、所有风险或类似语句规定风险内容及其范围(幅度)。该条文对工程风险的确定作出了原则性的规定。招标文件应当对发、承包双方各自应承担的风险内容及其风险范围或幅度予以明确规定，进行合理分摊。比如根据工程特点和工期要求，承包人可承担5%以内的材料价格风险,10%的施工机械使用费的风险等。主材种类要明确,政策性原因造成工程价款的变更,结算时可以调整;承包方管理费和利润的风险由自己承担等。严重不平衡报价的界定应规定清楚。

(4)《08清单计价规范》4.7.3规定因分部分项工程量清单漏项或非承包人原因的工程变更,造成增加新的工程量清单项目,其对应的综合单价按下列方法确定:

1)合同中已有适用的综合单价,按合同中已有的综合单价确定;

2)合同中有类似的综合单价,参照类似的综合单价确定;

3)合同中没有适用或类似的综合单价,由承包人提出综合单价,经发包人确认后执行。招标文件也应写入这些内容。

(5)《08清单计价规范》4.7.4规定因分部分项工程量清单漏项或非承包人原因的工程变更,引起措施项目发生变化,造成施工组织或施工方案变更,原措施费中已有的措施项目,按原措施费的组价方法调整,原措施费中没有的措施项目,由承包人根据措施项目变更情况,提出适当的措施费变更,经发包人确认后调整。该条规定了措施费的调整原则在招标文件中应列出来。

三、中标拒签

依据《中华人民共和国合同法》规定,招标公告性质属要约邀请,投标属要约,而中标通知书才属承诺。同时规定:当事人采用合同书形式订立合同的,自双方当事人签订或盖章时合同成立。《中华人民共和国招标投标法》中规定,在中标通知书发出之日起30日内,应按照招标文件和中标人的投标文件订立书面合同。

可见,中标时,合同尚未成立。中标后,招标人或投标人拒绝签订施工合同的责任在法理上应归缔约过失责任。缔约过失责任是违反合同义务而造成对方依赖利益的损失而应承担的责任。

【例】 2002年4月,某市房产公司自建商住楼,以有关部门设计的土建和水电图纸为条件,向建筑单位进行招标。6家建筑公司报名,并分别以2万元押金从该公司领取全套土建、水电图纸,对工程造价作了测算。房产公司还制定了《竞争办法》,载明:某"商住楼实行公开竞争选择施工单位。""凡中标者必须当场签订合同,不得悔标,如若悔标,其所交定金作为违约责任予以没收。"

6家建筑公司分别在其上签字,并交付定金2万元。经过3轮竞价,A建筑公司虽然中标了,却又以该工程可能亏本等理由拒签合同,并要求返还定金未果。

分析:

(1)房产公司的招标项目内容明确,竞选施工单位的行为有效。A建筑公司以2万元押金从房产公司处领取商住楼的土建、水电全套图纸,对该工程造价进行竞争前的测算,当时未提出异议,且积极与其他建筑公司认真进行竞争。可见,该工程项目内容是明确的,双方的意思表示一致。

(2)双方当事人依法成立预约合同,A建筑公司所交定金为立约定金。A建筑公司在竞争前领取该《竞争办法》,并签字认可。A建筑公司交付的2万元定金,属于立约定金,是在竞争后订立建设工程施工合同的保证。根据合同自由原则,当事人可以约定立约定金。

(3)A建筑公司负有签约义务而拒绝履行,对其定金不应返还。本案中,双方当事人约定,在投标方中标后,就其《竞争办法》及土建、水电图纸确定的事项签订建设工程施工合同。A建筑公司向房产公司交付立约定金2万元,以担保其中标后与陈某等人订立建设工程施工合同。这一约定已经成立生效,对双方当事人均具有法律约束力。

结论：根据最高法院《关于适用〈中华人民共和国担保法〉若干问题的解释》第115条规定，当事人约定以交付定金作为订立主合同担保的，给付定金的一方不签订主合同的，无权要求返还定金；收受定金的一方拒绝订立合同的，双倍返还定金。因此，A建筑公司所交付的2万元立约定金，在中标后又以亏本等为由拒签合同，无权要求返还定金。

四、签订“黑白合同”

1.“黑白合同”的定义

现行法律中，与“黑白合同”有关的规定在《招投标法》第46条和最高院《关于审理建设工程施工合同纠纷案件适用法律问题的解释》第21条。

《招投标法》第46条规定：招标人和中标人应当自中标通知书发出之日起30日内，按照招标文件和中标人的投标文件订立书面合同。招标人和中标人不得再行订立背离合同实质性内容的其他协议。

最高法院《关于审理建设工程施工合同纠纷案件适用法律问题的解释》第21条规定：当事人就同一建设工程另行订立的建设工程施工合同与经过备案的中标合同实质性内容不一致的，应当以备案的中标合同作为结算工程价款的根据。

通过法律规定可以看出，“黑合同”必须是与中标合同“白合同”实质性内容相背离的合同，针对的是同一工程，“黑合同”是真正履行的合同，否则，不形成“黑白合同”。合同实质性内容一般是指工期、工程量、工程价款、质量标准等条款。

2.“黑白合同”的效力

“白合同”是经过招投标，依招投标文件、中标通知书签订的合同，“黑合同”是背离“白合同”实质性内容的合同或补充协议。建筑工程施工领域的“黑白合同”，其表现形式有很多，按照不同的标准可以分为下面几种情形，对于这些“黑白合同”的法律效力要作具体分析。

(1)根据两份合同签订的时间先后顺序，“黑白合同”主要有两种表现形式。

1)“黑合同”产生于“白合同”之前的情形，在实际中又可以分为两种不同的情况：一是，建设单位在工程招标前与投标人进行实质性谈判，要求投标者承诺中标后按投标文件签订的合同不作实际履行，另行按招投标之前约定的条件签订合同并实际履行，以压低工程款或让施工单位垫资承包等；二是，建设单位在与施工单位直接签订建设工程合同后，由施工单位串通一些关系单位与招标单位配合进行徒具形式的招投标并签订双方明确不实际履行的合同，或者干脆连招投标形式都不要，而直接编造招投标文件和与招投标文件相吻合的合同，用以备案登记而不实际履行。

上述情况属于典型的虚假招投标，是串标行为，违反《合同法》第52条、《招标投标法》第43条、第55条的规定，所签订的无论是“黑合同”还是“白合同”，均为无效合同。

2)另一种情形是“黑合同”产生于“白合同”之后，即在发包人与承包人按招投标程序签订一份备案合同之后，再根据双方协商对备案合同进行实质内容变更，签订实际履行的私下协议或补充协议。此种情况，如果“白合同”的成立合法有效，是依据招投标文件、中标通知书签订的中标合同，建设方利用优势迫使承包方接受其不合理要求，订立与“白合同”实质性内容相背离的合同，或者承包方以优势迫使建设方签订，或者双方为了共同利益而签订，由此形成的合同即为“黑合同”。

(2)根据两份合同的价格高低，“黑白合同”存在以下两种情形。

1)“白合同”价格高于“黑合同”的价格，这种情况在建筑工程领域中最为普遍。由于建筑市场的买方市场格局，承包商为了获取工程，往往将工程价格压到远低于定额价格的程度，但建设行政主管部门对合同价格的审批却主要以定额为依据，如果建设方用双方按市场价格签订的合同去报批则很有可能因低于所谓的成本而被否决。因此，现实中双方往往达成一致，签订两份合同，即一份报批的“白合同”，另一份是双方将要实际履行的合同。

2)“白合同”的价格低于“黑合同”的价格，这种情况主要在房地产开发领域中比较常见。根据《城市房地产开发经营管理条例》第23条规定，“房地产开发企业预售商品房，应当符合下列条件：……(三)按提供的预售商品房计算，投入开发建设的资金达到工程建设总投资的25%以上，并已确定施工进度和竣工交付日期；……”在实践中，房地产开发企业为了达到尽快预售商品房的目的，往往会与承包商签订两份合同，一份为报批的“白合同”，此合同的价款较低，目的是为了尽快满足投资额25%的预售条件，另一份是双方准备实际履行的“黑合同”，此合同的价款准确反映了市场情况，是双方真实意思的表示。房地产开发企业的这种规避法律的行为显然是违法的，但并未违反效力规定，我们应把对这种违法行为的行政处罚与对合同效力的认定区分开，不能因此而否认双方之间签订的“黑合同”的效力。

【例】 2004年7月，A公司通过工程招投标，和B公司签订了“某住宅丙座D座及社区中心”和“某住宅E座F座”工程施工合同两份，合同价款分别为1.3亿元和1.04亿元，在市建设工程施工合同管理处备案后开始施工。2004年、2005年双方又签订了补充协议，分别将原来签订的两份合同工程价款从1.3亿元调整为9880万元，从1.04亿元调整为8911万元。

2006年12月、2007年9月，上述工程竣工后交由B公司使用，A公司得到工程款1.46亿元，双方对这些工程款数额都无异议。但双方在工程最后结算时，对依据已备案合同确定的工程价款进行结算，还是采用双方签订的施工合同补充协议确定的工程价款进行结算发生争议。A公司认为，已备案的合同是经公开招投标，中标后签订的，这份合同才是工程结算的唯一根据，依据该合同的内容，B公司除已支付的款项外，还欠自己工程款1.47亿多元。B公司则辩称，两份备案合同不是双方的真实意思表示，后来签订的补充协议才是双方债务关系的体现。因为在2000年3月，A公司为拿到工程项目，就向他们作出了垫资地上层、让利、对他们分包项目不收费等极为优惠的许诺，随后开始进场施工。直到2000年5月，他们才为工程进行了形式上的招投标活动。而根据双方签订的私下协议招投标结果是为了办理开工证，中标价和合同价对双方没有约束力，施工图纸定出后一个月再约定合同价。他们说，实际上招投标的文件是A公司自己编制的，招投标活动由A公司一手操办，参加投标的其实都是A公司下属企业。因此，他们认为应按补充协议确定工程款数额，尚欠的工程款应待双方进一步核实后再确定。

分析：由于A公司承建的某住宅楼建设工程，是通过公开招投标的形式所取得，上述工程的标底在工程招投标文件中已得到了双方的确认，中标后，他们依据公开招投标文件所确定的数额与B公司签订了工程施工合同，上述协议不违反法律的规定，且双方对所签合同进行了备案，故该合同合法有效。而双方后来又签订的补充协议中，对原已备案的合同内容进行了变更，并将备案合同约定的工程价款进行了较大的变动，因此，应当认定变更后的协议内容与已备案合同相比，已构成了国家招标投标法中所禁止的“背离合同实质性内容”的变化，这些行为违反了有关法规，因此这些补充协议应为无效。

结论：B公司应按与A公司通过工程招投标而签订的已备案的施工合同的约定履行支付工程款的义务。

第三章　合同阶段纠纷分析与处理

第一节　合同类型

不同种类的合同，有不同的应用条件、不同的权利和责任的分配、不同的付款方式，对合同双方有不同的风险。所以，应按具体情况选择合同类型。

一、按建设工程承包合同的主体分类

按建设工程承包合同的主体进行分类，建设工程合同可以分为国内工程合同和国际工程合同。

1. 国内工程合同

国内工程合同，是指合同双方都属于同一国的建设工程合同。

2. 国际工程合同

国际工程合同，是指一国的建筑工程发包人与他国的建筑工程承包人之间，因为承包建筑工程项目，就双方权利义务达成一致的协议。国际工程合同的主体一方或双方是外国人，其标的是特定的工程项目，如道路建设，油田、矿井的开发，水利设施建设等。合同内容是双方当事人依据有关国家的法律和国际惯例并依据特定的为世界各国所承认的国际工程招标投标程序，确立的为完成本项特定工程的双方当事人之间的权利义务。这一合同又可分为工程咨询合同、建设施工合同、工程服务合同以及提供设备和安装合同。

二、按计价分类

按计价方式分类进行分类，建设工程合同又可以分为单价合同、固定总价合同、成本加酬金合同、目标合同。

1. 单价合同

单价合同是最常见的合同种类，适用于招标文件已列出分部、分项工程量，但合同整体工程量界定由于建设条件限制尚未最后确定的情况，签订合同时采取估算工程量，结算时采用实际工程量结算的方法。如 FIDIC 工程施工合同，我国的建设工程施工合同也主要是这一类合同。单价合同的特点是单价优先，业主在招标文件中给出的工程量表中的工程量是参考数字，而实际合同价款按实际完成的工程量和承包商所报的单价计算。在单价合同中，应明确编制工程量清单的方法和工程计量方法。

在这种合同中，承包商仅按合同规定承担报价的风险，即对报价（主要为单价）的正确性和适宜性承担责任；而工程量变化的风险由业主承担。由于风险分配比较合理，能够适应大多数工程，能调动承包商和业主双方的管理积极性。单价合同又分为固定单价和可调单价等形式。

(1)固定单价合同，指单价不变，工程量调整时按单价追加合同价款，工程全部完工时按竣工

图工程量结算工程款。对实行固定单价合同的工程,除了要认真研读综合单价所包含的内容外,还要注意施工阶段的增补项目和增减工程量。

(2)可调单价合同指签约时,因某些不确定性因素存在暂定某些分部、分项工程单价,实施中根据合同约定调整单价;另根据约定,如在施工期内物价发生变化等,单价可作调整。在合同中签订的单价,根据约定,如在施工期内物价发生变化等,可作调整。有的工程在招标或签约时,因某些不确定性因素而在合同中暂定某些分部、分项工程的单价,在工程结算时,再根据实际情况和合同约定对合同单价进行调整,确定实际结算单价。

根据《建设工程施工合同示范文本》(GF—1999－0201)通用条款中关于可调价格合同中合同价款的调整因素的条款,一般常见的调整因素有:

1)法律、行政法规和国家有关政策变化影响合同价款。

2)工程造价管理机构发布的价格调整。

3)经批准的设计变更。

4)一周内非乙方原因停水、停电、停气造成停工累计超过 8h。

5)甲方更改经审定批准的施工组织设计(修正错误除外)造成费用增加。

6)双方约定的其他因素。

可调价格合同类似于传统意义上的按实结算制度。《建设工程工程量清单计价规范》(GB 50500—2008)界定了这种风险范围:

第 4.7.5 条:因非承包人原因引起的工程量增减超过在合同约定幅度以外的,其单价及措施项目费应予以调整。

第 4.7.6 条:若施工期内市场价格波动超出一定幅度时,应按合同约定调整工程价款;合同没有约定或约定不明确的,应按省级或行业建设主管部门或其授权的工程造价管理机构的规定调整。

除此之外,法律规定的情势变更、不可抗力等情形,与总价合同一样可依法调整价格。

2. 固定总价合同

固定总价合同,是指承包整个工程的合同价款总额已经确定,在工程实施中不再因物价上涨,工程量的变化而变化,工期一般不超过一年。固定总价合同的合同价格是以明确的设计图纸和准确的工程量为基础,合同价格不变,发包人除承担不可抗力和合同规定的其他风险以外,其余所有的风险均由承包商承担。这种合同以一次包死的总价格委托,除了设计有重大变更,一般不允许调整合同价格。所以在这类合同中承包商承担了全部的工作量和价格风险。

在现代工程中,业主喜欢采用这种合同形式。在正常情况下,可以免除业主由于要追加合同价款、追加投资带来的麻烦。但由于承包商承担了全部风险,报价中的不可预见风险费用较高。报价的确定必须考虑施工期间物价的变化以及工程量的变化。

过去,固定总价合同的应用范围很小,其特点主要表现为以下几方面,但现在固定总价合同的使用范围有扩大的趋势。

(1)工程范围必须清楚、明确。

(2)工程设计较细,图纸完整、详细、清楚。

(3)工程量小、工期短,环境因素变化小,条件稳定并合理。

(4)工程结构、技术简单,风险小,报价估算方便。

(5)工程投标期相对宽裕,承包商可以做详细准备。

(6)合同条件完备,双方的权利和义务十分清楚。

固定总价合同适用的工程项目类型有其局限性,2005 年 1 月 1 日起最高人民法院颁布施行法释[2004]14号《审理建设工程施工合同纠纷案件适用法律问题的解释》第22条规定了“当事人约定按照固定价结算工程价款，一方当事人请求对建设工程造价进行鉴定的，不予支持”，因此合同双方都应慎重对待固定总价合同的性质所带来的风险，特别是承包方在签订固定总价合同时，要对市场环境、生产要素、价格变化、成本核算等诸多因素做系统、全面的考虑。承发包双方签订固定总价合同时，对合同价款中包含的风险范围、风险费用的计算方法、风险范围以外合同价款调整方法，也要作出详细的约定，以避免日后纠纷。常见固定总价合同风险的主要表现形式、产生原因及防范措施见表3-1。

表3-1　　固定总价合同风险的主要表现形式及防范措施

<table>
<tr><th>项目</th><th>风险表现形式</th><th>风险产生原因</th><th>风险防范措施</th></tr>
<tr><td>价格风险</td><td>由于招标范围、投标人报价应包含的工作内容、费用项目等要求不够具体、清晰，有经验的投标人在全面考虑中标可能性的基础上，会把可能发生的风险尽可能地考虑进投标报价中，以此来规避合同总价不变的风险，但是由于固定总价合同价格不变，承包人一般会较全面的考虑所有的风险而相应提高报价金额，这样一方面会加大投标人不中标的风险，另一方面也会增加发包人的资金投入</td><td rowspan="3">发包方往往在项目不具备采用总价合同的条件时，利用自己的强势地位要求采用这种计价模式，但又不能提供给承包人全面、充分的报价资料，而且还要求承包商无条件地承担所有的风险，使得承包商在签订这样的固定总价合同时完全承担价格、工程量及其他风险</td><td>承包商要注意发包方在招标时是否尽可能将招标范围、投标人报价应包含的工作内容、费用项目在招标文件中一一进行了明确，能否避免产生歧义。一般情况下，固定总价合同可以采用两种计价形式：分项工程表或工程量清单的形式。
(1)采用分项工程表的计价形式时应注意的问题：①分项的划分应与施工进度计划协调一致；②分部工程的划分应与工程很容易确定的几个阶段相对应；③在编制分项工程表时，应考虑承包商资金能力，保证工程的顺利实施。
(2)采用工程量清单时应注意问题：①应关注工程量清单是否考虑了合同的工程范围；②如果发包人编制工程量清单，则工程量清单上的项目应考虑承包商可能选用什么，或将选用多少来完成工程；对于承包商来说，在业主没有提供工程量清单时，应注意项目的划分，可以在施工措施费中加入计量方法所容许的项目，或在单价中考虑余量，来资助设备材料费用</td></tr>
<tr><td>工程量风险</td><td>(1)业主用初步设计文件招标，由于图纸不够详细、深度不够使得承包商报价时承担着工程量的风险。
(2)业主虽然提供了施工图，但投标期太短，使得承包商无法详细、准确地核算工程量，只能根据经验或统计资料进行估算，工程量算多了，报价没有竞争力，不易中标，算少了，自己要承担风险和亏损</td><td>(1)承包方应当注意，如果招标项目拟采用固定价格合同时，承包方在投标时就应注意招标人是否提供了详细的施工图、说明及施工要求，是否给投标人留有足够的编标和询标时间，以确保投标人完全了解施工场地，理解设计意图，明确施工要求。
(2)注意招标人是否在招标文件的合同条款中事先约定了允许调增的工程量范围，调增工程量时单价的确定方式，以及超过此范围的处理方法。
(3)承包商报价时必须审核图纸的完整性和详细程度，以保证工程量计算的准确性和完整性</td></tr>
<tr><td>其他风险</td><td>施工期间原材料及设备价格上涨但不予调整的风险、工程地点所在地自然条件的变化、各种不能预见的政策性调整等风险</td><td>如材料价格变动因素对合同总价的影响，双方事先应在合同中就调整材料、设备的种类、价格标准、调整幅度等作出详细约定。
总承包合同签订后，可以在工程设计比较完善的情况下，在相关材料、设备市场价格比报价低的阶段，提前确定合格的、有价格优势的供应商，以此转嫁材料、设备价格上涨的风险</td></tr>
</table>

【例】　承包商可以通过在分项工程表中设计“材料到场”分项，以便提前得到工程设备和材料的款项。分项工程表中应包括诸如设计任务和搭设临时工程的分项工程项目。如果发包人规

定某些特定的分项列入分项工程表，则需在投标须知中说明这些要求。二是，分项的划分应与自己的资金计划相协调，特别应与自己的融资计划相一致。因为付款的时间与分项工程表中项目的划分有关；在分项工程表中设有分部工程，则工程的付款时间为分部工程所包含的分项工程全部实施完毕；没有设分部工程，则工程款的支付时间为分项工程实施完毕。

【例】 在某固定总价合同中，工程范围条款为："合同价款所定义的工程范围包括工程量表中列出的，以及工程量表未列出的但为本工程安全、稳定、高效率运行所需的工程和供应"。在该工程实施中，业主指令增加了许多新的分项工程，即所谓的"工程安全、稳定、高效率运行所需的工程"，但设计并未变更，所以承包商无法得到这些新的分项的付款。

【例】 我国某承包商用固定总价合同承包了某国外土建工程。由于工程巨大，设计图纸简单，投标书编制时间短，承包商无法精确核算工程量，仅钢筋一项，报价工程量为 1.2 万吨，而实际工程量达到 2.5 万吨以上，仅此一项承包商的损失就超过 600 万美元。由此可见，在固定总价合同中，防范工程量风险占有十分重要的位置。

3. 成本加酬金合同

成本加酬金合同是由业主向承包单位支付工程项目的实际成本，并按事先约定的某一种方式支付酬金的合同类型，一般在国内不常用。成本补偿合同有以下七种形式：成本加固定费用合同、成本加定比费用合同、成本加奖金合同、成本加固定最大酬金合同、成本加保证最大酬金合同、成本补偿加费用合同、工时及材料补偿合同，具体见表 3-2。

表 3-2 成本加酬金合同的七种形式

序号	表现形式	工程内容
1	成本加固定费用合同	所谓固定费用，是指杂项费用与利润相加的和，这笔费用总额是固定的，只有当工程范围发生变更而超出招标文件的规定时才允许变动。这种超出规定的范围是指在成本、工时、工期或其他可测项目方面的变更招标文件规定数量的上下 10%。根据这种合同，招标单位对投标人支付的人工、材料、设备台班费等直接成本全部予以补偿，同时还增加一笔管理费
2	成本加定比费用合同	成本加定比费用合同与成本补偿合同相似，不同的只不过是所增加的费用不是一笔固定金额，而是按照成本的一定比率计算的一个百分比份额
3	成本加奖金合同	奖金是根据报价书的成本概算指标制定的，概算指标可以是总工程量的工时数的形式，也可以是人工和材料成本的货币形式，在合同中，概算指标被规定了一个底点和一个顶点，投标人在概算指标的顶点下完成工程时就可以得到奖金，奖金的数额按照低于指标顶点的情况而定
4	成本加固定最大酬金合同	根据这一合同，投标人得到的支付有三方面：包括人工、材料、机械台班费以及管理费在内的全部成本；占人工成本一定百分比的增加费；酬金。在这种形式的合同中通常有三笔成本总额：报价指标成本、最高成本总额、最低成本总额。在投标人完成工程所花费的工程成本总额没有超过最低成本总额时，招标单位要支付其所花费的全部成本费用、杂项费用，并支付其应得酬金；在花费的工程成本总额在最低成本总额和报价指标成本之间时，招标人只支付工程成本和杂项费用；在工程成本总额在报价指标成本与最高成本总额之间时，则只支付全部成本；在工程成本超过最高成本总额时，招标单位将不予支付超出部分
5	成本加保证最大酬金合同	在这种合同下，招标单位补偿投标人所花费的人工、材料、机械台班费等成本，另加付人工及利润的涨价部分，这一部分的总额可以一直达到为完成招标书中规定的规范和范围而确定的保证最大酬金额度为止。这种合同形式，一般用于设计达到一定的深度，从而可以明确规定工作范围的工程项目招标中

续表

序号	表现形式	工程内容
6	成本补偿加费用合同	在这种合同下，招标单位向投标人支付全部直接成本并支付一笔费用，这笔费用是对承包商所支付的全部间接成本、管理费用、杂项及利润的补偿
7	工时及材料补偿合同	在工时及材料补偿合同下，工作人员在工作中所完成的工时用一个综合的工时费率来计算，并据此予以支付。这个综合的费率，包括基本工资、保险、纳税、工具、监督管理、现场及办公室的各项开支以及利润等。材料费用的补偿以承包商实际支付的材料费为准

成本加酬金合同在合同签订时不能确定一个具体的合同价格，只能确定酬金的比率。由于合同价格按承包商的实际成本结算，承包商不承担任何风险，所以他没有成本控制的积极性。相反，期望提高成本以提高自己工程的经济效益，这样会损害工程的整体效益。所以这类合同的使用应受到严格限制，通常应用于如下情况。

(1)投标阶段依据不准，工程的范围无法界定，无法准确估价，缺少工程的详细说明。

(2)工程特别复杂，工程技术、结构方案不能预先确定，可能按工程中出现的新的情况确定。

(3)时间特别紧急，要求尽快开工。如抢救、抢险工程，人们无法详细地计划和商谈。

为了克服成本加酬金合同的缺点，人们对该种合同又做了许多改进，以调动承包商成本控制的积极性。

4. 目标合同

它是固定总价合同和成本加酬金合同的结合和改进形式。在国外，它广泛用于工业项目、研究和开发项目、军事工程项目中，承包商在项目早期（可行性研究阶段）就介入工程，并以全包的形式承包工程。

一般来说，目标合同规定，承包商对工程建成后的生产能力（或使用功能）、工程总成本、工期目标承担责任。例如：

(1)如果工程投产后一定时间内达不到预定的生产能力，则按一定比例扣减合同价格。

(2)如果工期拖延，则承包商承担工期拖延违约金。

(3)如果实际总成本低于预定总成本，则节约的部分按预定的比例给承包商奖励，而超支的部分由承包商按比例承担。

(4)如果承包商提出合理化建议被业主认可，该建议方案使实际成本减少，则合同价款总额不予减少，这样成本节约的部分业主与承包商分成。

总的说来，目标合同能够最大限度地发挥承包商工程管理的积极性。

三、按合同效力分类

合同效力是法律赋予依法成立的合同所产生的约束力。合同的效力可分为四大类，即有效合同，无效合同，效力待定合同，可变更、可撤销合同。

(一)合同的生效

1. 合同生效的条件

《合同法》第 44 条规定：依法成立的合同，自成立时生效。

合同生效是指合同对双方当事人的法律约束力的开始。合同成立后，必须具备相应的法律条件才能生效，否则合同是无效的。合同生效应当具备下列条件：

(1)签订合同的当事人应具有相应的民事权利能力和民事行为能力，也就是主体要合法。在签订合同之前，要注意并审查对方当事人是否真正具有签订该合同的法定权利和行为能力，是否受委托以及委托代理的事项、权限等。

（2）意思表示真实。合同是当事人意思表示一致的结果，因此，当事人的意思表示必须真实。但是，意思表示真实是合同的生效条件而非合同的成立条件。意思表示不真实包括意思与表示不一致、不自由的意思表示两种。含有意思表示不真实的合同是不能取得法律效力的。如建设工程合同的订立，一方采用欺诈、胁迫的手段订立的合同，就是意思表示不真实的合同，这样的合同就欠缺生效的条件。

（3）合同的内容、合同所确定的经济活动必须合法，必须符合国家的法律、法规和政策要求，不得损害国家和社会公共利益。不违反法律或者社会公共利益，是合同有效的重要条件。所谓不违反法律或者社会公共利益，是就合同的目的和内容而言的。合同的目的，是指当事人订立合同的直接内心原因；合同的内容，是指合同中的权利义务及其指向的对象。不违反法律或者社会公共利益，实际上是对合同自由的限制。

2. 合同的生效时间

（1）合同生效时间的一般规定。一般来说，依法成立的合同，自成立时生效。具体地讲：口头合同自受要约人承诺时生效；书面合同自当事人双方签字或者盖章时生效；法律规定应当采用书面形式的合同，当事人虽然未采用书面形式但已经履行全部或者主要义务的，可以视为合同有效。合同中有违反法律或社会公共利益的条款的，当事人取消或改正后，不影响合同其他条款的效力。

（2）附条件和附期限合同的生效时间。当事人可以对合同生效约定附条件或者约定附期限。附条件的合同，包括附生效条件的合同和附解除条件的合同两类。附生效条件的合同，自条件成就时生效；附解除条件的合同，自条件成就时失效。当事人为了自己的利益不正当阻止条件成就的，视为条件已经成就；不正当促成条件成就的，视为条件不成就。附生效期限的合同，自期限届至时生效；附终止期限合同，自期限届满时失效。

附条件合同的成立与生效不是同一时间，合同成立后虽然并未开始履行，但任何一方不得撤销要约和承诺，否则应承担缔约过失责任，赔偿对方因此而受到的损失；合同生效后，当事人双方必须忠实履行合同约定的义务，如果不履行或未正确履行义务，应按违约责任条款的约定追究责任。一方不正当地阻止条件成就，视为合同已生效，同样要追究其违约责任。

（二）无效合同

无效合同，是指虽经当事人协商签订，但因其不具备或违反法定条件，国家法律规定不承认其效力的合同。

1. 无效合同的条件

根据《民法通则》第58条的规定，以下情形的民事行为无效：

（1）当事人是无民事行为能力或限制性民事行为能力人。

（2）当事人一方有欺诈胁迫、乘人之危的行为。

（3）双方恶意串通损害国家、集体或第三人利益的行为。

（4）违反法律或社会公共利益。

（5）违反国家指令性计划。

（6）以合法形式掩盖非法目的。

《合同法》规定有下列五种情形之一的，合同无效：

（1）一方以欺诈、胁迫的手段订立合同，损害国家利益。

(2)恶性串通,损害国家、集体或者第三人利益。

(3)以合法形式掩盖非法目的。

(4)损害社会公共利益。

(5)违反法律、行政法规的强制性规定。

在司法实践中,当事人签订的下列合同也属无效合同:

(1)无法人资格且不具有独立生产经营资格的当事人签订的合同。

(2)无行为能力人签订的或者限制行为能力人依法不能签订合同时所签订的合同。

(3)代理人超越代理权限签订的合同或以被代理人的名义同自己或同自己所代理的其他人签订的合同。

(4)盗用他人名义签订的合同。

(5)因重大误解订立的合同。

(6)一方以欺诈、胁迫的手段或者乘人之危,使对方在违背真实意愿的情况下订立的合同。

对于第(5)、(6)两种情形,根据《合同法》的规定,受损方有权请求人民法院或者仲裁机构撤销合同。即使合同无效,但当事人请求变更的,人民法院或仲裁机构不得撤销。

2. 免责条款

免责条款是指合同旨在排除或限制当事人未来应付责任的合同条款。免责条款根据不同的划分标准可作不同的分类。

(1)按排除和限制的责任范围可划分为:

1)完全免责条款,如"货经售出,概不退换";

2)部分免责,可以表现为规定责任的最高限额、计算方法,如洗涤、晾晒合同规定,如有遗失、损坏,最高按收取费用的10倍赔偿;有的列明免责的具体项目,如保险单;有的两者同时使用。

(2)按免责条款的运用,可划分为格式合同中的免责条款和一般合同中的免责条款。一般而言,国家对格式合同的规定较严,对其中的免责条款效力的认定,条件从严;对于后者相对较宽。

当然,并不是所有免责条款都有效,合同中的下列条款无效:

1)造成对方人身伤害的;

2)因故意或者重大过失造成对方财产损失的。

上述两种免责条款具有一定的社会危害性,双方即使没有合同关系也可追究对方的侵权责任。因此这两种免责条款无效。

3. 合同无效请求权的行使

对于合同无效的行使,《联合国国际货物销售合同公约》第26条规定:"宣告合同无效的声明,必须向另一方当事人发出通知,方始有效。"似乎也认为合同无效的权利与解除权一样为一种形成权,只要单方面作出即可。但我国的《合同法》并没有明确的相关规定。根据合同法理论及《合同法》中对合同效力的相关规定来看,在人民法院或者仲裁机构作出合同无效的认定之前,该合同应该是有效的。因此,只有当当事人一方向法院或者仲裁机构提出认定合同无效的请求或主张时,人民法院或仲裁机构才能确认合同无效。必须经当事人的申请或请求,主要是认为人民法院或仲裁机构不要主动去否认合同的效力。

4. 无效合同的法律后果

合同被确认无效后,尚未履行或正在履行的,应当立刻终止履行。对无效合同的财产后果,应本着维护国家利益、社会公共利益和保护当事人合法权益相结合的原则,根据《合同法》的规定予以处理。

(1)返还财产。由于无效合同自始至终没有法律约束力,因此,返还财产是处理无效合同的主要方式。合同被确认无效后,当事人依据该合同所取得的财产,应当返还给对方;不能返还的,应当做价补偿。建设工程合同如果无效一般都无法返还财产,因为无论是勘察、设计成果还是工程施工,承包人的付出都是无法返还的,因此,一般应当采用作价补偿的方法处理。

(2)赔偿损失。是指不能返还财产时,当事人有过错一方承担因其过错而给当事人另一方造成额外损失的法律责任。如果无效经济合同当事人双方都有过错,也即发生混合过错时,则当事人双方各自承担与其过错相应的法律责任。

(3)追缴财产。是指当事人故意损害国家利益或社会公共利益所签订的经济合同被确认无效后,国家机关依法采取最严厉的经济制裁手段。如果只有一方是故意的,故意的一方应将从对方取得的财产返还对方;非故意的一方已经从对方取得或约定取得的财产,应收归国库所有。

【例】 2003 年 3 月 1 日,某建筑公司与某集团公司签订了关于某宾馆的改建工程的《建设工程施工合同》,总造价为 2800 万元。合同签订后,工程未经立项批准,未取得规划许可证和施工许可证,建筑公司即进场施工,由于集团公司未按约定支付预付款,建筑公司垫资施工,并有《关于前期工程造价的确认书》,确认垫资 300 万元,2003 年 5 月,集团公司分三次支付预付款 800 万元。施工过程中,建筑公司仍未取得施工许可证。之后,因集团公司拖欠进度款,工程停工,双方就已完工程款结算问题产生了争议。

分析:集团公司在未取得相关批准和规划许可及施工证的前提下,便进行工程建设,导致双方签订的两份施工合同无效。建筑公司在签订合同时未注意审查发包人是否具有发包条件,对合同无效存在过错,也应承担一定的责任。

结论:两份施工合同签订时该工程未取得批准和规划许可,发包人与承包人均存在违反行政管理性法规的行为,双方均应受到行政处罚。

(三)效力待定合同

效力待定的合同,是指合同虽然已经成立,但因其不完全符合法律有关生效要件的规定,因此其发生效力与否尚未确定,一般须经有权人表示承认或追认才能生效。主要包括三种情况:

(1)无行为能力人订立的和限制行为能力人依法不能独立订立的合同,必须经其法定代理人的承认才能生效。

(2)无权代理人以本人名义订立的合同,必须经过本人追认,才能对本人产生法律效力。

(3)无处分权人处分他人财产权利而订立的合同,未经权利人追认,合同无效。

从上述规定不难看出,造成合同效力待定的主要原因就在于主体及客体方面存在着问题。

此类合同的根本特点就在于合同有效与否取决于权利人的承认或追认,这就是效力待定合同与其他效力类型合同相区别的主要标志。所以不论在法学理论还是在司法实践中,只要是权利人进行了追认,而且符合《合同法》第 47 条、第 48 条及第 51 条的规定,都应认定合同有效,否则就为无效。

(四)可变更或可撤销的合同

可变更或可撤销的合同,是指欠缺生效条件,但一方当事人可依照自己的意思使合同的内容变更或者使合同的效力归于消灭的合同。如果合同当事人对合同的可变更或可撤销发生争议,只有人民法院或者仲裁机构有权变更或者撤销合同。可变更或可撤销的合同不同于无效合同,当事人提出请求是合同被变更、撤销的前提,人民法院或者仲裁机构不得主动变更或者撤销合同。当事人如果只要求变更,人民法院或者仲裁机构不得撤销其合同。

1. 可变更或可撤销合同的条件

有下列情形之一的,当事人一方有权请求人民法院或者仲裁机构变更或者撤销其合同:

(1)当事人对合同的内容存在重大误解。

(2)在订立合同时显失公平。

(3)一方以欺诈、胁迫的手段或者乘人之危,使对方在违背真实意思的情况下订立合同。

对可撤销合同,只有受损害方才有权提出变更或撤销。有过错的一方不仅不能提出变更或撤销,而且还要赔偿对方因此所受到的损失。

2. 可变更或可撤销合同的变更或撤销

可撤销合同为效力相对合同,依据权利人的意思表示可使合同处于不同的效力状态。

(1)全面履行原则。权利人有按其意思决定合同命运的选择权。选择权表现为权利人有权完全接受原合同,不行使变更或撤销的请求权;有权在承认合同效力的前提下,请求变更合同内容;也有权请求撤销合同。当事人的自由选择权应受尊重,可变更或可撤销的合同是否变更或被撤销,以当事人主动行使请求权为前提,即必须向法院或仲裁机构诉讼或申请仲裁,当事人不行使程序上的主张权,有关机关不得依职权加以变更或撤销。

(2)撤销权的消灭。由于可撤销的合同只是涉及当事人意思表示不真实的问题,因此法律对撤销权的行使有一定的限制。有下列情形之一的,撤销权消灭:

1)具有撤销权的当事人自知道或者应当知道撤销事由之日起1年内没有行使撤销权;

2)具有撤销权的当事人知道撤销事由后明确表示或者以自己的行为放弃撤销权;

3)确认权属人民法院或仲裁机构。

3. 可撤销合同与无效合同的关系

从法律后果上来看二者具有同一性。但两者之间的区别也是比较明显的。可撤销合同与无效合同的区别主要有三个。

(1)可撤销合同主要涉及意思表示不真实的问题。据此,法律将是否主张撤销的权利留给撤销权人,由其决定是否撤销合同。而无效合同在内容上常常违反法律的禁止性规定和社会公共利益。此类行为具有明显的违法性,因此对无效合同的效力的确认不能由当事人选择。即使对无效合同不主张无效,司法机关和仲裁机构也应当主动干预,宣告其无效。

合同无效的主张或请求应当做为合同一方当事人的权利,其有权决定是否行使这一权利。

(2)可撤销合同未被撤销以前仍然是有效的,而且根据我国《合同法》第54条、第56条的规定来看,撤销权人亦可要求不撤销合同而仅要求对合同予以变更,这就表明了可撤销合同并非都是当然无效,这可由享有撤销权的一方当事人进行选择。

(3)对可撤销合同来说,行使撤销权必须符合规定的期限,超过该期限,合同即为有效。但是,无效合同因其为当然无效,不存在期限问题。

第二节　合同的谈判与签订

一、合同谈判

从承包商的角度看,合同界定了施工项目的大小。合同中所确定的各方的权利、义务及其合同价格,是影响施工企业利益最主要的因素,而合同谈判是获得尽可能多利益的最好机会。合同签订前,合同当事人可以利用法律赋予的平等权利,进行对等谈判,对合同进行修改和补充。但合同一经确定,只要其合法、有效,即具有法律约束力,就受到法律保护。因而合同谈判的效果如何,直接关系到承包商的切身利益。因此,做好合同谈判工作十分重要。

(一)合同谈判准备工作

开始谈判之前,一定要做好各方面的谈判准备工作。对于一个工程承包合同而言,一般都具有投资数额大、实施时间长的特点,而合同内容也涉及技术、经济、管理、法律等广阔的领域。因此在开始谈判之前,必须细致地做好以下几方面的准备工作。

1. 谈判资料准备

谈判准备工作的首要任务就是要收集整理有关合同对方及项目的各种基础资料和背景材料。这些资料的内容包括对方的资信状况、履约能力、发展阶段、已有成绩等,还包括工程项目的由来、土地获得情况、项目目前的进展、资金来源等。

资料准备可以起到双重作用:其一是双方在某一具体问题上争执不休时,提供证据资料、背景资料,可起到事半功倍的作用;其二是防止谈判小组成员在谈判中出现口径不一的情况,以免造成被动。

2. 具体分析

在获得了这些基础资料的基础上,双方即可进行一定的分析。

(1)对己方的分析。签订工程施工合同之前,首先要确定工程施工合同的标的物,即拟建工程项目。发包方必须运用科学研究的成果,对拟建工程项目的投资进行综合分析和论证。发包方必须按照可行性研究的有关规定,作定性和定量的分析研究,包括工程水文地质勘察、地形测量以及项目的经济、社会、环境效益的测算比较,在此基础上论证工程项目在技术上、经济上的可行性,对各种方案进行比较,筛选出最佳方案;依据获得批准的项目建议书和可行性研究报告,编制项目设计任务书并选择建设地点。建设项目的设计任务书和选点报告批准后,发包方就可以委托取得工程设计资格证书的设计单位进行设计,然后再进行招标。

对于承包方,在获得发包方发出招标公告后,不应盲目地投标,而是应该做一系列调查研究工作。其主要考察的问题有:工程建设项目是否确实由发包方立项?项目的规模如何?是否适合自身的资质条件?发包方的资金实力如何?等等。这些问题可以通过审查有关文件,譬如发包方的法人营业执照、项目可行性研究报告、立项批复、建设用地规划许可证等加以解决。承包方为承接项目,可以主动提出某些让利的优惠条件,但是,在项目是否真实、发包方主体是否合法、建设资金是否落实等原则性问题上不能让步,否则,即使在竞争中获胜,即使中标承包了项目,一旦发生问题,合同的合法性和有效性就得不到保证,此种情况下,受损害最大的往往是承包方。

(2)对对方的分析。对对方的基本情况的分析主要从以下两方面入手。

1)对对方谈判人员的分析,主要了解对方的谈判组由哪些人员组成,了解他们的身份、地位、性格、喜好、权限等,注意与对方建立良好的关系,发展谈判双方的友谊,争取在谈判以前就有了亲切感和信任感,为谈判创造良好的氛围。

2)对对方实力的分析,主要是指对对方诚信、技术、财力、物力等状况的分析,可以通过各种渠道和信息传递手段取得有关资料。

(3)对谈判目标进行可行性分析。分析工作中还包括分析自身设置的谈判目标是否正确合理、是否切合实际、是否能被对方接受,以及对方设置的谈判目标是否合理。如果自身设置的谈判目标有疏漏或错误,易盲目接受对方的不合理谈判目标,同样会造成项目实施过程中的后患。实际上,由于承包方中标心切,往往接受发包方极不合理的要求,比如带资、垫资、工期短等,造成其在今后发生回收资金、获取工程款、工期反索赔方面的困难。

(4)对双方地位进行分析。对在此项目上与对方相比己方所处的地位的分析也是必要的。

这一地位包括整体的与局部的优劣势。如果己方在整体上存在优势，而在局部存有劣势，则可以通过以后的谈判等弥补局部的劣势。但如果己方在整体上已显劣势，则除非能有契机转化这一形势，否则就不宜再耗时耗资去进行无益的谈判。

3. 谈判的组织准备

谈判的组织准备主要包括谈判组的成员组成和谈判组长的人选确定。

(1)谈判组的成员组成。一般来说，谈判组成员的选择要考虑下列几点：

1)能充分发挥每一个成员的作用；

2)组长便于组内协调；

3)具有专业知识组合优势；

4)国际工程谈判时还要配备业务能力强，特别是外语写作能力较强的翻译。

谈判组成员以3～5人为宜，可根据谈判不同阶段的要求，进行阶段性的人员更换，以确保谈判小组的知识结构与能力素质的针对性，取得最佳的效果。

(2)谈判组长的人选。谈判组长即主谈，是谈判小组的关键人物，一般要求主谈具有如下基本素质：

1)具有较强的业务能力和应变能力；

2)具有较宽的知识面和丰富的工程经验与谈判经验；

3)具有较强的分析、判断能力，决策果断；

4)年富力强，思维敏捷，体力充沛。

4. 谈判的方案准备与思想准备

谈判的方案准备即指参加谈判前拟定好预达成的目标、所要解决的问题，以及具体措施等。思想准备则指进行谈判的有利与不利因素分析，设想出谈判可能出现的各种情况，制定相应的解决办法，以避免不应有的错误。

5. 谈判的议程安排

谈判的议程安排主要指谈判的地点选择、主要活动安排等准备内容。承包合同谈判的议程安排，一般由发包人提出，征求对方意见后再确定。作为承包商要充分认识到非“主场”谈判的难度，做好充分的心理准备。

(二)谈判阶段

在实际工作中，有的发包人把全部谈判均放在决标之前进行，以利用投标者想中标的心理压价并取得对自己有利的条件；也有的发包人将谈判分为决标前和决标后两个阶段进行。

1. 决标前的谈判

发包人在决标前与初选出的几家投标者谈判的内容主要有两个方面：一是技术答辩；二是价格问题。

技术答辩由评标委员会主持，了解投标者如果中标后将如何组织施工，如何保证工期，对技术难度较大的部位采取什么措施等，虽然投标者在编制投标文件时对上述问题已有准备，但在开标后，当本公司进入前几标时，应该在这方面再进行认真细致的准备，必要时画出有关图解，以取得评标委员的好感，顺利通过技术答辩。

价格问题是一个十分重要的问题，发包人利用他的有利地位，要求投标者降低报价，并就工程款额中付款期限、贷款利率(对有贷款的投标)以及延期付款条件等方面要求投标者作出让步。投标者在这一阶段一定要沉住气，对发包人的要求进行逐条分析，在适当时机适当、逐步的让步，因此，谈判有时会持续很长时间。

2. 决标后的谈判

经过决标前的谈判，发包人确定出中标者并发出中标函，这时发包人和中标者还要进行决标后的谈判，即将过去双方达成的协议具体化，并最后签署合同协议书，对价格及所有条款加以认证。

决标后，中标者地位有所改善，他可以利用这一点，积极地、有理有节地同发包人进行决标后的谈判，争取协议条款公正合理。对关键性条款的谈判，要做到彬彬有礼而又不作大的让步。对有些过分不合理的条款，一旦接受了会带来无法负担的损失，则宁可冒损失投标保证金的风险而拒绝发包人要求或退出谈判，以迫使发包人让步，因为谈判时合同并未签字，中标者不在合同约束之内，也未提交履约保证。

发包人和中标者在对价格和合同条款达成充分一致的基础上，签订合同协议书(在某些国家需要到法律机关认证)。至此，双方即建立了受法律保护的合作关系，招标投标工作即告完成。

(三)合同谈判的策略和技巧

谈判是通过不断地会晤确定各方权利、义务的过程，它直接关系到谈判桌上各方最终利益的得失。因此，谈判绝不是一项简单的机械性工作，而是集合了策略与技巧的艺术。以下介绍几种常见的谈判策略和技巧。

(1)掌握谈判的进程。即指掌握谈判过程的发展规律。谈判大体上可分为五个阶段，即探测、报价、还价、拍板和签订合同。谈判各个阶段中谈判人员应该采取的策略主要有：

1)设计探测策略。探测阶段是谈判的开始，设计探测策略的主要目的在于尽快摸清对方的意图、关注的重点，以便在谈判中做到对症下药、有的放矢。

2)讨价还价策略。讨价还价阶段是谈判的实质性进展阶段。在本阶段中双方从各自的利益出发，相互交锋、相互角逐。谈判人员应保持清醒的头脑，在争论中保持心平气和的态度，临阵不乱、镇定自若、据理力争；要避免不礼貌的提问，以防引起对方反感甚至导致谈判破裂；应努力求同存异，创造和谐气氛并逐步接近。

3)控制谈判的进程。工程建设这样的大型谈判一定会涉及诸多需要讨论的事项，而各谈判事项的重要性并不相同，谈判各方对同一事项的关注程度也并不相同。成功的谈判者善于掌握谈判的进程，在充满合作气氛的阶段，展开自己所关注的议题的商讨，从而抓住时机，达成有利于己方的协议。而在气氛紧张时，则引导谈判进入双方具有共识的议题，一方面缓和气氛，另一方面缩小双方差距，推进谈判进程。同时，谈判者应懂得合理分配谈判时间。对于各议题的商讨时间应得当，不要过多拘泥于细节性问题。这样可以缩短谈判时间，降低交易成本。

4)注意谈判氛围。谈判各方往往存在利益冲突，要兵不血刃即获得谈判成功是不现实的。有经验的谈判者会在各方分歧严重、谈判气氛激烈的时候采取润滑措施，舒缓压力。

在我国最常见的谈判方式是饭桌式谈判。通过餐宴，联络谈判双方的感情，拉近双方的心理距离，进而在和谐的氛围中重新回到议题。

(2)打破僵局策略。僵局往往是谈判破裂的先兆，因而为使谈判顺利进行，并取得谈判成功，遇有僵持的局面必须适时采取相应策略。常用的打破僵局的方法有：

1)拖延和休会。当谈判遇到障碍，陷入僵局的时候，拖延和休会可以使明智的谈判方有时间冷静思考，在客观分析形势后提出替代性方案。在一段时间的冷处理后，各方都可以进一步考虑整个项目的意义，进而弥合分歧，将谈判从低谷引向高潮。

2)假设条件。即当遇有僵持局面时，可以主动提出假设我方让步的条件，试探对方的反应，这样可以缓和气氛，增加解决问题的方案。

3)私下个别接触。当出现僵持局面时,观察对方谈判小组成员对引发僵持局面的问题的看法是否一致,寻找对本方意见的同情者与理解者,或对对方的主要持不同意见者,通过私下个别接触缓和气氛,消除隔阂,建立个人友谊,为下一步谈判创造有利条件。

4)设立专门小组。本着求同存异的原则,谈判中遇到各类障碍时,不必一一都在谈判桌上解决,而是可以设立若干专门小组,由双方的专家或组员去分组协商,提出建议。这种做法一方面可使僵持的局面缓解,另一方面可提高工作效率,使问题得以圆满解决。

(3)高起点战略。谈判的过程是各方妥协的过程,通过谈判,各方都会或多或少地放弃部分利益以求得项目的进展。而有经验的谈判者在谈判之初会有意识地向对方提出苛刻的谈判条件。这样对方会过高估计本方的谈判底线,从而在谈判中做出更多的让步。

(4)避实就虚。谈判各方都有自己的优势和弱点。谈判者应在充分分析形势的情况下,做出正确判断,利用对方的弱点,猛烈攻击,迫其就范,作出妥协。而对于己方的弱点,则要尽量注意回避。

(5)对等让步策略。为使谈判取得成功,谈判中对对方所提出的合理要求进行适当让步是必不可少的,这种让步要求对双方都是存在的。但单向的让步要求则很难达成,因而主动在某问题上让步的同时向对方提出相应的让步条件,一方面可争得谈判的主动,另一方面又可促使对方让步条件的达成。

(6)充分利用专家的作用。现代科技发展使个人不可能成为各方面的专家,而工程项目谈判又涉及广泛的学科领域,所以充分发挥各领域专家的作用,既可以在专业问题上获得技术支持,又可以利用专家的权威性给对方以心理压力。

二、合同的签订

合同签订的过程,是当事人双方互相协商并最后就各方的权利、义务达成一致意见的过程。签约是双方意志统一的表现。

签订工程合同的时间很长,实际上它是从准备招标文件开始,到招标、投标、评标、中标,直至合同谈判结束为止的一整段时间。

(一)工程合同签订基本原则

工程合同签订的原则是指贯穿于订立施工合同的整个过程,对承包、发包双方签订合同起指导和规范作用,是双方均应遵守的准则。主要有:依法签订原则、平等互利协商一致原则、等价有偿原则、严密完备原则和履行法律程序原则等。

1. 依法签订原则

(1)必须依据《中华人民共和国经济合同法》、《中华人民共和国建筑法》、《中华人民共和国合同法》、《建设工程勘察设计管理条例》等有关法律、法规。

(2)合同的内容、形式、签订的程序均不得违法。

(3)当事人应当遵守法律、行政法规和社会公德,不得扰乱社会经济秩序,不得损害社会公共利益。

(4)根据招标文件的要求,结合合同实施中可能发生的各种情况进行周密、充分的准备,按照"缔约过失责任原则"保护企业的合法权益。

2. 平等互利协商一致原则

(1)发包方、承包方作为合同的当事人,双方均平等地享有经济权利,平等地承担经济义务,其经济法律地位是平等的,没有主从关系。

(2)合同的主要内容,须经双方经过协商、达成一致,不允许一方将自己的意志强加于对方,也不允许一方以行政手段干预对方、压服对方等现象发生。

3. 等价有偿原则

《中华人民共和国民法通则》第四条规定:“民事活动应当遵循等价有偿原则。”订立和履行合同是重要的民事活动之一。

(1)签约双方的经济关系要合理,当事人的权利义务是对等的;

(2)合同条款中亦应充分体现等价有偿原则,即:

1)一方给付,另一方必须按价值相等原则作相应给付;

2)不允许发生无偿占有、使用另一方财产的现象;

3)对工期提前、质量全优要予以奖励;

4)延误工期、质量低劣应罚款;

5)提前竣工的收益由双方分享。

4. 严密完备原则

(1)充分考虑施工期内各个阶段,施工合同主体间可能发生的各种情况和一切容易引起争端的焦点问题,并预先约定解决问题的原则和方法。

(2)条款内容力求完备,避免疏漏,措辞力求严谨、准确、规范。

(3)对合同变更、纠纷协调、索赔处理等方面应有严格的合同条款作保证,以减少双方矛盾。

5. 履行法律程序原则

(1)签约双方都必须具备签约资格,手续齐全。

(2)代理人超越代理人权限签订的工程合同无效。

(3)签约的程序符合法律规定。

(4)签订的合同必须经过合同管理的授权机关鉴证、公证和登记等手续,对合同的真实性、可靠性、合法性进行审查,并给予确认,方能生效。

(二)工程合同签订的形式

合同形式是当事人意思表示一致的外在表现形式。一般认为,合同的形式可分为书面形式、口头形式和其他形式。

1. 书面合同

书面形式是指合同书、信件和数据电文(包括电报、电传、传真、电子数据交换和电子邮件)等可以有形地表现所载内容的形式。《合同法》第10条规定:“当事人订立合同,有书面合同、口头形式和其他形式。法律、行政法规规定采用书面形式的,应当采用书面形式。当事人约定采用书面形式的应当采用书面形式。”

由于施工合同涉及面广、内容复杂、建设周期长、标的的金额大,《合同法》第270条规定:“工程施工合同应当采用书面形式。”

书面形式的合同具有以下优点:

(1)有利于合同形式和内容的规范化。

(2)有利于合同管理规范化,便于检查、管理和监督,有利于双方依约执行。

(3)有利于合同的执行和争执的解决,举证方便,有凭有据。

(4)有利于更有效地保护合同双方当事人的权益。

书面形式的合同由当事人经过协商达成一致后签署。如果委托他人代签,代签人必须事先取得委托书作为合同附件,证明具有法律代表资格。

书面合同是最常用也是最重要的合同形式，人们通常所指的合同就是这一类。

2. 口头合同

在日常的商品交换，如买卖、交易关系中，口头形式的合同被人们普遍、广泛地应用。其优点是简便、迅速、易行；缺点是一旦发生争议就难以查证，对合同的履行难以形成法律约束力。因此，口头合同要建立在双方相互信任的基础上，适用于不太复杂、不易产生争执的经济活动。在当前，运用现代化通信工具作出的口头要约，如电话订货等，也是被承认的。

(三)合同的订立方式

根据我国《合同法》的有关规定，建设工程合同的订立，可以采取总承包合同的方式，也可以采取分别承包合同的方式。

1. 总承包方式

建设工程总承包指从事工程总承包的企业受业主(建设单位)委托，按照合同约定对工程项目的勘察、设计、采购、施工、试运行(竣工验收)等全过程或若干阶段的承包。由一个承包人独立的对全部建设工程承担责任的承包方式。

总承包合同是指发包人与承包人就某项建设工程的全部勘察、设计、施工签订的合同，承包人应当就建设工程从勘察到施工的整个过程负责。承担建设任务的一方当事人称为总承包人。

工程总承包的具体方式、工作内容和责任等，由业主与工程总承包企业在合同中约定。

工程总承包主要有如下方式：①设计采购施工/交钥匙总承包。设计采购施工总承包是指工程总承包企业按照合同约定，承担工程项目的设计、采购、施工、试运行服务等工作，并对承包工程的质量、安全、工期、造价全面负责。交钥匙总承包是设计采购施工总承包业务和责任的延伸，最终向业主提交一个满足使用功能、具备使用条件的工程项目。②设计－施工总承包。设计－施工总承包是指工程总承包企业按照合同约定，承担工程项目设计和施工，并对承包工程的质量、安全、工期和造价全面负责。③设计－采购总承包。④采购－施工总承包。

【注意】 工程总承包方式的决定因素

工程的采购到底应采取何种形式，主要取决于五个主要方面的因素：工程的性质、业主的选择、承包商的能力与可用资源、资金来源以及法律规定。

(1)工程的性质。一般说来，设计采购施工/交钥匙适合于石油、化工、电力、冶炼和交通等部门的项目。这些项目的技术特点，决定了采用设计采购施工/交钥匙合同方式要比其他方式好得多。另一方面，上述项目，业主即使参与，作用也不大，必须依赖承包商的经验与专业特长。

(2)业主的选择。设计－施工、设计－采购－施工和交钥匙合同在发达国家出现并得到越来越多的使用，主要有两个原因：大量新技术项目快速出现和日趋激烈的市场竞争。

设计－施工合同可由一家公司完成规划、设计、施工、试运行的全部工作，避免了设计与施工由不同的公司承担时常发生的大多数矛盾。由于设计和施工均由一个单位负责，因此也节约了时间，便于边设计边施工。

(3)承包商的能力与可用资源。如果承包公司自己能力不够或缺少专业技能，或者不能通过分包或合营获取自身所缺乏的技术和能力，就不宜采用这种合同。设计－施工项目的分包需要特别重视。但就建筑物的建造而言，我国目前在设计和施工两方面都令人满意的企业极少。多数房屋建筑的业主都愿意选最好的设计人，最便宜、质量最好、干得最快的施工企业。总承包难以做到这一点，若用于所有的项目，就限制了业主的选择。

(4)资金来源。采用设计－施工或者交钥匙合同对于业主的优点之一是项目所需资金可由设计－施工承包商垫付。竣工后返租给业主的设施就是如此，具体有库房、发电设施或商业办公楼等，这些设施在租约期满时所有权全部交给项目业主。

(5)法律制度。承包者一旦与业主签订设计一施工总承包合同，就获得了选择与安排设计和施工，甚至材料与设备供应单位的权利。也就是说，具体承担设计和施工的单位，不必通过公开招标选择。

2. 独立承包方式

独立承包方式也称分包方式，是指发包人(业主)并不将建设工程的全部建设工作发包给某一承包人，而是分别与勘察人、设计人、施工人分别签订勘察、设计、施工合同，勘察人、设计人、施工人就自己负责的勘察、设计、施工任务各自独立对发包人负责。对于一些工程较大的项目，发包人可能分别与几个勘察人、设计人、施工人分别签订若干独立的勘察合同、设计合同、施工合同，各承包人各自独立完成承包工作。与此同时，我国《合同法》还明文禁止肢解发包。所谓肢解发包，是指将应当由一个承包单位单独完成的建设工程肢解成若干部分发包给几个承包单位的行为，由于该行为可能导致建设工程管理上的混乱，不能保证建设工程的质量与安全，容易造成建设工期的延长，增加建设成本，所以法律规定禁止将建筑工程肢解发包。

根据合同法的有关规定，订立分包合同必须遵守以下规定：

(1)总承包单位可以将承包工程的一部分或几个部分发包给具有相应资质的分包单位，而不能将全部工程都分包出去。

(2)除总包合同中另有约定以外，总承包人进行分包必须经发包人同意。

(3)总承包人必须自行完成建设工程的主体结构，所谓主体结构是指保证整个建筑物支撑的主架结构，例如建筑主体和承重结构等。

(4)总承包单位和分包单位就分包工程的工作成果对发包单位承担连带责任。因分包的工程出现问题，发包人既可以要求总承包人、勘察设计、施工承包人承担责任，也可以直接要求分包人承担责任。

(5)分包人必须具有相应的资质，并且只能分包一次，而不允许多次分包。根据我国《合同法》第 272 条第 3 款规定，禁止承包人将工程分包给不具备相应资质条件的单位，并且禁止分包单位将其承包的工程再分包。

3. 联合承包

《建筑法》第 27 条第 1 款规定："大型建筑工程或者结构复杂的建筑工程，可以由两个以上的承包单位联合共同承包。共同承包的各方对承包合同的履行承担连带责任。"第 2 款规定："两个以上不同资质等级的单位实行联合共同承包的，应当按照资质等级低的单位的业务许可范围承揽工程。"

(四)合同签订的程序

合同订立的程序，是指当事人双方就合同的主要条款经过协商一致，并签署书面协议的过程。订立合同的过程，一般是先由当事人一方提出要约，再由另一方作出承诺的意思表示，签字、盖章后，合同即告成立。

1. 合同的签订

建设工程合同是承包人进行工程建设，发包人支付价款的合同，应当采用书面形式签订。对于实行招标发包的建设工程，其承包合同的签订条款内容应当与招标文件、投标通知书的主要内容相一致，承发包双方签订建设工程合同后，不应再签订与合同内容实质性相违背的补充协议。

2. 合同的主要内容

合同的主要内容可根据国家颁布的有关合同示范文本拟定的建设工程承发包合同专用条

款，大致可以分为以下几点。

(1)当事人的名称、住所：合同抬头、落款、公章以及对方当事人提供的资信情况载明的当事人的名称、住所应保持一致。

(2)合同标的：合同标的应具有唯一性、准确性，买卖合同应详细约定规格、型号、商标、产地、等级等内容；服务合同应约定详细的服务内容及要求；对合同标的无法以文字描述的应将图纸作为合同的附件。

(3)数量：合同应采用国家标准的计量单位，一般应约定标的物数量，常年经销合同无法约定确切数量的应约定数量的确定方式(如电报、传真、送货单、发票等)。

(4)质量：有国家标准、部门行业标准或企业标准的，应约定所采用标准的代号；化工产品等可以用指标描述的产品应约定主要指标要求(标准已涵盖的除外)；凭样品支付的应约定样品的产生方式及样品存放地点。

(5)价款或报酬：价款或者报酬应在合同中明确，采用折扣形式的应约定合同的实际价款；价款的支付方式如转账支票、汇票(电汇、票汇、信汇)、托收、信用证、现金等应予以明确；价款或报酬的支付期限应约定确切日期或约定在一定条件成就后多少日内支付。

(6)履行期限、地点和方式。履行期限应具体明确定，无法约定具体时间的，应在合同中约定履行期间的方式。

合同履行地点应力争作对本方有利的约定，如买卖合同一般约定交货地点为本公司仓库或本公司的住所地；约定具体地名的应明确至市辖区或县一级。

买卖合同在合同中一般应约定交付的手续，即合同履行的标志，如托运单、仓库保管员签单等。

(7)合同的担保。合同中对方当事人要求提供担保或本方要求对方当事人提供担保的，应结合具体情况根据我国《担保法》的要求办理相关手续。

(8)合同的解释。合同文本中所有文字应具有排他性的解释，对可能引起歧义的文字和某些非法定专用词语应在合同中进行解释。

(9)保密条款。对技术类合同和其他涉及经营信息、技术信息的合同应约定保密承诺与违反保密承诺时的违约责任。

(10)合同联系制度。履行期限长的重大经济合同应当约定合同双方联系制度。

(11)违约责任。根据《合同法》作适当约定，注意合同的公平性。

(12)解决争议的方式。解决争议的方式可选择仲裁或起诉，选择仲裁的应明确约定仲裁机构的名称，双方对仲裁机构不能达成一致意见的，可选择第三地仲裁机构。

3. 合同的解除

合同解除是指在合同有效成立以后，当解除的条件具备时，因当事人一方或双方的意思表示，使合同自始或仅向将来消灭的行为，它也是一种法律制度。常见合同解除方式见表3-3。

表3-3　合同解除方式

序号	解除方式	项目内容
1	单方解除	单方解除是指解除权人行使解除权将合同解除的行为。它不必经过对方当事人的同意，只要解除权人将解除合同的意思表示直接通知对方，或经过人民法院或仲裁机构向对方主张，即可发生合同解除的效果
2	协议解除	协议解除是指当事人双方通过协商同意将合同解除的行为(《合同法》第93条第1款)，它不以解除权的存在为必要，解除行为也不是解除权的行使

续表

序号	解除方式	项目内容
3	法定解除	法定解除合同的条件由法律直接加以规定者，其解除为法定解除。在法定解除中，有的以适用于所有合同的条件为解除条件，有的则仅以适用于特定合同的条件为解除条件。前者为一般法定解除，后者称为特别法定解除
4	约定解除	约定解除是指当事人以合同形式，约定为一方或双方保留解除权的解除。其中，保留解除权的合意，称之为解约条款。解除权可以保留给当事人一方，也可以保留给当事人双方。保留解除权，可以在当事人订立合同时约定，也可以在以后另订立保留解除权的合同

(1)合同解除的法律特征。

1)合同解除是对有效合同的解除。合同解除以有效成立的合同为标的，其目的在于解决有效成立的合同提前消灭的问题。这是合同解除与合同无效、合同撤销及要约或承诺的撤回等制度的不同之处。

2)合同的解除必须具有解除事由。合同一经有效成立，即具有法律约束力，双方当事人必须信守，不得擅自变更或解除，这是合同法的重要原则。只是在主客观情况发生变化，使合同履行成为不必要或不可能的情况下，才允许解除合同。这不仅是合同解除制度的存在依据，也表明合同解除必须具备一定的条件，否则便构成违约。对合同解除的条件，我国合同法既有一般性规定，又有适用于个别合同的特殊规定。

3)合同解除必须通过解除行为实现。具备合同解除的条件，合同并不必然解除。要使合同解除，一般还需要解除行为。解除行为有两种类型：一是当事人双方协商同意；二是享有解除权一方的单方意思表示。

4)合同解除的效果是使合同关系消灭。合同解除的法律效果是使合同关系消灭。但其消灭是溯及既往，还是仅向将来发生，各国立法主张和学术见解不尽相同。我国通说认为，合同解除无溯及力。

(2)合同的法定解除条件。《合同法》第 94 条规定，有下列情形之一的，当事人可以解除合同：

1)因不可抗力致使不能实现合同目的。不可抗力致使合同目的不能实现，该合同失去意义，应归于消灭。在此情况下，我国合同法允许当事人通过行使解除权的方式消灭合同关系。

2)在履行期限届满之前，当事人一方明确表示或者以自己的行为表明不履行主要债务。此即债务人拒绝履行，也称毁约，包括明示毁约和默示毁约。作为合同解除条件，它一是要求债务人有过错，二是拒绝行为违法(无合法理由)，三是有履行能力。

3)当事人一方迟延履行主要债务，经催告后在合理期限内仍未履行。此即债务人迟延履行。根据合同的性质和当事人的意思表示，履行期限在合同的内容中非属特别重要时，即使债务人在履行期届满后履行，也不致使合同目的落空。在此情况下，原则上不允许当事人立即解除合同，而应由债权人向债务人发出履行催告，给予一定的履行宽限期。债务人在该履行宽限期届满时仍未履行的，债权人有权解除合同。

4)当事人一方迟延履行债务或者有其他违约行为致使不能实现合同目的。对某些合同而言，履行期限至为重要，如债务人不按期履行，合同目的即不能实现，于此情形，债权人有权解除合同。其他违约行为致使合同目的不能实现时，也应如此。

5)法律规定的其他情形。法律针对某些具体合同规定了特别法定解除条件的，从其规定。

(五)订立经济合同的全过程

在法律程序上,订立经济合同的全过程划分为要约和承诺两个阶段。要约和承诺属于法律行为,当事人双方一旦作出相应的意思表示,就要受到法律的约束,否则必须承担一定的法律责任。

1. 要约

要约是指一方当事人以缔结合同为目的,向对方当事人所作的意思表示。发出要约的人为要约人,接受要约的人为受要约人。要约是订立合同所必须经过的程序。《合同法》第14条规定:"要约是希望和他人订立合同的意思表示。"

(1)要约应具备的条件。要约应当具备以下条件:①要约的内容必须具体、确定。②表明经受要约人承诺,要约人即受该意思表示约束。具体地讲,要约必须是特定人的意思表示,必须是以缔结合同为目的。要约必须是对相对人发出的行为,必须由相对人承诺,虽然相对人的人数可能为不特定的多数人。③要约必须具备合同的一般条款。

(2)要约与要约邀请的区别。要约邀请是希望他人向自己发出要约的意思表示。要约是希望和他人订立合同的意思表示,对要约人有约束力,它有一经承诺就产生合同的可能性,是合同协商的一个必要步骤,为订立合同的开端和起点。

要约一经同意(承诺)即转化为合同。而要约邀请只是当事人为订立合同而进行的预备行为,不构成合同谈判的内容,其目的在于邀请别人向自己发出订约提议,当事人仍处于订立合同的准备阶段。要约邀请不发生要约的法律效力,受邀请人即便完全同意邀请方的要求,也并不产生合同。

在工程项目招标投标过程中,招标不具备要约的条件,不是要约,它实质上是邀请投标人来对其提出要约(报价),因而招标是一种要约邀请,而投标则是要约,中标通知书是承诺。

(3)要约的撤回和撤销。

要约撤回,是指要约在发生法律效力之前,欲使其不发生法律效力而取消要约的意思表示。要约人可以撤回要约,撤回要约的通知应当在要约到达受要约人之前或同时到达受要约人。

要约撤销,是指要约在发生法律效力之后,要约人欲使其丧失法律效力而取消该项要约的意思表示。要约可以撤销,撤销要约的通知应当在受要约人发出承诺通知之前到达受要约人。但有下列情形之一的,要约不得撤销:第一,要约人确定承诺期限或者以其他形式明示要约不可撤销;第二,受要约人有理由认为要约不可撤销,并已经为履行合同做了准备工作。可以认为,要约的撤销是一种特殊的情况,且必须在受要约人发出承诺通知之前到达受要约人。由于要约毕竟具有法律拘束力,对其撤销不得过于随意,一般要求具备以下条件。

1)要约的撤销必须在合同成立之前,即承诺生效之前,合同一旦成立,则属于合同的解除问题。

2)要约的撤销必须以通知的方式进行,撤销通知必须于受要约人发出承诺前送达受要约人。如果撤销通知发出,但在到达受要约人之前,承诺通知已经发出,则不能产生撤销的法律效力。

2. 承诺

承诺与要约一样,是一种法律行为。关于承诺,《合同法》第21条作了如下定义:"承诺是受要约人同意要约的意思表示"。

(1)承诺应具备的条件。

1)承诺必须由受要约人作出。非受要约人向要约人作出的接受要约的意思表示是一种要约而非承诺。

2)承诺只能向要约人作出。承诺不能向非要约人作出,因为非要约人根本没有与其订立合同的意愿。

3)承诺的内容应当与要约的内容一致。近年来,国际上出现了允许受要约人对要约内容进行非实质性变更的趋势。受要约人对要约的内容作出实质性变更的,视为新要约。有关合同标的、数量、质量、价款和报酬、履行期限和履行地点及方式、违约责任和解决争议方法等的变更,是对要约内容的实质性变更。承诺对要约的内容作出非实质性变更的,除要约人及时反对或者要约表明不得对要约内容作任何变更以外,该承诺有效,合同以承诺的内容为准。

4)承诺必须在承诺期限内发出。超过期限,除要约人及时通知受要约人该承诺有效外,为新要约。

(2)承诺的方式。承诺方式是指受要约人采用一定的形式将承诺的意思表示告诉要约人。《合同法》第 22 条规定:"承诺应当以通知的方式作出,但根据交易习惯或者要约表明可以通过行为作出承诺的除外。"

(3)承诺的期限。承诺必须以明示的方式,在要约规定的期限内作出。要约没有规定承诺期限的,视要约的方式而定:①要约以对话方式作出的,应当即时作出承诺,但当事人另有约定的除外。②要约以非对话方式作出的,承诺应当在合理期限内到达。

受要约人在承诺期限内发出承诺,按照通常情形能够及时到达要约人,但因其他原因承诺到达要约人时超过承诺期限的,除要约人及时通知受要约人因承诺超过期限不接受该承诺以外,该承诺有效。

(4)承诺的撤回。承诺的撤回是指承诺人阻止已发生的承诺发生法律效力的意思表示。承诺发生后,承诺人会因为考虑不周、承诺不当,而企图修改承诺,或放弃订约,法律上有必要设定相应的补救机制,给予其重新考虑的机会。允许撤回承诺与允许撤回要约相对应,体现了当事人在订约过程中权利、义务是均衡、对等的。为保证交易的稳定,承诺的撤回也是附条件的。《合同法》第 27 条规定:"承诺可以撤回。撤回承诺的通知应当在承诺通知到达要约人之前或者与承诺通知同时到达要约人。"但是在已行为承诺的情形下,要约要求的或习惯做法所认同的履约行为一经作出,合同就已成立,不得通过停止履行或恢复原状等方法来撤回承诺。

第三节　合同的履行、变更、转让与终止

工程合同的履行是指工程建设项目的发包人和承包人根据合同规定的时间、地点、方式、内容和标准等要求,各自完成合同义务的行为。工程合同的履行,是合同当事人双方都应尽的义务。任何一方违反合同,不履行合同义务,或者未完全履行合同义务,给对方造成损失时,都应当承担赔偿责任。

对于发包方来说,履行工程合同最主要的义务是按约定支付合同价款,而承包方最主要的义务是按约定交付工作成果。但是,当事人双方的义务都不是单一的最后交付行为,而是一系列义务的总和。

一、合同履行的原则

(1)遵守约定原则。遵守约定原则又称约定必须信守原则。该原则本身意味着合同双方的履行过程一切都要服从约定,信守约定,约定的内容是什么,就履行什么,一切违反约定的履约行为都属于对该原则的违背。该原则包括两个方面,即适当履行和全面履行。适当履行,也称正确

履行,指合同当事人必须按照合同的规定,在适当的时间、适当的地点以适当的方式履行合同义务;全面履行,是指合同当事人必须按照合同规定的标的、质量和数量、履行地点、履行价格、履行时间和履行方式等全面地完成各自应当履行的义务。

(2)诚实信用原则。诚实信用原则是《合同法》的基本原则,它是指当事人在签订和执行合同时,应讲究诚实,恪守信用,实事求是,以善意的方式行使权利并履行义务,不得回避法律和合同,以使双方所期待的正当利益得以实现。这一原则对于一切合同及合同履行的一切方面均应适用。

(3)全面履行原则。全面履行原则要求按照合同规定的内容全面适当地履行,使得合同的各个要素都得到正确实现。当事人应当严格按合同约定的数量、质量、标准、价格、方式、地点、期限等完成合同义务。建设工程合同订立后,双方应当严格履行各自的义务,不按期支付预付款、工程款,不按照约定时间开工、竣工,都是违约行为。全面履行原则对合同的履行具有重要意义,它是判断合同各方是否违约以及违约应当承担何种违约责任的根据和尺度。

(4)协作履行原则。即合同当事人各方在履行合同过程中,应当互谅、互助,尽可能为对方履行合同义务提供相应的便利条件。

(5)情事变更原则。情事变更原则是指在合同订立后,如果发生了订立合同时当事人不能预见且不能克服的情况,改变了订立合同时的基础,使合同的履行失去意义或者履行合同将使当事人之间的利益发生重大失衡,应当允许受不利情况影响的当事人变更合同或者解除合同。

二、合同履行的方式

合同履行方式是指债务人履行债务的方法。合同采取何种方式履行,与当事人有着直接的利害关系,因而在法律有规定或者双方有约定的情况下,应严格按照法定的或约定的方式履行。没有法定或约定,或约定不明确的,应当根据合同的性质和内容,按照有利于实现合同目的的方式履行。合同的履行方式主要有:

1. 分期履行

分期履行是指当事人一方或双方不在同一时间和地点以整体的方式履行完毕全部约定义务的行为。其是相对于一次性履行而言的,如分期交货合同、分期付款买卖合同、按工程进度付款的工程建设合同等。如果一方不按约定履行某一期次的义务,则对方有权请求违约方承担该期次的违约责任;如果对方也是分期履行的,且没有履行先后次序,一方不履行某一期次义务,对方可作为抗辩理由,也不履行相应的义务。分期履行的义务,不履行其中某一期次的义务时,对方是否可以解除合同需要根据该一期次的义务对整个合同履行的地位和影响来确定。一般情况下,不履行某一期次的义务,对方不能因此解除全部合同,如发包方未按约定支付某一期工程款,承包方只可主张延期交付工程项目,却不能解除合同。但是不履行的期次具备了法定解除条件,则允许解除合同。

2. 部分履行

部分履行是根据合同义务在履行期届满后的履行范围及满足程度而言的。履行期届满,全部义务得以履行的为全部履行,但是只有其中一部分义务得以履行的,为部分履行。部分履行同时意味着部分不履行。在时间上适用的是到期履行。履行期限表明义务履行的时间界限,是适当履行的基本标志,作为一个规则,债权人在履行期届满后有权要求其权利得到全部满足,对于到期合同,债权人有权拒绝部分履行。

3. 提前履行

提前履行是债务人在合同约定的履行期限届至以前就向债权人履行给付义务的行为。在多数情况下，提前履行债务对债权人是有利的。但在特定情况下提前履行也可能构成对债权人的不利，如可能使债权人的仓储费用增加，对鲜活产品的提前履行，可能增加债权人的风险等。因此债权人可能拒绝受领债务人的提前履行，但若合同的提前履行对债权人有利，债权人则应当接受提前履行。提前履行可视为对合同履行期限的变更。

三、合同履行中的保护措施

为了保证合同的履行，保护当事人的合法权益，维护社会经济秩序，促使责权能够实现，防范合同欺诈，在合同履行过程中，需要通过一定的法律手段使受损害一方的当事人能维护自己的合法权益。为此，合同法专门规定了当事人的抗辩权和保全措施。

1. 抗辩权

对于双务合同，合同各方当事人既享有权利也负有义务。当事人应当按照合同的约定履行义务，如果不履行义务或者履行义务不符合约定，债权人有权要求对方履行。所谓抗辩权，就是指一方当事人有依法对抗对方要求或否认对方权利主张的权力。

(1)同时履行抗辩权。当事人互负债务，没有先后履行顺序的，应当同时履行。同时履行抗辩权包括：一方在对方履行之前有权拒绝其履行要求；一方在对方履行债务不符合约定时，有权拒绝其相应的履行要求。如施工合同中期付款时，对承包人施工质量不合格部分，发包人有权拒付该部分的工程款；如果发包人拖欠工程款，则承包人可以放慢施工进度，甚至停止施工。产生的后果，由违约方承担。

同时履行抗辩权的构成条件是：

1)双方当事人因同一双务合同互负对价义务，即双方的债务须系同一双务合同产生，且债务具有对价性。两项给付互为条件或互为原因，两项给付的交换即为合同的履行。若双方非因同一合同产生的债务或债务虽系同一合同产生但不具有对价性，都不能成立同时履行抗辩权。

2)两项给付没有履行先后顺序。当事人没有约定，法律也没有规定合同哪一方负有先履行给付的义务，当事人只有在此情况下才可行使同时履行抗辩权。

3)对方当事人未履行给付或未提出履行给付。同时履行的提出是为了催促另一方当事人及时给付，故在一方当事人履行了给付后，同时履行抗辩原因就消失了。对于当事人提出履行给付的，一般来说，对方当事人不产生同时履行抗辩权。但此处的“提出履行给付”应满足两个条件：一是当事人表示要履行给付义务，二是当事人在合同规定的履行期限到来时有充分的能力履行其给付义务。否则提出履行给付不可能构成对同时履行抗辩权的对抗。

4)同时履行抗辩权的行使，以对方给付尚属可能为限。同时履行抗辩权的行使是期待对方当事人与自己同时履行给付。若对方当事人已丧失履行能力，则合同归于解除，同时履行抗辩权就丧失了存在价值和基础。

(2)后履行抗辩权。后履行抗辩权也包括两种情况：当事人互负债务，有先后履行顺序的，应当先履行的一方未履行时，后履行的一方有权拒绝其对本方的履行要求；应当先履行的一方履行债务不符合规定的，后履行的一方也有权拒绝其相应的履行要求。如材料供应合同按照约定应由供货方先行交付订购的材料后，采购方再行付款结算，若合同履行过程中供货方交付的材料质量不符合约定的标准，采购方有权拒付货款。

后履行抗辩权应满足的条件为：

1)由同一双务合同产生互负的对价给付债务。

2)合同中约定了履行的顺序。

3)应当先履行的合同当事人没有履行债务或者没有正确履行债务。

4)应当先履行的对价给付是可能履行的义务。

(3)先履行抗辩权。先履行抗辩权又称不安抗辩权,是指合同中约定了履行的顺序,合同成立后发生了应当后履行合同一方财务状况恶化的情况,应当先履行合同一方在对方未履行或者提供担保前有权拒绝先为履行。设立不安抗辩权的目的在于,预防合同成立后情况发生变化而损害合同另一方的利益。

先履行抗辩权的构成条件是:

1)先履行抗辩权的合同属双务合同,在时间上存在前后先继的两个不同履行序次。倘若没有履行上的先后次序之分,应为同时履行,则适用同时履行抗辩权。

2)行使先履行抗辩权必须基于对方有不履行之虞。如后履行一方财务状况恶化,履约能力急剧下降,存在明显的不履行合同的预兆,此时要求先履行一方依约履行合同,只能是无谓地扩大损失,是不公平的。因而先履行一方预料到对方确实不能履行义务时有权行使抗辩权。

3)对方不履行之虞必须建立在确切的证据基础上。由于经济生活极为复杂多变,对后履行一方的担忧不应当是主观上的推测、预料、臆断,必须通过客观的事实来证明。

应当先履行合同的一方有确切证据证明对方有下列情形之一的,可以中止履行:

1)经营状况严重恶化。

2)转移财产、抽逃资金,以逃避债务的。

3)丧失商业信誉。

4)有丧失或者可能丧失履行债务能力的其他情形。

当事人中止履行合同的,应当及时通知对方。对方提供适当的担保时应当恢复履行。中止履行后,对方在合理的期限内未恢复履行能力并且未提供适当的担保,中止履行一方可以解除合同。当事人没有确切证据就中止履行合同的应承担违约责任。

2. 合同保全

合同保全就是指为防止合同债务人消极对待债权导致没有履行能力而给债权人带来危害,法律赋予债权人实施一定的行为以保持债务人财产的完整,实现债权。设立合同保全,其思路是:“以债务人的全部财产作为实现债权的保证。”合同保全措施有代位权和撤销权两种。

(1)代位权。代位权是指因债务人怠于行使其到期债权,对债权人造成损害,债权人可以向人民法院请求以自己的名义代位行使债务人的债权。但该债权专属于债务人时不能行使代位权。代位权的行使范围以债权人的债权为限,其发生的费用由债务人承担。

代位权的效力,对于债务人,可消灭其与债权人、第三人之间的债权关系。对于债权人,其行使代位权,在取得的财产的范围内,消灭了对债务人的债权关系。对于第三人,合同债权人行使权利的效果等同于合同债务人行使,具有消灭债的效力,其对合同债务人的抗辩权均能对抗债权人。

(2)撤销权。撤销权是指因债务人放弃其到期债权或者无偿转让财产,对债权人造成损害的,债权人可以请求人民法院撤销债务人的行为。债务人以明显不合理低价转让财产,对债权人造成损害的,并且受让人知道该情形的,债权人可以请求人民法院撤销债务人的行为。撤销权的行使范围以债权人的债权为限,其发生的费用由债务人承担。撤销权自债权人知道或者应当知道撤销事由之日起1年内行使。自债务人的行为发生之日起5年内没有行使撤销权的,该撤销权消灭。

四、合同的变更、转让和终止

(一)合同的变更

合同的变更是指合同依法成立后，在尚未履行或尚未完全履行时，当事人双方经协商依法对合同的内容进行修订或调整所达成的协议。合同变更一经成立，原合同中的相应条款就应解除。一般来说，书面形式的合同，变更协议也应采用书面形式。应当注意的是，当事人对合同变更只是一方提议，而未达成协议时，不产生合同变更的效力；当事人对合同变更的内容约定不明确的，同样也不产生合同变更的效力。

1. 合同变更的起因及影响

合同内容频繁变更是工程合同的特点之一。一个工程，合同变更的次数、范围和影响的大小与该工程招标文件(特别是合同条件)的完备性，技术设计的正确性，以及实施方案和实施计划的科学性直接相关。合同的变更通常不能免除或改变承包商的合同责任，但对合同实施影响很大。合同变更的主要原因及其对合同实施的影响见表 3-4。

表 3-4　　　　合同变更的主要原因及其对合同实施的影响

项目	合同变更原因	对合同实施的影响	合同变更责任分析
设计变更	(1)发包人有新的意图，修改项目总计划，削减预算，发包人要求变化。 (2)由于设计人员、工程师、承包商事先没能很好地理解发包人的意图，或设计的错误而导致的图纸修改。 (3)由于工程环境的变化，预定的工程条件不准确，而必须改变原设计、实施方案或实施计划，或由于发包人指令及发包人责任的原因造成承包商施工方案的变更	导致设计图纸、成本计划和支付计划、工期计划、施工方案、技术说明和适用的规范等定义工程目标和工程实施情况的各种文件作相应的修改和变更。当然，相关的其他计划也应做相应调整，如材料采购计划、劳动力安排、机械使用计划等。它不仅引起与承包合同平行的其他合同的变化，而且会引起所属的各个分合同，如供应合同、租赁合同、分包合同的变更。有些重大的变更会打乱整个施工部署	设计变更会引起工程量的增加、减少，工程分项的增加或删除，工程质量和进度的变化，实施方案的变化。一般工程施工合同赋予发包人(工程师)这方面的变更权利，可以直接通过下达指令，重新发布图纸或规范实现变更
施工方案变更	由于产生新的技术和知识，有必要改变原设计、实施方案或实施计划	引起合同双方、承包商的工程小组之间、总承包商和分包商之间合同责任的变化。如工程量增加，则增加了承包商的工程责任，增加了费用开支和延长了工期	(1)施工合同规定，承包商应对所有现场作业和施工方法的完备、安全、稳定负全部责任。 (2)重大的设计变更常常会导致施工方案的变更。如果设计变更由发包人承担责任，则相应的施工方案的变更也由发包人负责；反之，则由承包商负责。 (3)对不利的异常的地质条件所引起的施工方案的变更，一般作为发包人的责任。 (4)施工进度的变更。如果发包人不能按照新进度计划完成按合同应由发包人完成的责任，如及时提供图纸、施工场地、水电等，则属发包人的违约，应承担责任
	(1)政府部门对工程新的要求，如国家计划变化、环境保护要求、城市规划变动等。 (2)由于合同实施出现问题必须调整合同目标或修改合同条款	有些工程变更还会引起已完工程的返工、现场工程施工的停滞、施工秩序打乱、已购材料的损失等	

2. 合同变更的范围

合同变更的范围很广，一般在合同签订后所有工程范围、工程进度、工程质量要求、合同条款内容、合同双方责权利关系的变化等都可以被视为合同变更。除专用合同条款另有约定外，在履行合同中发生以下情形之一，应按照本条规定进行变更。

(1)取消合同中任何一项工作，但被取消的工作不能转由发包人或其他人实施；

(2)改变合同中任何一项工作的质量或其他特性；

(3)改变合同工程的基线、标高、位置或尺寸；

(4)改变合同中任何一项工作的施工时间或改变已批准的施工工艺或顺序；

(5)为完成工程需要追加的额外工作。

3. 合同变更程序

合同变更的程序如图 3-1 所示。

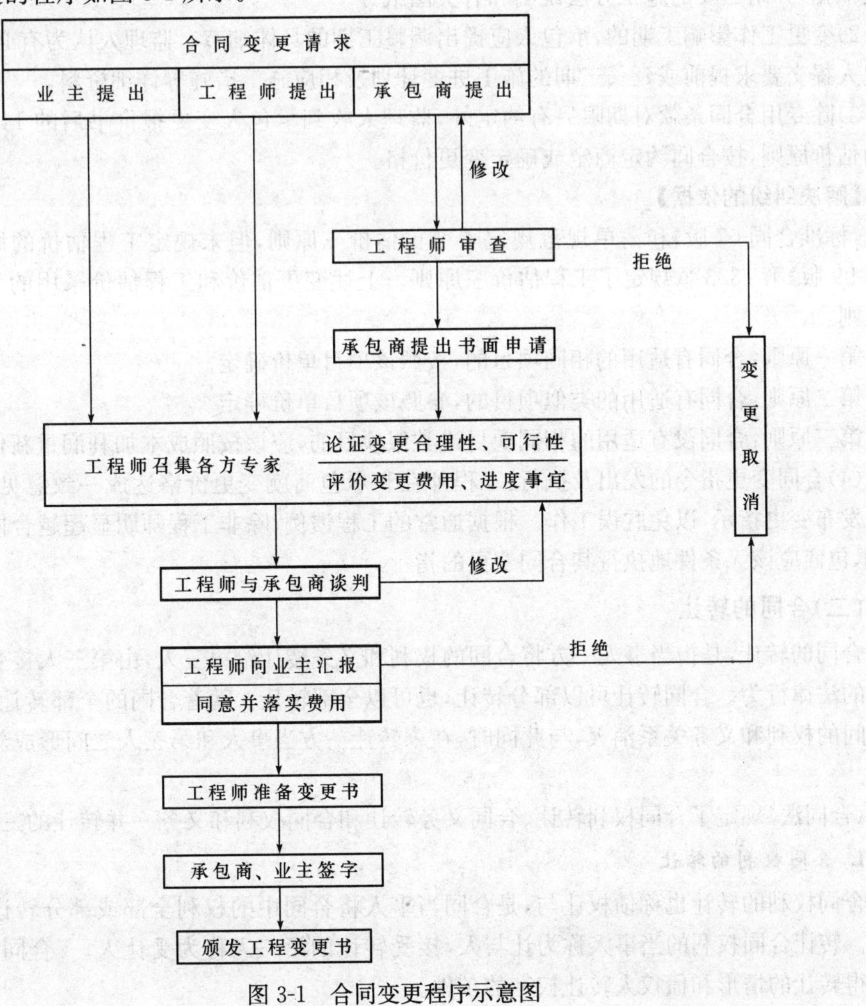

图 3-1　合同变更程序示意图

【注意】　合同变更注意事项

(1)合同变更的提出：承包商、发包人、工程师都可提出合同变更。承包商在提出合同变更时，一般情况是工程遇到不能预见的地质条件或地下障碍，另一种情况是承包商为了节约工程成本或加快工程施工进度，提出合同变更。发包人一般可通过工程师提出合同变更。但如发包方提出的合同变更内容超出合同限定的范围，则属于新增工程，只能另签合同，除非承包方同意作为变更。工程师往往根据工地现场工程进展的具体情况，认为确有必要时，可提出合同变更。

(2)合同变更的提出与批准原则：由承包商提出的合同变更，应交与工程师审查并批准。由发包人提出的合同变更，为便于工程的统一管理，一般由工程师代为发出。合同变更审批的一般原则应为：①考虑合同变更对工程进展是否有利；②考虑合同变更可否节约工程成本；③考虑合同变更是否兼顾发包人、承包商或工程项目之外其他第三方的利益，不能因合同变更而损害任何一方的正当权益；④必须保证变更项目符合本工程的技术标准。

(3)变更估价。

1)除专用合同条款对期限另有约定外，承包人应在收到变更指示或变更意向书后的 14 天内，向监理人提交变更报价书，报价内容应根据约定的估价原则，详细开列变更工作的价格组成及其依据，并附必要的施工方法说明和有关图纸。

2)变更工作影响工期的，承包人应提出调整工期的具体细节。监理人认为有必要时，可要求承包人提交要求提前或延长工期的施工进度计划及相应施工措施等详细资料。

3)除专用合同条款对期限另有约定外，监理人收到承包人变更报价书后的 14 天内，根据约定的估价原则，按合同约定商定或确定变更价格。

【解决纠纷的依据】

《标准合同 07 版》和清单规范规定了变更估价三原则，但未规定工程估价的原则。《FIDIC 合同 99 版》第 13.3 款规定了工程估价三原则。上述变更估价和工程估价采用的是相同的估价三原则：

第一原则：合同有适用的相同项目的，按照该项目单价确定。

第二原则：合同有适用的类似项目的，参照该项目单价确定。

第三原则：合同没有适用的相同项目或类似项目的，应该按照成本加利润重新估价。

(4)合同变更指令的发出及执行：工程师在和承包商就变更价格达成一致意见之前，有必要先行发布变更指示，以免耽误工作。根据通常的工程惯例，除非工程师明显超越合同赋予其的权限，承包商应该无条件地执行其合同变更的指示。

(二)合同的转让

合同的转让，是指当事人一方将合同的权利和义务转让给第三人，由第三人接受权利和承担义务的法律行为。合同转让可以部分转让，也可以全部转让。随着合同的全部转让，原合同当事人之间的权利和义务关系消灭，与此同时，在未转让一方当事人和第三人之间形成新的权利义务关系。

《合同法》规定了合同权利转让、合同义务转让和合同权利和义务一并转让的三种情况。

1. 合同权利的转让

合同权利的转让也称债权让与，是合同当事人将合同中的权利全部或部分转让给第三方的行为。转让合同权利的当事人称为让与人，接受转让的第三人称为受让人。《合同法》规定了权利不得转让的情形和债权人转让权利的条件。

(1)不得转让的情形：

1)根据合同性质不得转让；

2)按照当事人约定不得转让；

3)依照法律规定不得转让。

（2）债权人转让权利的条件：债权人转让权利的，应当通知债务人。未经通知，该转让对债务人不发生效力。除非受让人同意，债权人转让权利的通知不得撤销。

2. 合同义务的转让

合同义务的转让也称债务转让，是债务人将合同的义务全部或部分地转移给第三人的行为。《合同法》规定了债务人转让合同义务的条件：债务人将合同的义务全部或部分转让给第三人，应当经债权人同意。

3. 合同权利和义务一并转让

合同权利和义务一并转让是指当事人一方将债权债务一并转让给第三人，由第三人接受这些债权债务的行为。

《合同法》规定：总承包人或勘察、设计、施工承包人经发包人同意，可以将自己承包的部分工作交由第三人完成。第三人就其完成的工作成果与总承包人或勘察、设计、施工承包人向发包人承担连带责任。承包人不得将其承包的全部建设工程转包给第三人或将其承包的全部建设工程肢解以后以分包的名义分别转包给第三人。禁止承包人将工程分包给不具备相应资质条件的单位。禁止分包单位将其承包的工程再分包。建设工程主体结构的施工必须由承包人自行完成。

（三）合同的终止

合同终止是指合同效力归于消灭，合同中的权利义务对双方当事人不再具有法律拘束力。合同的终止即为合同的死亡，是合同生命旅程的终结。合同终止后，权利义务主体不复存在，但一些附随义务依然存在。

此外合同终止后有些内容具有独立性，并不因合同的终止而失去效力。《合同法》第57条规定，合同终止的，不影响合同中独立存在的有关解决争议方法的条款的效力；第98条规定，合同权利义务终止，不影响合同中结算和清理条款的效力。合同的权利义务可由下列原因而终止。

1. 债务已经按照约定履行

债务人向债权人履行合同规定的义务后，合同的权利义务即告终止。但这种履行一般情况下应由债务人自己履行，且标的物应符合合同的约定。

2. 合同解除

合同的解除，是指在合同没有履行或没有完全履行之前，因订立合同所依据的主客观情况发生变化，致使合同的履行成为不可能或不必要，依照法律规定的程序和条件，合同当事人的一方或者协商一致后的双方终止原合同法律关系。

合同解除可分为约定解除和法定解除。

（1）约定解除。约定解除是当事人通过行使约定的解除权或者双方协商决定而进行的合同解除。当事人协商一致可以解除合同，即合同的协商解除。当事人也可以约定一方解除合同的条件，解除合同条件成熟时，解除权人可以解除合同，即合同约定解除权的解除。

（2）法定解除。法定解除是解除条件直接由法律规定的合同解除。当法律规定的解除条件具备时，当事人可以解除合同。它与合同约定解除权的解除都是具备一定解除条件时，由一方行使解除权；区别则在于解除条件的来源不同。

合同成立后，对双方当事人均具有法律约束力，双方应认真履行。有下列情形之一的，当事人可以解除合同：

（1）因不可抗力致使不能实现合同目的。

（2）在履行期限届满之前，当事人一方明确表示或者以自己的行为表明不履行主要债务。

（3）当事人一方迟延履行主要债务，经催告后在合理期限内仍未履行。

(4)当事人一方迟延履行债务或者有其他违约行为致使不能实现合同目的。

(5)法律规定的其他情形。

3. 债务相互抵消

当合同当事人彼此互负债务，且债务种类相同，并均已届清偿期，则双方各以其债权充当债务的清偿，从而使其债务与对方的债务在等额的范围内相互消灭。

4. 债务人依法将标的物提存

提存是指在债务人履行债务时，由于债权人无正当理由拒绝受领、下落不明等情形，债务人有权把应给付的金钱或其他物品寄托于法定的提存所，从而使债的关系归于消灭的一种行为。

5. 债权人免除债务

免除债务是指债权人免除债务人的债务，亦即债权人放弃其债权。债权人既可免除全部债务，也可部分免除债务。

6. 债权债务同归于一人

当债权与债务同属于一个人时，债的关系已无存在的必要，应归于消灭。但合同涉及第三人利益的则不能终止权利义务。

7. 法律规定的其他情形

合同权利义务终止的情形不限于以上几种，如时效等法律有规定的情况也可能导致合同终止。

第四节 合同阶段易引起的纠纷及其处理措施

一、建设工程合同争议的产生原因

在建设工程合同订立及履行过程中，各参与方发生纠纷是常有的事。导致建设工程合同中各当事人发生纠纷的原因很多。主要有以下几个方面。

1. 建设工程涉及的问题广泛而复杂

由于涉及的问题很多而且极为复杂，在合同文本中难以全面和清晰地作出明确规定，理解中的歧义经常导致纠纷。建设工程活动涉及勘探测量、设计咨询、物资供应、现场施工、竣工验收、维护修理全过程，有些还涉及试车投产、人员培训、运营管理、乃至备件供应和保证生产等工程竣工后的责任；每一项进程又都可能牵涉到标准、劳务、质量、进度、监理、计量和付款等有关技术、商务、法律和经济问题。所有这一切要在合同中明确规定，并得到各方严格遵守而不发生任何异议，是很困难的。尽管建设工程合同一般均很详细，有些甚至多达数卷十多册，但仍难免有某些缺陷、考虑不周或各方理解不一致之处。特别是几乎所有条款又都同成本、价格、支付和各方责任发生联系，直接影响各方的权利、义务和损益，这就更加易于使各方坚持己见，由彼此分歧而酿成纠纷。

2. 建设工程合同一般履行时间很长

在漫长的履约过程中，由于建设工程内外环境条件、法律条例以及工程发包人的意愿变化，导致工程变更、履约困难和支付款项方面的问题增多，由此而引起的工期拖延和迟误的责任划分常常引起纠纷。从承包人方面来说，由于工期很长，也难免发生事先对资金、机具设备和材料、劳务安排等估计不足或处置不妥，因而使成本提高，出现亏损或进度拖延，为使工程继续进行，承包人期望从发包人一方获得补偿。在施工过程中的补偿要求或索赔往往会遭到监理工程师和发包人的拒绝，这也是引发纠纷的另一重要因素。

3. 合同各方的利益期望值相悖

特别需要指出的是，在商签合同期间，发包人和承包人的期望值并不一致，发包人要求尽可能将合同价格压低并得到严格控制执行；而承包人虽然希望尽可能提高合同价格，由于竞争激烈，只好在价格上退让，以免失去夺标机会，但希冀在执行合同过程中通过其他途径获得额外补偿。这种期望值的差异虽因暂时妥协而签了合同，却埋下了此后发生纠纷的隐患。

二、常见合同争议

1. 工程进度款支付、竣工结算及审价争议

尽管合同中已列出了工程量，约定了合同价款（表3-5），但实际施工中会有很多变化，包括设计变更、现场工程师签发的变更指令、现场条件变化（如地质、地形等），以及计量方法等引起的工程数量的增减。这种工程量的变化几乎每天或每月都会发生，而且承包商通常在其每月申请工程进度付款报表中列出，希望得到（额外）付款，但常因与现场监理工程师有不同意见而遭拒绝或者拖延不决。这些实际已完的工程而未获得付款的金额，由于日积月累，在后期可能增大到一个很大的数字，发包人更加不愿支付，因而造成更大的分歧和争议。

表3-5　合同价款与支付款的支付要求

合同价款	支付要求	合同价款填写注意点
工程预付款	合同约定有工程预付款的，发包人应按规定的时间和数额支付预付款。为了保证承包人如期开始施工前的准备工作和开始施工，预付时间应不迟于约定的开工日期前7天。 对发包人不按约定预付款，承包人可以书面方式在约定预付时间7天后向发包人发出要求预付的通知，发包人收到通知后仍不支付的，承包人可暂停开工并要求发包人承担违约责任。填写约定工程预付款的额度应结合工程款、建设工期及包工包料情况来计算。应准确填写甲方向乙方拨付款项的具体时间或相对时间，还应填写约定扣回工程款的时间和比例	合同价款是双方共同约定的条款，要求第一要有协议，第二要确定。暂定价、暂估价和概算价都不能作为合同价款，约而不定的造价不能作为合同价款。《协议书》第5条“合同价款”应依据原建设部第107号令第11条规定填写
工程进度款	承包人应在每个付款周期末，向发包人递交进度款支付申请，并附相应的证明文件。发包人在收到承包人递交的工程进度款支付申请及相应的证明文件后，发包人应在合同约定时间内核对和支付工程进度款。发包人应扣回的工程预付款，与工程进度款同期结算抵扣。工程进度款的支付时间与支付方式可选择按月结算、分段结算、竣工后一次结算（小工程）及其他结算方式。对不能如期结算工程款的，应说明处理办法，如将工程拍卖折价等	
竣工结算款	建设工程施工合同约定，根据确认的竣工结算报告，承包人向发包人申请支付工程竣工结算款。发包人收到竣工结算文件后，在约定的期限内不予答复，视为认可竣工结算条件，承包人可主张按照竣工结算文件作为结算依据。承包人可以催告发包人支付结算价款，如达成延期支付协议，发包人应按同期银行贷款利率支付拖欠工程价款的利息，若有异议可一并提出，合同另有约定期限的除外	

在整个施工过程中,发包人在按进度支付工程款时往往会根据监理工程师的意见,扣除那些他们未予确认的工程量或存在质量问题的已完工程的应付款项,这种未付款项累积起来往往可能形成一笔很大的金额,使承包商感到无法承受而引起争议,而且这类争议在工程施工的中后期可能会越来越严重。承包商会认为由于未得到足够的应付工程款而不得不将工程进度放慢下来,而发包人则会认为在工程进度拖延的情况下更不能多支付给承包商任何款项,这就会形成恶性循环而使争端愈演愈烈。

更有甚者,大量的发包人在资金尚未落实的情况下就开始工程的建设,致使发包人千方百计要求承包商垫资施工,不支付预付款,尽量拖延支付进度款,拖延工程结算及工程审价进程,致使承包商的权益得不到保障,最终引起争议。

【例】 某施工单位与某办事处 2000 年 6 月签订了一份施工合同,工程项目为办事处建造 5 层楼的商场,总造价 192.8 万元,后由于设计变更,建筑面积扩大,装修标准提高,双方于同年 11 月份又签订了补充合同,将造价条款约定为"预计 232 万元……"。施工单位按合同约定的时间完工,办事处前后共支付了工程进度款 200 万元,随后正式进行了竣工验收。双方将施工单位的结算书报送建行审定,办事处在送审的结算书上写明:"坚持按 2000 年 6 月合同,变更项目按规定结算,其他文件待后协商。"经建行审定,该工程最终造价为 249 万元,施工单位要求办事处按审定数目支付剩余的工程款,并承担从竣工日到支付日的未付款项的利息作为违约金。办事处对审价结果有异议,并拒绝支付余下的工程款,施工单位遂向人民法院起诉。

分析: 按第一份合同,办事处已支付完了工程款,不存在拖欠,至于工程设计修改后,造价增加,对增加部分双方有分歧,在最终数量未定之前,不能算办事处违约,只能算工程款结算纠纷,该案案由应定为工程款结算纠纷,是确认之诉,不是给付之诉。所以违约金不能从竣工之日起算,只能从法院确认之日起算。

结论: 将违约金计算时间定为从法院确认造价之日到办事处支付之日,判决办事处在此基础上支付施工余款本息。

2. 工程价款支付主体争议

支付工程款是发包方应尽的义务,发包方应按照承发包合同的约定,按时支付工程款。目前,施工企业被拖欠巨额工程款已成为整个建设领域经常性的问题。工程的发包人往往并非工程真正的建设单位,也并非工程的权利人。在这种情况下,发包人通常不具备工程价款的支付能力,施工单位该向谁主张权利,以维护其合法权益会成为争议的焦点。在此情况下,施工企业应理顺关系,寻找突破口,向真正的发包方主张权利,以保证自己的合法权利不受侵害。

【例】 2004 年 5 月,某建筑公司承包了位于福建省某大学的宿舍、食堂主体工程和联合建筑工程。并与发包方约定于次年 8 月份主体工程完工。但由于发包方所提供的资金不能保障工程进度,以至工程主体工程于 2005 年 11 月份才得以完工。工程仅剩二次结构的部分零碎活未完成。但发包方却以此为由拖欠了他们 60 万的工程款。

分析:双方的工程施工劳务承包合同第 6 条第 1 款规定,主体工程完成后发包方应支付全部工程款的 50%,二次结构完成后支付 80%。而第 15 条第 4 款规定,因第三方原因,导致工程无法继续施工,发包方需要支付承包方所有已发生承包款的 95%。

结论: 资金迟迟不到位,并不能视为第三方原因,合同第 15 条第 4 款,不能适用于拖欠工资问题。而工程款是否该支付到 80%,应该看二次结构的进度是否已经达到了支付 80%的标准。另外,因工程资金不到位导致工程进度减慢,应根据工期延展时间而定,工程款额度应据书面约定付款时间为准。

【解决纠纷的依据】

建设工程价款结算暂行办法

第一章 总 则

第一条 为加强和规范建设工程价款结算，维护建设市场正常秩序，根据《中华人民共和国合同法》、《中华人民共和国建筑法》、《中华人民共和国招标投标法》、《中华人民共和国预算法》、《中华人民共和国政府采购法》、《中华人民共和国预算法实施条例》等有关法律、行政法规制定本办法。

第二条 凡在中华人民共和国境内的建设工程价款结算活动，均适用本办法。国家法律法规另有规定的，从其规定。

第三条 本办法所称建设工程价款结算（以下简称"工程价款结算"），是指对建设工程的发承包合同价款进行约定和依据合同约定进行工程预付款、工程进度款、工程竣工价款结算的活动。

第四条 国务院财政部门、各级地方政府财政部门和国务院建设行政主管部门、各级地方政府建设行政主管部门在各自职责范围内负责工程价款结算的监督管理。

第五条 从事工程价款结算活动，应当遵循合法、平等、诚信的原则，并符合国家有关法律、法规和政策。

第二章 工程合同价款的约定与调整

第六条 招标工程的合同价款应当在规定时间内，依据招标文件、中标人的投标文件，由发包人与承包人（以下简称"发、承包人"）订立书面合同约定。

非招标工程的合同价款依据审定的工程预（概）算书由发、承包人在合同中约定。

合同价款在合同中约定后，任何一方不得擅自改变。

第七条 发包人、承包人应当在合同条款中对涉及工程价款结算的下列事项进行约定：

（一）预付工程款的数额、支付时限及抵扣方式；

（二）工程进度款的支付方式、数额及时限；

（三）工程施工中发生变更时，工程价款的调整方法、索赔方式、时限要求及金额支付方式；

（四）发生工程价款纠纷的解决方法；

（五）约定承担风险的范围及幅度以及超出约定范围和幅度的调整办法；

（六）工程竣工价款的结算与支付方式、数额及时限；

（七）工程质量保证（保修）金的数额、预扣方式及时限；

（八）安全措施和意外伤害保险费用；

（九）工期及工期提前或延后的奖惩办法；

（十）与履行合同、支付价款相关的担保事项。

第八条 发、承包人在签订合同时对于工程价款的约定，可选用下列一种约定方式：

（一）固定总价。合同工期较短且工程合同总价较低的工程，可以采用固定总价合同方式。

（二）固定单价。双方在合同中约定综合单价包含的风险范围和风险费用的计算方法，在约定的风险范围内综合单价不再调整。风险范围以外的综合单价调整方法，应当在合同中约定。

（三）可调价格。可调价格包括可调综合单价和措施费等，双方应在合同中约定综合单价和措施费的调整方法，调整因素包括：

1. 法律、行政法规和国家有关政策变化影响合同价款；

2. 工程造价管理机构的价格调整；

3. 经批准的设计变更；

4. 发包人更改经审定批准的施工组织设计(修正错误除外)造成费用增加;

5. 双方约定的其他因素。

第九条 承包人应当在合同规定的调整情况发生后14天内,将调整原因、金额以书面形式通知发包人,发包人确认调整金额后将其作为追加合同价款,与工程进度款同期支付。发包人收到承包人通知后14天内不予确认也不提出修改意见,视为已经同意该项调整。

当合同规定的调整合同价款的调整情况发生后,承包人未在规定时间内通知发包人,或者未在规定时间内提出调整报告,发包人可以根据有关资料,决定是否调整和调整的金额,并书面通知承包人。

第十条 工程设计变更价款调整。

(一)施工中发生工程变更,承包人按照经发包人认可的变更设计文件,进行变更施工,其中,政府投资项目重大变更,需按基本建设程序报批后方可施工。

(二)在工程设计变更确定后14天内,设计变更涉及工程价款调整的,由承包人向发包人提出,经发包人审核同意后调整合同价款。变更合同价款按下列方法进行:

1. 合同中已有适用于变更工程的价格,按合同已有的价格变更合同价款;

2. 合同中只有类似于变更工程的价格,可以参照类似价格变更合同价款;

3. 合同中没有适用或类似于变更工程的价格,由承包人或发包人提出适当的变更价格,经对方确认后执行。如双方不能达成一致的,双方可提请工程所在地工程造价管理机构进行咨询或按合同约定的争议或纠纷解决程序办理。

(三)工程设计变更确定后14天内,如承包人未提出变更工程价款报告,则发包人可根据所掌握的资料决定是否调整合同价款和调整的具体金额。重大工程变更涉及工程价款变更报告和确认的时限由发承包双方协商确定。

收到变更工程价款报告一方,应在收到之日起14天内予以确认或提出协商意见,自变更工程价款报告送达之日起14天内,对方未确认也未提出协商意见时,视为变更工程价款报告已被确认。

确认增(减)的工程变更价款作为追加(减)合同价款与工程进度款同期支付。

第三章 工程价款结算

第十一条 工程价款结算应按合同约定办理,合同未作约定或约定不明的,发、承包双方应依照下列规定与文件协商处理:

(一)国家有关法律、法规和规章制度;

(二)国务院建设行政主管部门、省、自治区、直辖市或有关部门发布的工程造价计价标准、计价办法等有关规定;

(三)建设项目的合同、补充协议、变更签证和现场签证,以及经发、承包人认可的其他有效文件;

(四)其他可依据的材料。

第十二条 工程预付款结算应符合下列规定:

(一)包工包料工程的预付款按合同约定拨付,原则上预付比例不低于合同金额的10%,不高于合同金额的30%,对重大工程项目,按年度工程计划逐年预付。计价执行《建设工程工程量清单计价规范》(GB 50500—2003)的工程,实体性消耗和非实体性消耗部分应在合同中分别约定预付款比例。

(二)在具备施工条件的前提下,发包人应在双方签订合同后的一个月内或不迟于约定的开工日期前的7天内预付工程款,发包人不按约定预付,承包人应在预付时间到期后10天内向发包人发出要求预付的通知,发包人收到通知后仍不按要求预付,承包人可在发出通知14天后停止施工,发包人应从约定应付之日起向承包人支付应付款的利息(利率按同期银行贷款利率计),并承担违约责任。

(三)预付的工程款必须在合同中约定抵扣方式,并在工程进度款中进行抵扣。

(四)凡是没有签订合同或不具备施工条件的工程,发包人不得预付工程款,不得以预付款为名转移资金。

第十三条 工程进度款结算与支付应当符合下列规定:

(一)工程进度款结算方式。

1. 按月结算与支付。即实行按月支付进度款,竣工后清算的办法。合同工期在两个年度以上的工程,在年终进行工程盘点,办理年度结算。

2. 分段结算与支付。即当年开工、当年不能竣工的工程按照工程形象进度,划分不同阶段支付工程进度款。具体划分在合同中明确。

(二)工程量计算。

1. 承包人应当按照合同约定的方法和时间,向发包人提交已完工程量的报告。发包人接到报告后14天内核实已完工程量,并在核实前1天通知承包人,承包人应提供条件并派人参加核实,承包人收到通知后不参加核实,以发包人核实的工程量作为工程价款支付的依据。发包人不按约定时间通知承包人,致使承包人未能参加核实,核实结果无效。

2. 发包人收到承包人报告后14天内未核实完工程量,从第15天起,承包人报告的工程量即视为被确认,作为工程价款支付的依据,双方合同另有约定的,按合同执行。

3. 对承包人超出设计图纸(含设计变更)范围和因承包人原因造成返工的工程量,发包人不予计量。

(三)工程进度款支付。

1. 根据确定的工程计量结果,承包人向发包人提出支付工程进度款申请,14天内,发包人应按不低于工程价款的60%,不高于工程价款的90%向承包人支付工程进度款。按约定时间发包人应扣回的预付款,与工程进度款同期结算抵扣。

2. 发包人超过约定的支付时间不支付工程进度款,承包人应及时向发包人发出要求付款的通知,发包人收到承包人通知后仍不能按要求付款,可与承包人协商签订延期付款协议,经承包人同意后可延期支付,协议应明确延期支付的时间和从工程计量结果确认后第15天起计算应付款的利息(利率按同期银行贷款利率计)。

3. 发包人不按合同约定支付工程进度款,双方又未达成延期付款协议,导致施工无法进行,承包人可停止施工,由发包人承担违约责任。

第十四条 工程完工后,双方应按照约定的合同价款及合同价款调整内容以及索赔事项,进行工程竣工结算。

(一)工程竣工结算方式。

工程竣工结算分为单位工程竣工结算、单项工程竣工结算和建设项目竣工总结算。

(二)工程竣工结算编审。

1. 单位工程竣工结算由承包人编制,发包人审查;实行总承包的工程,由具体承包人编制,在总包人审查的基础上,发包人审查。

2. 单项工程竣工结算或建设项目竣工总结算由总(承)包人编制,发包人可直接进行审查,也可以委托具有相应资质的工程造价咨询机构进行审查。政府投资项目,由同级财政部门审查。单项工程竣工结算或建设项目竣工总结算经发、承包人签字盖章后有效。

承包人应在合同约定期限内完成项目竣工结算编制工作，未在规定期限内完成的并且提不出正当理由延期的，责任自负。

（三）工程竣工结算审查期限。

单项工程竣工后，承包人应在提交竣工验收报告的同时，向发包人递交竣工结算报告及完整的结算资料，发包人应按以下规定时限进行核对（审查）并提出审查意见。

序号	工程竣工结算报告金额	审查时间
1	500 万元以下	从接到竣工结算报告和完整的竣工结算资料之日起 20 天
2	500 万元～2000 万元	从接到竣工结算报告和完整的竣工结算资料之日起 30 天
3	2000 万元～5000 万元	从接到竣工结算报告和完整的竣工结算资料之日起 45 天
4	5000 万元以上	从接到竣工结算报告和完整的竣工结算资料之日起 60 天

建设项目竣工总结算在最后一个单项工程竣工结算审查确认后 15 天内汇总，送发包人后 30 天内审查完成。

（四）工程竣工价款结算。

发包人收到承包人递交的竣工结算报告及完整的结算资料后，应按本办法规定的期限（合同约定有期限的，从其约定）进行核实，给予确认或者提出修改意见。发包人根据确认的竣工结算报告向承包人支付工程竣工结算价款，保留 5%左右的质量保证（保修）金，待工程交付使用一年质保期到期后清算（合同另有约定的，从其约定），质保期内如有返修，发生费用应在质量保证（保修）金内扣除。

（五）索赔价款结算。

发承包人未能按合同约定履行自己的各项义务或发生错误，给另一方造成经济损失的，由受损方按合同约定提出索赔，索赔金额按合同约定支付。

（六）合同以外零星项目工程价款结算。

发包人要求承包人完成合同以外零星项目，承包人应在接受发包人要求的 7 天内就用工数量和单价、机械台班数量和单价、使用材料和金额等向发包人提出施工签证，发包人签证后施工，如发包人未签证，承包人施工后发生争议的，责任由承包人自负。

第十五条　发包人和承包人要加强施工现场的造价控制，及时对工程合同外的事项如实纪录并履行书面手续。凡由发、承包双方授权的现场代表签字的现场签证以及发、承包双方协商确定的索赔等费用，应在工程竣工结算中如实办理，不得因发、承包双方现场代表的中途变更改变其有效性。

第十六条　发包人收到竣工结算报告及完整的结算资料后，在本办法规定或合同约定期限内，对结算报告及资料没有提出意见，则视同认可。

承包人如未在规定时间内提供完整的工程竣工结算资料，经发包人催促后 14 天内仍未提供或没有明确答复，发包人有权根据已有资料进行审查，责任由承包人自负。

根据确认的竣工结算报告，承包人向发包人申请支付工程竣工结算款。发包人应在收到申请后 15 天内支付结算款，到期没有支付的应承担违约责任。承包人可以催告发包人支付结算价款，如达成延期支付协议，承包人应按同期银行贷款利率支付拖欠工程价款的利息。如未达成延期支付协议，承包人可以与发包人协商将该工程折价，或申请人民法院将该工程依法拍卖，承包人就该工程折价或者拍卖的价款优先受偿。

第十七条　工程竣工结算以合同工期为准，实际施工工期比合同工期提前或延后，发、承包双方应按合同约定的奖惩办法执行。

第四章　工程价款结算争议处理

第十八条　工程造价咨询机构接受发包人或承包人委托，编审工程竣工结算，应按合同约定和实际履约事项认真办理，出具的竣工结算报告经发、承包双方签字后生效。当事人一方对报告有异议的，可对工程结算中有异议部分，向有关部门申请咨询后协商处理，若不能达成一致的，双方可按合同约定的争议或纠纷解决程序办理。

第十九条　发包人对工程质量有异议，已竣工验收或已竣工未验收但实际投入使用的工程，其质量争议按该工程保修合同执行；已竣工未验收且未实际投入使用的工程以及停工、停建工程的质量争议，应当就有争议部分的竣工结算暂缓办理，双方可就有争议的工程委托有资质的检测鉴定机构进行检测，根据检测结果确定解决方案，或按工程质量监督机构的处理决定执行，其余部分的竣工结算依照约定办理。

第二十条　当事人对工程造价发生合同纠纷时，可通过下列办法解决：

(一)双方协商确定；

(二)按合同条款约定的办法提请调解；

(三)向有关仲裁机构申请仲裁或向人民法院起诉。

第五章　工程价款结算管理

第二十一条　工程竣工后，发、承包双方应及时办清工程竣工结算，否则，工程不得交付使用，有关部门不予办理权属登记。

第二十二条　发包人与中标的承包人不按照招标文件和中标的承包人的投标文件订立合同的，或者发包人、中标的承包人背离合同实质性内容另行订立协议，造成工程价款结算纠纷的，另行订立的协议无效，由建设行政主管部门责令改正，并按《中华人民共和国招标投标法》第五十九条进行处罚。

第二十三条　接受委托承接有关工程结算咨询业务的工程造价咨询机构应具有工程造价咨询单位资质，其出具的办理拨付工程价款和工程结算的文件，应当由造价工程师签字，并应加盖执业专用章和单位公章。

第六章　附则

第二十四条　建设工程施工专业分包或劳务分包，总(承)包人与分包人必须依法订立专业分包或劳务分包合同，按照本办法的规定在合同中约定工程价款及其结算办法。

第二十五条　政府投资项目除执行本办法有关规定外，地方政府或地方政府财政部门对政府投资项目合同价款约定与调整、工程价款结算、工程价款结算争议处理等事项，如另有特殊规定的，从其规定。

第二十六条　凡实行监理的工程项目，工程价款结算过程中涉及监理工程师签证事项，应按工程监理合同约定执行。

第二十七条　有关主管部门、地方政府财政部门和地方政府建设行政主管部门可参照本办法，结合本部门、本地区实际情况，另行制订具体办法，并报财政部、建设部备案。

第二十八条　合同示范文本内容如与本办法不一致，以本办法为准。

第二十九条　本办法自公布之日起施行。

3. 工程工期拖延争议

一项工程的工期延误，往往是由错综复杂的原因造成的。许多合同条件中都约定了竣工逾期违约金。由于工期延误的原因可能是多方面的，要分清各方的责任往往十分困难。发包人经常要求承包商承担工程竣工逾期的违约责任，而承包商则提出因诸多发包方的原因或不可抗力等因素而要求工期相应顺延，有时承包商还就工期的延长要求发包人承担停工、窝工的费用。

【注意】 工期延误与工期顺延的关系

要确认工期延误与工期顺延的关系，首先要确定是否存在延误，其次是要判断是何原因造成的，该原因依据合同约定是合同发包人还是承包人方应该履行的义务而没有履行，如果是发包人原因，则工期予以顺延，这时发包人应该承担窝工损失的赔偿责任；如果是承包人原因造成，则工期不予以顺延，这时承包人极有可能承担逾期竣工的违约责任。

以下几种原因有可能造成工期顺延：①工程量增加；②工程设计变更；③施工条件不具备；④工程价款支付不及时；⑤工程中的不可抗力；⑥建设单位的其他原因如甲方供材不及时、指定分包衔接等。但是，即使上述情形出现，对承包人来说并不必然会造成工期的一定顺延，这时出现的每一种情形需要对应分析与认定，通常在施工合同诉讼案件中，承包人找出上述原因来对抗发包人的诉讼是承包人的常规战术。

【例】 某工程为改扩建工程，建设规模：主楼地上12层，附楼地上3层，建筑面积约20000平方米。本工程为固定价格合同，合同价6781023.30元，其中含预留金300000.00元，合同价款中包括的风险范围：①市场材料价格增减；②设计变更或甲方变更以外的所有风险。因设计变更或甲方变更导致每次分项工程价款增加在2000元以内(含2000元)不做调整，超过2000元的，按通用条款执行。合同总工期540日历天(其中拆除、改造、加层部分90日历天)。工程于2005年7月开始招标，与2005年9月签订施工合同。具体开工时间以监理签发《开工报告》为准。2009年10月，建设单位委托某工程造价咨询单位对该工程结算进行审核，咨询单位按照相关法律法规、规程规范及委托人的要求对该工程结算实施了三阶段审核并完成结算审核初步成果，提出初审意见报建设单位。建设单位召集施工单位、监理单位、咨询单位等相关单位对工程初步审核结算书进行会审核对、交换意见，施工单位与建设单位、咨询单位在对合同的理解、签证等存在几个较大的分歧。

在对工程初步审核结算书进行会审核对时发现：工程于2005年9月签订了施工合同，施工单位于2005年12月安装了塔吊，2006年9月开始施工使用，直至2008年9月22日拆除。塔吊实际使用天数为746天，招标文件规定总工期为540天，其中土建工期按360天考虑，其余180天为分包单位所使用的工期。争议焦点为对机械闲置和机械超期部分垂直运输费是否能补偿、超期部分补偿天数、补偿方法等。

分析：工程于2005年9月签订了施工合同，施工单位于2005年12月安装了塔吊，但一直闲置在工地上，直至2006年9月才开始施工使用，直至2008年9月22日拆除。塔吊开工前前期闲置时间为257天，实际使用天数为746天，招标文件规定总工期为540天，其中土建工期按360天考虑，其余180天为分包单位所使用的工期。

结论：随着建筑市场逐渐规范，在工程建设过程中，索赔的事件经常会发生，但是从工程经济性考虑，建议建设单位应在前期合理确定方案，前期工作准备充分，不要仓促招标，从而造成不必要的损失。对施工单位而言，施工合同是施工结算的最终依据，合同不规范容易导致合同履行过程中产生纠纷，以后在订立施工合同条款时要注意词句严谨。

4. 安全损害赔偿争议

甲方提供的施工图或做法说明及施工场地应符合要求。乙方在施工中应采取必要的安全防护和消防措施，保障设备安全、施工人员安全、第三方安全、工程本身安全等事故的发生。如遇上述情况的发生，属于甲方责任的，由甲方负责和赔偿，属于乙方责任的，由乙方负责修复和赔偿。

目前，建筑工程相邻关系纠纷发生的频率已越来越高，其牵涉的主体和财产价值也越来越多,并已成为城市居民十分关心的问题。《建筑法》第39条为建筑施工企业设定了这样的义务:"施工现场对毗邻的建筑物、构筑物和特殊作业环境可能造成损害的,建筑施工企业应当采取安全防护措施。"

5. 合同中止及终止争议

中止合同造成的争议有:承包商因这种中止造成的损失严重而得不到足够的补偿,发包人对承包商提出的就终止合同的补偿费用计算持有异议,承包商因设计错误或发包人拖欠应支付的工程款而提出中止合同,发包人不承认承包商提出的中止合同的理由,也不同意承包商的责难及其补偿要求等。

除不可抗拒力外,任何终止合同的争议往往都是难以调和的矛盾造成的。终止合同一般都会给某一方或者双方造成严重的损害。如何合理处置终止合同后的双方的权利和义务,往往是这类争议的焦点。

6. 工程质量及保修争议

质量方面的争议包括工程中所用材料不符合合同约定的技术标准要求,提供的设备性能和规格不符,或者不能生产出合同规定的合格产品,或者是通过性能试验不能达到规定的产量要求,施工和安装有严重缺陷等。这类质量争议在施工过程中主要表现为工程师或发包人要求拆除和移走不合格材料,或者返工重做,或者修理后予以降价处置。对于设备质量问题,则常见于在调试和性能试验后,发包人不同意验收移交,要求更换设备或部件,甚至退货并赔偿经济损失。而承包商则认为缺陷是可以改正的,或者业已改正;对生产设备质量则认为是性能测试方法错误,或者制造产品所投入的原料不合格或者是操作方面的问题等,质量争议往往变成责任问题争议。此外,在保修期的缺陷修复问题往往是发包人和承包商争议的焦点。

【解决纠纷的依据】

房屋建筑工程质量保修办法

第一条　为保护建设单位、施工单位、房屋建筑所有人和使用人的合法权益,维护公共安全和公众利益,根据《中华人民共和国建筑法》和《建设工程质量管理条例》,制订本办法。

第二条　在中华人民共和国境内新建、扩建、改建各类房屋建筑工程(包括装修工程)的质量保修,适用本办法。

第三条　本办法所称房屋建筑工程质量保修,是指对房屋建筑工程竣工验收后在保修期限内出现的质量缺陷,予以修复。

本办法所称质量缺陷,是指房屋建筑工程的质量不符合工程建设强制性标准以及合同的约定。

第四条　房屋建筑工程在保修范围和保修期限内出现质量缺陷,施工单位应当履行保修义务。

第五条　国务院建设行政主管部门负责全国房屋建筑工程质量保修的监督管理。

县级以上地方人民政府建设行政主管部门负责本行政区域内房屋建筑工程质量保修的监督管理。

第六条　建设单位和施工单位应当在工程质量保修书中约定保修范围、保修期限和保修责任等,双方约定的保修范围、保修期限必须符合国家有关规定。

第七条　在正常使用下,房屋建筑工程的最低保修期限为:

(一)地基基础和主体结构工程,为设计文件规定的该工程的合理使用年限;

(二)屋面防水工程、有防水要求的卫生间、房间和外墙面的防渗漏,为5年;

(三)供热与供冷系统,为2个采暖期、供冷期;

(四)电气系统、给排水管道、设备安装为2年；

(五)装修工程为2年。

其他项目的保修期限由建设单位和施工单位约定。

第八条 房屋建筑工程保修期从工程竣工验收合格之日起计算。

第九条 房屋建筑工程在保修期限内出现质量缺陷，建设单位或者房屋建筑所有人应当向施工单位发出保修通知。

施工单位接到保修通知后，应当到现场核查情况，在保修书约定的时间内予以保修。发生涉及结构安全或者严重影响使用功能的紧急抢修事故，施工单位接到保修通知后，应当立即到达现场抢修。

第十条 发生涉及结构安全的质量缺陷，建设单位或者房屋建筑所有人应当立即向当地建设行政主管部门报告，采取安全防范措施；由原设计单位或者具有相应资质等级的设计单位提出保修方案，施工单位实施保修，原工程质量监督机构负责监督。

第十一条 保修完后，由建设单位或者房屋建筑所有人组织验收。涉及结构安全的，应当报当地建设行政主管部门备案。

第十二条 施工单位不按工程质量保修书约定保修的，建设单位可以另行委托其他单位保修，由原施工单位承担相应责任。

第十三条 保修费用由质量缺陷的责任方承担。

第十四条 在保修期内，因房屋建筑工程质量缺陷造成房屋所有人、使用人或者第三方人身、财产损害的，房屋所有人、使用人或者第三方可以向建设单位提出赔偿要求。建设单位向造成房屋建筑工程质量缺陷的责任方追偿。

第十五条 因保修不及时造成新的人身、财产损害，由造成拖延的责任方承担赔偿责任。

第十六条 房地产开发企业售出的商品房保修，还应当执行《城市房地产开发经营管理条例》和其他有关规定。

第十七条 下列情况不属于本办法规定的保修范围：

(一)因使用不当或者第三方造成的质量缺陷；

(二)不可抗力造成的质量缺陷。

第十八条 施工单位有下列行为之一的，由建设行政主管部门责令改正，并处1万元以上3万元以下的罚款。

(一)工程竣工验收后，不向建设单位出具质量保修书的；

(二)质量保修的内容、期限违反本办法规定的。

第十九条 施工单位不履行保修义务或者拖延履行保修义务的，由建设行政主管部门责令改正，处10万元以上20万元以下的罚款。

第二十条 军事建设工程的管理，按照中央军事委员会的有关规定执行。

第二十一条 本办法由国务院建设行政主管部门负责解释。

第二十二条 本办法自发布之日起施行。

三、合同争议处理措施

合同争议也称合同纠纷，是指合同当事人对合同规定的权利和义务产生了不同的理解。在工程合同实施过程中，一旦出现争议，应选取合适的方式来解决。合同争议的解决方式有协商、调解、仲裁、诉讼等四种。

1. 协商

协商是由合同当事人双方在自愿互谅的基础上，按照法律、法规的规定，以合法、自愿、平等为原则，在互谅互让的基础上，经过谈判和磋商，自愿对争议事项达成协议，从而解决分歧和矛盾的一种方法。

合同当事人之间发生争议时，首先应当采取友好协商解决纠纷，这种方式可以最大限度地减少由于纠纷而造成的损失，有利于双方的协作和合同的继续履行，从而实现合同目的。此外，还可以节省人力、时间和财力，有利于双方往来的发展，提高社会信誉。

2. 调解

调解是指合同当事人对合同所约定的权利、义务发生争议，不能达成和解协议时，在经济合同管理机关或有关机关、团体等的主持下，在第三方的主持下，通过对当事人进行说服教育，以合法、自愿、平等为原则，在分清是非的基础上，促使双方互相作出适当的让步，平息争端，自愿达成协议，以求解决经济合同纠纷的方法。

在实践中，依据调解人的不同，合同调解有民间调解、行政调解、仲裁机关调解和法庭调解等四种方式。调解协议书对当事人具有与合同一样的法律约束力。运用调解方式解决争议，双方不伤和气，有利于今后继续履行合同。

3. 仲裁

仲裁又称为公断，就是当发生合同纠纷而协商不成时，仲裁机构根据当事人的申请，对其相互之间的合同争议，按照仲裁法律规范的要求进行仲裁并作出裁决，从而解决合同纠纷的法律制度。仲裁包括国内仲裁和国际仲裁。仲裁须经双方同意并约定具体的仲裁委员会。仲裁可以不公开审理从而保守当事人的商业秘密，节省费用，一般不会影响双方日后的正常交往。

(1)仲裁的原则。合同的仲裁应遵守以下原则。

1)自愿原则。我国法律对解决合同争议是否选择仲裁方式以及选择何种仲裁机构本身并无强制性规定。当事人采用仲裁方式解决纠纷，应当贯彻双方自愿原则，达成仲裁协议。

如有一方不同意进行仲裁的，仲裁机构即无权受理合同纠纷。

2)公平合理原则。仲裁员应依法公平合理地进行裁决。

3)仲裁依法独立进行原则。仲裁机构是独立的组织，相互间也无隶属关系。仲裁依法独立进行，不受行政机关、社会团体和个人的干涉。

4)一裁终局原则。裁决作出后，当事人就同一纠纷再申请仲裁或者向人民法院起诉的，仲裁委员会或者人民法院不予受理，依据《仲裁法》规定撤销裁决的除外。

(2)仲裁的程序。合同仲裁应按照以下程序进行。

1)仲裁申请和受理。当事人申请仲裁，应当向仲裁委员会递交仲裁协议或合同副本、仲裁申请书及副本。仲裁申请书应依据规范载明有关事项。当事人、法定代理人可以委托律师和其他代理人进行仲裁活动。委托律师和其他代理人进行仲裁活动的，应当向仲裁委员会提交授权委托书。仲裁机构收到当事人的申请书，首先要进行审查，经审查符合申请条件的，应当在7天内立案，对不符合规定的，也应当在7天内书面通知申请人不予受理，并说明理由。申请人可以放弃或者变更仲裁请求。被申请人可以承认或者反驳仲裁请求，有权提出反请求。

2)仲裁庭的组成。当事人如果约定由3名仲裁员组成仲裁庭的，应当各自选定或者各自委托仲裁委员会主任指定一名仲裁员，第三名仲裁员由当事人共同选定或者共同委托仲裁委员会主任指定。第三名仲裁员是首席仲裁员。当事人也可约定由一名仲裁员组成仲裁庭。

法律规定，当事人有权依据法律规定请求仲裁员回避。提出请求者应当说明理由，并在首次开庭前提出。回避事由在首次开庭后知道的，可以在最后一次开庭终结前提出。

3)开庭和裁决。仲裁应当开庭进行。当事人协议不开庭的，仲裁庭可以根据仲裁申请书、答辩书以及其他材料作出裁决，仲裁不公开进行。当事人协议公开的，可以公开进行，但涉及国家秘密的除外。申请人经书面通知，无正当理由不到庭或者未经仲裁庭许可中途退庭的，可以视为撤回仲裁申请。被申请人经书面通知，无正当理由不到庭或者未经仲裁庭许可中途退庭的，可以缺席裁决。

裁决应当按照多数仲裁员的意见作出，少数仲裁员的不同意见可以记入笔录。仲裁庭不能形成多数意见时，裁决应当按照首席仲裁员的意见作出。仲裁的最终结果以仲裁决定书的形式作出。

4)执行。仲裁委员会的裁决作出后，当事人应当履行。当一方当事人不履行仲裁裁决时，另一方当事人可以依照民事诉讼法的有关规定向人民法院申请执行，受申请人民法院应当执行。

4. 诉讼

诉讼，是指合同当事人依法请求人民法院行使审判权，审理双方之间发生的合同争议，保证实现其合法权益，从而解决纠纷的审判活动。合同双方当事人如果未约定仲裁协议，则只能以诉讼作为解决争议的最终方式。

(1)诉讼起诉应具备的条件。根据我国《民事诉讼法》规定，因为合同纠纷，向人民法院起诉的，必须符合以下条件。

1)原告是与本案有直接利害关系的企事业单位、机关、团体或个体工商户、农村承包经营户。

2)有明确的被告、具体的诉讼请求和事实依据。

3)属于人民法院管辖范围和受诉人民法院管辖。

人民法院接到原告起诉状后，要审查是否符合起诉条件。符合起诉条件的，应于 7 天内立案，并通知原告；不符合起诉条件的，应于 7 天内通知原告不予受理，并说明理由。

(2)诉讼审判程序。《合同法》规定，诉讼审判应按照以下程序进行。

1)起诉与受理。符合起诉条件的起诉人首先应向人民法院递交起诉状，并按被告法人数目呈交副本。起诉状上应加盖本单位公章。案件受理时，应在受案后 5 天内将起诉状副本发送被告。被告应在收到副本后 15 天内提出答辩状。被告不提出答辩状的，并不影响法院的审理。

2)诉讼保全。在诉讼过程中，人民法院对于可能因当事人一方的行为或者其他原因，使将来的判决难以执行或不能执行的案件，可以根据对方当事人的申请，或者依照职权作出诉讼保全的裁定。

3)调查研究与搜集证据。立案受理后，审理该案人员必须认真审阅诉讼材料，进行调查研究和搜集证据。证据主要有书证、物证、视听资料、证人证言、当事人的陈述、鉴定结论、勘验笔录。

当事人对自己提出的主张，有责任提供证据。当事人及其诉讼代理人因客观原因不能自行收集的证据，或者人民法院认为审理案件需要的证据，人民法院应当调查收集。人民法院应当按照法定程序，全面地、客观地审查核实证据。

证据应当在法庭上出示，并由当事人互相质证。对涉及国家秘密、商业秘密和个人隐私的证据应当保密，需要在法庭出示的，不得在公开开庭时出示。经过法定程序公证证明的法律行为、法律事实和文书，人民法院应当做为认定事实的根据。但有相反证据足以推翻公证证明的除外。书证应当提交原件。物证应当提交原物。提交原件或者原物确有困难的，可以提交复制品、照片、副本、节录本。提交外文书证，必须附有中文译本。

人民法院对视听资料，应当辨别真伪，并结合本案的其他证据，审查确定能否作为认定事实的根据。

4)调解与审判。法院审理经济案件时，首先依法进行调解。如达成协议，则法院制定有法定内容的调解书。调解未达成协议或调解书送达前有一方反悔时，法院再进行审判。

在开庭审理前3天，法院应通知当事人和其他诉讼参与人，通过法庭上的调查和辩论，进一步审查证据、核对事实，以便根据事实与法律，作出公正合理的判决。

当事人不服地方人民法院第一审判决的，有权在判决书送达之日起15天内向上一级人民法院提起上诉。对第一审裁决不服的则应在10天内提起上诉。

第二审人民法院应当对上诉请求的有关事实和适用法律进行审查。经过审理，应根据不同情形，分别作出维持原判决、依法改判、发回原审人民法院重审的判决、裁定。

第二审判决是终审判决，当事人必须履行；否则法院将依法强制执行。

5)执行。对于人民法院已经发生法律效力的调解书、判决书、裁定书，当事人应自动执行。不自动执行的，对方当事人可向原审法院申请执行。法院有权采取措施强制执行。

【解决纠纷的依据】

××市建设工程施工合同造价纠纷调解实施办法

第一章　总　则

第一条　为进一步规范建设市场秩序，加强施工合同造价管理，维护工程建设各方主体的合法权益，根据《中华人民共和国合同法》、《中华人民共和国建筑法》、《建筑工程施工发包与承包计价管理办法》(建设部107号令)、《建设工程价款结算暂行办法》(财政部、建设部369号文)等法律、法规和规范性文件精神，结合我市实际情况，制定本办法。

第二条　本办法所称的建设工程施工合同(以下简称施工合同)包括建筑施工合同、装饰装修合同、安装施工合同、市政施工合同、维修合同、专业分包合同、劳务分包合同。

本办法所称的建设工程施工合同造价纠纷调解(以下简称合同调解)是指，按照《中华人民共和国合同法》的规定，由合同双方当事人向××市建设工程施工合同造价纠纷调解委员会申请，按照合同约定，对当事人在合同履行过程中出现的施工合同造价纠纷进行调查、研究、提出调解决定的行为。

第三条　在××市行政区域内的建设工程施工合同造价纠纷调解，适用本办法。国家法律、法规另有规定的，从其规定。

第四条　××市建设行政主管部门负责本市建设工程施工合同造价纠纷调解工作，日常工作委托××市建设工程造价管理站负责，××市工程造价管理协会按照本办法的规定组建××市建设工程施工合同造价纠纷调解委员会(以下简称调解委员会)。

第五条　调解委员会在进行施工合同造价纠纷调解时，应以法律为准绳，以事实为依据，遵守公平、公正、客观、合理的原则。

第二章　调解委员会

第六条　调解委员会的宗旨是发挥多学科、多专业的综合优势，合理确定和有效控制工程造价，推进建设工程造价计价工作规范化、程序化、科学化，切实维护工程建设各方主体的合法权益，充分发挥调解委员会的参谋助手作用，引导工程造价行业健康快速发展。

第七条　调解委员会由拥护党的路线、方针、政策，遵守国家的各项法律、法规，热心于社会服务，热心于工程造价事业的；熟悉国家、省及市制定的有关工程建设、工程造价的政策、法规、规定和标准规范的；具有良好的政治素质和职业道德，廉洁自律、作风正派，坚持原则、秉公办事的；在我市造价专业领域有较高威信和较大影响，专业技术水平得到社会各界普遍认可的人士组成。

第八条　调解员的条件

(一)具有高级工程技术、经济职称(特殊专业应具有中级工程技术、经济职称)；

（二）具有“造价工程师注册资格证书”或“全国造价员证书”（高级）；

（三）熟悉施工合同管理有关知识，并从事施工合同管理工作8年以上；

（四）身体健康，具有完全民事行为能力。

第九条 发包人和承包人在签订施工合同时，应确定合同调解形式，并明确调解机构。

第十条 由调解委员会选派的调解员应与发包人、承包人没有任何利益关系，如有，必须回避。

第十一条 调解员有下列情形之一的，给予警告；情节严重的，取消其调解员资格，从调解委员会名册中除名，并予以公告。

（一）违反国家法律、法规的；

（二）在该工程合同中有经济利益关系，未回避的；

（三）被发包人或承包人聘为咨询顾问或其他职务，未告之，在执行合同期间仍担任咨询顾问或其他职务；

（四）收受利害关系人的财物或其他好处；

（五）私自与其中一方接触，不能客观公正履行调解职责；

（六）无正当理由，3次以上不接受选定调解员的。

第三章 调解协议

第十二条 发包人或承包人应与××市工程造价管理协会签订调解协议书。事先未经申请人书面同意，争议调解协议书不得转让。

第四章 义务与权力

第十三条 调解员应对发包人、承包人和监理工程师保持公正和独立。应将发现可能与其公正和独立有不相符的任何事实或情况，立即告知各方代表。

第十四条 调解员的一般义务：

（一）在受聘之前未曾被发包人、承包人聘为咨询顾问或其他职务；

（二）在执行争议调解协议书期间，不接受发包人、承包人的聘任和担任其咨询顾问或其他职位；

（三）遵守本办法和施工合同（调解专用条款）的规定；

（四）除按照程序规则办事外，不得单独向发包人、承包人或发包人代表、承包人代表提供有关执行合同的建议；

（五）保证出席任何必要的现场视察和意见听取会；

（六）应保存所有收到的文件，熟悉合同和工程的进展；

（七）没有发包人、承包人的事先书面同意，不得将合同的所有细节、争议调解的所有活动和意见听取会情况，公开发表或向外泄露；

（八）当发包人和承包人提出要求，能就有关合同的任何事项提出建议和意见。

第十五条 发包人和承包人的一般义务：

（一）除了事先经调解员同意的以外，发包人、承包人或发包人代表、承包人代表不应在调解员根据合同和本调解协议书进行活动的正常过程之外，就合同有关问题要求调解员提供建议，或与其协商。发包人和承包人应分别对发包人代表和承包人代表遵守此项规定负责。

（二）发包人和承包人所提供的各种资料，必须确保其真实性、有效性。

（三）发包人或承包人应接受调解员对该工程争议内容的调查、了解。

第十六条 发包人或承包人应给予调解员以下权力：

（一）确定在调解中应用的程序；

(二)决定委托其处理的任何争议涉及的范围；

(三)召开其认为适宜的任何意见听取会；

(四)主动确定为做出调解决定所需的事实和情况；

(五)利用自身的专业知识决定任何暂时补救办法，如暂时的或保护性的措施，以及公开、审查和修正监理工程师发出的与争议有关的任何证明、决定、确定、指示、意见或估价。

第五章　调解程序与决定

第十七条　申请调解应提供下述资料：

(一)调解申请；

(二)施工图与施工方案；

(三)施工合同、补充协议与招投标文件；

(四)现场设计变更与签证资料；

(五)与工程有关的其他资料。

资料提供人应对所提供资料的真实有效性负责。

第十八条　有下列情况之一的调解申请，调解委员会可以不予受理：

(一)未按上述第十七条规定提供资料；

(二)调解委员会已作出调解决定；

(三)上级造价管理机构已作出调解决定；

(四)已向仲裁机构申请仲裁；

(五)已向人民法院提请诉讼；

(六)当事双方参与调解人员无“造价工程师”或“造价员”执业资格。

第十九条　调解委员会受理调解申请后，应指定相关专业人员为调解员。

第二十条　调解决定：

(一)调解员应仔细听取各方当事人的陈述，结合查看双方提供的资料，核实有关情况，及时提出意见。对较复杂的问题，可由调解委员会负责成立专家组，协调处理。

(二)调解员应在收到委托后28天内，或由调解员提出建议并经双方认可的期限内，提出调解决定，决定应对双方有约束力，双方都应遵照实行。

(三)任一方对调解员的调解决定有疑义的，可以在收到该决定通知后14天内，将其疑义以书面形式告知调解委员会。如果调解员未能在收到此项委托后28天(或经认可的)期限内，提出调解决定，则任一方可以在该期限期满后14天内，向调解委员会发出疑义通知。

(四)在上述任一情况下，表示疑义的通知应说明疑义的事项和理由。

(五)双方自收到调解决定后14天内，均未发出表示疑义的通知，则该决定应成为最终的调解决定，对双方均具有约束力。

第六章　附　　则

第二十一条　调解委员会的调解工作为有偿服务。

第二十二条　本办法由××市建设局负责解释。

第二十三条　本办法从发布之日起生效。

第四章　造价编制阶段纠纷分析与处理

第一节　工程造价组成

一、基础组成

按照原建设部建标[2003]206号《建筑安装工程费用项目组成》规定，工程造价由直接工程费（人工费、材料费、机械费）、措施费（开办费）、间接费（企业管理费、规费）、利润和税金等组成。在工程实践中，合同双方往往对直接工程费等没有较大争议，而对措施费的计价和调整易产生纠纷。

措施费指为完成工程项目施工，发生于该工程施工前和施工过程中非直接应用于工程实体项目的费用。措施费的内容和做法，总体稳定但常有所调整。在同一项目，各个施工单位采取措施项目各有不同，因此措施费用也不同。

1. 措施项目费清单列项

措施项目费是指工程量清单中，除工程量清单项目费用以外，为保证工程顺利进行，按照国家现行有关建设工程施工验收规范、规程要求，必须配套完成的工程内容所需的费用。措施项目清单应根据拟建工程的实际情况列项。通用措施项目可按表4-1选择列项，专业工程的措施项目可按表4-2～表4-6规定的项目选择列项。若出现表4-1～表4-6中未列的项目，可根据工程实际情况补充。

表4-1　　通用措施项目一览表

序号	项目名称
1	安全文明施工（含环境保护、文明施工、安全施工、临时设施）
2	夜间施工
3	二次搬运
4	冬雨期施工
5	大型机械设备进出场及安拆
6	施工排水
7	施工降水
8	地上、地下设施，建筑物的临时保护设施
9	已完工程及设备保护

表 4-2　建筑工程措施项目一览表

序号	项目名称
1.1	混凝土、钢筋混凝土模板及支架
1.2	脚手架
1.3	垂直运输机械

表 4-3　装饰装修工程措施项目一览表

序号	项目名称
2.1	脚手架
2.2	垂直运输机械
2.3	室内空气污染测试

表 4-4　安装工程措施项目一览表

序号	项目名称
3.1	组装平台
3.2	设备、管道施工的防冻和焊接保护措施
3.3	压力容器和高压管道的检验
3.4	焦炉施工大棚
3.5	焦炉烘炉、热态工程
3.6	管道安装后的充气保护措施
3.7	隧道内施工的通风、供水、供气、供电、照明及通信设施
3.8	现场施工围栏
3.9	长输管道临时水工保护措施
3.10	长输管道施工便道
3.11	长输管道跨越或穿越施工措施
3.12	长输管道地下穿越地上建筑物的保护措施
3.13	长输管道工程施工队伍调遣
3.14	格架式抱杆

表 4-5　市政工程措施项目一览表

序号	项目名称
4.1	围堰
4.2	筑岛
4.3	便道
4.4	便桥
4.5	脚手架
4.6	洞内施工的通风、供水、供气、供电、照明及通讯设施
4.7	驳岸块石清理
4.8	地下管线交叉处理
4.9	行车、行人干扰增加
4.10	轨道交通工程路桥、市政基础设施施工监测、监控、保护

表 4-6　　矿山工程措施项目一览表

序　号	项　目　名　称
6.1	特殊安全技术措施
6.2	前期上山道路
6.3	作业平台
6.4	防洪工程
6.5	凿井措施
6.6	临时支护措施

2. 措施项目费计算

措施项目费的计算方法有按费率计算、按综合单价计算和按经验计算三种。

(1)按费率计算。按费率计算的措施项目费有:环境保护费、文明施工费、安全施工费、临时设施费、夜间施工费、二次搬运费等。

按费率计算,是指按费率乘以直接费或人工费计算,其计算公式是:

措施项目费＝人工费×费率　或:措施项目费＝直接工程费×费率

1)措施项目费的计算基数。措施项目费的计算基数可以是人工费,也可以是直接工程费。

人工费是指分部分项工程费中人工费的总和。直接工程费是指分部分项工程费中人工费、材料费、机械费的总和。措施项目费的计算基数应以当地的具体规定为准。

2)措施项目费的费率。根据我国目前的实际情况,措施项目费的费率有按当地行政主管部门规定计算和企业自行确定两种情况。

①按当地行政主管部门规定计算。为防止建筑市场的恶性竞争,确保安全生产、文明施工,以及安全文明施工措施的落实到位,切实改善施工从业人员的作业条件和生产环境,防止安全事故发生,《建设工程工程量清单计价规范》(GB 50500—2008)中规定,措施项目清单中的安全文明施工费应按照国家或省级、行业建设主管部门的规定计价,不得作为竞争性费用。

环境保护费,应按照当地环境保护部门的规定计算。

②企业自行确定。企业根据自己的情况并结合工程实际自行确定措施费的计算费率。费用包括夜间施工费、二次搬运费。

(2)按综合单价计算。按综合单价计算,即按工程量乘以综合单价计算。即:

$$措施费=\sum(工程量\times综合单价)$$

其计算方法同分部分项工程费的计算方法。按综合单价计算的费用包括:大型机械设备进出场及安装拆除费、混凝土钢筋混凝土模板及支架费、脚手架费、施工排水降水费、垂直运输机械费等。

混凝土及钢筋混凝土模板及支架费(简称模板费),各地定额的规定不同,其计算方法也不同。有的地区规定按混凝土构件的体积乘以综合单价计算,有的地区规定按混凝土模板的接触面积乘以综合单价计算。

(3)按经验计算。措施项目费的计算一般可根据上述两种方法计算,也可根据经验计算。如:混凝土及钢筋混凝土模板费、脚手架费、垂直运输费。

1)混凝土及钢筋混凝土模板费。混凝土及钢筋混凝土模板费可根据以往经验,按建筑面积分不同的结构类型，并结合市场价格计算。

2)垂直运输费。垂直运输费可根据工程的工期及垂直运输机械的租金计算。

3)脚手架费。脚手架费可根据不同的结构类型以及建筑物的高度，按每平方米面积多少价值综合计算。

措施项目费计算，应在实际工作中不断积累经验，形成自己的经验数据，以便正确地计算措施项目费。

3. 有关措施项目注意事项

措施费是施工企业可竞争费用。在实务工作中，对于措施项目应注意以下几个问题：

(1)措施项目一般是可以增减的，但未报价的措施总价项目不应另行计取。如果招标文件允许可根据企业自身特点对措施项目进行适当的增减，投标人可根据施工组织设计采取的方案自行补充措施项目。若招标文件不允许投标人自行补充措施项目，且施工中又必须发生的项目，投标人应对拟建工程可能发生的措施项目通盘考虑，将相应措施费用打入对应分部分项工程项目的单价中。

(2)分项工程量发生变化时单价措施费项目可按实调整。《建设工程工程量清单计价规范》(GB 50500—2008)第4.7.4条规定："因分部分项工程量清单漏项或非承包人原因的工程变更，引起措施项目发生变化，造成施工组织设计或施工方案变更"，原措施费可以调整。

(3)除了合同另有约定外，合同解除时已发生的措施费通常按照已完工程比例计算，但已经发生未摊销的措施费则按剩余工程比例补偿。在合同解除一章对此有详细论述，相应判例均支持这一观点。

二、其他组成

工程造价还包括暂列金额、暂估价、计日工、总承包服务费等特殊形式。

1. 暂列金额

暂列金额是招标人在工程量清单中暂定并包括在合同价款中的一笔款项。《建设工程工程量清单计价规范》(GB 50500—2008)明确规定暂列金额用于施工合同签订时尚未确定或者不可预见的所需材料、设备、服务的采购，施工中可能发生的工程变更、合同约定调整因素出现时的工程价款调整以及发生的索赔、现场签证确认等的费用。相当于国际工程中的不可预见费。暂列金额通常为合同总价的3%～5%。

不管采用何种合同形式，工程造价理想的标准是，一份合同的价格就是其最终的竣工结算价格，或者至少两者应尽可能接近。我国规定对政府投资工程实行概算管理，经项目审批部门批复的设计概算是工程投资控制的刚性指标，即使商业性开发项目也有成本的预先控制问题，否则，无法相对准确地预测投资的收益和科学合理地进行投资控制。但工程建设自身的特性决定了工程的设计需要根据工程进展不断地进行优化和调整，业主需求可能会随工程建设进展出现变化，工程建设过程还会存在一些不能预见、不能确定的因素。消化这些因素必然会影响合同价格的调整，暂列金额正是为这类不可避免的价格调整而设立，以便达到合理确定和有效控制工程造价的目标。

另外，暂列金额列入合同价格不等于就属于承包人所有了，即使是总价包干合同，也不等于列入合同价格的所有金额就属于承包人，是否属于承包人应得金额取决于具体的合同约定，只有按照合同约定程序实际发生后，才能成为承包人的应得金额，纳入合同结算价款中。扣除实际发生金额后的暂列金额余额仍属于发包人所有。设立暂列金额并不能保证合同结算价格就不会再出现超过合同价格的情况，是否超出合同价格完全取决于工程量清单编制人暂列金额预测的准确性，以及工程建设过程是否出现了其他事先未预测到的事件。

2. 暂估价

暂估价是指招标阶段直至签订合同协议时，招标人在招标文件中提供的用于支付必然发生但暂时不能确定价格的材料以及专业工程的金额。暂估价包括材料暂估单价和专业工程暂估价。暂估价类似于FIDIC合同条款中的Prime Cost Items，在招标阶段预见肯定要发生，只是因为标准不明确或者需要由专业承包人完成，暂时无法确定价格。暂估价数量和拟用项目应当结合工程量清单中的"暂估价表"予以补充说明。

为方便合同管理，需要纳入分部分项工程量清单项目综合单价中的暂估价应只是材料费，以方便投标人组价。

专业工程的暂估价一般应是综合暂估价，应当包括除规费和税金以外的管理费、利润等取费。总承包招标时，专业工程设计深度往往是不够的，一般需要交由专业设计人设计，国际上，出于提高可建造性考虑，一般由专业承包人负责设计，以发挥其专业技能和专业施工经验的优势。这类专业工程交由专业分包人完成是国际工程的良好实践，目前在我国工程建设领域也已经比较普遍。公开透明地合理确定这类暂估价的实际开支金额的最佳途径，就是通过施工总承包人与工程建设项目招标人共同组织的招标。

3. 计日工

计日工是为解决现场发生的零星工作的计价而设立的，其为额外工作和变更的计价提供了一个方便快捷的途径。计日工适用的所谓零星工作一般是指合同约定之外的或者因变更而产生的、工程量清单中没有相应项目的额外工作，尤其是那些时间不允许事先商定价格的额外工作。

计日工计量支付纳入每月的工程计量及进度款支付，承包人在计量、支付申请中必须附上监理工程师签发的计日工书面指令及签字确认的所有计日工的签证。以上两项缺一不可，否则承包商无权要求计日工的计量支付。由于计日工的使用有很大的不可预见性，故其在合同中只列单价，工程实施过程中，可按实际工作工日数或小时数在合同价格中予以增加。

国际上常见的标准合同条款中，大多数都设立了计日工(Daywork)计价机制。但在我国以往的工程量清单计价实践中，由于计日工项目的单价水平一般要高于工程量清单项目的单价水平，因而经常被忽略。从理论上讲，由于计日工往往是用于一些突发性的额外工作，缺少计划性，承包人在调动施工生产资源方面难免不影响已经计划好的工作，生产资源的使用效率也有一定的降低，客观上造成超出常规的额外投入。另外，其他项目清单中计日工往往是一个暂定的数量，其无法纳入有效的竞争。所以合理的计日工单价水平一定是要高于工程量清单的价格水平的。为获得合理的计日工单价，发包人在其他项目清单中对计日工一定要给出暂定数量，并需要根据经验尽可能估算一个较接近实际的数量。

4. 总承包服务费

总承包服务费是为了解决招标人在法律、法规允许的条件下进行专业工程发包，以及自行供应材料、设备，并需要总承包人对发包的专业工程提供协调和配合服务，对供应的材料、设备提供收、发和保管服务以及进行施工现场管理时发生，并向总承包人支付的费用。招标人应预计该项费用并按投标人的投标报价向投标人支付该项费用。

总承包服务费属于当事人自主协商约定的内容。除合同另有特殊约定外，根据有偿服务的原则，承包人应当与发包人约定如何计取配合费。

第二节　造价计价依据

计价依据是指用以计算工程造价的基础资料的总称,包括工程定额,人工、材料、机械台班及设备单价,工程量清单,工程造价指数,工程量计算规则以及政府主管部门发布的有关工程造价的经济法规、政策等。根据工程造价计价依据的不同,目前我国处于工程定额计价和工程量清单计价两种计价模式并存的状态。

一、工程定额计价基本方法

(一)工程定额体系

工程定额是在正常的施工生产条件下,完成单位合格产品所必需的人工、材料、施工机械设备及其资金消耗的数量标准。工程定额是一个综合概念,是建设工程造价计价和管理中各类定额的总称,包括许多种类的定额,可以按照不同的原则和方法对它进行分类。

所谓定额,就是进行生产经营活动时,在人力、物力、财力消耗方面所应遵守或达到的数量标准。在建筑生产中,为了完成建筑产品,必须消耗一定数量的劳动力、材料和机械台班以及相应的资金,在一定的生产条件下,用科学方法制定出的生产质量合格的单位建筑产品所需要的劳动力、材料和机械台班等的数量标准,就称为建筑工程定额。

1. 按适用范围分类

建筑工程定额按其适用范围可分为全国统一定额、行业统一定额、地区统一定额、企业定额和补充定额几种。

2. 按内容和用途分类

国家颁布的建筑工程定额根据其内容和用途可分为施工定额、预算定额、概算定额、概算指标和投资估算指标等几种。这几种定额的相互联系可参见表 4-7。

表 4-7　各种定额间关系比较

	施工定额	预算定额	概算定额	概算指标	投资估算指标
对象	工序	分项工程	扩大的分项工程	整个建筑物或构筑物	独立的单项工程或完整的工程项目
用途	编制施工预算	编制施工图预算	编制扩大初步设计概算	编制初步设计概算	编制投资估算
项目划分	最细	细	较粗	粗	很粗
定额水平	平均先进	平均	平均	平均	平均
定额性质	生产性定额	计价性定额			

3. 按生产要素分类

建筑工程定额按其生产要素分类,可分为劳动消耗定额、材料消耗定额和机械台班消耗定额。

4. 按费用的性质分类

建筑工程定额按其费用分类,可分为直接费定额、间接费定额等。

建筑工程定额分类详见图 4-1。

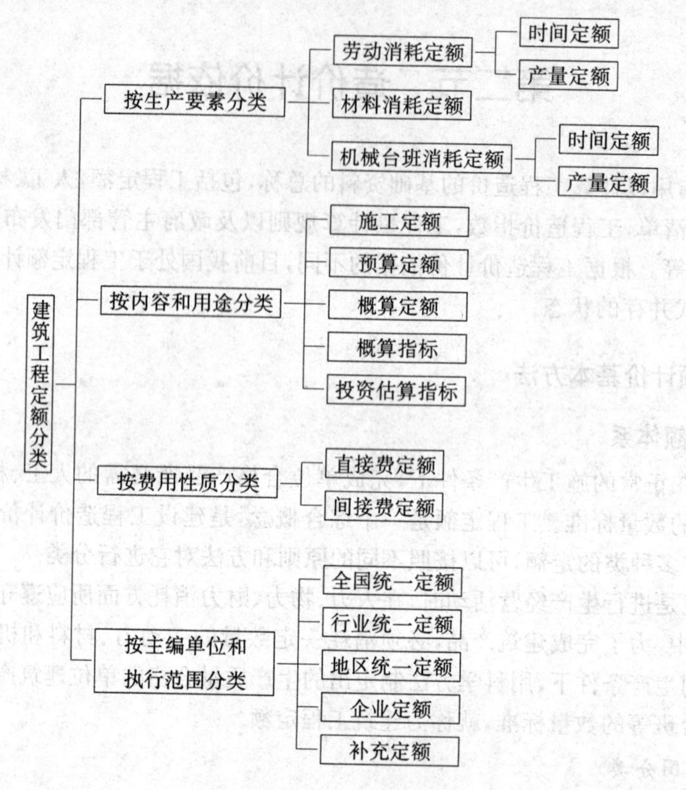

图 4-1 建筑工程定额分类

(二)工程定额的特点

1. 权威性

工程建设定额具有很大权威，这种权威在一些情况下具有经济法规性质。权威性反映统一的意志和统一的要求，也反映信誉和信赖程度以及反映定额的严肃性。

工程建设定额权威性的客观基础是定额的科学性。只有科学的定额才具有权威，但是在社会主义市场经济条件下，它必然涉及各有关方面的经济关系和利益关系。赋予工程建设定额以一定的权威性，就意味着在规定的范围内，对于定额的使用者和执行者来说，不论主观上愿意不愿意，都必须按定额的规定执行。

在当前市场不规范的情况下，赋予工程建设定额以权威性是十分重要的。但是在竞争机制引入工程建设的情况下，定额的水平必然会受市场供求状况的影响，从而在执行中可能产生定额水平的浮动。

应该指出的是，在社会主义市场经济条件下，对定额的权威性不应该绝对化。定额毕竟是主观对客观的反映，定额的科学性会受到人们认识的局限。与此相关，定额的权威性也就会受到削弱核心的挑战。更为重要的是，随着投资体制的改革和投资主体多元化格局的形成，随着企业经营机制的转换，它们都可以根据市场的变化和自身的情况，自主地调整自己的决策行为。因此，一些与经营决策有关的工程建设定额的权威性特征就弱化了。

2. 科学性

工程建设定额的科学性包括两重含义。一是指工程定额和生产力发展水平相适应；另一含义是指工程定额管理在理论、方法和手段上适应现代科学技术和信息社会发展的需要。

工程建设定额的科学性，首先表现在定额是在认真研究客观规律的基础上，自觉地遵守客观规律的要求，实事求是地制定的。因此，它能正确地反映单位产品生产所必需的劳动量，从而以最少的劳动消耗来取得最大的经济效果，促进劳动生产率的不断提高。

定额的科学性还表现在制定定额所采用的方法上，通过不断吸收现代科学技术的新成就，并加以不断完善，形成一套严密的确定定额水平的科学方法。这些方法不仅在实践中已经行之有效，而且还有利于研究建筑产品生产过程中的工时利用情况，从中找出影响劳动消耗的各种主客观因素，设计出合理的施工组织方案，挖掘生产潜力，提高企业管理水平，减少以至杜绝生产中的浪费现象，促进生产的不断发展。

3. 统一性

工程建设定额的统一性，主要是由国家对经济发展的有计划的宏观调控职能决定的。为了使国民经济按照既定的目标发展，就需要借助于某些标准、定额、参数等，对工程建设进行规划、组织、调节、控制。而这些标准、定额、参数必须在一定的范围内是一种统一的尺度，才能实现上述职能，才能利用它对项目的决策、设计方案、投标报价、成本控制进行比选和评价。

工程建设定额的统一性按照其影响力和执行范围来看，有全国统一定额，地区统一定额和行业统一定额等；按照定额的制定、颁布和贯彻使用来看，有统一的程序、统一的原则、统一的要求和统一的用途。

我国工程建设定额的统一性和工程建设本身的巨大投入和巨大产出有关。它对国民经济的影响不仅表现在投资的总规模和全部建设项目的投资效益等方面，而且往往还表现在具体建设项目的投资数额及其投资效益方面，因而需要借助统一的工程建设定额进行社会监督。这一点和工业生产、农业生产中的工时定额、原材料定额是不同的。

4. 稳定性与时效性

工程建设定额中的任何一种都是一定时期技术发展和管理水平的反映，因而在一段时间内都表现出稳定的状态。稳定的时间有长有短，一般在5年至10年之间。保持定额的稳定性是维护定额权威性所必需的，更是有效贯彻定额所需要的。如果某种定额处于经常修改变动之中，那么它必然造成执行中的困难和混乱，使人们感到没有必要去认真对待它，很容易导致定额权威性的丧失。工程建设定额的不稳定也会给定额的编制工作带来极大的困难。

但是工程建设定额的稳定性是相对的。当生产力向前发展了，定额就会与已经发展了的生产力不相适应。这样，它原有的作用就会逐步减弱以至消失，需要重新编制或修订。

5. 系统性

工程建设定额是相对独立的系统。它是由多种定额结合而成的有机的整体。它的结构复杂，有鲜明的层次，有明确的目标。

工程建设定额的系统性是由工程建设的特点决定的。按照系统论的观点，工程建设是庞大的实体系统，工程建设定额是为这个实体系统服务的。因而工程建设本身的多种类、多层次就决定了以它为服务对象的工程建设定额的多种类、多层次。从整个国民经济来看，进行固定资产生产和再生产的工程建设，是一个有多项工程集合体的整体。其中包括农林水利、轻纺、机械、煤炭、电力、石油、冶金、化工、建材工业、交通运输、邮电工程，以及商业物资、科学教育文化、卫生体育、社会福利和住宅工程等。这些工程的建设都有严格的项目划分，如建设项目、单项工程、单位工程、分部分项工程；在计划和实施过程中有严密的逻辑阶段，如规划、可行性研究、设计、施工、竣工交付使用，以及投入使用后的维修。与此相适应必然形成工程建设定额的多种类、多层次。

(三)工程定额计价的基本程序

我国在很长一段时间内采用单一的工程定额计价模式形成工程价格，即按预算定额规定的分部分项子目，逐项计算工程量，套用预算定额单价（或单位估价表）确定直接工程费，然后按规定的取费标准确定措施费、间接费、利润和税金，加上材料调差系数和适当的不可预见费，经汇总后即为工程预算或标底，而标底则是评标定标的主要依据。

定额计价模式的主要计价依据为国家、省、有关专业部门制定的各种定额，其性质为指导性。任何合同价款的取定，都有一个如何计算出合同总价款的计费程序问题，这个计算合同总价的计费程序，是合同计价原则的重要组成部分。

按照原建设部、财政部共同颁发的建标[2003]206号文件《关于印发〈建筑安装工程费用项目组成〉的通知》规定：建筑安装工程费用项目由直接费、间接费、利润和税金组成，如图4-2所示。

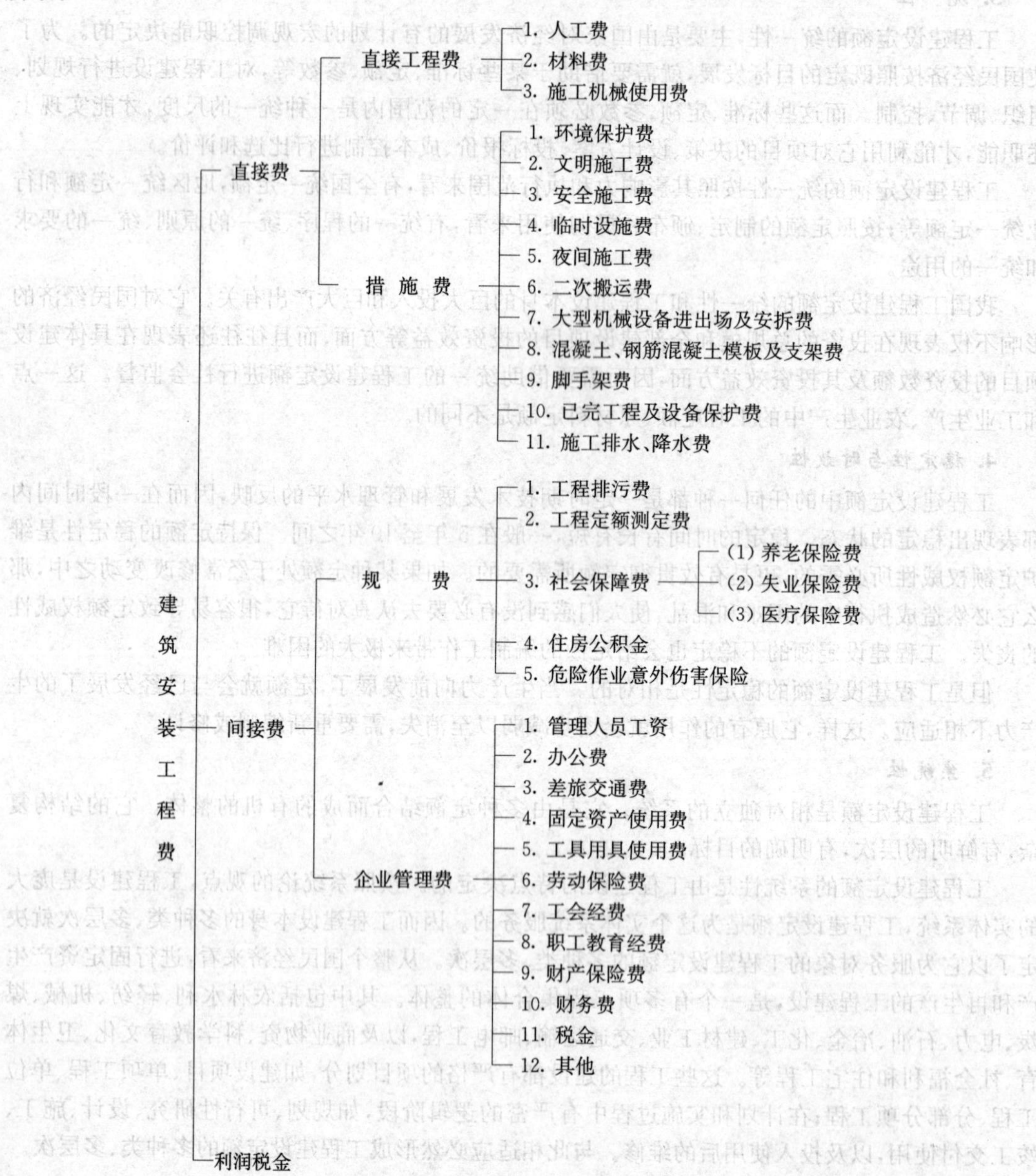

图4-2 建筑安装工程费用的组成

《建筑工程施工发包与承包计价管理办法》(原建设部令第107号)第五条规定，工程计价方法包括工料单价法和综合单价法。实行定额计价应采用工料单价法，工料单价法是以分部分项工程量乘以单价后的合计为直接工程费，直接工程费以人工、材料、机械的消耗量及其相应价格确定。直接工程费汇总后另加间接费、利润、税金生成工程发承包价，其计算程序分为三种。

(1)以直接费为计算基础(表4-8)。

表4-8　以直接费为基础的工料单价法计价程序

序号	费用项目	计算方法	备注
1	直接工程费	按预算表	
2	措施费	按规定标准计算	
3	小计	1＋2	
4	间接费	3×相应费率	
5	利润	(3＋4)×相应利润率	
6	合计	3＋4＋5	
7	含税造价	6×(1＋相应税率)	

(2)以人工费和机械费为计算基础(表4-9)。

表4-9　以人工费和机械费为基础的工料单价法计价程序

序号	费用项目	计算方法	备注
1	直接工程费	按预算表	
2	其中人工费和机械费	按预算表	
3	措施费	按规定标准计算	
4	其中人工费和机械费	按规定标准计算	
5	小计	1＋3	
6	人工费和机械费小计	2＋4	
7	间接费	6×相应费率	
8	利润	6×相应利润率	
9	合计	5＋7＋8	
10	含税造价	9×(1＋相应税率)	

(3)以人工费为计算基础(表4-10)。

表4-10　以人工费为基础的工料单价法的计价程序

序号	费用项目	计算方法	备注
1	直接工程费	按预算表	
2	直接工程费中人工费	按预算表	
3	措施费	按规定标准计算	
4	措施费中人工费	按规定标准计算	
5	小计	1＋3	
6	人工费小计	2＋4	
7	间接费	6×相应费率	

续表

序号	费用项目	计算方法	备注
8	利润	6×相应利润率	
9	合计	5+7+8	
10	含税造价	9×(1+相应税率)	

二、工程量清单计价基本方法

长期以来，工程预算定额是我国承发包计价、定价的主要依据。为了适应社会主义市场经济的需要，我国由2003年推出了《建设工程工程量清单计价规范》，并由2008年进行了修订，全面建立以市场形成价格的机制。

工程量清单计价方法是一种区别于定额计价模式的新计价模式，是一种主要由市场定价的计价模式，是由建设产品的买方和卖方在建设市场上根据供求状况、信息状况进行自由竞价，从而最终能够签订工程合同价格的方法。

按照2008年12月1日起施行的国家标准《建设工程工程量清单计价规范》(GB 50500—2008)的有关规定，实行工程量清单计价，建筑安装工程造价则由分部分项工程费、措施项目费、其他项目费和规费、税金组成，如图4-3所示。

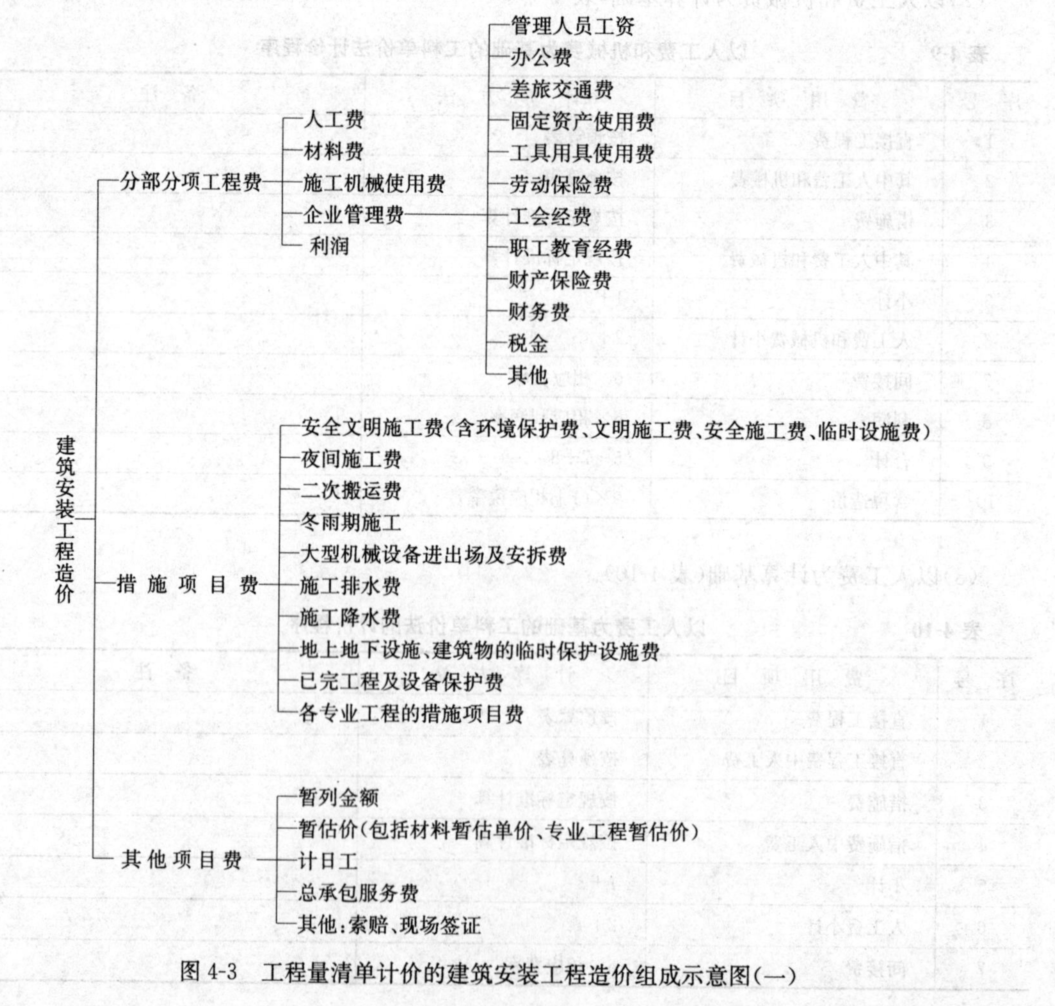

图4-3 工程量清单计价的建筑安装工程造价组成示意图(一)

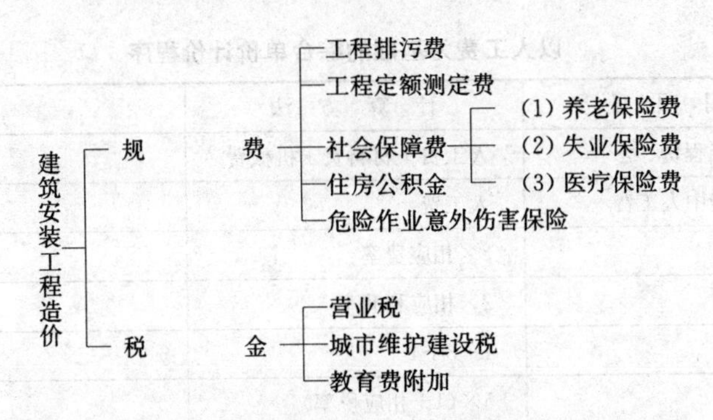

图 4-3　工程量清单计价的建筑安装工程造价组成示意图(二)

《建筑工程施工发包与承包计价管理办法》(原建设部令第 107 号)第五条规定，工程计价方法包括工料单价法和综合单价法。实行工程量清单计价应采用综合单价法，其综合单价的组成内容应包括人工费、材料费、施工机械使用费、企业管理费、利润，以及一定范围内的风险费用。

由于各分部分项工程中的人工、材料、机械含量的比例不同，各分项工程可根据其材料费占人工费、材料费、机械费合计的比例(以字母“C”代表该项比值)在以下三种计算程序中选择一种计算其综合单价。

(1)当 $C>C_0$(C_0 为本地区原费用定额测算所选典型工程材料费占人工费、材料费和机械费合计的比例)时，可采用以人工费、材料费、机械费合计为基数计算该分项的间接费和利润(表 4-11)。

表 4-11　以直接费为基础的综合单价法计价程序

序 号	费 用 项 目	计 算 方 法	备 注
1	分项直接工程费	人工费＋材料费＋机械费	
2	间接费	1×相应费率	
3	利润	(1＋2)×相应利润率	
4	合计	1＋2＋3	
5	含税造价	4×(1＋相应税率)	

(2)当 $C<C_0$ 值的下限时，可采用以人工费和机械费合计为基数计算该分项的间接费和利润(表 4-12)。

表 4-12　以人工费和机械费为基础的综合单价计价程序

序 号	费 用 项 目	计 算 方 法	备 注
1	分项直接工程费	人工费＋材料费＋机械费	
2	其中人工费和机械费	人工费＋机械费	
3	间接费	2×相应费率	
4	利润	2×相应利润率	
5	合计	1＋3＋4	
6	含税造价	5×(1＋相应税率)	

(3)如该分项的直接费仅为人工费，无材料费和机械费时，可采用以人工费为基数计算该分项的间接费和利润(表 4-13)。

表 4-13 以人工费为基础的综合单价计价程序

序　号	费　用　项　目	计　算　方　法	备　注
1	分项直接工程费	人工费＋材料费＋机械费	
2	直接工程费中人工费	人工费	
3	间接费	2×相应费率	
4	利润	2×相应利润率	
5	合计	1＋3＋4	
6	含税造价	5×(1＋相应税率)	

三、计价依据易引起的造价纠纷

(一)工程量计算规则选用纠纷

建筑工程工程量计算规则主要有《建筑面积计算规则》、《全国统一建筑工程工程量计算规则》和《建设工程工程量清单计价规范》,其中传统的定额计价规则和工程量清单计算规则是计算确定建筑工程造价的重要依据。

套用计算规则时,应注意定额计算规则与清单计算规则间的区别。

1. 编制工程量的单位不同

传统定额预算计价办法是:建设工程的工程量分别由招标单位和投标单位分别按图计算。工程量清单计价是:工程量由招标单位统一计算或委托有工程造价咨询资质单位统一计算,"工程量清单"是招标文件的重要组成部分,各投标单位根据招标人提供的"工程量清单",根据自身的技术装备、施工经验、企业成本、企业定额、管理水平自主填写报单价。

2. 编制工程量清单时间不同

传统的定额预算计价法是在发出招标文件后编制(招标与投标人同时编制或投标人编制在前,招标人编制在后)。工程量清单报价法必须在发出招标文件前编制。

3. 表现形式不同

采用传统的定额预算计价法一般是总价形式。工程量清单报价法采用综合单价形式,综合单价包括人工费、材料费、机械使用费、管理费、利润,并考虑风险因素。工程量清单报价具有直观、单价相对固定的特点,工程量发生变化时,单价一般不作调整。

4. 编制依据不同

传统的定额预算计价法依据图纸;人工、材料、机械台班消耗量依据建设行政主管部门颁发的预算定额;人工、材料、机械台班单价依据工程造价管理部门发布的价格信息进行计算。工程量清单报价法,根据原建设部第 107 号令规定,标底的编制根据招标文件中的工程量清单和有关要求、施工现场情况、合理的施工方法以及按建设行政主管部门制定的有关工程造价计价办法编制。企业的投标报价则根据企业定额和市场价格信息,或参照建设行政主管部门发布的社会平均消耗量定额编制。

5. 费用组成不同

传统预算定额计价法的工程造价由直接工程费、措施费、间接费、利润、税金组成。工程量清单计价法工程造价包括分部分项工程费、措施项目费、其他项目费、规费、税金;包括完成每项工程包含的全部工程内容的费用;包括完成每项工程内容所需的费用(规费、税金除外);包括工程量清单中没有体现的，施工中又必须发生的工程内容所需费用，包括风险因素而增加的费用。

6. 评标所用的方法不同

传统预算定额计价投标一般采用百分制评分法。采用工程量清单计价法投标，一般采用合理低报价中标法，既要对总价进行评分，还要对综合单价进行分析评分。

7. 项目编码不同

采用传统的预算定额项目编码，全国各省市采用不同的定额子目，采用工程量清单计价全国实行统一编码，项目编码采用十二位阿拉伯数字表示。一到九位为统一编码，其中，一、二位为附录顺序码，三、四位为专业工程顺序码，五、六位为分部工程顺序码。七、八、九位为分项工程项目名称顺序码，十到十二位为清单项目名称顺序码。前九位码不能变动，后三位码，由清单编制人根据项目设置的清单项目编制。

8. 合同价调整方式不同

传统的定额预算计价合同价调整方式有：变更签证、定额解释、政策性调整。

工程量清单计价法合同价调整方式主要是索赔。工程量清单的综合单价一般通过招标中报价的形式体现，一旦中标，报价作为签订施工合同的依据相对固定下来，工程结算按承包商实际完成工程量乘以清单中相应的单价计算，减少了调整活口。采用传统的预算定额经常有定额解释及定额规定，结算中又有政策性文件调整。工程量清单计价单价不能随意调整。

9. 工程量计算时间前置

工程量清单，通常在招标前由招标人编制。有时业主为了缩短建设周期，通常在初步设计完成后就开始施工招标，在不影响施工进度的前提下陆续发放施工图纸，因此承包商据以报价的工程量清单中各项工作内容下的工程量一般为概算工程量。

10. 投标计算口径达到了统一

由于各投标单位都根据统一的工程量清单报价，达到了投标计算口径统一。而传统预算定额招标，各投标单位各自计算工程量，各投标单位计算的工程量均不一致。

11. 索赔事件增加

因承包商对工程量清单单价包含的工作内容一目了然，故凡建设方不按清单内容施工的，任意要求修改清单的，都会增加施工索赔的可能。

遇到工程量计算规则适用方面的纠纷时，应遵照合同约定行事，在合同不明的情况下，可适用当地政府定额相应的工程量计算规则或清单计价规范。

（二）费率标准适用纠纷

遇到费率标准适用方面的纠纷时，应遵照合同约定行事，在合同不明的情况下，可适用当地政府定额的相应费率。

【例】 2008年4月，甲乙双方经公开招投标签订合同，工程为一栋商业楼的装饰装修，合同工期为189日历天，工程完工后，双方发生造价纠纷。原因为乙方认为2008年8月费率标准有所改变，完工期在文件发布之后，因此应按新文件规定执行。

【解决纠纷的依据】

××省建设工程造价管理总站文件

×建价计[2008]22号

关于调整《××省建筑工程概算定额》费率标准的通知

各市、州建设工程造价管理站，各有关单位：

《××省建设工程计价办法》及有关消耗量标准颁发执行以来，有关设计单位、工程造价咨询单位对现行建筑工程概算定额的取费标准及计费程序要求予以明确，同时，对编制市政工程等初步设计概算时采取的计价依据及相关费率标准要求予以明确。根据《××省建设工程造价管理办法》(省政府令192号)、省建设厅《关于颁发〈××省建设工程计价办法〉及有关消耗量标准的通知》(×建价[2006]330号)、省建设厅《关于颁发〈××省建筑工程概算定额〉的通知》(×建价[2001]第72号)，以及有关法律法规，现就建筑工程初步设计概算的编制及采用2006年消耗量标准编制市政工程等初步设计概算的项目其计价依据、取费标准及计费程序综合规定如下：

一、直接工程费和施工措施费。在新的概算定额没有编制颁发之前，建筑工程(含装饰装修)、建筑工程机械土石方仍按2001年《××省建筑工程概算定额》执行；市政、安装、仿古建筑、园林景观绿化、市政机械土石方工程以省建设厅×建价[2006]330号文颁发的消耗量标准为基础计算。

1. 人工费。人工工资单价均按建设工程造价管理部门发布的市场工资单价计算，其中取费单价按每工日30元计取。

2. 材料费。材料预算价格按编制期建设工程造价管理部门发布的价格计取。

3. 机械费。建筑工程以及建筑工程机械土石方以建筑工程概算定额中的机械费为计费基础；市政道路、桥涵、隧道工程、机械土石方工程则以消耗量标准基期基价中的机械费为计费基础。超过取费基价的人工工资单价、燃料及电的单价其价差应予调整。

二、打桩并入相应工程内计算。

三、机械土石方不分工程量大小，其建筑工程机械土石方按建筑工程概算定额执行；市政工程机械土石方则按市政工程消耗量标准执行。

四、随同建筑工程的装饰装修项目并入建筑工程内计算。

五、设备运杂费按设备费的7%计取。

六、总概算中的预备费，包括基本预备费和价差预备费，其价差预备费费率按有关规定计算。

七、单位工程概算费用计算程序及费率标准详见附表的规定。

八、建筑工程建筑面积计算规则以2006年颁发的省建筑装饰装修工程消耗量标准中的《建筑面积计算规范》为准。

九、本文自颁发之日起执行。

二〇〇八年八月二十七日

【解决纠纷的依据】

关于执行2010××省建设工程计价依据有关建筑工程安全防护、文明施工措施费组成与计算问题的通知(×建价[2010]4号)

各有关单位：

××省住房和城乡建设厅组织编制2010年××省建设工程计价依据已印发，现就我市在执行该计价依据时，安全防护、文明施工措施费的组成及计算等有关问题通知如下：

一、安全防护、文明施工措施费用的组成

安全防护、文明施工措施费用由按2010计价依据和相应的费率计算的费用、建筑工地视频监控系统项目费用、基坑支护的变形监测以及地下作业的安全防护和监测费用等三部分组成。

二、安全防护、文明施工措施费用的计算

(一)按2010计价依据的规定计算的费用。

1. 安全防护技术措施项目费用，按各专业定额的相关定额子目计算。

2. 安全防护、文明施工其他措施项目费用(内容详见《2010定额》)，区分不同专业按以下标准费率计算：

序号	专业名称	计算基础	费率(%)
1	土建	分部分项工程费	3.18
2	(土建)单独装饰装修		2.52
3	市政		2.90
4	安装	分部分工人工费	26.57
5	园林绿化		5.25

(二)建筑工地视频监控系统项目费用按《关于实施建筑工程施工现场视频监控的通知》(×建函[2007]172号)规定计算的建筑工地视频监控系统项目费用包括视频设备的安装、调试、维护及其租赁费,按每个摄像头每月租金1000元人民币计;各工地摄像头数量执行×建函[2007]172号文。

(三)基坑支护的变形监测、地下作业的安全防护和监测费用按施工组织设计方案列项计算,或按实际发生计算。

××市建设局

二〇一〇年四月十四日

(三)甲供材料纠纷

"甲供材料"简单来说就是由甲方提供的材料。这是在甲方与承包方签订合同时事先约定的。凡是甲供材料,进场时由施工方和甲方代表共同取样验收,合格后方能用于工程上。甲供材料一般为大宗材料,比如钢筋、钢板、管材以及水泥等,当然施工合同里对于甲供材料有详细的清单。

【注意】 甲供材料的优缺点

对于施工方而言,优点就是可以减少材料的资金投入和资金垫付压力,避免材料价格上涨带来的风险。对于甲方而言,甲供材料可以更好地控制主要材料的进货来源,保证工程质量。

从材料质量上讲:其质量与施工单位无太大的关系,但施工单位有对其进行检查的义务,如果因施工单位未检查而材料不合格就应用到工程上,施工单位同样要承担相应的责任。

从工程计价角度说:预算时甲供材必须进入综合单价;工程结算时,一般是扣甲供材费的99%,有1%作为甲供材料保管费。

实现清单招标后甲供材料的优缺点:

为了确保工程质量,也为了节约工程造价,现在有很多建设单位都采取材料甲方供应的方式,这样做确实对工程质量有了很大的保障,但同时也引发了不少问题。

(1)甲方供应工程材料有效地避免了施工方在工程中标后有关材料方面的扯皮问题。

(2)甲方供应工程材料避免乙方在甲方确定了材料品牌后,采取以此代彼或其中掺假的问题。

(3)甲供材料并不是在投标报价中扣除,各省建设工程工程量清单计价实施办法中一般有明确的说明:招标人自行采购的材料,应列出相应材料的品种、规格、型号、数量及估算材料的单价,作为招标人编制工程项目的拦标价,投标人投标报价及工程竣工结算时招标人扣回所供材料价款的依据。

(4)在清单招标中清单材料预算量往往和实际用量相差甚远,在提供数量清单上,乙方往往不能准确地提供,而且乙方经常会不负责任地仅仅根据清单量提供。

(5)甲供材料在供货时会出现集中供货。

(6)甲方购材,乙方在配合供货方上是消极的,会用种种借口加以阻挠;并且还没到使用该材料的时候,乙方会提前要求甲方购买,而真正甲方购回材料之后,他们又会找出各种借口不予接收,譬如说现场没场地存放或货物拉到后无人接收,造成供货方的极大不便。

(7)甲方购材,有时也会购得高价产品,因为甲方购材毕竟从数量上是有限的,而施工单位由于本身所从事的工作,一般在当地与一些供货厂家建立起长期、稳固、相互支持、相互依存的关系,所以供货商从长远利益考虑,同一种材料施工单位购买往往会比甲方要便宜一些。

(8)甲供材料在接受审计时,存在逃避建筑营业税问题。

(9)甲供材料在工程完工后会留下很多隐患,当工程某部位出现问题需要维修时,乙方立刻会提出是材料的问题。

(10)施工方不能赚到材料和合同之间的价差,而甲方前期投入的资金数量较大。

【解决纠纷的依据】

关于建设工程材料供应备案管理有关事项的通知

各区、县(开发区)建委,各建设工程材料生产企业,各建设、施工、监理单位,各有关单位:

根据市建委、市工商局和市质量技术监督局联合发布的《关于印发〈××市建设工程材料使用监督管理若干规定〉的通知》(×建法[2007]722 号)要求,现就我市建设工程材料供应备案管理有关事项通知如下:

一、建设工程材料供应备案是指对涉及建设工程质量、安全、节能、环保以及重要使用功能的建设工程材料品种,由生产企业向本市建设行政主管部门进行告知性备案,目的是为建设单位和施工单位提供建设工程材料的产品信息和建设工程材料供应单位的诚信信息,促进规范建设工程材料市场,推动优质建设工程材料的应用,保证建设工程质量,为本市建设事业和人民群众服务。

建设工程材料供应备案不作为建设工程准予采购、使用的依据。备案产品的生产企业向用户和社会做出承诺,依法承担产品质量责任。采购单位根据建设工程标准、设计文件和有关法律法规规定采购建设工程材料,并依法对其采购、使用的建设工程材料质量负责。

二、××市建筑节能与建筑材料管理办公室受市建委委托负责全市建设工程材料供应备案管理工作,并受理国外、外埠生产企业及在各城区注册的生产企业的建设工程材料供应备案申请。其他区县建委的建设工程材料管理机构负责本区县注册的生产企业建设工程材料供应备案管理工作。

国外企业生产的建设工程材料由其授权的国内总代理企业申请办理供应备案。外埠企业生产的建设工程材料由生产企业申请办理供应备案,可以委托其在本市的代理单位代其办理。本市不再受理流通企业的建设工程材料供应备案。

本市建设工程材料供应备案不收取申办单位任何费用,不授权或委托任何单位和个人代办。

三、本市办理供应备案的建设工程材料有钢材、水泥、预拌砂浆、建筑砌块、烧结砖、轻质隔墙板、保温材料、防水材料、混凝土外加剂、塑料(复合)管材管件、建筑扣件、建筑门窗、节水型用水器具、散热器等 14 类产品。增加或减少品种由市建委另行公布。

国家和本市禁止、限制生产或使用的建设工程材料,以及禁止或限制的生产工艺、或原料生产的建设工程材料,不符合工程建设强制性标准规定的产品,其备案申请不予受理。

四、建设工程材料供应备案的程序包括网上申报、窗口受理、核查、决定和告知。从受理开始,办理时限为 15 个工作日。

(一)网上申报。申办单位首先应通过××建设网"办事大厅"注册登录,登录成功后,点击"建设工程材料供应备案"链接,按照网上提示内容如实填写,进行网上申报。

(二)窗口受理。申办单位完成网上申报后,按网上提示要求携带以下材料到备案窗口进行现场办理:

1. 营业执照;

2. 有资质检验单位出具的型式检验周期内产品检验报告(国家有放射性及有害物质限量要求的产品应同时提供相关检验报告);

3. 申办单位法定代表人授权办理委托书;

4. 属于国家生产许可证或强制性认证管理的产品,提交有效期内生产许可证书或强制认证证书。

5. 属于国外进口产品的,提供代理证明;

6. 产品执行企业标准的,提供在质量技术监督部门备案的企业标准;

7. 网上填报的《××市建设工程材料供应备案申请表》。

以上材料应出示原件,并提交加盖企业公章的复印件留存。

(三)核查、决定和告知。市建筑节能与建筑材料管理办公室和区县建委建设工程材料管理机构对企业申报材料与网上填报内容进行核对,核对无误,符合备案要求的,予以备案,并告知申办单位。申办单位信息同时录入××市建设工程材料供应备案数据库。

五、建设工程材料供应备案信息通过××建设网向社会公布。公布的内容包括:企业的基本信息,产品商标、执行标准以及获得中国名牌产品称号、国家免检产品等信息。建设工程采购单位和市民登录××建设网,可以查询办理备案手续的全部生产企业及产品目录,也可以分别查询"获中国名牌产品称号及国家免检产品"、"产品质量和经营行为有不良记录企业"的目录,并逐步实现对"国家和××市推广使用或支持发展的建设工程材料品种及生产工艺"、"获质量体系认证企业"的查询。

六、备案企业基本信息或产品信息发生变化的,按本通知第四条的程序规定提交相应变更资料。

七、市建委对向本市建设工程供应建设工程材料的生产和流通企业加强动态监管。市或区、县建委在建设工程检查中,发现建设工程材料供应企业存在下列违法违规行为的,无论其是否办理了供应备案手续,均在建设领域内将其违法行为予以通报,并在建设工程材料供应企业诚信信息系统上公示。违法行为严重的,由市建委限制或禁止其参加本市建设工程材料投标。

(一)向建设工程供应国家与本市明令禁止生产、销售和使用的建设工程材料的;

(二)建设工程材料质量不合格,造成建筑物结构安全隐患或危害人身健康的;

(三)因建设工程材料质量问题造成工程质量事故的;

(四)向建设工程供应假冒材料,提供虚假质量证明文件的;

(五)属于生产许可证、强制性认证管理的产品,未取得生产许可证或强制性认证的;

(六)在办理建设工程材料供应备案手续时,提供的备案申报信息与实际不符或提交虚假证明材料的。

八、任何单位和个人都可向市建委举报和投诉建设工程材料供应企业的违法违规行为。市和区、县建委工作人员在备案管理中徇私舞弊、玩忽职守的,单位和个人可向市建委投诉。

九、本通知自发布之日起实施。《关于印发××市建筑工程材料供应备案管理办法的通知》(×建法[2001]134号)自本通知生效之日起废止。

《关于水泥产品供应使用管理的通知》(×建法[2003]183号)、《关于进一步加强建设工程砂石材料采购使用管理严厉打击建设领域采购使用非法开采砂石行为的通知》(×建材[2005]708号)、《关于加强施工用钢管、扣件使用管理的通知》(×建材[2006]72号)、《关于在本市建设工程中使用预拌砂浆的通知》(×建材[2006]223号)中与建设工程材料供应备案管理有关的规定同时废止。

十、本通知发布前在××建设网公布的建筑工程材料供应备案信息保留至2007年年底。

特此通知。

二〇〇七年十一月九日

(四)运距纠纷

通俗的讲,运距就是运输工具载运货物的起迄点之间的路程长度,主要是指土方和构件的运输。一般以公里为计量单位。在经济管理工作中有重要意义的是测算和分析平均运距和经济运距两个指标。

运距纠纷主要是合同对一些涉及运输距离的子目没有明确约定准确距离而引起的造价纠纷。运距的变化引起的合同价款的调整,一般合同计价的类型(固定总价合同、固定单价合同和按实结算合同)分别处理。

【解决纠纷的依据】

关于执行2010计价依据有关运距的通知(×建价[2010]9号)

各有关单位:

2010计价依据已于6月1日正式实施,根据我市的实际情况,现将执行该计价依据时有关运距的问题通知如下:

一、特、大型机械进出场运距

《××省建设施工机械费用》(2010)的特、大型机械场外运输费的机械进出场费用按单程25km以内的双程运距综合考虑,因我市运距较短,暂将其调整为单程10km,编制工程造价咨询文件时,按相应定额子目乘以系数60.72%计。

二、土石方外运运距

建设单位或招标文件没有确定运距的工程,在编制、审核工程造价咨询文件、最高报价值时,运距暂按10km计。

各单位在执行过程中,如发生问题,请及时向我局反映。

××市建设局

二〇一〇年六月九日

【例】 某施工单位与建设单位签订一份关于一幢八层框剪结构的建筑施工合同,后经设计变更改为五层框架结构的建筑,建筑面积为20000m²,合同工期为400d。由于工程位于市区,余土需外运,暂按土方外运2km计算造价,后双方因商品混凝土运距发生造价纠纷。

分析:对于商品混凝土运距,乙方所提供的证据资料为乙方与商品混凝土供应商的供货合同,难以确定合同项下混凝土是否用于本工程。

结论:超运距索赔不成立。

(五)图纸纠纷

造价计算时,图纸依据不明,变更未按合同约定的条款履行单价确认手续都将引起图纸纠纷。

【解决纠纷的依据】

关于加强施工图设计文件修改变更管理的通知

各设区市建设局、规划局:

目前一些建筑工程施工图设计变更频繁,影响了设计文件的严肃性和设计质量,干扰了设计市场的正常秩序。为加强施工图设计文件修改变更管理，现提出以下意见，请认真遵照执行。

一、严禁建设单位以各种理由，要求设计单位提交或变更与有关行政主管部门批准文件不符的设计施工图纸。建设单位不得将报送行政主管部门审批的变更设计方案作为施工图，直接交施工单位施工使用。

二、重大设计变更超出行政主管部门批准的方案设计和初步设计的规模和范围，特别是突破容积率、初设概算等指标的，建设单位应提供行政主管部门同意变更的审批文件，否则不得委托设计单位进行施工图设计变更。

三、建设单位不得对审查通过的施工图设计文件随意提出设计变更，若确因施工工艺完善或设备选材优化等需要设计变更的，建设单位应书面提出充分的理由依据，并由建设方法人签字、单位盖章，否则设计单位不予变更。

四、设计单位要加强内部设计质量管理，把好校对、审核关。送施工图审查的设计文件应符合国家规定的设计深度要求，要避免施工图出现错、漏、缺等现象。住宅设计不得出现功能缺位。

五、改变建筑规模（如层数、面积、建筑高度等）、建筑物的使用性质、使用功能等重大设计变更的，建设单位应提供规划审批文件，否则设计单位不得进行施工图修改变更。

六、重大设计变更后需报送有关部门审批的图纸名称应注明“送审报批用图”。设计单位要坚决抵制建设单位的任何不合理要求，不得以变更设计名义出版两套不同的设计图纸供建设单位使用。

七、设计修改图纸（或设计变更通知单位）应由该项目负责人签章。设计变更后的施工图审查应按省厅×建设[2005]10号文件的规定执行。

八、设计单位因设计失误或故意为开发商擅自重大变更设计留有余地造成影响城市规划、影响投资控制、违反有关法律法规的，应承担相应的法律责任。

九、施工图审查机构发现设计文件深度不够、设计重大变更报审提供材料不齐的，应不予受理，并向当地建设行政主管部门报告。设计重大变更未经施工图审查机构审查交付使用的，按施工图设计文件未经审查交付使用予以认定，并依法予以相应处理。

十、项目所在地建设行政主管部门对设计重大变更中违反有关规定的建设单位、设计单位和个人应依法予以查处；对以变更名义出版两套不同施工图纸规避主管部门监管的，要予以设计单位和注册建筑师、注册工程师记录不良行为处理，并依据《建设工程质量管理条例》、《建设工程勘察设计管理条例》等相关规定对有关单位及个人予以处罚。

××省建设厅

二〇〇七年八月一日

第三节　造价调整

随着我国经济体制改革，特别是价格体制改革的不断深化，设备、材料价格和人工工资的变化对工程造价的影响日益增大，科学并及时地调整价差，对合理确定和有效控制工程造价具有十分重要的意义。

一、造价调整的概念

建设工程项目建设周期长，工程造价受到各种因素影响而处于不确定状态，计算工程造价时，应充分考虑工程的这些动态因素，应随工程近况动态计算和调整工程造价指数，即进行“工程造价价差调整”。

承包商在编制报价时,应充分考虑价差带来的风险。从市场调查预测开始,投标活动、中标签约、生产准备、施工生产和竣工结算中均应考虑价差。在中标签约时,双方应协商一个调差方式进行工程造价价差的调整。调整的方式方法很多,可根据工程项目、市场涨幅、工程所在地环境等情况选择。但无论用什么方式方法调差,均应记录在合同中,供双方信守。

二、工程造价价差及其调整的范围

工程造价价差系指建设工程所需的人工、设备、材料等费用,因价格变动对工程造价产生的相应变化值,它是影响工程造价的重要动态因素。

工程造价价差的调整是指从概算、预算编制期至工程竣工期(结算期),因设备、材料价格、人工费等增减变化,对原批准的设计概算审定的施工图预算及已签订的承包协议价、合同价,按照规定对工程造价允许调整的范围所作的合理调整。

工程造价价差调整的范围包括:建筑安装工程费(包括人工费、材料费、施工机械使用费和其他直接费、间接费)、设备及工器具购置费用和工程建设其他费用。

三、工程造价价差调整和造价指数测定工作原则

(1)要遵守国家有关的方针、政策,特别是国家价格法规、政策以及有关工程造价管理的规定。要自觉遵循价值规律,并反映本地区(行业)一定时期内的合理价格水平。

(2)要有利于调动参与建设的各有关单位节约投资、降低工程成本的积极性,在确保国家利益的前提下,正确处理和保护投资者、施工企业等的合法经济利益。

(3)建筑安装工程费中的人工费调整,应按国务院、劳动部门发布的有关劳动工资政策,规定允许增加的工资、津贴、补贴标准以及定额人工费的组成内容执行。

(4)设备、材料预算价格的调整,应区别不同的供应渠道、价格形式,以各省、自治区直辖市建设综合管理部门或按规定应由国务院有关主管部门发布的预算价格及其执行时间为准,并应扣除必要的设备、材料储备期因素。

(5)施工机械使用费的调整,按规定允许调整的部分由各省、自治区、直辖市建设综合管理部门或国务院有关主管部门作出的相应规定进行调整。

(6)工程造价价差的调整和造价指数的测定,既要做到区别对待,又要力求计算简捷、使用方便。

四、工程造价价差调整方法

价差的调整应区别不同的工程,根据材料、设备的不同价格形式、供应方式等对工程造价影响的程度,规定合理的调整方法。可按单项工程概、预算(包括设计变更增减预算)所附的人工工日、主要材料、施工机械台班用量以及主要设备数量,按地区建设综合管理部门、国务院各主管部门定期发布的材料、设备预算价格、人工费及其执行时间,依据合同规定对已完工程部分的价差进行调整,对次要的设备、材料可区别不同类型的工程以价格指数调整;可按不同类型的工程,分别以建筑安装工程造价、建筑安装工程直接费、工程建设其他费用等综合造价指数进行调整;对于使用材料品种较少而数量又较大的工程,可采用以人工、材料、施工机械、设备相应的单项价格指数进行调整。不论采取哪种价差调整方法,均应反映工程所在地区一定时期内的工程造价合理水平,要防止实报实销的做法。

建设期的价差调整应控制在批准的初步设计总概算价差预备费之内。对于建筑安装工程合

同造价的价差，应作合理预测积极推行由承包方包干或部分包干的办法。对于合同工期较短或较简单的工程，可由承包单位一次包死，不作调整。对于合同工期较长或较为复杂的工程，实行部分包干，即对主要材料、设备价差进行调整，对次要材料、设备价差包干。对价差的包干、调整方法，价差调整期限以及延误工期的责任等，均应在承包合同中作出明确规定。

1. 工程造价指数调整法

指数调整法又称价格指数调整法、物价指数法，是根据已掌握的同类资产（最好是同种资产）历年的价格指数，利用统计预测技术，找出评估对象价格变动方向、趋势和速度，推算出原购置年代和评估基准日期的价格指数，以这两个时期价格指数变动比率与资产原值计算重置成本。其基本公式如下：

$$P_1=\frac{L_1}{L_0}\times P_0$$

式中 P_1——重置成本；

L_1——评估基准日价格指数；

L_0——评估对象原购置时间价格指数；

P_0——评估对象原值。

这种方法是甲乙方采用当时的预算（或概算）定额单价计算出承包合同价，待竣工时，根据合理的工期及当地工程造价管理部门所公布的该月度（或季度）的工程造价指工程合同价数，对原承包合同价予以调整，重点调整那些由于实际人工费、材料费、施工机械费等费用上涨及工程变更因素造成的价差，并对承包商给以调价补偿。

2. 实际价格调整法

在我国，由于建筑材料需要市场采购的范围越来越大，有些地区规定对钢材、木材、水泥等三大材的价格采取按实际价格结算的方法。工程承包商可凭发票按实报销。这种方法方便而正确。但由于是实报实销，因而承包商对降低成本不感兴趣，为了避免副作用，地方主管部门要定期发布最高限价，同时合同文件中应规定建设单位或工程师有权要求承包商选择更廉价的供应来源。

3. 调价文件计算法

调价文件计算法是甲乙方采取按当时的预算价格承包，在合同工期内，按照造价管理部门调价文件的规定，进行抽料补差，在同一价格期内按所完成的材料用量乘以价差。也有的地方定期发布主要材料供应价格和管理价格，对这一时期的工程进行抽料补差。

4. 调值公式法

建筑安装工程费用价格调值公式一般包括固定部分、材料部分和人工部分。但当建筑安装工程的规模和复杂性增大时，公式也变得更为复杂。调值公式一般为：

$$p=p_0(a_0+a_1\times A/A_0+a_2\times B/B_0+a_3\times C/C_0+a_4\times D/D_0+\cdots\cdots)$$

式中 p——调值后合同价款或工程实际结算款；

p_0——合同价款中工程预算进度款；

a_0——固定要素，代表合同支付中不能调整的部分占合同总价中的比重；

a_1、a_2、a_3、a_4……——代表有关各项费用（如：人工费用、钢材费用、水泥费用、运输费等）在合同总价中所占比重 $a_0+a_1+a_2+a_3+a_4\cdots\cdots=1$；

A_0、B_0、C_0、D_0——基准日期与 a_1、a_2、a_3、a_4……对应的各项费用的基期价格指数或价格；

A、B、C、D——与特定付款证书有关的期间最后一天的 49 天前与 a_1、a_2、a_3、a_4……对应的各项费用的现行价格指数或价格。

在运用这一调值公式进行工程价款价差调整中要注意如下几点：

(1)固定要素通常的取值范围在0.15～0.35左右。

(2)调值公式中有关的各项费用，按一般国际惯例，只选择用量大、价格高且具有代表性的一些典型人工费和材料费，并用它们的价格指数变化综合代表材料费的价格变化，以便尽量与实际情况接近。

(3)各部分成本的比重系数，在许多招标文件中要求承包方在投标中提出，并在价格分析中予以论证。

(4)调整有关各项费用要与合同条款规定相一致。

(5)调整有关各项费用应注意地点与时点。

(6)各品种系数之和加上固定要素系数应该等于1。

五、工程造价指数的测算

工程造价指数是反映一定时期由于价格变化对工程造价影响程度的一种指标。它是调整工程造价价差的依据。工程造价指数可分为：单项价格指数和综合造价指数。

单项价格指数是分别反映各类工程的人工、材料、施工机械及主要设备报告期价格对基期价格的变化程度的指标，如人工费、主要材料、施工机械台班和主要设备等单项价格指数。

计算式如下：

$$材料(设备、人工机械)价格指数=P_n/P_0$$

式中 P_0——基期人工费、施工机械台班和材料、设备预算价格；

P_n——报告期人工费、施工机械台班和材料、设备预算价格。

综合造价指数是综合反映各类建设项目或单项工程人工费、材料费、施工机械使用费和设备费等报告期价格对基期价格变化而影响工程造价程度的指标。如建筑安装工程造价指数、建设项目或单项工程造价指数等。其计算式如下：

建筑安装工程造价指数＝人工费指数×基期人工费占建筑安装工程造价比例＋∑(单项材料价格指数×基期该单项材料费占建筑安装工程造价比例)＋∑(单项施工机械台班指数×基期该单项机械费占建筑安装工程造价比例)＋其他直接费、间接费综合指数×基期其他直接费、间接费用占建筑安装工程造价比例。

建设项目或单项工程造价指数＝建筑安装工程造价指数×基期建筑安装工程费占总造价的比例＋∑(单项设备价格指数×基期该项设备费占总造价的比例)＋工程建设其他费用指数×基期工程建设其他费用占总造价的比例。

为了保证建设项目或单项工程造价指数应有的准确度，被测算的设备、材料费，应分别占建设项目或事项工程设备、材料费总值的80％以上。

工程造价各项指数的测定是一项政策性很强的工作。各部门各省、自治区、直辖市建设综合管理部门应组织有关工程造价管理处(定额站)加强调查研究，做好价格信息的收集、整理和测算工作。

六、造价调整易引起的纠纷

(一)人工费调整纠纷

人工费是指直接从事建筑安装工程施工的生产工人开支的各项费用，内容包括：

(1)基本工资：是指发放给生产工人的基本工资。

(2)工资性补贴：是指按规定标准发放的物价补贴，煤、燃气补贴，交通补贴，住房补贴，流动施工津贴等。

(3)生产工人辅助工资：是指生产工人年有效施工天数以外非作业天数的工资，包括职工学习、培训期间的工资，调动工作、探亲、休假期间的工资，因气候影响的停工工资，女工哺乳时间的工资，病假在六个月以内的工资及产、婚、丧假期的工资。

(4)职工福利费：是指按规定标准计提的职工福利费。

(5)生产工人劳动保护费：是指按规定标准发放的劳动保护用品的购置费及修理费，徒工服装补贴，防暑降温费，在有碍身体健康环境中施工的保健费用等。

$$人工费=\sum(工日消耗量\times日工资单价)$$

式中，日工资单价$(G)=\sum_1^5 G$。

1)基本工资：

$$基本工资(G_1)=\frac{生产工人平均月工资}{年平均每月法定工作日}$$

2)工资性补贴：

$$工资性补贴(G_2)=\frac{\sum年发放标准}{全年日历日-法定假日}+\frac{\sum月发放标准}{年平均每月法定工作日}+每工作日发放标准$$

3)生产工人辅助工资：

$$生产工人辅助工资(G_3)=\frac{全年无效工作日\times(G_1+G_2)}{全年日历日-法定假日}$$

4)职工福利费：

$$职工福利费(G_4)=(G_1+G_2+G_3)\times福利费计提比例(\%)$$

5)生产工人劳动保护费：

$$生产工人劳动保护费(G_5)=\frac{生产工人年平均支出劳动保护费}{全年日历日-法定假日}$$

由于目前建筑的计价已经越来越市场化，人工费的单价也逐步接近市场化，城建管理部门经常发一些调价文件，以适应当前的计价形势。

【解决纠纷的依据】

关于调整建筑、装饰、安装、市政、修缮加固、城市轨道交通、仿古建筑及园林工程预算工资单价的通知

×建价[2011]812号

各省辖市住建局(建委)，各有关单位：

为了切实反映建筑市场用工价格变化情况，积极保障建设领域劳动者的合法权益，促进我省建筑市场的健康有序发展，经商请省有关部门，决定调整我省建筑、装饰、安装、市政、修缮加固、城市轨道交通和仿古建筑及园林工程的预算工资单价标准。具体事项通知如下：

一、预算工资单价标准

单位：元/工日

工程类型	预算工资单价				
	包工包料工程			包工不包料工程	点工
	一类工	二类工	三类工		
建筑工程	70	67	63	88	73
装饰工程	70～90			90～110	77
安装、市政工程	63	60	56	79	65

续表

工程类型		预算工资单价				
		包工包料工程			包工不包料工程	点工
		一类工	二类工	三类工		
修缮加固工程		63	83	69		
城市轨道交通工程		67	88	73		
古建园林工程	第一册	61			81	67
	第二册	69			89	73
	第三册	58			81	67

二、调整方法

1. 编制投资估算、设计概算，招投标工程编制招标控制价（标底）和依法不招标工程编制预算时，工资单价均按本通知规定的标准执行。

2. 2012 年 2 月 1 日之前签订施工合同的在建工程，2012 年 2 月 1 日之后完成的工程量部分按本通知规定的标准调增，施工合同另有约定的除外；原投标报价或签订施工合同时工资单价有让利的，工资单价调整时应扣除原让利部分。

3. 本通知规定的预算工资单价标准，按照费用定额（计算规则）规定，应计入基价，作为取费基础。

三、其他

1. 本通知自 2012 年 2 月 1 日起执行。

2. 建设工程预算工资直接关系到施工工人的切身利益。请工程建设各方严格按本通知规定标准进行工程计价。明年我省将改变现行做法，研究出台建设工程预算人工工资单价的有效调整办法，实现预算工资单价的动态调整。

二〇一一年十二月二十六日

(二)材料费调整纠纷

1. 材料费的内容及计算

材料费是指施工过程中耗费的构成工程实体的原材料、辅助材料、构配件、零件、半成品的费用。内容包括：

(1)材料原价（或供应价格）。

(2)材料运杂费：是指材料自来源地运至工地仓库或指定堆放地点所发生的全部费用。

(3)运输损耗费：是指材料在运输装卸过程中不可避免的损耗。

(4)采购及保管费：是指为组织采购、供应和保管材料过程中所需要的各项费用。包括：采购费、仓储费、工地保管费、仓储损耗。

(5)检验试验费：是指对建筑材料、构件和建筑安装物进行一般鉴定、检查所发生的费用，包括自设试验室进行试验所耗用的材料和化学药品等费用。不包括新结构、新材料的试验费和建设单位对具有出厂合格证明的材料进行检验，对构件做破坏性试验及其他特殊要求检验试验的费用。

材料费＝Σ(材料消耗量×材料基价)＋检验试验费

式中，材料基价＝{(供应价格＋运杂费)×[1＋运输损耗率(%)]}×[1＋采购保管费率(%)]

检验试验费＝Σ(单位材料量检验试验费×材料消耗量)

2. 建筑工程材料价差产生的因素

现行工程造价的确定，是根据定额计算规则计算工程量，以工程量及套用相应定额子目基价的积汇总形成工程直接费用。定额子目基价（即预算价）由人工、材料、机械及其他直接费等部分组成。在建设工程项目中，如果以工程直接费为100%，构成直接费的人工费占20%，材料占70%～75%，机械费占5%左右，由此而论，材料价格取定的高、低将会直接引起工程建设费用的高、低。事实上，在实际施工时使用的价格，是不会静止不动的，特别是在市场经济条件下各种建筑材料将会随着国家政策调整因素、地区差异、时间差异、供求关系等状况的变化而处于经常的波动状态之中，无论价格是上涨或下落，其波动是经常的、绝对的，不以人的意志为转移。产生材料价差的主要因素有以下几点：

(1)国家政策因素。国家政策、法规的改变将会对市场产生巨大的影响。这种因体制发生变化而产生的材料价格的变化，即为"制差"。如：1998～1999年期间国家存贷款利率一再下调，1993～1995年国家为抑制经济增长过热过快，而采取的一系列措施。

(2)地区因素。预算定额估价表编制所在地的材料预算价格与同一时期执行该定额的不同地区的材料价格差异，即为"地差"。

(3)时间因素。定额估价表编制年度定额材料预算价格与项目实施年度执行材料价格的差异，即为"时差"。

(4)供求因素。供求因素即市场采购材料因产、供、销系统变化而引起的市场价格变化形成的价差，即为"势差"。

(5)地方部门文件因素。由于地方产业结构调整引起的部分材料价格的变化而产生的价差，即为"地方差"。

建筑材料价格的变动，形成了不同的市场价。在工程实践中，施工企业正是从这个变动市场中直接获得建筑产品所需的原材料，其形成的产品是动态价格下的产物。动态的价格需要有一个与之相应的动态管理，只有这样才能既维护国家和建设单位利益，又保护施工企业合法权益，使建设工程朝着计划、有序、持续的方向发展。

3. 建筑工程材料价差调整的方法

在工程实践中，建设工程材料价差调整通常采用以下几种方法。

(1)按实调整法。按实调整法又称抽样调整法，此法是工程项目所在地材料的实际采购价（甲、乙双方核定后）按相应材料定额预算价格和定额含量，抽料抽量进行调整计算价差的一种方法。其调整按下列公式进行：

某种材料单价价差＝该种材料实际价格（或加权平均价格）－定额中的该种材料价格

注：工程材料实际价格的确定包括：

①参照当地造价管理部门定期发布的全部材料信息价格；

②建设单位指定或施工单位采购经建设单位认可，由材料供应部门提供的实际价格。

$$\text{某种材料加权平均价} = \sum X_i \times J_i \div \sum X_i (i = 1 \text{ 到 } n)$$

式中 X_i——材料不同渠道采购供应的数量；

J_i——材料不同渠道采购供应的价格。

某种材料价差调整额＝该种材料在工程中合计耗用量×材料单价价差

按实调整法的优点是补差准确，合理，实事求是。但由于建筑工程材料存在品种多、渠道广、规格全、数量大的特点，若全部采用抽量调差，则费时费力，繁琐复杂。

(2)综合系数调差法。此法是直接采用当地工程造价管理部门测算的综合调差系数调整工程材料价差的一种，计算公式为：

单位工程材料价差调整金额＝综合价差系数×预算定额直接费

综合系数调差法的优点是操作简便，快速易行。但这种方法过于依赖造价管理部门对综合系数的测量工作。实际中，常常会因项目选取的代表性，材料品种价格的真实性、准确性和短期价格波动的关系导致工程造价计算误差。

(3)按实调整与综合系数相结合。据统计，在材料费中三材价值占68%左右，而数目众多的地方材料及其他材料仅占材料费32%。而事实上，对子目中分布面广的材料全面抽量，也无必要。在有些地方，根据数理统计的A、B、C分类法原理，抓住主要矛盾，对A类材料重点控制，对B、C类材料作次要处理，即对三材或主材（即A类材料）进行抽量调整，其他材料（即B、C类材料）用辅材系数进行调整，从而克服了以上两种方法的缺点，有效地提高工程造价准确性，将预算编制人员从繁琐的工作中解放出来。

(4)价格指数调整法。价格指数调整法是按照当地造价管理部门公布的当期建筑材料价格或价差指数逐一调整工程材料价差的方法。具体做法是先测算当地各种建材的预算价格和市场价格，然后进行综合整理定期公布各种建材的价格指数和价差指数。

计算公式为：

某种材料的价格指数＝该种材料当期预算价÷该种材料定额中的取定价

某种材料的价差指数＝该种材料的价格指数－1

价格指数调整法这种方法属于抽量补差，计算量大且复杂，常需造价管理部门付出较多的人力和时间。其优点是能及时反映建材价格的变化，准确性好，适应建筑工程动态管理。

4. 常见材料价差纠纷

合同中，有时对材料的品牌、价格以及调整方式未进行明确约定，容易引起造价纠纷。

【例】 某工程为一栋高层商业大厦，甲乙双方由1999年8月经公开招标签订了一份单价施工合同，合同工期400d，合同约定，每逾期一天，按合同总造价的3%承担违约金，每提前一天，按合同总造价的2%取得奖金。

施工期间，甲方同意乙方对合同约定的材料进行了更改，但双方对材料更改、工程造价等均未书面约定。工程竣工后，乙方根据更换材料的单价向甲方提出78万的差价。

分析：施工过程中发现施工材料与合同约定不符时，应及时通知施工方作出修改。本例中，乙方取得甲方的同意后更换了施工材料，但双方均未进行书面约定。

结论：更换材料的单价按约定的计价标准并参考市场材料信息价确定。

【解决纠纷的依据】

关于处理工程主要材料价格结算若干问题的意见

××市建设委员会文件

××市计划委员会

×建价办字[2000]08号

各工程建设、施工单位：

在主要材料价格的计算问题上，承发包双方在办理工程结算时经常发生争执，为此，××市建设工程造价管理办公室曾以×建价办字[1996]10号文件印发了《关于处理工程主要材料价格结算若干问题的规定》。随着社会主义市场经济的不断发展和完善，需要对该规定做一些必要的修改，现将修改后的意见印发给你们，请参照执行。

一、按照建设部关于建设工程实行“量价分离”和“控制量、指导价”的改革思路，我市现行的建筑材料基准价是作为指导性价格发布的。指导性价格是编制施工图预算的参照依据，工程结算时，只要承发包双方在合同或协议中约定了建筑材料的结算价格，就应按双方约定的价格进入结算。

如果双方在合同中未约定建筑材料结算价格，并且双方对建筑材料的结算价格又达不成一致意见时，可按定期发布的基准价结算。

二、建筑材料价差的调整是编制完整的施工图预算的重要组成部分，在编制施工图预算时，绝对不许漏编。预算的建筑材料基准价应以编制期最新的发布价为依据，在施工过程中，建筑材料市场价格发生涨落时，承发包双方应在签订合同时就根据市场预测和自身承受能力合理、自主地在合同中约定材料价格或材价调整办法。

三、凡确定采取固定价格结算方式的工程，建筑材料价格的调整(包括主材价和铺材价)一律不再调整。

四、发包方指定承包方使用某厂或某种建筑材料，其价格超出原合同约定价的，应按实际购买价进入结算。

五、承包方购买工程用材料，并负责运至工地，发包方负责与供料单位直接结算的，不视作发包方供料，可作为发包方预付材料款，双方财务应在办理工程结算时按预付工程款扣减工程造价。

六、主材由发包方供应时，结算双方必须首先认定供应清单，清单中必须注明材料名称、规格、数量和单价。工程结算书必须编制完整的主材价差调整表，并将调差金额列入税前造价计取税金，而后再按结算中实际进入的发包方供料的数量和单价相乘后扣还发包方。不允许结算不编发包方供料价款，也不允许出现结算书中编制的材料单价和数量与双方财务结算时的单价和数量不一致的情况。

七、发包方实际供料超出工程定额规定消耗量时，超出部分需办理财务结账的，除双方合同另有约定外，结算单价均不得高于主材发布价。

某种材料若施工方未购买，而发包方实际供料又少于工程定额规定消耗量时，除双方合同另有约定外，合理的剩余部分应全部归承包方。

八、市工程造价管理办公室发布价中未列出的按实调整的材料品种，结算双方应先行协商约定材料结算价格并按协商一致的价格计入结算造价，有争执时可报市工程造价管理办公室调解处理。

九、本意见适用于至今仍未办理结算的工程。凡已办理结算的工程均不再变更。本通知由市工程造价管理办公室负责解释。市辖各县(市、区)照此执行。

二〇〇〇年六月五日

【解决纠纷的依据】

××市建设工程造价管理办公室文件

×建价办字(2007)46号

关于发布二〇〇七年十一月份建设工程主要材料预结算基准价格信息的通知

各工程建设、施工、设计、咨询及有关单位：

2007年11月份××市建设工程主要材料预结算基准价格信息测算工作已完成，基本与市场平均价吻合，现同意印发，仅供参考，本价格信息为到工地价。

11月份钢材、水泥、砖、油料价格上涨，因此建设工程发承包双方在具体确立工程材料价格时，一定要充分预测市场风险，慎重决策，自主定价。在签订合同时，一定要在合同中明确约定材料价格的确定和调整方法。在招投标工作中建议使用最新的价格(月价)，月价上没有的材料价格再参考最新的季度价，并在招标文件和投标报价中说明。

本价格信息中的商品混凝土价格为已含增值税的出厂价，不含运输费用。运输费用和泵送增加费用，按新综合基价相关子目另行计算。本信息价中的商品混凝土价格不含防冻剂，如冬季施工需掺加防冻剂的，承发包双方可根据施工现场签证，按实调差。根据×建价办字(2003)18号文精神，从2003年一季度开始调整《河南省建筑和装饰工程综合基价》商品混凝土运输5－232子目，基价乘以1.15的系数，燃料依实调材差。执行过程中遇到问题请及时向××市建设工程造价管理办公室反映，以便协调处理。

附：1.2007年11月份主要材料价格基准信息(略)。

2.关于处理主要材料价格结算若干问题的意见(略)。

3.关于网上发布材料基准价格信息的通知(略)。

4.《材料基准价格信息》征求意见(略)。

二〇〇七年十一月九日

(三)机械费调整纠纷

施工机械使用费是指施工机械作业所发生的机械使用费以及机械安拆费和场外运费。施工机械台班单价应由下列七项费用组成。

(1)折旧费：是指施工机械在规定的使用年限内，陆续收回其原值及购置资金的时间价值。

(2)大修理费：是指施工机械按规定的大修理间隔台班进行必要的大修理，以恢复其正常功能所需的费用。

(3)经常修理费：是指施工机械除大修理以外的各级保养和临时故障排除所需的费用。包括为保障机械正常运转所需替换设备与随机配备工具附具的摊销和维护费用，机械运转中日常保养所需润滑与擦拭的材料费用及机械停滞期间的维护和保养费用等。

(4)安拆费及场外运费：安拆费是指施工机械在现场进行安装与拆卸所需的人工、材料、机械和试运转费用以及机械辅助设施的折旧、搭设、拆除等费用；场外运费是指施工机械整体或分体自停放地点运至施工现场或由一施工地点运至另一施工地点的运输、装卸、辅助材料及架线等费用。

(5)人工费：是指机上司机(司炉)和其他操作人员的工作日人工费及上述人员在施工机械规定的年工作台班以外的人工费。

(6)燃料动力费：是指施工机械在运转作业中所消耗的固体燃料(煤、木柴)、液体燃料(汽油、柴油)及水、电等。

(7)车船使用税：是指施工机械按照国家规定和有关部门规定应缴纳的车船使用税、保险费及年检费等。

施工机械使用费＝∑(施工机械台班消耗量×机械台班单价)

式中，台班单价＝台班折旧费＋台班大修费＋台班经常修理费＋台班安拆费及场外运费＋台班人工费＋台班燃料动力费＋台班车船使用税

【解决纠纷的依据】

关于调整机械费的通知

××省建设工程定额管理站文件

建定建[2000]30号

各市、州定额(造价)分站，有关建设、施工、工程造价咨询单位：

受燃料价格上涨因素的影响，以及省建设厅×建(2000)价字第195号“关于颁发建设工程定额人工工资单价调整办法的通知”规定，其建筑工程施工机械台班单价相应有所提高。根据省定额站建定建(1999)23号“关于颁发九九年《××省建筑工程单位估价表》价差调整办法的通知”

精神，现组织有关单位对目前有关定额的施工机械台班费进行了测算，确定以系数进行调整。现将调整系数予以印发，并就有关事项通知如下：

一、调整(调增)系数的确定

1. 九九《××省建筑工程单位估价表》：

(1)一般土建工程、装饰装潢工程、地基强夯工程、构件运输安装工程 0.08；

(2)单独承担土石方工程的机械土石方工程 0.11；

(3)单独承担打桩工程：机械钻孔灌注桩 0.06；人工挖孔桩、人工成孔桩、锚杆、帷幕 0.10；机械打预制桩 0.18；机械打孔灌注桩 0.21。

2. 九五《××省市政工程单位估价表》：机械土石方 0.84；道路工程 0.81；排水工程 0.78；桥涵工程 0.91；隧道工程 0.80；堤防工程 0.80；给排水、构筑物 0.75；给水、燃气、集中供热工程 0.64。

二、有关事项的规定

1. 机械费的调增部分＝按估价表(定额)计算的机械费×调增系数。

2. 调增部分在费后税前计列。

3. 本调增系数从 2000 年 10 月 1 日起执行，10 月 1 日以前完成的工程量其机械费调整按原规定执行。

4. 九三年《××省房屋修缮工程预算定额》、九一年《××省抗震加固工程单位估价表》其机械费调整仍按省定额站建定建(1995)39 号文件规定执行。

5. 九二年《××省建筑工程概算定额》仍按第三期调整系数的规定执行。

6. 九七年《××省统一安装工程基价表》、九七年《××省仿古建筑及园林工程单位估价表》不调整。八九年《××省路灯安装工程预算定额》仍按省建委×建(1996)城字第 297 号文件规定执行。

7. 执行九九年《××省建筑工程单位估价表》机械打桩调整系数的工程：分包与总包结算按单独承担工程的系数执行；总包与建设单位结算按一般土建工程的系数执行。

二〇〇〇年九月十三日

【解决纠纷的依据】

关于调整机械费的补充通知

××省建设工程定额管理站文件

建定建[2000]32 号

各市、州定额(造价)管理分站：

我站建定建(2000)30 号文发布了我省 99 建筑工程和 95 市政工程单位估价表机械费调整系数，规定机械费调增部分在税前计列。由于两部估价表的编制时间不同，编制时依据的机械台班费用定额不同，在执行文中的调整系数时应有区别，为统一计算标准，现补充规定如下：

一、执行 99 建筑工程单位估价表按(2000)30 文计算的机械费调整部分在税前计列。

二、执行 95 市政工程单位估价表调整系数的机械费用应分为两部分，一部分为计费部分，计取相应各项费用；一部分列在税前，只计税金和劳保基金。各部分费率如下：

项　目	调增系数	其　中	
		计费部分	不计费部分
机械土石方	0.84	0.73	0.11
道路工程	0.81	0.67	0.14

续表

项目	调增系数	其中	
		计费部分	不计费部分
排水工程	0.78	0.78	—
桥涵工程	0.91	0.91	—
隧道工程	0.80	0.75	0.05
堤防工程	0.80	0.72	0.08
给排水构筑物	0.75	0.75	—
给水、燃气、集中供热工程	0.64	0.64	—

二〇〇〇年九月二十二日

(四)工程停工引起的造价纠纷

停工分为建设单位要求停工、因客观原因停工和施工企业主动停工,本书只讨论施工企业主动停工的情形。

1. 停工的法律及合同依据

(1)合同法

《合同法》第68条规定:"应当先履行债务的当事人,有确切证据证明对方有下列情形之一的,可以中止履行:

(一)经营状况严重恶化;

(二)转移财产、抽逃资金,以逃避债务;

(三)丧失商业信誉;

(四)有丧失或者可能丧失履行债务能力的其他情形。

当事人没有确切证据中止履行的,应当承担违约责任。

《合同法》第283条规定:"发包人未按照约定的时间和要求提供原材料、设备、场地、资金、技术资料的,承包人可以顺延工程日期,并有权要求赔偿停工、窝工等损失。"

《合同法》第284条规定:"因发包人的原因致使工程中途停建、缓建的,发包人应当采取措施弥补或者减少损失,赔偿承包人因此造成的停工、窝工、倒运、机械设备调迁、材料和构件积压等损失和实际费用。"

(2)原建设部、国家工商行政管理局《建设工程施工合同(示范文本)》

《建设工程施工合同(示范文本)》第26.4规定:"发包人不按合同约定支付工程款(进度款),双方又未达成延期付款协议,导致施工无法进行,承包人可停止施工,由发包人承担违约责任。"

2. 停工程序

(1)停工论证。施工企业决定停工的,必须有充分的法律或合同依据,无依据的停工将被建设单位或法院视为施工企业不再履行合同主要义务,建设单位因此可要求施工企业复工或要求解除合同并主张赔偿损失,因此,停工第一步即是施工企业内部对停工的依据进行充分的论证,在确有理由的情况下停工。

(2)停工通知。根据《合同法》第69条的规定,"当事人依照本法第68条的规定中止履行的,应当及时通知对方。对方提供适当担保时,应当恢复履行。中止履行后,对方在合理期限内未恢复履行能力并且未提供适当担保的,中止履行的一方可以解除合同。"

也就是如果是由于建设单位有:"(一)经营状况严重恶化;(二)转移财产、抽逃资金,以逃避债务;(三)丧失商业信誉;(四)有丧失或者可能丧失履行债务能力的其他情形"几种情形施工企业中止合同的履行即停工的，必要的条件是施工企业应及时地向建设单位发出停工通知，通知的发放在停工前或停工后视具体情形而定，但应及时。建设单位提供适当担保的，施工企业应恢复施工。

其他如建设单位未能按约足额付款、提供原材料、设备、场地、技术资料等情形停工的，双方合同对此有约定程序的，应按照双方合同约定的程序进行停工的操作（如深圳建设工程施工合同示范文本要求是发出付款通知），但停工的决定均应通知建设单位。

（3）损失申报。停工将产生停工损失，在将停工决定通知建设单位后，施工企业应对施工现场人员、设备等进行统计，着手编制停工损失书，详细计算停工造成的损失，并要求监理单位和建设单位盖章签字确认，建设单位或监理单位均不予确认的，可要求公证机关对施工现场（如留守工人数量、现场周转材料、已完工程量等）进行公证，保存证据。

（4）连续致函。停工延续较长时间的，应就停工的情况连续致函，以证明停工的延续状况。

（5）复工确认。停工结束复工的，就复工时间及停工损失所造成的损失要求建设单位及监理单位确认，以确定停工的期间及停工的损失。

3. 停工文书格式

（1）停工通知书。

停工通知书

（建设单位名称）：

因贵公司______（说明其违约情况或有合同法规定可停工情况），根据双方合同第____条（或某法第____条的规定），我公司决定于____年____月____日起暂停______（工程名称）的施工，因停工所产生的损失及后果由贵公司承担，请贵公司接获本通知后就停工后续问题与我司洽商。

抄送：（监理单位名称）：

（施工企业名称）：

日期：__________

签收单位（盖章）：__________

签收人：__________

签收时间：__________

（2）停工损失确认书。

停工损失确认书

（建设单位名称）：

根据我公司____年____月____日《停工通知书》，________（工程名称）已于____年____月____日停止施工，本次因贵方原因停工，根据双方合同第____条（或某法第____条的规定），贵方应对我方因停工造成的损失予以赔偿，经我方统计，本次停工所造成的损失如下，请予确认：

（列明停工损失各项目）

申报人：（施工企业名称）　　确认单位：（建设单位名称）

代表：__________　　代表：__________

时间：__________　　时间：__________

确认单位：（监理单位名称）

代表：__________

时间：__________

【例】 某建筑公司通过公开竞标，与甲方签订了位于上海某区某供销大楼的施工合同，建筑物为五层的框架结构。开竣工日期2002年7月12日～2003年6月11日。施工期间根据施工现场实际情况进行了基础围护施工，2003年6月工程施工封顶，因建设单位在使用用途上方案未确定，待修改设计方案，使工程缓建。建设方口头通知施工方停工，并要求施工单位不要撤离施工现场，随时可能开工。结果该工程停工6个月，停工工期180天。

分析：因发包人的原因致使工程中途停建、缓建，应由发包人向承包人补偿停工损失。

结果：经造价审计部门、建设方、施工方多次协商，根据市场实际行情，由甲方单位向施工单位赔偿停工期间的损失，停工工期费用包括脚手架费用、房租、水电费、人工补偿；其他费用如工地管理费、公司管理费、利息、利润等不再计取。上述费用得到建设单位、施工单位共同认可。

【解决纠纷的依据】

建设工程中途停工损失补偿办法

第一章　总　　则

第一条　为了规范建筑市场管理，维护工程发承包双方的合法权益，合理解决建设工程中途停工损失的补偿事宜，根据相关法律、法规、标准制定本办法。

第二条　本办法适用于因发包人的原因致使工程中途停建、缓建，应由发包人向承包人补偿的停工损失。因不可抗力或承包人责任导致中途停工损失应按其他法规另行处理。

第三条　中途停工后，发承包双方均有采取措施以减少或防止扩大损失的义务。

第二章　补偿原则

第四条　施工合同、补充合同和现场签证中如对停工日期、看护费用、周转材料和机械停滞已有约定时，应按照约定的原则作为计算补偿的依据。

第五条　事前没有约定补偿原则的，双方可另协商处理。协商不成的，可按本办法第三章、第九章的原则处理。

第三章　停工日期的确定

第六条　无停工协议和签证时，一般应按发承包双方的书面通知或书面报告中的时间确定：根据施工合同通用条款13.2条规定，发、承包人发出书面停工通知或报告后，对方应在14天内确认停工（复工）日期，逾期不确认也不提出修改者，视为同意该通知或报告中的停工（复工）日期。

第七条　现场监理工程师签认的实际停工日期与通知或报告日期不一致时，应该以现场监理工程师签认的日期为准。但累计日期有误者应予以纠正。

第八条　停工日期均以日历天计算。计算停工损失时，必须有对方收到该文件签收手续的证据。

第九条　根据双方确认的停工日期或根据第五、六条确认的停工日期，是计算工地看护费、周转材料和施工机械停滞补偿费的依据。

第四章　工地看护费用计算

第十条　为保护已完工程、现场停滞设备、半成品和材料不受损坏和丢失，承包人在现场派驻必需的看护人员，是承包人履行合同责任而采取的必要措施，该看护费应由发包方程承担。

第十一条　施工现场面积在5000m^2以内的设看护人员2人/每昼夜，超过5000m^2的设看护人员3人以上/每昼夜。

第十二条　每昼夜工资单价由双方协议确定，协商不成的可按40元/每昼夜，即40元/每日历天/人。

第五章　临时设施费的补偿

第十三条　合同承包价中的临时设施费是满足整个合同工期施工需要所支出的费用。如中途停工时，应视具体情况进行补偿。

第十四条　未竣工或中途停工的工程，双方拟解除合同办理结算临时设施补偿费可分别按以下的方法计算：

1. 按施工组织设计要求已经完成全部临时设施的工程，应按合同价中包括的全部临时设施费计算。

综合基价中的临时设施费=综合基价费用×0.8%

2. 未完成全部临时设施的工程，可按临建实际搭设面积占发包方批准的施工组织设计中的临建面积的比例分摊：

临时设施补偿费=合同价中的临时设施费×(临建实际搭设面积/发包方批准的施工组织设计中的临建面积)。

第十五条 工程已竣工结算时，实际工期(合同工期与停工工期之和)超出合同工期时，仍按合同价中的临时设施费用计算。

第六章 剩余材料(半成品)费用计算

第十六条 工程未竣工、双方拟解除合同时，承包人为该工程所备材料(半成品)现场剩余的部分可计算费用，由发包人负担。

第十七条 剩余材料(半成品)数量的确认：发承包双方(监理工程师亦可代表发包方，下同)应根据施工合同通用条款第28条约定的内容和范围，对承包人为该工程所备剩余的且不能转移至其他工地的材料预予以清点，及时编制有材料(半成品)品种、规格、数量等内容的剩余材料(半成品)清单，加盖单位公章并由经办人签字，作为计算剩余材料(半成品)费的依据。

第十八条 对于承包人能够尽力将该工程所备的剩余通用材料(半成品)，转移至其他工地的运杂费，应由发包人承担。

第十九条 材料价格(半成品)的确定，双方可协商定价。也可以当地造价管理部门在该工程施工期所发布的价格信息为准。剩余材料(半成品)费用=∑材料(半成品)数量×单价。

第七章 周转材料停滞补偿

第二十条 周转材料停滞补偿的范围：停工期间已支设的未浇混凝土的模板和未拆除的脚手架；为保证后续施工需要，发包方签证要求存放在现场的模板和脚手架。

停工后，发承包双方应及时清点上述周转材料的数量，组织编制有名称、规格、数量、新旧程度的周转材料停滞清单，加盖双方公章，并由经办人签字，作为计算周转材料停滞补偿费的依据。

第二十一条 模板可按以下方法计算补偿费：

钢模板一次摊销量=[一次使用量×(1+损耗量)]/周转次数。

木模板一次摊销量=[一次使用量×(1+损耗量)×K]

模板停滞摊销补偿费=一次摊销量×摊销次数×相应模板单价

注：损耗量、周转次数、损耗率、K 值详见附表1、2。

摊销次数=停工天数/28天。

第二十二条 脚手架可按以下方法计算补偿费：

一次摊销量=[一次使用量×(1-残值率)]÷(耐用周期/一次使用期)。

停滞摊销补偿费=一次摊销量×摊销次数×脚手单价。

注：残值率、耐用周期、一次使用期详见附表3、4。

摊销次数=停滞天数/一次使用期(该次数不应超过附表中的周转次数)。

第八章 施工机械停滞补偿

第二十三条 施工机械停滞补偿的范围，仅限于停工前后施工所需要的不能移动的尚未拆除的机械。停工后，发承包双方应及时清点未拆除的数量，对可以拆除的机械应及时拆除。尽快编制有施工机械名称、规格、数量、新旧程度的停滞机械清单，加盖双方公章，并由经办人签字，作为机械停滞补偿的依据。

第二十四条 施工机械停滞费按《河南省统一施工机械台班费用定额》相应机械台班停滞费乘以停工日期计算。

第二十五条 根据第二十四条计算方法所得出的任何一种机械的停滞费均不得高于该施工机械停滞前的尚存净值。

第九章 附 则

第二十六条 施工机械尚存净值可参照施工机械购置原值、使用年限和机械的新旧程度计算。

第二十七条 依据本办法计算的补偿费均应按工程所在地的税率计取税金。

第二十八条 本办法由河南省建筑工程标准定额站负责解释，各市在实行中遇到的问题及时反映，以便修正。

附表1 **组合式钢模板、复合木模板周转次数和施工损耗表**

序号	名称	周转次数	施工损耗(%)	备 注
1	钢模板	50	1	包括梁卡具，柱箍损耗为2%
2	零星卡具	20	2	包括U型卡具，L型插销，钩头螺栓，对拉螺栓，3型扣件
3	钢支撑系统	120	1	包括连接杆，钢管，扣件
4	复合木模板	5	5	
5	木支撑	10	5	包括琵琶撑，支撑，垫板，拉板

附表2 **木模板周转次数和施工损耗表**

序号	名称	周转次数	补损率(%)	系数 K	施工损耗率(%)
1	圆柱	3	15	0.2917	5
2	异形梁	5	15	0.2350	5
3	整体阳台，拦板，楼梯	4	15	0.2563	5
4	小型构件	3	15	0.2917	5
5	支撑材，垫板拉板	15	10	0.13	5

附表3 **脚手架耐用周期和残值表**

序号	名称	耐用周期/月	规格	残值(%)
1	钢管	180	直径48×3.5	10
2	扣件	120		5
3	底座	180		5
4	木脚手杆，板	42		10
5	竹脚手板	24		5
6	安全网及其他	1次		0

附表 4　　脚手架一次性使用期表

序号	名称	一次使用期	序号	名称	一次使用期
1	脚手架 15m 内	6 个月	6	脚手架 90m 内	25 个月
2	脚手架 24m 内	7 个月	7	脚手架 110m 内	32 个月
3	脚手架 30m 内	8 个月	8	满堂脚手架	25 天
4	脚手架 50m 内	12 个月	9	挑脚手架	10 天
5	脚手架 70m 内	20 个月	10	悬空脚手架	7.5 天

第四节　造价审核

一、工程审价

工程审价即预结算审查，是建设工程全过程造价控制中的最后阶段，亦称之为工程造价事后控制阶段。审价工作遇到的建设工程可谓各不相同，情况千变万化，这就需要审价人员不断地学习进取，努力提高审价工作水平，在审价工作中真正体现出公开、公平、公正的审价原则，为委托单位把好投资关。

(一)工程预算审查

工程预算是施工图设计完成后，依据设计图纸、现行预算定额(或工程量清单计价表)、费用定额和地区设备、材料、人工、施工机械台班等预算价格，结合市场材料价格及政策性调整文件进行编制的预算造价，是确定工程造价和工、料消耗的文件，是造价员考核工程投资经济合理的依据。

1. 工程预算审查准备

审核工程预算的准备工作与编制工程预算基本上一样，即对施工图预算进行清点、归类、整理，根据图纸说明准备有关图集和施工图册，熟悉并核对相关图纸，参加技术交底，熟悉施工组织设计，必要时到施工现场进行勘测。

(1)了解施工图预算所采用的定额。根据施工图预算编制说明，了解编制。本预算所采用的定额是否符合施工合同规定或工程性质。如果该工程预算没有填写编制说明，则应从预算内容中了解本预算所采用的定额。

(2)了解预算包括的内容范围。收到工程预算后，应该根据编制说明或内容，了解本预算所包括的范围。例如某些配套工程、室外管线、道路、技术交底等，是否包括在所编制的预算中。

因为这部分工程的施工图，有时出自不同的设计单位，或者不是随同主体工程设计一起送交施工企业或建设单位，可能单独编制工程预算；同时，有的设计变更，送至施工企业时，施工企业正好按原图已编制出预算，不愿再重编(计划以后再调整)，但在编制说明中又没有介绍清楚。

建设单位在接到这部分设计变更后，往往和原来的施工图装订在一起，因而，引起双方在计算范围上的不一致，造成不必要的误会，有类似情况时，最好写进编制说明，以便取得一致的计算依据。

(3)熟悉有关规定。预算审核人员应熟悉国家和地区制定的有关预算定额、工程量计算规则、材料信息价格以及各种费用提取标准的规定，既要审核重复列项或多算了的工程量，也应审核漏项或少算了工程量，还应注意工程量计算单位是否和预算定额一致。

2. 工程预算审查依据

工程预算审查工作要重视搜集完备的依据性文件审查人员必须向有关部门和人员搜集完备的编制预算的依据文件、材料包括：

(1)国家有关工程建设和造价管理的法律、法规和方针政策；

(2)建筑和结构专业提交的全套土建施工图；

(3)总图专业提交的土石方工程和道路、挡土墙、围墙等构筑物的平立剖面图；

(4)主管部门颁布的现行预算定额以及工程量清单计价规范；

(5)工程所在地区的综合预算定额、建筑材料预算价格、间接费用和计取费用的有关规定文件；

(6)施工组织设计或施工方案；

(7)预算工作手册或建材五金手册；

(8)当地工程建设造价信息或市场价格；

(9)建设场地中的自然条件和施工条件；

(10)工程所在地的类似工程预算文件及技术经济指标。

3. 工程预算审查工作重点

审查重点工程量计算、单价套用和间接费的计取是审查工作的重点，应认真对待，一丝不苟。

(1)工程量和单价的审查，审查时应注意：①编制预算时所使用的综合预算定额是否适用于本工程；②预算书中不得重列综合定额中已包含的工程量范围；③是否按定额规定的规则计算工程量；④防止出现张冠李戴，错套单价的现象。

各工程预算审查工作分部审核的重点不同，现按分部分述如下：

1)土石方分部应注意：本分部仅适用于土石方、满堂基础及基础定额中未综合的土石方项目。运土数量中，是否已扣除了回填土数量。如有地下室土石方工程时，在计算承台或混凝土基础时应扣减挖、填、运土的含量。计算挖土高度时，不得把底板(或承台)的底标高作为挖土高度，应扣除原泥皮线标高。地下室土方量要计入工作面的土方量。要辨明挖土的土壤类别，以防止套错单价。工程预算审查工作对高地下水位地区应注意增列地下水排水费用。

2)基础分部：打桩分部的定额仅适用于工业和民用建筑的陆上桩基工程，不适用打试桩及在室内或支架上打桩。审查时应注意有否忘列各类桩基所对应的机械进、退场费用及组装、拆卸费用。对于冲(钻)孔桩、灌注桩、人工挖孔桩等1m内的砍桩头费用，超过1m砍桩头及吊运机械费用，不得漏计。人工挖孔桩定额已包含扩孔5cm混凝土工程量，工程预算审查工作中不得重计，人工挖孔桩的弃土工程量不得漏列。

3)墙体分部：砖石墙定额仅适用于平墙，非平墙每$1m^3$应增加1.4工日。墙基与墙身的分界线划分应符合规定。内墙、外墙、框架间墙与非框架间墙应分别计算。墙体工程量不应包括门、窗洞口及$0.3m^3$以上的孔洞数量。计算墙身长度中，属于框架间墙应扣柱位。墙体高度计算，墙顶是梁应扣梁高，墙顶是板应扣板厚；设有构造柱的砖砌体应计算拉接筋的工程量，一层砌体檐高在3.6m以下者，均应扣除定额内的垂直运输机械费。墙体计算中不得把门连窗、异形门窗按矩形门窗扣除。

4)脚手架分部：审查时，工程预算审查工作中应注意满堂脚手架的计算有否漏计增加层；住宅底层层高低于2.2m的柴火间不能计算脚手架；六层以上或檐高达20m以上应计算高层建筑增加费；临街房屋应增加防护措施增加费；天棚高度超过3.6m时应计算满堂脚手架；有装饰墙面(天棚)之一为装饰、刷浆或勾缝时满堂脚手架应计算 50%；墙面和(天棚)均为勾缝或刷浆时应计算 20%的满堂脚手架。砖砌女儿墙高度超过 1.2m 者应计算双排脚手架。在高层建筑中，裙房和主楼由于标高不一，应分别套用相应脚手架定额。

5)柱、梁、板分部：本分部适用于按图示尺寸以立方米实体积计算梁、板、柱的工程量。审查钢筋混凝土圈梁、过梁与板，圈梁、过梁与有梁板、平板的界线要分清楚，钢筋混凝土挑檐反口高度(或者悬挂檐高度)在 1m 以上者应按相应钢筋混凝土墙计算，小于 1m 者，按钢筋混凝土檐沟计算。

有梁板计算中要注意梁高必须扣除板厚，主梁长应扣柱位，次梁长应扣主梁宽。

柱与板交接，当柱断面大于 0.3m^2 者，应扣板中柱位(柱头)体积。

钢筋混凝土阳台、雨篷的长、宽超过定额规定范围及宽雨篷或带反梁雨篷，不能按阳台、雨篷套价，应按有梁板计算，钢筋混凝土量也由投影面积改为立方米体积计算。

6)门、窗分部：门、窗工程量应与砖墙中所扣除的门、窗面积相符；不同种类的门、窗(如门连窗)应分别套价。审查门、窗数量时要注意门窗表中数量与各层平面图的门、窗数之和是否相符。门、窗数量计算还要注意配套玻璃种类、厚度是否与定额相同，否则必须换算。

7)楼地面分部：审查时，要注意各层地面面积总和应与相应建筑面积相符。地面是水磨石、防滑地砖面层时，施工组织技术经济分析中的计算面层工程量后还需另计水泥砂找平层工程量，整体面层设计图纸与定额规定含量不同时要按比例进行换算。块料面层设计所采用材料与定额不符时应进行换算。当设墙裙时，应在相应的地面项目中扣除所含踢脚线含量。

8)屋面分部：定额中屋面防水及檐沟防水已包括防水粉用量，如与定额不同时应予换算。定额中规定屋面隔热层垫砖高为 3 皮砖(12cm×12cm×18cm)，如设计不同时应予换算。

屋面找坡：用砂浆防水层，找坡套用细石混凝土找平层，不用砂浆防水层，找坡就直接套细石混凝土面层。

屋面面积之和应和一层相应建筑面积相符。

9)装修分部：审查时应注意勒脚装修有否漏计，檐口高度在 3.6m 以内的单层建筑外墙粉刷应扣卷扬机费；严格区分普通、中等、高级抹灰，按类套价；刷“106”(或水泥漆)等涂料时，应扣除室内抹灰定额内的石灰浆含量；外墙面喷塑应增列打底子项；主梁净高超过 50cm 或每个井面积在 5m^2 内的井字架梁天棚和梁净距在 0.7m 内的有梁板天棚，其抹灰工程量应乘 1.4 系数；块料面层按实铺面积计算。

10)构配件分部：应注意不得把阳台台板及墙合并套用栏杆单价，以引起造价增加。审查构配件项目时要注意不得漏计面层装饰工程量。

(2)各项费用审查：各项费用计取基数应按一般工程项目、打桩项目、装修项目分别计算。打桩：制作兼打桩按一般土建取费率的 80%计算间接费；单独打桩(不施工上部工程)按土建取费率的 40%计算间接费。无论是“单打”和“制打”都以桩的制作和打桩的直接费合计数为计费基数。打桩不计取塔吊费用。工程预算审查工作中对无定额可套而用市场造价套价的特殊材料项目不能计取间接费只能计取税金。

4. 工程预算的审核及编制方法

(1)工程预算的审核方法。审查工程预算的方法较多，主要有全面审查法、标准预算审查法、分组计算审查法、对比审查法、筛选审查法、重点审查法等几种，见表 4-14。由于工程规模、繁简程度不同，施工方法和施工企业情况不同，所编工程预算和质量也不同，因此我们应根据实际情况选用适当的审查方法进行审查。

表 4-14　　工程预算审核方法对比

序号	审查方法	具体做法	优缺点
1	全面审查法	按定额顺序或施工顺序，对各分项工程中的工程细目逐项全面详细审查	优点是全面、细致，审查质量高、效果好。缺点是工作量大，时间较长
2	标准预算审查法	对利用标准图纸或通用图纸施工的工程，先集中力量编制标准预算，以此为准来审查工程预算	优点是时间短、效果好、易定案。缺点是适用范围小
3	分组计算审查法	把预算中有关项目按类别划分若干组，利用同组中的一组数据审查分项工程量	审查速度快、工作量小
4	对比审查法	当工程条件相同时，用已完工程的预算或未完但已经过审查修正的工程预算对比审查拟建工程的同类工程预算	
5	筛选审查法	将分部分项工程加以汇集、优选，找出其单位建筑面积工程量、单价、用工的基本数值，归纳为工程量、价格、用工三个单方基本指标，并注明基本指标的适用范围。这些基本指标用来筛分各分部分项工程，对不符合条件的应进行详细审查	优点是简单易懂，便于掌握，审查速度快，便于发现问题。但问题出现的原因尚需继续审查
6	重点审查法	抓住工程预算中的重点进行审核。审查的重点一般是工程量大或者造价较高的各种工程、补充定额、计取的各项费用(计取基础、取费标准)等	突出重点、审查时间短、效果好

(2)工程预算的编制方法：工程预算按编制方法不同可分为工料单价法和综合单价法两种编制方法。

1)工料单价法。工料单价法是首先根据单位工程施工图计算出各分部分项工程的工程量，然后从预算定额中查出各分项工程相应的定额单价，并将各分项工程量与其相应的定额单价相乘，其乘积就是各分项工程的定额直接费；再累计各分项工程的定额直接费，即得出各单位工程的定额直接费；根据地区费用定额和各项取费标准，计算出间接费、利润、税金和其他费用等；最后汇总各项费用即得到单位工程预算造价。这种编制方法，既简化编制工作，又便于进行技术经济分析，但因为市场价格波动较大，应对价差进行调整。

2)综合单价法。综合单价法是指分项工程单价综合了直接工程费及以外的多项费用，按照单价综合的内容不同，又可分为全费用综合单价和清单综合单价。

①全费用综合单价中综合了分项工程人工费、材料费、机械费、管理费、利润、规费以及有关文件规定的调价、税金以及一定范围的风险等全部费用。以分项工程量乘以全费用单价的合价汇总后，再加上措施项目的完全价格，就生成单位工程造价。

②清单综合单价中综合了人工费、材料费、机械费、企业管理费、利润，并考虑了一定范围的风险费用，但未包括措施项目费、规费和税金，因此它是一种不完全单价。以各分部分项工程量乘以该综合单价的合价汇总后，再加上措施项目费、规费和税金后，就生成单位工程造价。其详细计算过程如下：它是首先根据单位工程施工图计算出各个分部分项工程的清单工程量和所包含子目工程量；然后对所包含子目进行组价(可以套定额)，进行人工、材料、机械调差、取费，形成子目综合单价，各子目组价项的工程量乘以其综合单价，得出综合合价，各子目综合合价之和成为清单综合合价，清单综合合价除以清单工程量得出清单项的综合单价。再分别将各分项工程

的清单工程量与其相应的综合单价相乘，其乘积就是各分项工程所需的全部费用；累计其乘积并加以汇总，就得出各单位工程全部的各分部分项工程费；再计算措施项目费、其他项目费；根据地区规定取费标准，计算规费和税金；最后汇总以上各项费用即得出该单位工程预算造价。

5. 做好复核工作

完成预算审查之后，为了检验审核成果的可行性，必须采用类比法。即利用工程所在地的类似工程的技术经济指标进行分析比较，进行可行性判断。如差距过大，应寻找原因，如设计错误，应予纠正。

预算审核是一项细致的技术经济工作，虽有技巧，但应在正确的工作方法和丰富的业务知识指导下，才能收到事半功倍的效果。

（二）工程结算审计

工程结算审计是指总包、监理、造价咨询单位及建设单位对各承包单位提交的工程结算资料所进行的审计活动。

1. 工程结算审计的内容

（1）审核竣工结算编制依据。编制依据主要包括：工程竣工报告、竣工图及竣工验收单；工程施工合同或施工协议书；施工图预算或招标投标工程的合同标价；设计交底及图纸会审记录资料；设计变更通知单及现场施工变更记录；经建设单位签证认可的施工技术组织措施；预算外各种施工签证或施工记录；合同中规定的定额，材料预算价格，构件、成品价格；国家或地区新颁发的有关规定。

审计时要审核编制依据是否符合国家有关规定，资料是否齐全，手续是否完备，对遗留问题处理是否合规定。

（2）审核工程量。

1）工程量是决定工程造价的主要因素，核定施工工程量是工程竣工结算审计的关键。审计的方法可以根据施工单位编制的竣工结算中的工程量计算表，对照图纸尺寸进行计算来审核，也可以依据图纸重新编制工程量计算表进行审计。审核重点如下：

一是要重点审核投资比例较大的分项工程，如基础工程、混凝土钢筋混凝土工程、钢结构等。

二是要重点审核容易混淆或出漏洞的项目。如土石方分部中的基础土方，清单计价中按基础详图的界面面积乘以对应长度计算，不考虑放坡、工作面。

三是要重点审核容易重复列项的项目。

四是重点审核容易重复计算的项目。对于无图纸的项目要深入现场核实，必要时可采用现场丈量实测的方法。

2）审核材料用量及价差。材料用量审核，主要是审核钢材、水泥等主要材料的消耗数量是否准确，列入直接费的材料是否符合预算价格。材料代用和变更是否有签证，材料总价是否符合价差的规定，数量、实际价格、差价计算是否准确，并应在审核工程项目材料用量的基础上，依据预算定额统一基价的取费价格，对照材料耗用时的实际市场价格，审核退补价差金额的真实性。

3）审查隐蔽验收记录。验收的主要内容是否符合设计及质量要求，其中设计要求中包含了工程造价的成分达到或符合设计要求，也就达到或符合设计要求的造价。因此，作好隐蔽工程验收记录是进行工程结算的前提。

4）审查工程定额的套用。主要审查工程所套用定额是否与工程应执行的定额标准相符，工程预算所列各分项工程预算定额与设计文件是否相符，工程名称、规格、计算单位是否一致。正确把握预算定额套用，避免高套、错套和提高工程项目定额直接费等问题。

5)审核工程类别。对施工单位的资质和工程类别进行审核,是保证工程取费合理的前提,确定工程类别,应按照国家规定的规范认真核对。

6)审查各项费用的计取。建筑安装工程取费标准,应按合同要求或项目建设期间与计价定额配套使用的建安工程费用定额及有关规定。在审查时,应审查各项费率、价格指数或换算系数是否正确,价差调整计算是否符合要求,并在核实费用计算程序时要注意以下几点:①各项费用计取基数,如安装工程间接费是以人工费为基数,这个人工费是定额人工费与人工费调整部分之和。②取费标准的确定与地区分类工程类别是否相符。③取费定额是否与采用的预算定额相配套。④按规定有些签证应放在独立费用中,是否放在定额直接出中取的费计算。⑤有无不该计取的费用。⑥结算中是否按照国家和地方有关调整结算文件规定计取费用。⑦费用计列是否有漏项。⑧材料正负差调整是否全面、准确。⑨施工企业资质等级取费项目有无挂靠高套现象。⑩有无随意调整人工费单价。

7)审查附属工程。在审核竣工结算时,对列入建安主体的水、电、暖与室外配套的附属工程,应分别审核,防止施工费用的混淆、重复计算。

8)防止各种计算误差。工程竣工结算是一项非常细致的工作,由于结算的子项目多,工作量大,内容繁杂,不可避免地存在着这样或那样的计算误差,但很多误差都是多算。因此,必须对结算中的每一项进行认真核算,防止因计算误差导致工程价款多计或少计。

(3)审核施工企业资质。严格审核施工企业的资质,对挂靠、无资质等级及无取费证书的施工企业,应降低综合单价或审计确定综合单价及造价。

(4)审核工程合同。工程合同审计是投资审计的一项重要内容,必须仔细查阅相关文件资料是否齐全、合法合规。

当双方对合同文件有异议时,国内合同按国内合同文件顺序解释,国际工程按照 FIDIC 合同文件顺序解释,特别是按 FIDIC 条款订合同,索赔费用应重点审计。

2. 工程结算审计的方法

审查结算方法有多种,在审计前,通过收集资料,经过论证,采取合理审查方法,可达到事半功倍的效果。具体可参考预算审核方法。

3. 工程结算审计的步骤

(1)做好审计前准备工作。①熟悉竣工图、施工图和各种合同文件;②了解审计范围和采用标准;③明确采用单价和调整原则。

(2)选择合适审计方法,按相应内容计算。由于工程规模不一,合同订立时间不一,施工企业不同,应对不同情况,采用不同审计方法进行审计。

(3)综合整理审计资料,并与业主和承包商交换意见,立案后编制竣工预算书。竣工结算审计,可以消除高估冒算,排除不正当提高工程预算造价现象,也有利于业主和承包商加强经费核算,提高经济效益,加强竣工结算审计,也是审计单位十分重要的工作之一。

4. 工程结算审计的质量控制

(1)工程结算审计质量的基本要求。工程结算审计质量是指工程结算审计工作的优劣程度。从广义角度看,它是指工程结算审计工作的总体质量,包括相应的管理工作质量和业务工作质量。从狭义角度讲,它是指工程结算审计业务工作的质量,包括审计准备、实施、报告等一系列过程的工作效果及达到审计目的的程度。本处的工程结算审计质量侧重于狭义理解,即工程结算审计业务工作质量。

工程结算审计质量的基本要求(或者衡量标准),概括地讲就是应当符合国家审计机关、内部审计机关的准则和规范。从工程结算审计业务工作过程来看，其基本要求具体包括审计方案、审计行为和审计报告三个方面。

第一，审计方案是否切实可行。审计方案是基于审计目标确定的关于审计实施的计划，包括审计的范围、内容、方法、步骤及最终要达到的目标。编制审计方案应当充分考虑重要性和谨慎性。审计方案是否切实可行，决定了审计项目能否高质量地完成，最终决定了审计目标能否实现。

第二，审计行为是否合法规范。工程结算审计人员实施审计时，必须按照准则的要求，深入地调查、规范地取证、严谨地判断，并认真编制工作底稿。

审计行为的合法性和规范性，直接影响着审计结果的有效性和审计质量高低。

第三，审计报告是否客观、完整、清晰、及时。工程结算审计报告，作为审计结果的主要表现形式，是否客观、完整、清晰、及时，将直接影响审计结果的利用效果和审计监督作用的发挥。

要保证工程结算审计质量，就需要实施工程结算审计质量控制，即通过一定的策略和措施，努力保证工程结算审计业务工作的质量符合其基本要求。

(2)工程结算审计质量控制的原则。实施工程结算审计质量控制，首先需要建立其原则，以便进一步顺利制定相应的工程结算审计质量控制措施，进而有效保证工程结算审计的质量。

工程结算审计质量控制的原则，概括地讲应当为实事求是的原则，具体可以包括：依法审计原则、全面审计原则、突出重点原则和成本效益原则。

1)依法审计原则。"依法审计"是包括工程结算审计业务工作在内的各项审计工作固有的基本原则，也是最高原则，同时也是保证审计质量的关键。

坚持"依法审计"，不仅要依法开展审计工作，而且要严格履行审计监督职责，充分揭露问题，还要实事求是地认定和处理问题。

2)全面审计原则。"全面审计"是审计工作必须长期坚持的指导方针，也是把握好工程结算审计业务工作全局、提高审计质量的根本要求。坚持"全面审计"原则，需要科学制定审计方案，从宏观上把握审计对象的总体情况和经济运行的内在规律，明确审计目标，确定审计重点；同时，加强综合分析，弄清来龙去脉、前因后果、危害影响，努力提高审计结果的质量和水平。

3)突出重点原则。"突出重点"原则是提高工程结算审计业务工作质量的关键。坚持"突出重点"原则，要求在把握全局的基础上抓得住要害，即抓住数额大、危害大、影响大的问题，查深查透，真正发挥审计监督的作用。

4)成本效益原则。"成本效益"原则是当前单位内部审计资源不足情况下提高工程结算审计质量的有效途径。坚持"成本效益"原则，要求在工程结算审计质量控制中，既要强化成本意识，降低费用；又要强化素质，讲求效率；还要搞好工作协调，合理配置。

(3)工程结算审计质量控制的措施。工程结算审计质量控制措施与工程结算审计质量控制原则既有联系，又有区别。控制原则是确保工程结算审计质量所要依据的总体标准。控制措施是依据控制原则，为了确保工程结算审计质量而采取的具体方法。

工程结算审计质量控制的措施必须适应经济发展要求，不断改进，不断开拓创新，必须贯穿于工程结算审计业务工作的全过程，包括审计准备、审计实施、审计报告等各个环节。

第一，应把好工程结算审计准备关，制定切实可行的审计实施方案。审计准备是对一个工程结算审计项目实施审计前所做的各项准备工作。准备工作是否充分，对工程结算审计实施能否顺利进行和保证工程结算审计质量，都有着重要的影响。把好工程结算审计准备关，需要重点抓好审前调查、审计方案编制环节。审前调查可以选择查阅资料、走访等多种方式，既要了解施工单位的性质、体制、规模等基本情况，又要收集与工程项目有关的法律、法规、规章和政策、会议记录等资料，还要了解工程项目有关的竣工图纸、工程变更联系单、承发包合同（承包方式、结算办法及施工期限等）、承包方提交的工程竣工决算书等。审计方案编制，必须以审前调查为基础，进一步明确编制依据、工程结算审计的目标、范围、内容、重点及必要的步骤等，同时，制定的审计方案应具有较强的可操作性。

第二，要把好工程结算审计实施关，善于严格收集和清晰完整记录审计证据。工程结算审计实施既是审计取证过程，又是审计工作底稿形成的过程，也是工程结算审计质量控制的关键过程。其控制措施是否有效，对于工程结算审计质量有着非常重要的作用。把好工程结算审计实施关，需要抓好审计取证和编制工作底稿两个环节。工程结算审计取证工作应做到善于严格收集有关证据，具体包括：一是要重视所收集的证据必须具备客观性、相关性、充分性和合法性；二是在核实工程数量、鉴别定额项目选择是否准确、检查价格取定是否合规真实、认定取费基数和费率是否恰当等具体业务工作中，要规范运用检查法、观察法、计算法等方法收集审计证据；三是要注意收集包括书面证据、实物证据、电子数据资料等多种形式的审计证据。编制工程结算审计工作底稿，应当清晰完整地记录对审计结论有重要影响的审计事项，即既要遵循真实性、完整性原则，又要保证与审计证据的对应关系，还要明确反映工程结算审计项目相关的项目名称、审计事项、审计结论、索引号、附件等信息。

第三，还要把好工程结算审计报告关，正确表达审计意见。工程结算审计报告阶段是审计人员基于审计实施阶段的工作成果，对工程结算项目的适当性、合法性和有效性形成正式评价的一个过程，也是形成书面形式审计报告的过程。其控制措施将直接影响工程结算审计结果的正确反映和有效利用。把好工程结算审计报告关，从报告编制过程讲，应注意控制所引用的有关资料是否可靠适当、所做的判断是否有理有据、最终的结论是否恰当；从报告本身讲，应当客观、完整、清晰、及时，并体现重要性原则。具体包括：实事求是地反映审计事项，按照规范的格式及完整的内容进行编制，突出重点，简明扼要，易于理解，及时编制等。

5. 工程结算审计过程中发现的问题及成因

（1）审计过程中发现的问题。在审计中发现，有的施工企业利用建设单位对建设工程结算的知识了解较少，不能对建设工程结算进行有效的监督的情况，采用多计工程量、高套定额、重复计算工程量等手段，高估工程造价。审计工程结算面临的问题有：

1）承包工程合同签订不规范，工程结算计价难以确定。在审计过程中发现建设、施工双方承包工程合同签订不规范。在签订合同时，签订与招投标文件相违背的合同或者未按投标文件的内容逐一填写，尤其是建筑规模和中标价，存在少填或者不填的现象，给工程计价取费留下活口，目的是为了竣工后高报工程结算价格打下伏笔，使原本十分严谨的合同失去约束性。建设单位因此失去了对施工单位工程报价的有效监督，容易造成决算价格偏高，同时，给工程结算造价审核带来难度。

2）建设单位不正常的举动，增加了审计难度。审计的根本目的是为了给建设单位节省资金，降低基建成本，提高投资效益，但基建结算审计并不受所有建设单位的欢迎，因为有些建设单位的基建管理人员在工程项目实施过程中与施工单位逐渐产生经济瓜葛，因而这些人思想上有顾虑，认为基建审计核减额越大，说明自己工作中存在的问题越多，甚至出现施工单位都予以认可的核减，而建设单位反而不认可的咄咄怪事。此外，建设单位打着“降低工程成本，节约建设资金”的旗号，肢解工程项目，将一个本应完整的单项工程肢解成若干项发包给多个施工单位，除了要支付总承包单位服务费、增加工程成本外，有的还指定基建材料，指定材料供应商，甚至干脆代施工单位采购建筑材料等。所有这些建设单位不正常的举动，都增加了工程造价的审计难度。

3）材料成本难以确定。现阶段建筑材料市场不规范，价格混乱。材料材质相同，价格不同；

产地不同,价格不同;渠道不同,价格不同。市场价格差异悬殊,在审计过程中材料实际价格无法核实,成本难以测定。即使是审核其原始购货发票,也由于外部建筑材料市场的混乱使得真伪难辨,况且回扣与折扣普遍,更增加了审计难度。

4)监理单位没有尽职造成工程结算审核难以深入。限于目前审计机关的技术力量和装备水平,实施工程结算审计难以做到全过程跟踪审计,更无法采取技术扫描和钻芯取样等先进检测手段,因而审计所依赖的工程实施过程抽样检测资料,只能以监理部门提供的监理日志为主要参考依据。但工程结算审计发现,监理单位提供的监理并不能客观反映工程实施过程的真实情况,或填写不规范,或当时编造虚假记录,或事后补做虚假记录,或找不具监理资质的人员编制日志等,所有这些,说明工程监理单位没有按规定进行监理验收,监理存在“走过场”的现象。

(2)问题的成因。

1)建设单位领导及有关管理人员对《中华人民共和国招标投标法》、《中华人民共和国合同法》等有关工程建设的法律法规学习不够、认识不深,不能完全按照相关法律、法规规定进行工程招投标活动并规范合同行为,甚至受个人利益驱使,致使建设单位的招投标工作暗箱操作,利用合法的形式掩盖非法的行为,其工程技术人员或监理人员对工程计价的相关知识学习、理解不够,与传统计价概念相混淆,不能完全按照国家规范有关规定处理相关事宜。

2)很多施工企业的工程造价编制人员,在编制工程项目决算时为了省时间图省事,往往不对竣工工程进行实地现场勘察,甚至在对工程图纸及相关变更材料均不熟悉的情况下就草率编制,导致已变更取消的工程项目在工程决算中仍然出现高结冒算的情况,有的则有意增大工程造价,以提升其劳务费的“含金量”,进而造成工程造价增大。

3)施工单位施工过程中对技术资料未能完整归档或有意不建档,造成建设单位在工程竣工后无法建立完整的工程资料并按要求报送工程结算所需材料,从而使审计工作周期过长、风险加大。

4)建设单位缺乏工程技术专管人员和工程技术专业知识,或工程技术人员职业道德水准不高,造成工程项目施工中不合规的变更签证增多,从而使得工程造价随意增大。

6. 工程结算审计的风险与防范

(1)工程结算审计中的风险及其成因。工程结算审计风险由固有风险、审计控制风险和审计检查风险三部分构成,而且各有其特点和成因。

1)固有风险。即审计项目自身固有的,独立地存在于审计过程以外的,与内审人员无关的风险,如因工程的结构与设计、施工技术与时间、预决算的准确性等,给工程造价带来影响的可能性。这种风险的大小,凭内审人员的审核是无法控制的。它主要取决于两个方面:一是建设、施工单位所处的客观条件;二是被审计单位工程造价预算编制人员出现差错的程度。例如,工程结构的繁简决定用料的多少和施工的期限,进而影响工程的造价;概预算编制人员的业务水平和工作态度同样影响着工程造价等。

2)审计控制风险。即被审计项目所涉及的建设、施工、采购、监理等单位,对工程实施内部控制宽严程度而对工程造价的高低所产生影响的可能性。

这种风险与内审人员的工作也无直接的关系,但对审计的结果却有着直接的影响。它主要取决于上述单位即部门在工程实施过程中有无健全的内部控制、监督制度及执行情况。如建设单位及主管部门是否派专业技术人员对工程项目实施有效的监督,监理人员是否严格落实监理责任,采购部门采购程序的执行和采购价格的确定方法等。项目单位即部门内部控制越严格,审计控制风险就越小,反之则越大。

3)审计检查风险。即内审人员在对工程进行实质性测试中,因自身因素影响工程造价的可能性。这种风险与内审人员、审计工作有着密切的联系。它主要取决于内审人员的职业道德和业务水平、审计重点的确定、审计方法和技术手段的运用、审计成本的投入等因素。

(2)工程结算审计风险的防范。

1)分清工程属性,确定审计方向,是防范审计风险的关键。由于工程业务的广泛性,从土建、装潢、暖通、水电,到市政、修缮、园林等一应俱全,且各专业间的交叉是不可避免的。因此在接到审计项目时,内审人员应首先确定项目的类型和所属工程范围,然后再套用相应的定额和取费标准(同时应审查施工单位的资质,是否具有相应的取费证书等)加以审核,避免所套用的定额及相应的取费标准与项目工程"风马牛不相及"所带来的审计风险。如对某实验楼二次装修工程审计时,对装潢部分审计时应以装潢定额为主套用定额,取费按相应的标准执行。而在旧基层上修凿、拆除、清理等工作,应套用房修订额及其取费标准。审计中如若按一种定额和取费标准加以套用,就会增加审计的风险。

完善内部控制制度,规范审计是防范审计风险的制度保证。审计风险就其形成的原因是多方面的,既有审计项目本身技术复杂的因素,又有涉审组织和人员的利益关系与冲突对审计行为的影响,同时也有审计人员判断能力的限制,防范风险的重要途径就是审计组织本身必须有健全、完善的控制制度和审计工作规范,为此,国家制定了较为完善的审计工作准则,审计部门在贯彻执行国家审计准则的同时,必须在其内部建立健全内部控制制度,要制定完善的风险控制制度,严格审计道德标准、审计工作规范和业务质量标准,以规范审计行为,为防范风险提供制度保证。在审核过程中实行分级审核制度,主审、初审、复审相互制约,及时发现和纠正错误,杜绝风险的形成。

2)提高内审人员的判断和分析能力,是防范审计风险的主要途径。工程结算审计大多是事后审计,它依赖于建设单位及部门所提供的原始资料,包括图纸、变更、签证,隐蔽工程验收等现场一手资料。这些资料的真实、完整、合法与否直接影响到审计结果的准确性。许多造价审计风险就是由审计资料的不实、不真、不准造成的。为此,内审人员要把对资料真实性、合法性的审核作为核心问题来对待,不断总结经验,提高判断和分析问题的能力。在审计过程中,应首先审查工程资料的真实性,对所有隐蔽签证资料进行对比,并加以分析。

3)提高审计技术运用水平,是防范审计风险的技术保证。目前,许多项目都运用计算机进行预算的编制、数据的管理与计算等,而我们的审计仍然处于手记笔抄的落后阶段。审计技术相对落后,加上受到审计成本(包括投入的审计力量、时间、费用等)的制约,手工操作存在着检查的内容不全面、检查不彻底、计算结果不精确、信息提供不及时等缺陷,这些随时隐藏着审计风险。因此,防范审计风险必须把提高审计技术水平摆上应有的位置。

4)加强协调、分散风险是防范风险的又一途径。如对在审计过程中碰到的一些棘手问题可会同建设主管单位和部门、施工单位进行三方会审,并作出会审纪要,由三方代表签字认可,内审人员按会议纪要执行。如久拖未结、基础加深而隐蔽资料不全或相矛盾时可采用此方法,这样可以在出现纠纷时转嫁或分散部分风险,减轻内审部门的压力。

(三)提高工程审价质量的几个环节

1. 认真阅读施工合同文件,正确把握合同条款约定

熟悉国家有关的法律、法规,认真阅读施工合同文件,仔细理解施工合同条款的确切含义,是提高工程审价质量的一个重要步骤。凡施工合同条款中对工程结算方法有约定的,且此约定不违反国家的法律、法规的,那就应按合同约定的方式进行工程结算。凡施工合同条款中没有约定工程结算方法,事后又没有补充协议或虽有约定,但约定不明确的,则应按住房和城乡建设部的有关规定进行结算。

【例】　某医院病房大楼装修改造工程，其施工合同中的开办费条款包含了拆除工程的费用，而施工单位在工程结算书中，不但列出了开办费中的拆除费用，而且根据签证的工程量套用定额计算了拆除费用。审价人员在向建设方了解到签证中的拆除内容与施工合同中开办费条款中拆除工程费用属同一内容后，指出了施工单位在结算书中出现了重复计取拆除工程费用的情况，并在结算审核时对重复部分进行了扣除，施工单位对重复计算的事实最终表示了认可。由此看到，在订立合同时，涉及开办费的，应当尽量列明开办费的具体项目和工作内容，这样可以避免施工过程中涉及开办费内容的重复签证，杜绝重复计取费用之类事情的发生。

施工合同是由建设方、施工方共同签订的，双方的权利、义务均以合同约定为准。若有争议，当以合同为解决争议的依据。因此，审价人员一定要认真阅读施工合同文件，这样才能在审价工作中善于发现上述案例中的问题，并采取有效的方法予以解决。

2. 认真审核材料价格，做好询价调研工作

认真审核材料价格，搞好市场调研，亦是提高审价质量的一个重要环节。过去多数施工合同对材料价格的约定是：材料价格有指导价的按指导价，没指导价的按信息价，没信息价的按市场价。此时，审价工作的一个工作重心就是材料市场价的调研。首先应由施工单位提供建设方认可品牌的材料发票，亦可由施工单位提供材料供应商的报价单和材料采购合同，然后根据这些资料有的放矢地进行市场调研，则可提高询价工作效率。但审价人员应该清楚地知道，材料供应商的报价和材料采购合同价与实际采购价会存在一定的差距。在审价实际工作中，应当找出“差距”，按实计算。

【例】　某商城装修改造工程的竣工结算审价工作就遇到过类似的情况。当时审价人员让施工单位提供无框玻璃门的拉手、地弹簧、上下帮条、地锁等材料发票，施工单位因没支付材料款，无法提供发票。在这种情况下，审价人员要求施工单位提供材料采购合同。结果从其提供的材料采购合同的材料价格中看出，施工单位上报的结算价高出了材料采购合同价的 20%。随后，审价人员又根据该材料采购合同中约定的品牌和规格，进行了更为深入的市场调研，摸清了施工单位上报的结算价与其所购材料市场价存在着 35%的差距。审价人员在结算审核时对这些材料价格一一作了调整，仅这一项，就为建设方节约了近十万元人民币。由此可见，审价人员只有在市场调研的基础上，才能正确界定材料供应商让利的情况，做好工程审价中的材料核价工作。

这里需特别提出，审价人员对施工单位提供的材料发票，要仔细辨认，分清真伪。因为目前存在个别承包商为获取非法利润，通过开假发票冒高材料价格的案例。这也是审价人员在审价工作中需要特别重视的地方。

案例证明，不论施工单位提供的是材料采购合同，还是材料发票，都需要审价人员认真审核，做好市场调研工作。这些工作做得如何，都将直接影响到工程审价质量的优劣。

3. 认真踏勘施工现场，及时掌握第一手资料

在施工阶段踏勘现场，及时掌握第一手资料，有利于提高工程审价质量。

随着科技发展的日新月异，目前在工程审价中常常会遇到新的施工工艺和新材料，没有现成可以套用的定额子目，需要审价人员自己测算人工、材料、机械的用量。收集这些新的施工工艺和新材料的基础资料，是做好审价工作的前提条件。

【例】　一别墅工程设计中斜屋面防水采用了一种新的材料，审价人员在施工过程中向工程监理人员了解了斜屋面防水层的实际施工铺贴方法，在审价工作中依据已了解的第一手资料，指出施工单位上报的斜屋面防水层的铺贴搭接尺寸横向与竖向搭头均比实际施工铺贴搭接尺寸高出一倍。通过调整，仅这一项，就为业主避免了 20 多万元的经济损失。

【例】 某宾馆的装修改造工程的审价工作，市价人员查看和清点了灯具、风口等暴露在外的材料后，又查看了安装在吊顶里面的材料。这时，审价人员发现风管的保温材料是离心玻璃棉板，而不是施工单位结算书上所报的橡塑保温板。当即指出施工单位错报了保温材料的材质。这两种材料每立方米要相差上千元人民币。经过调整，扣减了施工单位数万元人民币的保温材料费。

上述案例可以证实，审价人员是否认真踏勘现场，审价的结果往往是大不一样的，特别是装修改造工程的安装工程一般没有图纸，如不踏勘现场，仅凭施工单位上报结算书上的材料来核实材料价格的话，就有可能发生所报结算书上材料与实际施工中所用材料有出入，造成建设单位多付工程款的情况发生。

【解决纠纷的依据】

关于下发《工程造价咨询业务操作指导规程》的通知

中价协[2002]第016号

各省、自治区、直辖市建设工程造价管理协会，国务院有关部门专业委员会：

为了提高工程造价咨询单位的业务管理水平，规范工程造价咨询业务操作程序，明确咨询业务操作人员的工作职责，保证咨询业务的质量和效果，中国建设工程造价管理协会组织有关专业人员编制了《工程造价咨询业务操作指导》规程，现印发给你们。请转发所属各工程造价咨询单位结合实际情况参照使用。

附件：《工程造价咨询业务操作指导规程》

二〇〇二年六月十八日

工程造价咨询业务操作指导规程

一、总则

1.1 目的

为了提高工程造价咨询单位（下称“咨询单位”）的业务管理水平，规范工程造价咨询业务（下称“咨询业务”）操作程序，明确咨询业务操作人员的工作职责，保证咨询业务质量和效果，特制定本操作指导规程。

1.2 咨询业务范围

咨询业务是指咨询单位向委托人提供的专业咨询服务，主要包括建设项目投资策划、编制项目建议书与可行性研究报告、建设项目投资估算及建设项目财务评价；编制或审核工程概算、预算、竣工结（决）算、项目后评估；项目工程中招投标策划，编制或审核工程招标文件、招标标底、投标报价、施工合同；建设项目各阶段工程造价的确定、控制及合同管理（含工程索赔的管理）、工程造价的鉴证、工程造价的信息咨询及其他相关的咨询服务。

1.3 适用对象

取得工程造价咨询资质、接受社会委托从事咨询业务的咨询单位。

二、一般原则和程序

2.1 一般原则

咨询业务的操作规程必须符合现行的法律、法规、规章、规范性文件及行业规定要求和相应的标准、规范、技术文件要求，体现公正、公平、公开执业原则，诚实信用，讲求信誉。

2.2 一般程序

咨询业务操作可由业务准备、业务实施及业务终结三个阶段组成。操作的一般程序如下：

1. 为取得咨询项目开展的各项工作，包括获取业务信息，接受委托人的邀请，提供咨询服务书等；

2. 签订咨询合同，明确咨询标的、目的及相关事项；

3. 接受并收集咨询服务所需的资料、踏勘现场、了解情况；

4. 制定咨询实施方案；

5. 根据咨询实施方案开展工程造价的各项计量、确定、控制和其他工作；

6. 形成咨询初步成果并征询有关各方的意见；

7. 召开咨询成果的审定会议或签批确定咨询成果资料；

8. 咨询成果交付与资料交接；

9. 咨询资料的整理归档；

10. 咨询服务回访与总结；

11. 咨询成果的信息化处理。

三、操作人员配置

3.1　咨询单位技术总负责人

咨询单位应设立独立的技术管理部门和技术总负责人，负责对咨询业务专业人员的岗位职责、业务质量的控制程序、方法、手段等进行管理。

技术总负责人的职责如下：

(1)审阅重要咨询成果文件，审定咨询条件、咨询原则及重要技术问题；

(2)协调处理咨询业务各层次专业人员之间的工作关系；

(3)负责处理审核人、校核人、编制人员之间的技术分歧意见，对审定的咨询成果质量负责。

3.2　咨询业务专业人员

参与咨询业务的专业人员可分为项目负责人(造价工程师担任)、专业造价工程师、概预算人员三个层次(对于较为简单的咨询业务，操作人员配置可适当从简)，各自的职责如下：

1. 项目负责人。

(1)负责咨询业务中各子项、各专业间的技术协调、组织管理、质量管理工作。

(2)根据咨询实施方案，有权对各专业交底工作进行调整或修改，并负责统一咨询业务的技术条件，统一技术经济分析原则。

(3)动态掌握咨询业务实施状况，负责审查及确定各专业界面，协调各子项、各专业进度及技术关系，研究解决存在的问题。

(4)综合编写咨询成果文件的总说明、总目录，审核相关成果文件最终稿，并按规定签发最终成果文件和相关成果文件。

2. 专业造价工程师。

(1)负责本专业的咨询业务实施和质量管理工作，指导和协调概预算人员的工作。

(2)在项目负责人的领导下，组织本专业概预算人员拟定咨询实施方案，核查资料使用、咨询原则、计价依据、计算公式、软件使用等是否正确。

(3)动态掌握本专业咨询业务实施状况，协调并研究解决存在的问题。

(4)组织编制本专业的咨询成果文件，编写本专业的咨询说明和目录，检查咨询成果是否符合规定，负责审核和签发本专业的成果文件。

3. 概预算人员。

(1)依据咨询业务要求，执行作业计划，遵守有关业务的标准与原则，对所承担的咨询业务质量和进度负责。

(2)根据咨询实施方案要求，展开本职咨询工作，选用正确的咨询数据、计算方法、计算公式、计算程序，做到内容完整、计算准确、结果真实可靠。

(3)对实施的各项工作进行认真自校,做好咨询质量的自主控制。咨询成果经校审后,负责按校审意见修改。

(4)完成的咨询成果符合规定要求,内容表述清晰规范。

3.3 咨询成果文件的质量控制程序

为保证咨询成果文件的质量,所有咨询成果文件在签发前应经过审核程序,成果文件涉及计量或计算工作的,还应在审核前实施校核程序。校核人员和审核人员的职责如下:

1. 校核人员。

(1)熟悉咨询业务的基础资料和咨询原则,对咨询成果进行全面校核,对所校核的咨询内容的质量负责。

(2)校核咨询使用的各种资料和咨询依据是否正确合理,引用的技术经济参数及计价方式是否正确。

(3)校核咨询业务中的数据引用、计算公式、计算数量、软件使用是否符合规定的咨询原则和有关规定,计算数字是否正确无误,咨询成果文件的内容与深度是否符合规定,能否满足使用要求,各分项内容是否一致,是否完整,有无漏项。

(4)校核人员在校审记录上列述校核出的问题,交咨询成果原编制人员修改,修改后进行复核,复核后方能签署并提交审核。

2. 审核人员。

(1)审核人员参与咨询业务准备阶段的工作,协调制定咨询实施方案,审核咨询条件和成果文件,对所审核的咨询内容的质量负责。

(2)审核咨询原则、依据、方法是否符合咨询合同的要求与有关规定,基础数据、重要计算公式和计算方法以及软件使用是否正确,检验关键性计算结果。

(3)重点审核咨询成果的内容是否齐全、有无漏项,采用的技术经济参数与标准是否恰当,计算与编制的原则、方法是否正确合理,各专业的技术经济标准是否一致,咨询成果说明是否规范,论述是否通顺,内容是否完整正确,检查关键数据及相互关系。

(4)审核人员在校审记录单上列述审核出的问题,交咨询成果原编制人员进行修改,修改后进行复核,复核后方可签署。

3. 每份咨询成果文件的编制、校核、审核人员须由不同人员担任。

3.4 咨询成果文件的签发

凡依据咨询合同要求提交的咨询成果文件须由规定的造价工程师签发。

四、准备阶段

4.1 签订咨询合同

签订统一格式的咨询合同,明确合同标的、服务内容、范围、期限、方式、目标要求、资料提供、协作事项、收费标准、违约责任等。

4.2 制定咨询实施方案

由项目负责人主持编制的咨询实施方案一般包括如下内容:咨询业务概况、咨询业务要求、咨询依据、咨询原则、咨询标准、咨询方式、咨询成果、综合咨询计划、专业分工、咨询质量目标及操作人员配置等。

该咨询实施方案经技术总负责人审定批准后实施。

4.3 配置咨询业务操作人员

咨询单位应为咨询业务配置相应的操作人员,包括项目负责人、相应的各专业造价工程师及概预算人员。

4.4　咨询资料的收集整理

1. 咨询单位根据合同明确的标的内容，开列由委托人提供的资料清单。提供的资料应符合下述要求：

(1)资料的真实性，委托人对所提供资料的真实性、可靠性负责。

(2)资料的充分性，委托人按咨询单位要求提供的项目资料应满足造价咨询计量、确定、控制的需要，资料要完整和充分。

(3)委托人提供的资料凡从第三方获得的，必须经委托人确认其真实可靠。

2. 咨询业务操作人员在项目负责人的安排下，收集、整理开展咨询工作所必需的其他资料。

五、实施阶段

实施阶段包括项目前期及可行性研究阶段、设计阶段、招标阶段、施工阶段、竣工结(决)算及项目后评估阶段等五个阶段以及其他相关咨询业务。咨询单位接受委托人的委托，可从事建设项目全过程或某阶段的咨询业务。

5.1　项目前期及可行性研究阶段工作规程

1. 项目前期及可行性研究阶段的主要工作。

建设项目投资策划、编制可行性研究报告(拟建设项目投资估算及建设项目财务评价)。目的是对拟建项目的必要性和可行性进行技术经济论证，对不同建设方案进行技术经济比选及作出判断和决定。

2. 收集和熟悉有关咨询依据。

(1)国民经济发展的长远规划，国家经济建设的方针政策、任务和技术经济政策。

(2)项目建议书和咨询合同委托的要求。

(3)有关的基础数据资料，包括同类项目的技术经济参数、指标等。

(4)有关工程技术经济方面的规范、标准、定额等，以及国家正式颁布的技术法规和技术标准。

(5)国家或有关部门颁布的有关项目前期评价的基本参数和指标。

3. 咨询成果文件的校审。

(1)确保咨询成果文件的真实性和科学性。咨询单位在具备充分咨询依据的基础上，按客观情况实事求是地进行技术经济论证，技术方案比选，确保项目前期咨询及可行性研究的严肃性、客观性、真实性、科学性和可行性。

(2)项目前期及可行性研究内容应符合并达到国家及相关政府主管部门的现行规定与要求，项目齐全、指标正确、计算可行。工程效益(经济效益、社会效应、环境效益)分析方法正确，符合实际，结论可靠。

校审后的咨询成果文件由技术总负责人或项目负责人签发，并对其质量负责。

4. 准确确定项目造价控制目标值。

随着项目建议书、初步可行性研究、可行性研究的不断深入，咨询单位所编制的投资估算应根据各阶段特点不断深化，并形成项目造价控制的目标值。

5.2　项目设计阶段工作规程

1. 项目设计阶段的主要工作。

设计方案的技术经济比选、价值工程分析、设计概算的编制或审查、施工图预算的编制或审查、项目资金使用初步计划的编制。目的是通过工程设计与工程造价关系的研究分析和比选，确保设计产品技术先进，经济合理。

2. 收集和熟悉有关咨询依据。

(1)各设计阶段设计成果文件及相关限制条件,包括项目可行性研究批文、建设项目设计所采用的技术与工艺流程、建筑与结构形式、技术要求、建筑材料的选用标准及项目所涉及的规划配套等限制条件。

(2)编制或审核概算、预算所需的相关基础资料,包括参考选用的定额、市场造价数据、相似项目技术经济指标。

(3)与项目有关的其他技术经济资料。

3. 咨询成果文件的校审。

(1)对不同建设方案应进行充分的技术经济比选与优化论证,具有准确的分析与评价资料,确保所推荐的方案经济合理、切实可行。

(2)工程概算与预算编制的工程数量应基本准确、无漏项;概算与预算深度应符合现行编制规定,采用定额及取费标准正确,选用的价格信息符合市场状况,计算无错误,经济指标分析合理,计价正确。

(3)概算与预算的咨询成果文件内容与组成完整,应包括编制说明、总概(预)算书、综合概(预)算书、单位工程概(预)算书及相关技术经济指标和主要建筑材料与设备表;依据齐备,附表齐全,深度符合规定要求。

校审后的咨询成果文件由规定的造价工程师签发,并对其质量负责。

4. 咨询成果文件的各项计算书不对外印发,经校审签署后整理齐全保存备查。

5.3 项目招标阶段的主要工作

1. 项目招标阶段的主要工作。

策划建设项目招标方式、编制招标文件(含评标方法及标准、实物工程量清单)、编制标底、提供评标用表格和其他资料、起草评标报告、起草合同文本并参与谈判与签订。其目的是依据合适的建设工程招标程序,通过施工合同来确定工程的施工合同价。

2. 收集和熟悉有关咨询依据。

(1)有关建设工程招投标的法律、规定、程序、要求等内容。

(2)项目的实施要求,包括工程拟招标的方式、范围。

(3)编制招标阶段咨询文件所需的基础资料与相关的设计成果文件(包括满足招标需要的图纸及技术资料),建设项目特殊条件等。

(4)与建设项目招标工作相关的其他资料。

3. 咨询成果文件的校审。

(1)确保整个招标阶段的咨询服务工作应在独立、公平、公正、科学、诚信的状态下开展。

(2)建设项目招标方式、招标文件及施工合同应符合国家相关法规要求并满足项目本身的特殊条件,确保拟采用的招标方式切实可行并能达到预期目标。

(3)工程招标文件和施工合同文件的格式和种类应符合项目要求,内容构成齐全,所涉及的计价依据完备,工程价款的计量、计价及支付方式等清晰合理。

(4)招标文件含工程量清单的,应有对应的工程量计算规则,清单分类合理,报价基础上内容清晰明了、计量正确,清单表式齐备,深度符合有关规定。

(5)建设工程招标标底应在概算或施工图预算的基础上编制,内容应与招标范围相一致,计价应考虑到项目的特殊条件及市场竞争状态。内容一般应包括编制说明、工程量计算、市场单价、合价及其他相关的施工费用。标底应依法保密。校审后的咨询成果文件由项目负责人签发,并对其质量负责。

4. 所有涉及工程量清单或标底的计算书不对外印发,经过校审签署后整理齐全保存备查。

5. 咨询单位应对合同图纸登记编录，并由专人负责保管，作为今后施工阶段设计变更时调整工程造价的依据。

5.4　项目施工阶段的主要工作

1. 项目施工阶段的主要工作。

工程款使用计划的编制与工程合同管理、工程进度款的审核与确定、工程变更价款的审核与确定、工程索赔费用的审核与确定。其目的是以工程合同为依据，达到全过程确定与控制工程造价的目标。

2. 收集和熟悉相关咨询依据。

(1)施工合同，特别是工程造价的计价模式、工程进度款的结算与支付方式等内容。

(2)编制施工阶段咨询文件所需的基础资料，包括设计图纸与技术资料，合同计价的相关定额、标准等。

(3)与建设单位、设计单位、监理单位、施工单位等沟通协调，并确定作为工程结算计价依据的相关设计变更、现场签证等的程序与职责。

3. 咨询成果文件的校审。

(1)工程款使用计划应在合理的施工组织设计及工程合同价款的基础上编制，编制内容应与工程合同确定的工程款支付方式相一致，在设计或施工进度变化较大的情况下应按需进行动态调整。

(2)工程进度款的审核与确定报告应符合施工合同相关支付条款的要求，所套用的计价基础上应正确，工程量的核定应与施工进度状况相一致，中期付款报告的签发程序及时间应符合施工合同要求。

(3)工程变更与工程现场签证审核的依据应充分，设计变更手续、签证程序应齐全，内容与实际情况应相符，所选用的计价方式应合理并符合施工合同规定，工程变更的数量(包括核增与核减)应考虑全面。工程设计变更及现场签证价格的审核与确定应由相关的专业造价工程师签发，工程款使用计划书、工程进度款审核报告(或付款证书)应由项目负责人签发。

4. 所有涉及工程量计算及计价的计算书不对外印发，经过校审签署后整理齐全保存备查。

5.5　项目竣工结(决)算及项目后评估阶段工作规程

1. 项目竣工结(决)算及后评估阶段的主要工作。

编制建设工程竣工结(决)算报告、竣工项目可行性后评估分析。其目的是反映建设工程项目实际造价和投资效果。

2. 收集和整理核对相关咨询依据。

(1)建设工程项目的概况，包括名称、地址、建筑面积、结构形式、主要设计单位与施工单位等内容。

(2)项目经批准的概算或相关计划指标、新增生产能力、完成的主要工程量等内容。

(3)项目竣工验收资料，包括经认可的竣工图纸、相关施工合同文件、施工过程中所发生的所有设计变更、签证材料及施工单位编制的竣工结算申请材料。

(4)涉及项目后评估咨询工作的，还需收集建设工程从开工起至竣工止发生的全部固定资产投资资料及投产后经济、社会、环境效益资料。

(5)若项目还存在收尾工程，则应明确收尾工程的内容、计划完成时间及尚需的资金额度。

(6)其他相关的咨询服务依据资料。

3. 咨询成果文件的校审。

(1)编制咨询成果文件所需依据的完备性，成果结论的真实性和科学性。

(2)项目竣工结(决)算应严格依据施工合同的规定执行,对工程量计算与计价、相关费用的核定、设计变更、工程签证的手续齐全性及实际竣工项目状况的一致性进行审核,确保计算无误、计价正确、深度符合规定要求、计算和结论清楚、附表齐全。

(3)项目工程财务决算及后评估报告应按竣工项目实际情况实事求是地进行汇总、分析,确保咨询成果的严肃性、真实性和可靠性。

(4)咨询成果文件应符合并达到国家及相关政府主管部门的现行规定与要求。审核后的咨询成果文件由技术总负责人或项目负责人签发,并对其质量负责。

5.6 其他相关咨询业务工作规程

1. 其他相关咨询业务的主要工作。包括投标报价书的编写、工程造价的信息咨询、工程造价的鉴证等内容。其目的是依据造价工程师的专业知识向委托人提供专业的技术咨询服务,达到相应的咨询成效。

2. 咨询单位应参照前述规程原则,依据委托咨询的内容与要求由项目内在咨询实施方案中制定切合实际要求的业务操作规程。

六、终结阶段

6.1 咨询成果文件的完备性

咨询成果文件均应以书面形式体现,其中间成果文件及最终成果文件须按规定经技术总负责人或项目负责人或专业造价工程师签发后才能交付。所交付的咨询成果文件的数量、规格、形式等应满足咨询合同的规定。

6.2 确定咨询成果文件的完备性

在咨询服务的终结阶段,项目负责人应确定所交付的咨询成果文件已满足咨询合同的要求与范围,且所有咨询成果文件的格式、内容、浓度等均符合国家及行业相关规定的标准。

6.3 咨询资料的整理与归档

咨询单位的技术管理部门应根据本单位的特点制定符合国家及行业相关规定的咨询资料收集、整理与留存归档制度。咨询资料应在技术总负责人领导下,由项目负责人或专人负责整理归档。整理归档的资料一般应包括下列内容:

1. 咨询合同及相关补充协议;

2. 作为咨询依据的相关项目资料、设计成果文件、会议纪要和文函;

3. 经签发的所有中间及最终咨询成果文件;

4. 与所有中间及最终咨询成果文件相关的计算、计量文件,校核、审核记录;

5. 作为咨询单位内部质量管理所需的其他资料。

6.4 咨询服务回访与总结

大型或技术复杂及某些特殊工程,咨询单位的技术管理部门应制订相关的咨询服务回访与总结制度。回访与总结一应包括以下内容:

1. 咨询服务回访由项目负责人有关人员进行,回访对象主要是咨询业务的委托方,必要时也可包括使用咨询成果资料的项目相关参与单位。回访前由相关专业造价工程师拟订回访提纲;回访中应真实记录咨询成果及咨询服务工作产生的成效及存在问题,并收集委托方对服务质量的评价意见;回访工作结束后由项目负责人组织专业造价工程师编写回访记录,报技术总负责人审阅后留存归档。

2. 咨询服务总结应在完成回访活动的基础上进行。总结应全面归纳分析咨询服务的优缺点和经验教训,将存在的问题纳入质量改进目标,提出相应的解决措施与方法,并形成总结报告交技术总负责人审阅。

3. 技术总负责人应了解和掌握本单位的咨询技术特点，在咨询服务回访与总结的基础上归纳出共性问题，采取相应解决措施，并制定出针对性的业务培训与业务建设计划，使咨询业务质量、水平和成效不断提高。

6.5　咨询成果的信息化处理

咨询单位技术管理部门在咨询业务终结完成后，应选择有代表性的咨询成果进行项目造价经济指标的统计与分析，分析比较事前、事中、事后的主要造价指标，作为今后咨询业务的参考。

附则：术语解释(略)。

【解决纠纷的依据】

关于发布《建设项目工程结算编审规程》的通知

中价协[2007]015号

各省、自治区、直辖市建设工程造价管理协会，各专业委员会：

为了加强行业自律，提高工程造价咨询成果的质量，规范建设项目工程结算的编审办法和深度要求，我协会组织有关单位编制了《建设项目工程结算编审规程》，编号为CECA/GC3－2007，现予以发布，自2007年8月1日起试行。

中国建设工程造价管理协会

二〇〇七年七月二十日

建设项目工程结算编审规程(节录)

CECA/GC3－2007

3　基本规定

3.1　一般原则

3.1.1　工程造价咨询单位应以平等、自愿、公平和诚实信用的原则订立工程咨询服务合同。

3.1.2　在结算编制和结算审查中，工程造价咨询单位和工程造价咨询专业人员必须严格遵循国家相关法律、法规和规章制度，坚持实事求是、诚实信用和客观公正的原则。拒绝任何一方违反法律、行政法规、社会公德，影响社会经济秩序和损害公共利益的要求。

3.1.3　结算编制应当遵循承发包双方在建设活动中平等和责、权、利对等原则；结算审查应当遵循维护国家利益、发包人和承包人合法权益的原则。造价咨询单位和造价咨询专业人员应以遵守职业道德为准则，不受干扰，公正、独立地开展咨询服务工作。

3.1.4　工程结算应按施工发承包合同的约定，完整、准确地调整和反映影响工程价款变化的各项真实内容。

3.1.5　工程结算编制严禁巧立名目、弄虚作假、高估冒算，工程结算审查严禁滥用职权、营私舞弊或提供虚假结算审查报告。

3.1.6　承担工程结算编制或工程结算审查咨询服务的受托人，应严格履行合同，及时完成工程造价咨询服务合同约定范围内的工程结算编制和审查工作。

3.1.7　工程造价咨询单位承担工程结算编制，其成果文件一般应得到委托人的认可。

3.1.8　工程造价咨询单位承担工程结算审查，其成果文件一般应得到审查委托人、结算编制人和结算审查受托人以及建设单位共同认可，并签署“结算审定签署表”。确因非常原因不能共同签署时，工程造价咨询单位应单独出具成果文件，并承担相应法律责任。

3.2　结算编制文件组成

3.2.1　工程结算文件一般由工程结算汇总表、单项工程结算汇总表、单位工程结算汇总表和分部分项(措施、其他、零星)工程结算表及结算编制说明等组成。

3.2.2　工程结算汇总表、单项工程结算汇总表、单位工程结算汇总表应当按表格所规定的内容详细编制。

3.2.3 工程结算编制说明可根据委托工程的实际情况，以单位工程、单项工程或建设项目为对象进行编制，并应说明以下内容：

1. 工程概况；

2. 编制范围；

3. 编制依据；

4. 编制方法；

5. 有关材料、设备、参数和费用说明；

6. 其他有关问题的说明。

3.2.4 工程结算文件提交时，受托人应当同时提供与工程结算相关的附件，包括所依据的发承包合同调价条款、设计变更、工程洽商、材料及设备定价单、调价后的单价分析表等与工程结算相关的书面证明材料。

3.3 结算审查文件组成

3.3.1 工程结算审查文件一般由工程结算审查报告、结算审定签署表、工程结算审查汇总对比表、分部分项（措施、其他、零星）工程结算审查对比表以及结算内容审查说明等组成。

3.3.2 工程结算审查报告可根据该委托工程项目的实际情况，以单位工程、单项工程或建设项目为对象进行编制，并应说明以下内容：

1. 概述

2. 审查范围；

3. 审查原则；

4. 审查依据；

5. 审查方法；

6. 审查程序；

7. 审查结果；

8. 主要问题；

9. 有关建议。

3.3.3 结算审定签署表由结算审查受托人填制，并由结算审查委托单位、结算编制人和结算审查受托人签字盖章。当结算审查委托人与建设单位不一致时，按工程造价咨询合同要求或结算审查委托人的要求，确定是否增加建设单位在结算审定签署表上签字盖章。

3.3.4 工程结算审查汇总对比表、单项工程结算审查汇总对比表、单位工程结算审查汇总对比表应当按表格所规定的内容详细编制。

3.3.5 结算内容审查说明应阐述以下内容：

1. 主要工程子目调整的说明；

2. 工程数量增减变化较大的说明；

3. 子目单价、材料、设备、参数和费用有重大变化的说明；

4. 其他有关问题的说明。

4 工程结算的编制

4.1 编制依据

4.1.1 国家有关法律、法规、规章制度和相关的司法解释。

4.1.2 国务院建设行政主管部门以及各省、自治区、直辖市和有关部门发布的工程造价计价标准、计价办法、有关规定及相关解释。

4.1.3 施工发承包合同、专业分包合同及补充合同,有关材料、设备采购合同。

4.1.4 招投标文件,包括招标答疑文件、投标承诺、中标报价书及其组成内容。

4.1.5 工程竣工图或施工图、施工图会审记录,经批准的施工组织设计,以及设计变更、工程洽商和相关会议纪要。

4.1.6 经批准的开、竣工报告或停工、复工报告。

4.1.7 建设工程工程量清单计价规范或工程预算定额、费用定额及价格信息、调价规定等。

4.1.8 工程预算书。

4.1.9 影响工程造价的相关资料。

4.1.10 结算编制委托合同。

4.2 编制要求

4.2.1 工程结算一般经过发包人或有关单位验收合格且点交后方可进行。

4.2.2 工程结算应以施工发承包合同为基础,按合同约定的工程价款调整方式对原合同价款进行调整。

4.2.3 工程结算应核查设计变更、工程洽商等工程资料的合法性、有效性、真实性和完整性。对有疑义的工程实体项目,应视现场条件和实际需要核查隐蔽工程。

4.2.4 建设项目由多个单项工程或单位工程构成的,应按建设项目划分标准的规定,将各单项工程或单位工程竣工结算汇总,编制相应的工程结算书,并撰写编制说明。

4.2.5 实行分阶段结算的工程,应将各阶段工程结算汇总,编制工程结算书,并撰写编制说明。

4.2.6 实行专业分包结算的工程,应将各专业分包结算汇总在相应的单项工程或单位工程结算内,并撰写编制说明。

4.2.7 工程结算编制应采用书面形式,由电子文本要求的应一并报送与书面形式内容一致的电子版本。

4.2.8 工程结算应严格按工程结算编制程序进行编制,做到程序化、规范化、结算资料必须完整。

4.3 编制程序

4.3.1 工程结算应按准备、编制和定稿三个工作阶段进行,并实行编制人、校对人和审核人分别署名盖章确认的内部审核制度。

4.3.2 结算编制准备阶段。

1. 收集与工程结算编制相关的原始资料。

2. 熟悉工程结算资料内容,进行分类、归纳、整理。

3. 召集相关单位或部门的有关人员参加工程结算预备会议,对结算内容和结算资料进行核对与充实完善。

4. 收集建设期内影响合同价格的法律和政策性文件。

4.3.3 结算编制阶段。

1. 根据竣工图及施工图以及施工组织设计进行现场踏勘,对需要调整的工程项目进行观察、对照、必要的现场实测和计算,做好书面或影像记录。

2. 按既定的工程量计算规则计算需调整的分部分项、施工措施或其他项目工程量。

3. 按招标文件、施工发承包合同规定的计价原则和计价办法对分部分项、施工措施或其他项目进行计价。

4. 对于工程量清单或定额缺项以及采用新材料、新设备、新工艺的,应根据施工过程中的合理消耗和市场价格，编制综合单价或单位估价分析表。

5. 工程索赔应按合同约定的索赔处理原则、程序和计算方法，提出索赔费用，经发包人确认后作为结算依据。

6. 汇总计算工程费用，包括编制分部分项费、施工措施项目费、其他项目费、零星工作项目费或直接费、间接费、利润和税金等表格，初步确定工程结算价格。

7. 编写编制说明。

8. 计算主要技术经济指标。

9. 提交结算编制的初步成果文件待校对、审核。

4.3.4　结算编制定稿阶段。

1. 由结算编制受托人单位的部门负责人对初步成果文件进行检查、校对。

2. 由结算编制受托人单位的主管负责人审核批准。

3. 在合同约定的期限内，向委托人提交经编制人、校对人、审核人和受托人单位盖章确认的正式结算编制文件。

4.4　编制方法

4.4.1　工程结算的编制应区分施工发承包合同类型，采用相应的编制方法。

1. 采用总价合同的，应在合同价基础上对设计变更、工程洽商以及工程索赔等合同约定可以调整的内容进行调整。

2. 采用单价合同的，应计算或核定竣工图或施工图以内的各个分部分项工程量，依据合同约定的方式确定分部分项工程项目价格，并对设计变更、工程洽商、施工措施以及工程索赔等内容进行调整。

3. 采用成本加酬金合同的，应依据合同约定的方法计算各个分部分项工程以及设计变更、工程洽商、施工措施等内容的工程成本，并计算酬金及有关税费。

4.4.2　工程结算中涉及工程单价调整时，应当遵循以下原则：

1. 合同中已有适用于变更工程、新增工程单价的，按已有的单价结算。

2. 合同中有类似变更工程、新增工程单价的，可以参照类似单价作为结算依据。

3. 合同中没有适用或类似变更工程、新增工程单价的，结算编制受托人可商洽承包人或发包人提出适当的价格，经对方确认后作为结算依据。

4.4.3　工程结算编制中涉及的工程单价应按合同要求分别采用综合单价或工料单价。工程量清单计价的工程项目应采用综合单价；定额计价的工程项目可采用工料单价。

1. 综合单价。把分部分项工程单价综合成全费用单价，其内容包括直接费（直接工程费和措施费）、间接费、利润和税金，经综合计算后生成。各分项工程量乘以综合单价的合价汇总后，生成工程结算价。

2. 工料单价。把分部分项工程量乘以单价形成直接工程费，加上按规定标准计算的措施费，构成直接费。直接工程费由人工、材料、机械的消耗量及其相应价格确定。直接费汇总后另计算间接费、利润、税金，生成工程结算价。

4.5　编制内容

4.5.1　工程结算采用工程量清单计价的应包括：

1. 工程项目的所有分部分项工程量，以及实施工程项目采用的措施项目工程量；为完成所有工程量并按规定计算的人工费、材料费和设备费、机械费、间接费、利润和税金；

2. 分部分项和措施项目以外的其他项目所需计算的各项费用。

4.5.2　工程结算采用定额计价的应包括：套用定额的分部分项工程量、措施项目工程量和其他项目，以及为完成所有工程量和其他项目并按规定计算的人工费、材料费和设备费、机械费间接费、利润和税金。

4.5.3　采用工程量清单或定额计价的工程结算还应包括：

1. 设计变更和工程变更费用；

2. 索赔费用；

3. 合同约定的其他费用。

4.6　编制时效

4.6.1　结算编制受托人应与委托人在咨询服务委托合同内约定结算编制工作的所需时间，并在约定的期限内完成工程结算编制工作。

4.6.2　合同未作约定或约定不明的，结算编制受托人应参照本规程 5.6.2 条结算审查时效的有关规定，在规定时限内完成工程结算编制工作。

4.6.3　结算编制受托人未在合同约定或规定期限内完成，且无正当理由延期的，应当承担违约责任。

4.7　编制的成果文件形式

4.7.1　工程结算成果文件的形式。

1. 工程结算书封面，包括工程名称、编制单位和印章、日期等。

2. 签署页，包括工程名称、编制人、审核人、审定人姓名和执业（从业）印章、单位负责人印章（或签字）等。

3. 目录。

4. 工程结算编制说明。

5. 工程结算相关表式。

6. 必要的附件。

4.7.2　工程结算相关表式。

1. 工程结算汇总表。

2. 单项工程结算汇总表。

3. 单位工程结算汇总表。

4. 分部分项（措施、其他、零星）结算汇总表。

5. 必要的相关表格。

4.7.3　结算编制受托人应向结算编制委托人及时递交完整的工程结算成果文件。

5　工程结算的审查

5.1　审查依据

5.1.1　工程结算审查委托合同和完整、有效的工程结算文件。

5.1.2　国家有关法律、法规、规章制度和相关的司法解释。

5.1.3　国务院建设行政主管部门以及各省、自治区、直辖市和有关部门发布的工程造价计价标准、计价办法、有关规定及相关解释。

5.1.4　施工发承包合同、专业分包合同及补充合同，有关材料、设备采购合同；招投标文件，包括招标答疑文件、投标承诺、中标报价书及其组成内容。

5.1.5　工程竣工图或施工图、施工图会审记录，经批准的施工组织设计，以及设计变更、工程洽商和相关会议纪要。

5.1.6　经批准的开、竣工报告或停、复工报告。

5.1.7　建设工程工程量清单计价规范或工程预算定额、费用定额及价格信息、调价规定等。

5.1.8 工程结算审查的其他专项规定。

5.1.9 影响工程造价的其他相关资料。

5.2 审查要求

5.2.1 严禁采用抽样审查、重点审查、分析对比审查和经验审查的方法，避免审查疏漏现象发生。

5.2.2 应审查结算文件和与结算有关的资料完整性和符合性。

5.2.3 按施工发承包合同约定的计价标准或计价方法进行审查。

5.2.4 对合同未作约定或约定不明的，可参照签订合同时当地建设行政主管部门发布的计价标准进行审查。

5.2.5 对工程结算内多计、重列的项目应予以扣减，对少计、漏项的项目应予以调增。

5.2.6 对工程结算与设计图纸或事实不符的内容，应在掌握工程事实和真实情况的基础上进行调整。工程造价咨询单位在工程结算审查时发现的工程结算与设计图纸或事实不符的内容应约请各方履行完善的确认手续。

5.2.7 对由总承包人分包的工程结算，其内容与总承包合同主要条款不相符的，应按总承包合同约定的原则进行审查。

5.2.8 工程结算审查文件应采用书面形式，有电子文本要求的应采用与书面形式内容一致的电子版本。

5.2.9 结算审查的编制人、校对人和审核人不得由同一人担任。

5.2.10 结算审查受托人与被审查项目的发承包双方有利害关系，可能影响公正的，应予以回避。

5.3 审查程序

5.3.1 工程结算审查应按准备、审查和审定三个工作阶段进行，并实行编制人、校对人和审核人分别署名盖章确认的内部审核制度。

5.3.2 结算审查准备阶段。

1. 审查工程结算手续的完备性、资料内容的完整性，对不符合要求的应退回限时补正。

2. 审查计价依据及资料与工程结算的相关性、有效性。

3. 熟悉招投标文件、工程发承包合同、主要材料设备采购合同及相关文件。

4. 熟悉竣工图纸或施工图纸、施工组织设计、工程概况，以及设计变更、工程洽商和工程索赔情况等。

5.3.3 结算审查阶段。

1. 审查结算项目范围、内容与合同约定的项目范围、内容的一致性。

2. 审查工程量计算的准确性、工程量计算规则与计价规范或定额保持一致性。

3. 审查结算单价时应严格执行合同约定或现行的计价原则、方法。对于清单或定额缺项以及采用新材料、新工艺的，应根据施工过程中的合理消耗和市场价格审核结算单价。

4. 审查变更签证凭据的真实性、合法性、有效性，核准变更工程费用。

5. 审查索赔是否依据合同约定的索赔处理原则、程序和计算方法以及索赔费用的真实性、合法性、准确性。

6. 审查取费标准时，应严格执行合同约定的费用定额标准及有关规定，并审查取费依据的时效性、相符性。

7. 编制与结算相对应的结算审查对比表。

5.3.4 结算审定阶段。

1. 工程结算审查初稿编制完成后，应召开由结算编制人、结算审查委托人及结算审查受托人共同参加的会议，听取意见，并进行合理的调整。

2. 由结算审查受托人单位的部门负责人对结算审查的初步成果文件进行检查、校对。

3. 由结算审查受托人单位的主管负责人审核批准。

4. 发承包双方代表人和审查人应分别在“结算审定签署表”上签认并加盖公章。

5. 对结算审查结论有分歧的，应在出具结算审查报告前，至少组织两次协调会；凡不能共同签认的，审查受托人可适时结束审查工作，并做出必要说明。

6. 在合同约定的期限内，向委托人提交经结算审查编制人、校对人、审核人和受托人单位盖章确认的正式的结算审查报告。

5.4　审查方法

5.4.1　工程结算的审查应依据施工发承包合同约定的结算方法进行，根据施工发承包合同类型，采用不同的审查方法。

1. 采用总价合同的，应在合同价的基础上对设计变更、工程洽商以及工程索赔等合同约定可以调整的内容进行审查。

2. 采用单价合同的，应审查施工图以内的各个分部分项工程量，依据合同约定的方式审查分部分项工程价格，并对设计变更、工程洽商、工程索赔等调整内容进行审查。

3. 采用成本加酬金合同的，应依据合同约定的方法审查各个分部分项工程以及设计变更、工程洽商等内容的工程成本，并审查酬金及有关税费的取定。

5.4.2　结算审查中涉及工程单价调整时，参照本规程 4.4.2 条结算编制单价调整的办法实行。

5.4.3　除非已有约定，对已被列入审查范围的内容，结算应采用全面审查的方法。

5.4.4　对法院、仲裁或承发包双方合意共同委托的未确定计价方法的工程结算和审查或鉴定，结算审查受托人可根据事实和国家法律、法规和建设行政主管部门的有关规定，独立选择鉴定或审查适用的计价办法。

5.5　审查内容

5.5.1　审查结算的递交程序和资料的完备性。

1. 审查结算资料的递交手续、程序的合法性，以及结算资料具有的法律效力。

2. 审查结算资料的完整性、真实性和相符性。

5.5.2　审查与结算有关的各项内容。

1. 建设工程发承包合同及其补充合同的合法性和有效性。

2. 施工发承包合同范围以外调整的工程价款。

3. 分部分项、措施项目、其他项目工程量及单价。

4. 发包人单独分包工程项目的界面划分和总包人的配合费用。

5. 工程变更、索赔、奖励及违约费用。

6. 取费、税金、政策性调整以及材料差价计算。

7. 实际施工工期与合同工期发生差异的原因和责任，以及对工程造价的影响程度。

8. 其他涉及工程造价的内容。

5.6　审查时效

5.6.1　结算审查委托人应与委托人在咨询服务委托合同内约定结算审查期限。

5.6.2　合同未作约定或约定不明的，结算审查受托人应按财政部、建设部联合颁发的《建设工程价款结算暂行办法》(财建[2004]369 号)第十四条第(三)款要求的时限完成征得建设单位确认的初稿。

5.6.3 结算审查受托人应在咨询服务委托合同约定或规定的期限内完成工程结算审查工作;结算审查受托人未在合同约定或规定期限内完成结算审查,且无正当理由延期的,应当承担违约责任。

5.7 审查的成果文件形式

5.7.1 工程结算审查成果文件的形成。

1. 审查报告封面,包括工程名称、审查单位名称、审查单位工程造价咨询单位执业章、日期等。

2. 签署页,包括工程名称、审查编制人、审定人姓名和执业(从业)印章、单位负责人印章(或签字)等。

3. 结算审查报告书。

4. 结算审查相关表式。

5. 有关的附件。

5.7.2 工程结算审查相关表式。

1. 结算审定签署表。

2. 工程结算审查汇总对比表。

3. 单项工程结算审查汇总对比表。

4. 单位工程结算审查汇总对比表。

5. 分部分项(措施、其他、零星)工程结算审查对比表。

6. 其他相关表格。

5.7.3 结算审查受托人应向结算委托人及时递交完整的工程结算审查成果文件。

二、司法审价

(一)司法审价的范围

1. 全面审价适用的情况

合同中,没有哪一块的价款是确定的,如合同不是固定总价,同时双方未进行过阶段结算,在这样的情况下,就需要进行全面审价。

2. 部分审价适用的情况

需要采用部分审价的主要有以下两种情况:

(1)固定价格情况。固定价格分为固定总价与固定单价,固定总价部分不予审价。它的法律依据是《最高人民法院关于审理建设工程施工合同纠纷案件适用法律问题的解释》(以下简称"司法解释")第22条的规定:当事人约定按照固定价结算工程价款,一方当事人请求对建设工程造价进行鉴定的,不予支持。也就是说,即使是固定总价,变更、签证、索赔也是需要审价的。

(2)部分结算情况。《司法解释》第23条规定:当事人对部分案件事实有争议的,仅对有争议的事实进行鉴定。该规定表明,如果部分事实没有争议,就不需要鉴定;部分事实有争议的,仅对有争议的事实进行鉴定。

(二)司法审价的依据

1. 合同有约定的,从约定

《最高人民法院关于审理建设工程施工合同纠纷案件适用法律问题的解释》(以下简称"司法解释")第16条第1款规定:当事人对建设工程的计价标准或者计价方法有约定的,按照约定结算工程价款。

2. 合同没有约定的情况

对于合同对价款的结算没有约定的,《司法解释》第 16 条第 2 款也给出了答案:因设计变更导致建设工程的工程量或者质量标准发生变化,当事人对该部分工程价款不能协商一致的,可以参照签订建设工程施工合同时当地建设行政主管部门发布的计价方法或者计价标准结算工程价款。

也就是说,合同没有约定,或者约定不清楚,可以参照签订建设工程施工合同时,当地的建设行政主管部门发布的计价方法或者计价标准结算工程款。

【例】 甲施工单位承接了乙施工单位的再分包机电安装工程,施工到 20%的时候,乙施工单位擅自终止了合同。随后,甲施工单位就乙施工单位拖欠结算款提起诉讼,并要求法院收缴乙施工单位的非法所得。

分析:双方签订了合同书,但合同书中没有计价方法的约定;同时,双方在签订合同书之前虽然签订了意向书,但该意向书中仅有工程量清单汇总表,没有具体的工程量清单,司法审价单位也认为仅凭汇总表无法进行司法审价。

结论:无论是意向书,还是合同书,均没有约定合同价款的具体的结算方法。没有约定,审价单位就按工程所在地定额来进行审价。

3. 黑白合同按照白合同来进行结算

《司法解释》第 21 条规定:当事人就同一建设工程另行订立建设工程施工合同与经过备案的中标合同实质性内容不一致的,应当以备案的中标合同作为结算工程价款的根据。根据《司法解释》第 21 条的规定,黑白合同按照备案的、中标的白合同来进行结算。但是,对这一条款的理解,我们要注意四点:

(1)备案的单位问题。备案的中标的合同,应向建设行政主管部门规定的备案。

(2)《司法解释》第 21 条有一个明确的界定,就是经过备案的中标的合同。所以仅从文字的字面解释来看,就可以确定不是招投标项目,不适用这样的一个黑白合同按白合同进行结算的规定。

(3)双方当事人另行约定中标合同只为办理备案之用,而双方当事人实际上要履行补充协议,也就是说黑合同,这样的约定是无效的。

《司法解释》第 21 条关于黑白合同按白合同进行结算的规定是一个强制性的规定,不能用约定的方式排除这个强制性规定的适用。

(4)双方实际上按黑合同履行,也不能否定《司法解释》黑白合同按白合同进行结算的规定。

(三)建筑工程司法审价的操作程序

在建筑工程承包合同纠纷案件中,往往需要由当事人在庭审中以协商一致的方式或直接由法庭、仲裁庭依照职权委托有关工程审价部门对在建工程、已建工程进行司法审价。

1. 是否进行司法审价

目前,在诉讼、仲裁中进行司法审价的,不外乎两种原因:①各方当事人协商一致进行审价;②法庭、仲裁庭依照职权委托审价。

(1)当事人协商一致进行审价。对于在案件审理过程中,当事人协商一致进行审价的。一般是由于:

1)争议之工程系未完工工程,故当事人未就工程造价进行决算;

2)争议之工程虽已完工,但由于设计变更、缺陷整改等原因,当事人对于如何确定工程造价意见不统一。

在审价开始前,法庭或仲裁庭需要就审价部门的选定、审价内容和范围的确定征求当事人的意见。如果当事人就审价部门的选定以及审价内容和范围的确定不能达成一致意见，则不能认为当事人对审价协商一致；相反，如果当事人能够就审价部门的选定以及审价内容和范围的确定达成一致，法庭或仲裁庭在制作裁判文书时完全可以直接采用审价结论。

如果在庭审中建设单位承认欠付施工单位工程款，但认为应扣除未完工部分以及拖延工期的违约金；而施工单位承认确有未完工部分的存在，同意扣除，但不同意扣除拖延工期的违约金；法庭或仲裁庭认为双方当事人可以就工程实际造价委托审价，而逾期竣工违约金可以由建设单位反诉或要起诉后，由法庭或仲裁庭认定。这种情况下，建设单位可以与施工单位在庭内达成一致意见共同委托某一审价部门或共同委托法庭或仲裁庭选定审价部门，在明确审价内容为工程实际造价（包括设计、材料变更的增加部分）的基础上进行工程决算。

（2）法庭、仲裁庭依照职权委托审价。在案件审理中由法庭或仲裁庭依照职权委托审价，一般是这两种情况：

1）当事人虽已确认决算报告，但一方当事人以种种理由要求进行司法审价，而另一方当事人不同意进行审价而要求按决算确定工程造价。这时，如果法庭或仲裁庭认为确有必要进行审价的，可以进行审价。

2）虽然当事人都同意进行司法审价，但却不能就审价部门的选定以及审价内容和范围的确定达成一致意见。这时，如果法庭或仲裁庭认为不进行审价无法查明案件事实的，可以进行审价。

对于这两种情况，由于当事人对审价分歧较大，因此，法庭或仲裁庭在决定是否审价以及在选定审价部门，确定审价内容和范围的过程更加需要注重操作程序。

2. 确定司法审价的内容和范围应该掌握的原则

（1）以当事人的请求事项为依据的原则。这一原则源于“不告不理”原则。比如，施工单位要求建设单位支付工程款，而建设单位认为应扣除拖延工期之损失但却并未提起反诉或反请求。而法庭或仲裁庭认为建设单位要求拖延工期之损失必须反诉，那么，在审价就不应予以考虑拖延工期之损失这一内容。

（2）为作出裁判所必需的原则。这个原则要求法庭或仲裁庭在委托审价前对案情应当有一定深度的了解，而不是盲目委托。

3. 明确当事人配合审价的义务

一旦工程委托审价，必然牵涉到当事人配合审价部门工作的问题。对于当事人如何配合审价，应当在庭上予以明确。这里主要包括下面几个程序：

（1）质证。在审价中，如果审价部门仅针对工程现场，根据相关定额进行审价，或许不需要在审价前进行证据质证。但事实上，在多数情况下，审价部门会不可避免地会使用一些涉案资料，如施工图、竣工图、点工单、材料款确认书、人工机械单价确认表、工程设计变更指令等等。如果这些证据不进行审价前质证，一旦在审价中一方当事人提出异议，审价部门可能无所适从。因此，审价前进行证据质证十分必要。

【例】 在一次审价中，施工单位拿出一份建设单位出具的《补偿款证明》，这证明明确：应建设单位指令，施工单位拆除某部分临时设施，并重新施工。而建设单位同意补偿施工单位返工损失人民币100万元。但这份证明却是一份没有签章的复印件。审价部门认为：这份证明虽然没有效力，但十分合理，因此将其计入工程总价。对此，施工单位认为：当时的确商量过后补偿问题，但并未最终确定金额。因此，确认补偿款为100万元并不公平。

（2）举证。确定举证责任的原则大概有两个：一是谁要求审价谁举证；二是按合同、法律确定举证责任。比如，如果在没有确认工程决算书的情况下，施工单位要求通过审价确定工程款，则施工单位应该负有举证责任；如果当事人已经确认工程决算书，但建设单位认为工程决算书有不实或违法之处而要求通过审价确认工程款，则建设单位负有举证责任。若负有举证责任方无法举证，其将承担相应的法律风险。

举证时，还得注意举证时限，就是指负有举证责任的当事人应当在法律规定和法院指定的期限内提出证明其主张的相应证据，逾期不举证则承担证据失权的法律后果。

(3)证据交换。指开庭审理之前，双方当事人及其诉讼代理人在指定时间和地点互相交换各自持有的、证明各自诉讼主张的证据，以整理、固定争点和证据的诉讼活动。证据交换的启动有两种情形：一是由当事人申请，人民法院决定；二是人民法院根据案件具体情况自行确定，其决定权在于法院。对于证据交换的时间《证据规定》第38条规定："人民法院组织当事人交换证据的，交换证据之日举证期限届满。"

(四)建设工程司法审价中的一些问题

司法鉴定是鉴定的一种形式，除此以外，鉴定还包括自行鉴定、行政鉴定等。最高人民法院《人民法院司法鉴定工作暂行规定》(以下称《证据规定》)，将司法鉴定界定为："在诉讼过程中为查明案件事实，人民法院依据职权，或者应当事人及其他诉讼参与人的申请，指派或委托具有专门知识的人，对专门性问题进行检验、鉴别和评定的活动。"也就是说，可以启动鉴定的主体包括人民法院和当事人及其他诉讼参与人。但是具体到工程造价的司法鉴定，一般是以当事人申请为原则的，这是因为无论在理论上，还是审判实践中，鉴定结论都被视为一种重要的证据，因此，申请鉴定属于当事人举证责任的范畴。《证据规定》第2条规定："当事人对自己提出的诉讼请求所依据的事实，或者反驳对方诉讼请求所依据的事实有责任提供证据加以证明。没有证据或者证据不足以证明当事人的事实主张的，由负有举证责任的当事人承担不利后果。"针对人民法院调查搜集证据的范围，《证据规定》第15条进一步规定："《民事诉讼法》第64条规定的'人民法院认为审理案件需要的证据'，是指以下情形：涉及可能有损国家利益、社会公共利益或者他人合法权益的事实；依职权追加当事人、中止诉讼、终结诉讼、回避等与实体争议无关的程序事项。"作为建筑施工企业，在发生有关建筑工程的纠纷后，如果双方并未进行结算，那么施工企业应当及时根据《证据规定》和《民事诉讼法》规定提出有关工程造价的鉴定申请。

司法鉴定工程造价的三种情形，从提起司法鉴定工程造价的主体来看，主要有三种。

一是人民法院依职权委托鉴定。一般而言，工程价款争议主要是平等主体的建设单位和施工单位之间实体权利义务之争，但在特殊情况下，也可能涉及国家利益、社会公共利益或者他人合法权益，此时，如果当事人不提出鉴定申请，人民法院就应该依职权启动鉴定程序。

二是施工单位申请鉴定。施工单位向建设单位追索工程欠款，就负有向法庭提供证据证明欠款事实的责任。如果施工单位不申请工程造价鉴定，或者是申请鉴定后拒绝交纳鉴定费用，或者拒不提供相关施工材料，致使人民法院对双方争议的工程价款无法通过鉴定结论予以认定的，人民法院应当根据举证责任的分配原则，对施工单位作出不利判决。

三是建设单位申请鉴定。一般而言，工程造价的举证责任在于施工单位，但有些情况下，施工单位未提出鉴定申请，而建设单位出于确定工程价款、明确双方权利义务关系之目的提出了鉴定申请，这时人民法院亦应准许。还有一种情况是，施工单位在诉讼中提交了自行委托有关部门作出的造价鉴定，但建设单位认为与事实不符合的，按照《证据规定》建设单位可以对该鉴定的鉴定人资格、鉴定依据、鉴定程序的真实性、合法性、科学性、公正性进行质疑，如果能够证明鉴定结论具有不可采性，并申请重新鉴定的，人民法院应予准许。

鉴于以上有关建设工程司法审价的主体问题、程序问题、权利义务问题，施工企业应当在施工过程中，或者发生纠纷的案件审理过程中，充分注意自己的权利和义务，以免因为不了解法律规定而遭受不应当的损失，或者在诉讼总处于不利地位。

【解决纠纷的依据】

工程造价经济纠纷鉴定业务导则(试行)

第一章 总 则

第一条 为规范××省工程造价咨询企业的工程造价经济纠纷鉴定业务活动,根据《工程造价咨询企业管理办法》(建设部第149号令)、《注册造价工程师管理办法》(建设部第150号令)、《最高人民法院关于民事诉讼证据的若干规定》(法释[2001]33号)等有关法律、法规制定本导则。

第二条 本导则适用于在××省境内开展的工程造价经济纠纷鉴定业务活动。

第三条 本导则所称的工程造价经济纠纷鉴定机构(以下简称鉴定机构)是指按照《工程造价咨询企业管理办法》(建设部149号令)取得了工程造价咨询资质的企业。

第四条 本导则所称的工程造价鉴定人员(以下简称鉴定人员)是指按照《注册造价工程师管理办法》(建设部第150号令)取得了造价工程师注册证书的对工程造价经济纠纷进行鉴定的主要经办人员和按照《全国建设工程造价员管理暂行办法》(中价协[2006]013号)取得了造价员证书的辅助经办人员。

第五条 本导则所称的工程造价经济纠纷鉴定是指鉴定机构接受人民法院、仲裁机构等(以下简称案件鉴定委托人)的委托,在其资质等级许可的范围内,依据其专门知识,对指定项目中所涉及的工程造价纠纷进行分析、研究、鉴别并做出结论供案件鉴定委托人参考使用的活动。

第六条 鉴定机构和鉴定人员在从事工程造价鉴定工作中除必须遵守各项关于工程造价咨询工作和有关鉴定工作的法律、法规、规章之外,还应执行本导则。

第二章 鉴定准备工作与取证

第七条 鉴定机构接受鉴定业务的依据是案件鉴定委托人出具的鉴定委托书或转办单等委托文书。

第八条 鉴定机构接受了案件鉴定委托人的鉴定委托书后,应明确指定鉴定人员。

第九条 鉴定人员应认真阅读案件鉴定委托人的鉴定委托书或转办单等委托文书,及时与案件委托人联系,明确案件鉴定范围、鉴定依据、鉴定内容和鉴定要求。

第十条 鉴定机构及其鉴定人员在明确了案件鉴定委托人对案件的鉴定范围、鉴定依据、鉴定内容和鉴定要求后,应及时与该案件的原、被告双方当事人联系,并收取鉴定费用。如果当事人对案件鉴定委托人提出的鉴定范围、鉴定依据、鉴定内容和鉴定要求有异议时,鉴定机构应及时与案件鉴定委托人联系,以确定案件的鉴定范围、鉴定依据、鉴定内容和鉴定要求。

第十一条 鉴定机构在接受委托后应根据鉴定工作需要,及时开具要求当事人举证的函及资料清单(格式见附表1),并对当事人提供资料的时间提出期限。举证期限可由鉴定机构与当事人协商一致,并报经该案件鉴定委托人认可;也可执行该案件鉴定委托人直接指定的举证期限。举证期限从当事人收到举证鉴定资料清单的次日算起,一般不得少于五个自然日。举证鉴定资料清单一式四份,报案件鉴定委托人一份,交举证的当事人各一份,由鉴定机构留底一份。当事人在鉴定机构要求提交的举证鉴定资料清单之外,主动提交的与本案有关的资料,鉴定机构可将其一并纳入鉴定报告中的举证资料清单。

第十二条 当事人在举证期限内不提交举证资料的,视为放弃举证权利。对于当事人逾期提交的举证鉴定资料,鉴定机构在鉴定时不组织质证,但对经该案件鉴定委托人同意或该案件的对方当事人同意质证的除外。当事人增加、变更诉讼请求或者提出反诉而增加了鉴定范围或内容的,应当在举证期限届满前提出,经该案件鉴定委托人同意,鉴定机构应依本办法第十条规定重新指定举证期限。

第十三条 当事人在举证期限内提交举证鉴定资料确有困难的，应当在举证期限内向鉴定机构申请延期举证，由鉴定机构报经该案件鉴定委托人准许，可以适当延长举证期限。当事人在延长的举证期限内提交举证鉴定资料仍有困难的，可以再次提出延期申请，是否准许由该案件鉴定委托人决定。

第十四条 鉴定机构一般不收取举证鉴定资料原件，仅收取经核对无误的复印件。

第三章 鉴定资料的质证和现场勘验

第十五条 鉴定机构对收到的举证鉴定资料应及时进行质证，经过当事人双方质证、确认、签字、认可的鉴定资料，其结果应纳入鉴定。对案件其中的一方当事人不同意进入质证、确认、签字、认可等程序的举证鉴定资料，由案件鉴定委托人决定处理办法。

第十六条 鉴定机构对鉴定资料应依据工程造价专业知识和有关政策、法规经过甄别后作相应的区别对待：(1)用以计算并纳入鉴定机构可以确定的鉴定结论；(2)用以计算并分别纳入鉴定机构无法确定的部分项目及其造价鉴定结论；(3)可不采用。

第十七条 在对举证鉴定资料的质证和鉴定过程中，鉴定机构可要求当事人补充提交举证鉴定资料，当事人应按鉴定机构的要求和期限提交补充鉴定资料。鉴定机构要求补充的举证鉴定资料应按本导则第十条至第十四条补充执行取证和质证的程序。

第十八条 在对举证鉴定资料的质证和鉴定过程中，双方当事人均可向鉴定机构主动要求补充举证鉴定资料。要求补充鉴定资料的当事人应填写补交鉴定资料申请表(格式见附表2)，其取证和质证按照本导则第十条至第十四条执行。

第十九条 根据案情需要，鉴定机构可组织当事人对被鉴定的标的物进行现场勘验，鉴定机构组织当事人对被鉴定的标的物进行现场勘验应填写现场勘验通知书(格式见附表3)，书面通知案件双方当事人参加，同时请该案件鉴定委托人派员参加。当事人拒绝参加勘验的，请案件鉴定委托人决定处理办法。

第二十条 勘验现场应当制作勘验记录、笔录或勘验图表，记录勘验的时间、地点、勘验人、在场人、勘验经过、结果，由勘验人、在场人签名或者盖章。对于绘制的现场图应当注明绘制的时间、方位、测绘人姓名、身份等内容(格式见附表4)。必要时鉴定机构应拍照或摄像取证。

第二十一条 案件双方当事人应对现场勘验图表或勘验笔录签字确认，当事人不肯签字确认的，请案件鉴定委托人决定处理办法。

第四章 鉴 定

第二十二条 工程造价鉴定应依照行业有关规定执行审查复核制定案，即常规的经办、校核、审核、审批制度。对案件中争议较大又必须做出最终鉴定结果的项目实行合议制定案，即以三人以上奇数鉴定人员组成合议组，在充分讨论的基础上用表决方式确定鉴定方案或结论性意见。鉴定合议会议应作详细记录或纪要，记录表决情况，合议组做出的决定由合议组集体负责，并进入鉴定结论，少数人的意见可以保留并记录在案。

第二十三条 鉴定机构在开展鉴定工作之前应首先确定合同文件的解释顺序。

对有合同约定解释顺序的案件，应按照约定的解释顺序开展鉴定。对没有合同约定解释顺序的案件，原则上优先解释顺序如下：

1. 合同协议书；
2. 中标通知书；
3. 投标书及其附件；
4. 合同专用条款；
5. 合同通用条款；

6. 标准、规范及有关技术文件；

7. 图纸；

8. 工程量清单；

9. 工程报价单或预算书；

当上述文件不全时，其顺序依然有效。

在合同履行中，发包人与承包人有关工程的洽商、变更、索赔等书面协议或文件的解释顺序按时间排序，后立的文件优先于先立的文件。

对合同、工程量清单、洽商、变更、索赔、工程报价单或预算书等案件项目相关造价文件有瑕疵的，其取证办法请案件鉴定委托人决定。

第二十四条 鉴定机构对项目鉴定工作应建立工作方案和工作程序，经过案件鉴定委托人同意后，按照工作程序将工程量、套取定额（或计取单价）、取费的计算逐步与当事人核对，鉴定机构邀请当事人参加核对工作时，事先应给当事人出具造价核对工作通知函（格式见附表5）。鉴定机构对每一个鉴定工作程序的阶段性成果均应要求当事人签字认可，逐步做出最终鉴定结论。当事人不愿意参加造价核对工作或对阶段性成果不肯签字认可的，请案件鉴定委托人决定处理办法。

第二十五条 鉴定工作应按照案件鉴定委托人的要求或当事方协商的期限完成鉴定工作，由于案件情况复杂、疑难、当事人不配合等情况，鉴定机构不能在要求的期限内完成鉴定工作时，可以按照相关法规提前向案件鉴定委托人申请延长鉴定期限，并在允许的延长期限内完成鉴定工作。一般情况下，超时等待当事人递交或补交、质证举证资料所需的时间不计入鉴定期限。

第二十六条 鉴定报告的常规内容及其有关规定如下：

1. 主标题：一般为“关于……的工程造价鉴定报告”。

2. 文号：由各鉴定机构自定。

3. 绪言：

(1)委托人：即出具委托书的人民法院、仲裁机构等工程造价经济纠纷案件鉴定委托人。

(2)委托日期：即委托书的出具日期。

(3)委托内容：即委托书上文字载明的委托鉴定事项或对象、鉴定目的、鉴定要求等。鉴定机构的鉴定报告上对案件鉴定委托人提出的鉴定内容不得在文字上作出任何增删、修改、解释。

(4)送检资料：包括案件鉴定委托人移送的卷宗材料、技术资料等所有涉案资料。鉴定机构对接受的送检资料应加以编号、签收。

(5)案件项目相关基本情况介绍：

①工程发包单位；

②工程承包单位；

③工程设计单位；

④工程监理单位；

⑤工程建设规模；

⑥工程地点；

⑦工程开工日期、竣工日期；

⑧其他情况。

4. 鉴定依据。鉴定报告中应分别表述如下鉴定依据：

(1)行为依据：主要指鉴定委托书。

(2)政策依据：主要指开展鉴定工作依据的法律、规章等。

(3)分析(或计算)依据：主要指相关技术标准、规范、规程、定额、图纸、合同、签证、变更单、纪要、勘查及测量资料、价格信息来源等。

5. 鉴定过程及分析：

鉴定报告中应按照鉴定工作的时间顺序，简述鉴定的工作过程和各项工作期间发现案件当事人争议的焦点及解决矛盾的方法。

6. 鉴定结论。

7. 特殊说明。凡对鉴定结论有必要加以提示、说明的内容，均在特殊说明中加以详细表述。

8. 鉴定机构出具报告的签章(字)。

鉴定机构及其鉴定人员应按照工程造价咨询行业的管理规定，在鉴定报告上签章(字)。

9. 附件。

(1)鉴定委托书；

(2)鉴定机构的营业执照、资质证书、项目备案书以及鉴定人员的资格证书等；

(3)鉴定计算书；

(4)鉴定过程中使用过的案件项目特有材料等。

第二十七条　鉴定结论可以同时包括以下形式的结论：

1. 鉴定机构可以确定的结论及造价。

当整个鉴定案件事实清楚、依据充分、证据充足时，鉴定机构应出具造价明确的鉴定结论，简称为"鉴定结论"。

当鉴定案件中仅部分事实清楚、依据充分、证据充足时，鉴定机构应出具案件中这一部分造价准确的鉴定结论，称为"鉴定机构可以确定的部分结论及其造价"。对当事人在鉴定过程中一致达成的妥协性意见而导致的鉴定结果也可以纳入"鉴定结论"或"鉴定机构可以确定的部分结论及其造价"。

2. 鉴定机构无法确定的部分项目及其造价。

当鉴定案件中部分事实不清楚、证据不足或依据不足且当事人无法达成妥协，鉴定机构依据现有条件无法作出判断时，鉴定机构可以提交无法确定的部分项目及其造价结论，称为"鉴定机构无法确定的部分项目及其造价"。

对鉴定机构无法确定的部分项目及其造价，凡依据鉴定条件可以计算造价的，鉴定人员应提交准确的计算结果，并提出不能做出结论的原因或当事人双方的分歧原因；凡依据鉴定条件无法计算造价的，鉴定机构宜提交估算的计算结果；提交估算结果的条件也不具备时，鉴定机构可以不提交估算结果。

鉴定机构对无法确定的部分项目及其造价，应在鉴定报告的特殊说明中逐项提出不能做出结论的原因或提交当事人双方的分歧理由。

第二十八条　鉴定报告的版面和装订应符合案件鉴定委托人的要求。

第二十九条　出具鉴定报告的程序。

1. 鉴定机构在鉴定过程中根据需要可以多次出具工程量计算或其他鉴定内容征求意见稿，但每一次工程量计算或其他鉴定内容征求意见稿均应报经案件鉴定委托人同意后再交当事人征求意见。鉴定机构在每一次出具工程量计算或其他鉴定内容征求意见稿时均应同时向当事人出具征询意见函(格式见附表6)，向当事人表达准确的答复期限及其相应的法律责任。

2. 鉴定机构在出具鉴定报告之前必须先出具征求意见稿，报经案件鉴定委托人同意后再交当事人征求意见。鉴定机构在出具鉴定报告征求意见稿时也应同时向当事人出具征询意见函(格式见附表6)，向当事人表达准确的答复期限及其相应的法律责任。

3. 鉴定机构收到鉴定报告征求意见稿的各方复函后，应对各方的复函意见进行认真的斟酌，作出完善、充分的修订，再报经案件鉴定委托人同意后出具正式鉴定报告。

第三十条　鉴定机构及其鉴定人员对鉴定报告应当依法履行出庭接受质询的义务。鉴定人员确因特殊原因无法出庭的，经案件鉴定委托人准许，可以书面形式答复当事人的质询。

第三十一条　当案件鉴定委托人、鉴定机构自身有要求或有下列情形之一时，鉴定机构可提交补充鉴定报告：

1. 发现新的相关鉴定资料；

2. 原鉴定项目有遗漏；

3. 其他需要补充鉴定的情况。

补充鉴定报告是原鉴定报告的组成部分，可以对原鉴定报告作出补充、修改。

第三十二条　鉴定机构在具备技术胜任能力的前提下，可以接受复核鉴定、重新鉴定的委托。

第五章　回　避

第三十三条　鉴定机构或鉴定人员具有下列情况之一的，应当自行回避；不自行回避的，案件鉴定委托人、当事人及利害关系人有权要求其回避：

1. 是本案的当事人，或者是当事人近亲属的；

2. 鉴定主要经办人员或辅助经办人员本人或者其近亲属与本案有利害关系的；

3. 担任过本案的证人、勘验人、辩护人、诉讼代理人、咨询人、咨询机构的；

4. 与本案当事人有其他关系可能影响鉴定公正的。

第三十四条　鉴定主要经办人员和辅助经办人员提出回避的，鉴定机构应予批准并派出其他合格的造价人员担任鉴定人员。鉴定机构提出回避的，由案件鉴定委托人决定。案件当事人及利害关系人认为鉴定机构或鉴定人员应当回避的，应由回避要求的提出人向案件鉴定委托人提出申请及其理由，由案件鉴定委托人决定。

第六章　附　则

第三十五条　鉴定机构及鉴定人员在鉴定过程中因徇私舞弊、严重过错造成鉴定错误，应按照国家相关法律、法规承担相应责任。

第三十六条　本导则由××省建设工程造价咨询协会负责解释。

附表1　　**要求当事人提交鉴定举证资料的函**

致＿＿＿＿＿＿案件(原、被告)当事人＿(名称)＿：

根据案件鉴定委托人＿＿＿＿＿＿对我公司的工程造价鉴定委托，我公司正在开展＿＿＿＿＿＿案件的工程造价鉴定工作，依据《中华人民共和国民事诉讼法》、《中华人民共和国仲裁法》、《最高人民法院关于民事诉讼证据的若干规定》和本案件鉴定工作的需要，请在＿＿年＿月＿日＿＿时前提交(或补充提交)如下资料到我公司：

如在上述期限内不能提交所列资料或提交虚假资料的，将承担相应的法律后果。

除了我公司提出的上述资料以外，请主动举证鉴定中需要用到的其他资料，以免我公司的鉴定工作发生偏差而影响当事人的利益。

鉴定机构：＿(公章)＿＿

＿＿年＿月＿日

注：本函一式四份，报本案鉴定委托人备案一份，交举证的当事人各一份，鉴定机构留底一份。

附表 2

补交鉴定资料申请函

致______案件鉴定机构：

由于______原因，我方于____年__月__日提交的__________案件举证鉴定资料尚不足，依据《中华人民共和国民事诉讼法》、《中华人民共和国仲裁法》、《最高人民法院关于民事诉讼证据的若干规定》和本案件鉴定工作的需要，特申请补充举证如下鉴定资料，请予查收并质证：

当事人：___（公章）___

____年__月__日

注：本函一式三份，报本案鉴定委托人备案一份，交鉴定机构一份，举证的当事人留底一份。

附表 3

现场勘验通知书

致__________案件(原、被告)当事人___(名称)___：

根据案件鉴定委托人__________对我公司的建设工程造价鉴定委托，我公司正在开展__________案件的工程造价鉴定工作，依据《中华人民共和国民事诉讼法》、《中华人民共和国仲裁法》、《最高人民法院关于民事诉讼证据的若干规定》和本案件鉴定工作的需要，请在____年__月__日__时派授权代表到___(地点)___参加现场勘验工作。

鉴定机构：___（公章）___

____年__月__日

注：本函一式四份，报本案鉴定委托人备案一份，交当事人各一份，鉴定机构留底一份。

附表 4

勘验记录

根据____年__月__日的勘验通知，____年__月__日____时____案件的鉴定委托人__________、当事人______、______、______、______、鉴定机构(勘验机构)的______、______、______到达了__________现场(当事人______缺席)，本勘验记录、草图共___页，供鉴定使用。

鉴定委托人	当事人	当事人	鉴定(勘验)机构
____年__月__日	____年__月__日	____年__月__日	____年__月__日

附表 5

邀请当事人参加造价核对工作通知函

致__________案件(原、被告)当事人____(名称)____：

根据案件鉴定委托人__________对我公司的工程造价鉴定委托，我公司正在开展__________案件的工程造价鉴定工作，依据《中华人民共和国民事诉讼法》、《中华人民共和国仲裁法》、《最高人民法院关于民事诉讼证据的若干规定》和本案件鉴定工作的需要，请派员于____年__月__日____时开始到____(地点)____参加造价核对工作，核对期约需____天，具体时间安排待贵方派出的造价核对工作人员见面后再行商定。

如贵方在上述时间不能派员参加造价核对工作，将承担相应的法律后果。

鉴定机构：____(公章)____

____年__月__日

注：本函一式三份或四份，报本案鉴定委托人备案一份，交邀请的当事人一份，鉴定机构留底一份。

附表 6　　　　　　　　　　　　　　　**征询意见函**

致______案件(原、被告)当事人______：

根据案件鉴定委托人__________对我公司的工程造价鉴定委托，在各有关方面配合下，经过前段时间的工作，我公司已经形成__________的征求意见稿，经案件鉴定委托人同意，现将本鉴定项目的征求意见稿交给贵方，请在____年__月__日____时前将意见反馈给我公司。

如在上述期限内不能提交反馈意见，将承担相应的法律后果。

鉴定机构：____(公章)____

____年__月__日

注：本函一式四份，报本案鉴定委托人备案一份，交当事人各一份，鉴定机构留底一份。

三、财政投资评审

1. 财政投资评审的概念与内容

财政投资评审是公共财政的重要活动，投资支出从来都是我国财政支出最重要的组成部分。尽管改革开放使得财政投资的内容和范围发生了很大的变化，财政投资占财政总支出比重也下降了，但并没有否定投资在财政支出中的重要性，仍然对财政支出活动乃至整个财政活动起着举足轻重的作用。因此，如何加强财政投资的规范、约束、监督和管理，仍然是财政制度公共化过程中的重大课题。

财政投资评审活动，就是加强财政投资规范和预算管理的重要手段。财政投资评审，直接约束和监督财政投资项目的概(预)算、竣工决(结)算等各方面的活动，对于保证财政投资项目的工程质量，加强项目的支出预算和财务管理，提高财政投资效率，保证财政投资活动的正常顺利进行等，都起着无可替代的直接作用。因此，财政投资评审活动，是财政投资活动的一个重要环节，也是财政履行自己职能的重要内容。

评审活动将大大提高财政投资的效率，就具体的财政投资评审来看，其内容主要有：项目基本建设程序和基本建设管理制度执行情况；项目招标标底的合理性；项目概算、预算、竣工决(结)算；建设项目财政性资金的使用、管理情况；项目概、预算执行情况以及与过程造价相关的其他情况；对使用科技三项费、技改贴息、国土资源调查费等财政性资金项目进行的专项检察；财政部门委托的其他业务，等等。

2. 财政投资项目评审的依据和程序

(1)项目评审依据：

1)国家有关投资计划、财政预算、财务、会计、财政投资评审、经济合同和工程建设的法律、法规及规章制度等与工程项目相关的规定；

2)国家土管部门及地方有关部门颁布的标准、定额和工程技术经济规范;

3)与工程项目有关的市场价格信息、同类项目的造价及其他有关的市场信息;

4)项目立项、可行性研究报告、初步设计概算批复等批准文件,项目设计、招投标、施工合同及施工管理等文件;

5)项目评审所需的其他有关依据。

(2)项目评审程序:

1)评审准备阶段,其主要工作内容:

①了解被评审项目的基本情况,收集和整理必要的评审依据,判定项目是否具备评审条件;

②确定项目评审负责人,配置相应的评审人员;

③通知项目建设单位提供项目评审必需的资料;

④根据评审要求,制定项目评审计划。评审计划应包括拟定评审内容、评审重点、评审方法和评审时间等内容。

2)评审实施阶段,其主要工作内容:

①查阅并熟悉有关项目的评审依据,审查项目建设单位所提供资料的合法性、真实性、准确性和完整性;

②现场踏勘;

③核查、取证、计量、分析、汇总;

④在评审过程中应及时与项目建设单位进行沟通,重要证据应进行书面取证;

⑤按照规定的格式和内容形成初审意见;

⑥对初审意见进行复核并做出评审结论;

⑦与项目建设单位交换评审意见,并由项目建设单位在评审结论书上签署意见;若项目建设单位不签署意见或在规定时间内未能签署意见的,评审机构在上报评审报告时,应对项目建设单位未签署意见的原因做出详细说明。

3)评审完成阶段,其主要工作内容:

①根据评审结论和项目建设单位反馈意见,出具评审报告;

②及时整理评审工作底稿、附件、核对取证记录和有关资料,将完整的项目评审资料与项目建设单位意见资料登记归档;

③对评审数据、资料进行信息化处理,建立评审项目档案。

(3)评审机构可运用多种评审方法对项目进行全面评审。

3. 财政投资项目预算评审

(1)项目预算评审包括对项目建设程序、建筑安装工程预算、设备投资预算、待摊投资预算和其他投资预算等的评审。

(2)项目预算应由项目建设单位提供,项目建设单位委托其他单位编制项目预算的,由项目单位确认后报送评审机构进行评审。项目建设单位没有编制项目预算的,评审机构应督促项目建设单位尽快编制。

(3)项目建设程序评审包括对项目立项、项目可行性研究报告、项目初步设计概算、项目征地拆迁及开工报告等批准文件的程序性评审。

(4)建筑安装工程预算评审包括对工程量计算、预算定额选用、取费及材料价格等进行评审。

1)工程量计算的评审包括:

①审查施工图工程量计算规则的选用是否正确;

②审查工程量的计算是否存在重复计算现象;

③审查工程量汇总计算是否正确；

④审查施工图设计中是否存在擅自扩大建设规模、提高建设标准等现象。

2)定额套用、取费和材料价格的评审包括：

①审查是否存在高套、错套定额现象；

②审查是否按照有关规定计取工程间接费用及税金；

③审查材料价格的计取是否正确。

(5)设备投资预算评审，主要对设备型号、规格、数量及价格进行评审。

(6)待摊投资预算和其他投资预算的评审，主要对项目预算中除建筑安装工程预算、设备投资预算之外的项目预算投资进行评审。评审内容包括：

1)建设单位管理费、勘察设计费、监理费、研究试验费、招标投标费、贷款利息等待摊投资预算，按国家规定的标准和范围等进行评审；

对土地使用权费用预算进行评审时，应在核定用地数量的基础上，区别土地使用权的不同取得方式进行评审。

2)其他投资的评审，主要评审项目建设单位按概算内容发生并构成基本建设实际支出的房屋购置和基本禽畜、林木等购置、饲养、培育支出以及取得各种无形资产和递延资产等发生的支出。

(7)部分项目发生的特殊费用，应视项目建设的具体情况和有关部门的批复意见进行评审。

(8)对已进行招标投标或已签订相关合同的项目进行预算评审时，应对招投标文件、过程和相关合同的合法性进行评审，并据此核定项目预算。

对已开工的项目进行预算评审时，应对截止评审日的项目建设实施情况，分别按已完、在建和未建工程进行评审。

(9)预算评审时需要对项目投资细化、分类的，按财政细化基本建设投资项目预算的有关规定进行评审。

(10)对建设项目概算的评审，参照有关规定进行。

4. 财政投资项目竣工决算评审

(1)项目竣工决算评审包括对项目建筑安装工程投资、设备投资、待摊投资和其他投资完成情况，项目建设程序、组织管理、资金来源和资金使用情况、财务管理及会计核算情况、概(预)算执行情况和竣工财务决算报表的评审。

(2)项目竣工决算应由项目建设单位编制，项目建设单位委托其他单位编制的项目竣工决算，由项目建设单位确认后报送评审机构进行评审。

项目建设单位没有编制项目竣工决算的，评审机构可督促项目建设单位进行编制。

评审机构应要求项目建设单位提供工程竣工图、工程竣工结算资料、竣工财务决算报告、监理单位的监理报告和决算评审所需其他有关资料。

(3)项目建设程序评审，主要包括对项目立项、可行性研究报告、初步设计等程序性内容的审批情况进行评审。若项目已按相关规定进行预算评审的，则评审其调整的部分。

(4)项目建设组织管理情况的评审，主要审查项目建设是否符合项目法人责任制、招标投标制、合同制和工程监理制等基本建设管理制度的要求；项目是否办理开工许可证；项目施工单位资质是否与工程类别以及工程要求的资质等级相适应；项目施工单位的施工组织设计方案是否合理等。

(5)项目资金到位和使用情况的评审，主要评审项目资金管理是否执行国家有关规章制度，具体包括：

1)建设项目资金审查:主要审查各项资金的到位情况,是否与工程建设进度相适应,项目资本金是否到位并由中国注册会计师验资出具验资报告;

2)审查资金使用及管理是否存在截留、挤占、挪用、转移建设资金等问题;

3)实行政府采购和国库集中支付的基本建设项目,应审查是否按政府采购和国库集中支付的有关规定进行招标和资金支付;

4)有基建收入或结余资金的建设项目,应审查其收入或结余资金是否按照基本建设财务制度的有关规定进行处理;

5)审查竣工决算日建设资金账户实际资金余额。

(6)建筑安装工程投资评审的主要内容:

1)审查建安工程投资各单项工程的结算是否正确;

2)审查建安工程投资各单项工程和单位工程的明细核算是否符合要求;

3)审查各明细账相对应的工程结算其预付工程款、预付备料款、库存材料、应付工程款等以及各明细科目的组成内容是否真实、准确、完整;

4)审查工程结算是否取得合法的发票,是否按合同规定预留了质量保证金;

5)对建安工程投资评审时还应审查以下内容:

①审查项目单位是否编制有关工程款的支付计划并严格执行(已招标的项目是否按合同支付工程款);

②审查预付工程款和预付备料款的抵扣是否准确(项目竣工后预付工程款和预付备料款应无余额);

③对有甲供材料的项目,应审查甲供材料的结算是否准确无误,审定的建安工程投资总额是否已包含甲供材料;

④审查项目建设单位代垫款项是否在工程结算中扣回。

(7)设备投资支出评审的内容:

1)设备采购过程评审:

①项目单位对设备的采购是否有相应的控制制度并按照执行;

②限额以上设备的采购是否进行招标投标;

③设备采购的品种、规格是否与初步设计相符合,是否存在增加数量、提高标准现象;

④设备入库、保管、出库是否建立相应的内部管理制度并按照执行。

2)设备采购成本和各项费用的评审:

①设备的购买价、运杂费和采购保管费是否按规定计入成本;

②设备采购、安装调试过程中所发生的各项费用,是否包括在设备采购合同内,进口设备各项费用是否列入设备购置成本。

3)设备投资支出核算的评审:

①设备投资支出是否按单项工程和设备的类别、品名、规格等进行明细核算;

②与设备投资支出相关的内容如器材采购、采购保管费、库存设备、库存材料、材料成本差异、委托加工器材等核算是否遵循基本建设财务会计制度;

③列入房屋建筑物的附属设备,如暖气、通风、卫生、照明、煤气等建设,是否已按规定列入建筑安装工程投资。

(8)待摊投资评审,主要对各项费用列支是否属于本项目开支范围,费用是否按规定标准控制,取得的支出凭证是否合规等进行评审。

(9)其他投资支出主要评审房屋购置和基本禽畜、林木等购置、饲养、培育支出以及取得各种无形资产和递延资产发生的支出是否合理、合规，是否是概算范围和建设规模的内容，入账凭证是否真实、合法。

(10)其他相关事项评审的内容：

1)交付使用资产：审查交付使用资产的成本计算是否正确，交付使用资产是否符合条件；

2)转出投资、待核销基建支出：审查转出投资、待核销基建支出的转销是否合理、合规，转出投资和待核销基建支出的成本计算是否正确；

3)收尾工程：审查收尾工程是否属于已批准的工程内容，并审查预留费用的真实性。经审查的收尾工程，可按预算价或合同价，同时考虑合理的变更因素或预计变更因素后，列入竣工决算。

(11)项目财务管理及会计核算情况评审的内容：

1)项目财务管理和会计核算是否按基建财务及会计制度执行；

2)会计账簿、科目及账户的设置是否符合规定，项目建设中的材料、设备采购等手续是否齐全，记录是否完整；

3)审查资金使用、费用列支是否符合有关规定。

(12)竣工财务决算报表评审的内容：

1)决算报表的编制依据和方法是否符合国家有关基本建设财务管理的规定；

2)决算报表所列有关数字是否齐全、完整、真实，钩稽关系是否正确；

3)竣工财务决算说明书编制是否真实、客观，内容是否完整。

(13)评审机构对项目竣工决算进行评审时，应对项目预(概)算执行情况进行评审。项目预(概)算执行情况评审的主要内容是审查项目预(概)算的执行情况和各子项的执行情况。

项目预(概)算执行情况的审查内容包括投资规模、生产能力、设计标准、建设用地、建筑面积、主要设备、配套工程、设计定员等是否与批准概算相一致。

项目各子项预(概)算执行情况的审查内容包括子项额度有无相互调剂使用，各项开支是否符合标准；子项工程有无扩大规模、提高建设标准和有无计划外项目。

评审机构还应对建设项目追加概算的过程、原因及其合规性、真实性进行评审。

5. 财政专项资金项目评审

(1)财政专项资金项目主要包括：建设类支出项目、专项支出项目、专项收入项目。

(2)建设类支出项目的评审，按上述相关规定进行评审。

(3)财政专项支出项目评审内容一般包括：

1)项目合规性、合理性：

①项目申报材料是否齐全、申报内容是否真实、可靠；

②项目是否符合国家方针政策和财政资金支持的方向和范围，是否符合本地区、本部门的产业政策和事业发展需要；

③项目目标和组织实施计划是否明确，组织实施保障措施是否落实。

2)项目预算编制及执行情况：

①项目预算编制程序、内容、标准等是否符合相关要求；

②项目总投资、政策性补贴情况；

③财务制度执行情况；

④专项资金支出是否按支出预算管理办法规定的用途拨付、使用；

⑤项目配套资金是否及时足额到位；

⑥专项支出项目效益及前景分析。

3)其他：

①项目组织承担单位的组织实施能力；

②项目是否存在逾期未完成任务，拖延工期，管理不善造成损失浪费等问题；

③要求评审的其他内容。

(4)财政专项收入项目评审的内容主要包括：

1)审查专项资金收入的征缴管理是否符合有关规章制度；

2)审查专项资金收入管理部门内部控制制度是否健全；

3)对应缴库的专项资金收入，审查应缴费(税)单位是否及时、足额缴纳费(税)，征管机关是否应征尽征，是否存在挤占、截留、坐支、挪用财政收入的问题；

4)专项资金收入安排、使用效益评价；

5)要求评审的其他内容。

(5)专项资金项目既有收入，又有支出的，评审时应根据收入和支出的相关内容开展评审工作。

(6)财政专项资金项目评审方法主要采用重点审查法和全面审查法。评审中如有特殊需要，可以聘请专业人才，对评审事项中某些专业问题进行咨询。

6. 财政投资项目评审的质量控制

(1)财政投资项目评审的质量控制包括项目评审人员要求、项目评审的稽核复查、评审报告质量控制、评审档案管理等内容。

(2)项目评审人员要求：

1)项目评审应配备相应的专业评审人员，根据评审项目的实际情况配置评审负责人、稽复核人员或技术负责人；

2)评审人员应当具有一定政治素质、政策水平和专业技术水平，对不同行业、不同项目的评审应根据专业特点组织相应的专业评审人员参加；

3)评审人员应当严格执行国家的法律法规，客观公正、廉洁自律，以保证评审结果的准确性和公正性；

4)对保密项目的评审，评审人员应遵守国家有关保密规定。

(3)评审机构应建立评审专家库，为财政投资评审服务。

(4)财政投资项目评审应实行回避制度，评审人员与被评审项目单位有直接关系或有可能影响评审公正性的应当回避。

(5)项目评审的复查稽核：

1)评审机构应当设立专门的“稽(复)核部门”，专职负责项目评审的稽(复)核工作；

2)项目评审的复查稽核包括对评审计划、评审程序的稽核；对评审依据的复审；对评审项目现场的再踏勘和测评；对评审结果的复核等；

3)项目评审的复核稽查方式包括全面复查、重点复查和专家会审等。项目评审负责人应全面复核评审工作底稿。

(6)评审报告的质量控制：

1)评审报告必须全面、客观地反映项目评审情况和结果，对评审中发现的问题，要提出处理意见或建议，发现重大问题，要作重点说明；

2)评审报告经过内部复核后，交评审机构负责人最后审定签发；

3)评审报告应按统一格式打印、装订、签章，评审报告连同相关的审核工作底稿等评审资料应及时完整归档。

(7)项目评审的档案管理：

1)项目评审档案管理是指对评审资料进行整理、分类、归档及数据信息的汇总处理；

2)评审资料包括被评审项目单位提供的各种资料、评审人员现场踏勘和测量,取证所取得的原始资料,评审过程的工作底稿,初审报告,复核(审)报告,被评审单位反馈意见,评审报告等；

3)项目评审档案的保存期限为10年,特殊评审项目档案的保管时间按有关规定执行。

【解决纠纷的依据】

财政投资评审质量控制办法(试行)

财建[2005]1065号

第一章 一般原则

第一条 为了规范财政投资评审管理,保证财政投资评审质量,根据国家有关法律、法规以及《财政投资评审管理暂行规定》和《财政投资评审操作规程(试行)》,制定本办法。

第二条 财政投资评审机构从事财政投资评审业务时,按本办法进行质量控制。

第三条 财政投资评审机构实施财政投资评审业务时,应当按照相关法律、行政法规和本办法的规定以及委托评审要求,在委托授权范围内,遵循合法、公正、客观的原则,开展财政投资评审工作。

第四条 财政投资评审机构从事财政投资评审业务质量控制包括评审人员要求、评审实施、评审工作底稿和评审档案管理等方面的质量控制,以及未达到质量控制标准的处罚原则。

第五条 财政投资评审机构应当合理运用质量控制程序,选派能胜任评审工作的专业人员,搜集充分准确的评审证据,编制详细完整的评审工作底稿,完善评审内部控制、复核体系,保证所有评审工作符合财政投资评审管理有关规定的要求。

第六条 财政投资评审机构应独立完成评审任务。对个别有特殊技术要求的项目确需聘用专业评审人员的,须征得委托评审任务的财政部门同意,并且自身完成评审工作量不应低于60%。涉及国家机密的项目,不得使用聘用人员。

第七条 财政投资评审机构未经委托评审财政部门同意,不得以任何形式向任何单位或个人披露评审项目的有关信息,更不得对外提供、泄漏或公开评审的有关情况。

第二章 评审人员要求

第八条 财政投资评审机构应建立评审人才专家库,为财政投资评审服务。对不同行业、不同类型项目的评审业务,应根据专业特点选派相应的专业评审人员参加。

第九条 财政投资评审机构应要求评审人员在执行评审任务时,合理运用国家相关法律、法规和建设工程造价管理政策、基本建设财务会计制度及相关专业知识、技能和经验开展评审业务,保持职业应有的谨慎,恪守客观公正、合规合法、实事求是、廉洁奉公的评审原则。

第十条 财政投资评审机构评审人员与项目建设单位或者建设项目有直接利害关系的,应当实行回避制度。

第十一条 财政投资评审机构应要求评审人员遵守国家有关保密规定,不得泄露评审时知悉的国家机密和商业秘密,未经业务委托财政部门的同意,不得将评审中取得的材料用于评审报告以外的事项。

第十二条 财政投资评审机构应定期对评审人员进行培训;接受财政投资评审任务后,根据项目评审要求和特点,对参加评审人员进行有针对性的培训。

第三章 实施评审质量控制

第十三条 实施财政投资评审质量控制包括评审准备、具体实施以及报告等方面的质量控制。财政投资评审机构应严格按照《财政投资评审操作规程(试行)》的有关要求进行。

第十四条 财政投资评审机构应做好充分的评审准备,了解建设项目及项目建设单位的基本情况，收集项目所涉及主要材料、设备的市场价格信息，制定恰当的评审计划和方案。重点项目评审计划和实施方案需报委托评审财政部门备案。

第十五条 财政投资评审机构在评审实施阶段，应当制定和运用质量控制政策，建立规范的业务委派、督导、专家咨询以及重大问题请示汇报的工作程序，并以适当的方式将质量控制政策与程序传达到项目全体评审人员，以确保其正确理解和执行。

第十六条 财政投资评审机构在选用评审依据时，应对具体问题进行分析，做出客观公正的评价和判断。若地方及行业主管部门法规与国家法规发生矛盾时，以国家法规为依据，并在评审报告中予以重点说明。

第十七条 财政投资评审机构在与建设单位正式交换意见前，应对评审结论和项目评审情况实施三级复核。

第十八条 财政投资评审机构应当在评审工作结束后，及时编制和提交评审报告。编制评审报告应注意：

（一）评审报告的编制应当规范、全面、详细、如实反映项目建设的实际情况。

（二）评审结论内容应当完整。

（三）评审报告内容与项目建设单位交换意见的评审结论表内容应一致。

（四）对反映建设项目或项目建设单位的违法违纪问题，定性要准确，不得瞒报、漏报项目建设中存在的重大问题。

（五）财政投资评审机构在评审报告提交财政部门前，应征求项目建设单位意见。

第十九条 财政投资评审机构应当编制完整的评审工作底稿。评审工作底稿包括：评审计划；评审内容；审减（增）情况；评审发现的问题；所形成的专业判断及依据等。评审工作底稿应真实、完整地反映评审实施全过程。

第二十条 财政投资评审机构应当建立财政投资评审档案。及时收集、整理财政投资评审工作底稿，将项目投资评审的资料归档。应归入项目评审档案的文件材料包括：

（一）立项性文件材料，包括评审委托文件、评审工作计划等。

（二）证明性文件材料，包括评审证据、评审工作底稿等。

（三）结论性文件材料，包括评审报告、三级复核意见、评审结论表、财政部门对评审报告的批复文件等。

（四）其他备查文件材料，包括项目审批文件等。

第四章 处罚原则

第二十一条 财政部门在对项目评审报告进行审核时，对格式、内容不符合要求，以及重复计算工程量、高套取费类别、扩大建设规模、提高建设标准以及挤占挪用建设资金等重大问题没有反映或定性不准确的评审报告，将采取如下措施：

（一）评审报告需补充资料的，要求财政投资评审机构在规定时间内补充材料。

（二）评审报告部分内容质量不符合要求，将评审报告退回评审机构，修改后重报。

（三）评审报告对重大问题没有反映，或定性不准确的，要求重新评审，直到评审报告符合要求。如重新评审后仍不符合要求的，财政部门将取消委托评审，另外委托其他财政投资评审机构进行评审。

第二十二条 财政部门将定期或在同类项目评审工作结束后对财政投资评审机构的评审质量作出阶段性评比，将评审报告质量分优良、合格、基本合格、不合格四档。

（一）评审报告完全符合评审要求，且评审成绩突出，为优良。

（二）评审报告基本符合要求，部分内容经说明、修改、补充后可进行正常批复的，为合格。

（三）评审报告存在质量问题，退回重报后可以进行批复的，为基本合格。对于基本合格的评审报告，适当扣减项目评审费用。

（四）评审报告退回重审、重报后，仍达不到要求，无法批复的，为不合格。对于不合格的评审报告，不支付项目评审费用。

第二十三条　财政部门将按一定比例对财政投资评审机构已评审项目组织抽查复审，对项目评审工作底稿等内容，将随时随机抽查。

凡复审和抽查发现重大质量问题或较大幅度漏审的，以及因项目评审结论不实，引起诉讼和纠纷的，财政部门将对财政投资评审机构采取通报批评、扣拨评审费用、停止委托新的评审任务等处罚措施。

第二十四条　财政部门对已评审项目进行检查或复评时，对发现项目存在重大问题，但财政投资评审机构因主观原因应该发现而没有发现或没有在评审结论中反映的，财政部门将比照第二十一条有关规定对评审机构进行处罚。

第二十五条　财政投资评审机构在财政投资评审过程中若违法、违规，滥用职权、玩忽职守、徇私舞弊或泄露国家机密、商业秘密的等违反财政法规行为，财政部门按国务院《财政违法行为处罚处分条例》（国务院令第427号）予以处理，触犯刑律的，移交司法机关处理。

第二十六条　财政投资评审机构及其评审人员违反本办法第七条有关规定，财政部门将停止委托其评审业务。

第五章　附　则

第二十七条　财政投资评审机构从事财政部门委托的专项核查业务的质量控制，应当参照本办法执行。

第二十八条　各级财政部门设立的财政投资评审机构可根据本办法制定内部质量控制与评审风险管理办法、评审人员具体管理办法、投资评审质量管理技术岗位职责等文件，并报同级财政部门批准后执行。

第二十九条　本办法由财政部负责解释。

第三十条　本办法自发布之日起30日后实施。

7. 财政投资项目评审报告

（1）评审机构在实施规定的评审程序后，应综合分析，形成评审结论，出具评审报告，并对评审结论的真实性、完整性负责。

（2）评审报告分为项目预（概）算评审报告、项目竣工决（结）算评审报告。

财政专项资金项目评审报告，应根据专项资金的不同要求和特点，参照项目评审报告的一般格式形成评审报告。

（3）评审报告的基本内容包括封面、正文和附件三部分。

1）封面。

2）正文：

①目录。

②项目概况。项目批复情况，建设规模和建设内容，项目实施情况，投资总额及来源，设计、施工及监理等情况，在项目概况中作详细说明。

③评审依据。参照上述“2.”中所规定的评审依据。

④范围及程序。对项目评审的具体内容、范围和程序作说明。

⑤评审结论。项目预算评审结果应按规定的评审内容拟写，并对审定后项目预算投资额与报审投资和批复概算或调整概算进行比较，分析说明审减（增）原因；项目竣工决算评审结果应按

规定的评审内容拟写，并对概(预)算执行审定、核减(增)原因等情况作说明、分析。

⑥重要事项说明。对项目评审中发现或有异议的重要事项，应作重点说明。

⑦项目评价。项目竣工决算评审应对项目建成后的经济、社会环境等综合效益做出客观评价。

⑧问题及建议。对项目评审中发现的主要问题作客观说明并提出具体改进建议。

⑨签章。评审报告应签署评审单位全称，并加盖评审单位公章。

⑩评审报告日期。评审报告日期是评审结论确定并经评审单位负责人签署意见的日期，报告日期应与被评审项目单位确认和签署建设项目预(概)算或决(结)算评审结论日期一致。

3)附件主要包括：

①项目立项、概算等重要批复文件资料；

②建设项目投资评审结论；

③基本建设项目竣工财务决算报表。

(4)对已开工项目的预算评审，评审报告应对建设单位、监理单位、项目招投标及施工合同签订情况、项目建设实施情况，资金到位使用情况作重点说明。

(5)项目竣工决算评审，评审报告应对核减(增)原因进行分析，工程造价审定与财务审查对应关系，未完工程预留建设资金的核定，资产交付使用情况，项目建设效益评价情况作重点说明。

【解决纠纷的依据】

财政投资评审管理规定

财建[2009]648号

第一条 为加强财政投资评审管理，规范财政投资评审行为，依据《中华人民共和国预算法》、《中华人民共和国预算法实施条例》、《中华人民共和国政府采购法》、《基本建设财务管理规定》等法律和行政规定，制定本规定。

第二条 财政投资评审是财政职能的重要组成部分，财政部门通过对财政性资金投资项目预(概)算和竣工决(结)算进行评价与审查，对财政性资金投资项目资金使用情况，以及其他财政专项资金使用情况进行专项核查及追踪问效，是财政资金规范、安全、有效运行的基本保证。

财政投资评审业务由财政部门委托其所属财政投资评审机构或经财政部门认可的有资质的社会中介机构(以下简称"财政投资评审机构")进行。其中，社会中介机构按照《政府采购法》及相关规定，通过国内公开招标产生。

第三条 财政投资评审的范围包括：

(一)财政预算内基本建设资金(含国债)安排的建设项目；

(二)财政预算内专项资金安排的建设项目；

(三)政府性基金、预算外资金等安排的建设项目；

(四)政府性融资安排的建设项目；

(五)其他财政性资金安排的建设项目；

(六)需进行专项核查及追踪问效的其他项目或专项资金。

第四条 财政投资评审的内容包括：

(一)项目预(概)算和竣工决(结)算的真实性、准确性、完整性和时效性等审核；

(二)项目基本建设程序合规性和基本建设管理制度执行情况审核；

(三)项目招标程序、招标方式、招标文件、各项合同等合规性审核；

(四)工程建设各项支付的合理性、准确性审核；

(五)项目财政性资金的使用、管理情况，以及配套资金的筹集、到位情况审核；

(六)项目政府采购情况审核；

(七)项目预(概)算执行情况以及项目实施过程中发生的重大设计变更及索赔情况审核；

(八)实行代建制项目的管理及建设情况审核；

(九)项目建成运行情况或效益情况审核；

(十)财政专项资金安排项目的立项审核、可行性研究报告投资估算和初步设计概算的审核；

(十一)对财政性资金使用情况进行专项核查及追踪问效。

(十二)其他。

第五条　财政投资评审的方式：

(一)项目预(概)算和竣工决(结)算的评价与审查。包括：对项目建设全过程进行跟踪评审和对项目预(概)算及竣工决(结)算进行单项评审；

(二)对财政性资金使用情况进行专项核查及追踪问效；

(三)其他方式。

第六条　财政投资评审的程序：

(一)财政部门选择确定评审(或核查，下同)项目，对项目主管部门及财政投资评审机构下达委托评审文件；

(二)项目主管部门通知项目建设(或代建，下同)单位配合评审工作；

(三)财政投资评审机构按委托评审文件及有关规定实施评审，形成初步评审意见，在与项目建设单位进行充分沟通的基础上形成评审意见；

(四)项目建设单位对评审意见签署书面反馈意见；

(五)财政投资评审机构向委托评审任务的财政部门报送评审报告；

(六)财政部门审核批复(批转)财政投资评审机构报送的评审报告，并会同有关部门对评审意见作出处理决定；

(七)项目主管部门督促项目建设单位按照财政部门的批复(批转)文件及处理决定执行和整改。

第七条　财政部门负责财政投资评审工作的管理与监督，履行以下职责：

(一)制定财政投资评审规章制度，管理财政投资评审业务，指导财政投资评审机构的业务工作；

(二)确定并下达委托评审任务，向财政投资评审机构提出评审的具体要求；

(三)负责协调财政投资评审机构在财政投资评审工作中与投资主管部门、项目主管部门等方面的关系；

(四)审核批复(批转)财政投资评审机构报送的评审报告，并会同有关部门对评审意见作出处理决定；

(五)对拒不配合或阻挠财政投资评审工作的项目建设单位，根据实际情况，财政部门有权暂缓下达项目财政性资金预算或暂停拨付财政性资金；

(六)根据实际需要对财政投资评审机构报送的投资评审报告进行抽查或复核；

(七)按规定向接受委托任务的财政投资评审机构支付评审费用。

第八条　项目主管部门在财政投资评审工作中履行以下职责：

(一)及时通知项目建设单位配合财政投资评审机构开展工作；

(二)涉及需项目主管部门配合提供资料的，应及时向财政投资评审机构提供评审工作所需相关资料，并对所提供资料的真实性、合法性负责；

(三)对评审意见中涉及项目主管部门的内容，签署书面反馈意见；

（四）根据财政部门对评审报告的批复（批转）意见，督促项目建设单位执行和整改。

第九条 项目建设单位在财政投资评审工作中履行以下义务：

（一）积极配合财政投资评审机构开展工作，及时向财政投资评审机构提供评审工作所需相关资料，并对所提供资料的真实性、合法性负责；

（二）对评审工作涉及需要核实或取证的问题，应积极配合，不得拒绝、隐匿或提供虚假资料；

（三）对财政投资评审机构出具的建设项目投资评审意见，项目建设单位应在收到日起五个工作日内签署意见，并由项目建设单位和项目建设单位负责人盖章签字（具体格式见附件）；逾期不签署意见，则视同同意评审意见；

（四）根据财政部门对评审报告的批复（批转）意见，及时进行整改。

第十条 财政投资评审机构应当按照以下规定开展财政投资评审工作：

（一）按照财政部关于财政投资评审质量控制办法的要求，组织机构内部专业人员依法开展评审工作，对评审报告的真实性、准确性、合法性负责；

（二）独立完成评审任务，不得以任何形式将财政投资评审任务再委托给其他评审机构。对有特殊技术要求的项目，确需聘请有关专家共同完成委托任务的，需事先征得委托评审任务的财政部门同意，并且自身完成的评审工作量不应低于60%；

（三）涉及国家机密等特殊项目，不得使用聘用人员；

（四）对评审工作实施中遇到的重大问题应及时向委托评审任务的财政部门报告；

（五）编制完整的评审工作底稿，并经相关专业评审人员签字确认；

（六）建立健全对评审报告的内部复核机制；

（七）在规定时间内向委托评审任务的财政部门出具评审报告；如不能在规定时间完成评审任务，应及时向委托评审任务的财政部门报告，并说明原因；

（八）建立严格的项目档案管理制度，完整、准确、真实地反映和记录项目评审的情况，做好各类资料的存档和保管工作；

（九）未经委托评审任务的财政部门批准，财政投资评审机构及有关人员，不得以任何形式对外提供、泄漏或公开评审项目的有关情况；

（十）不得向项目建设单位收取任何费用；

（十一）对因严重过失或故意提供不实或内容虚假的评审报告承担相应法律责任。

第十一条 经委托评审任务的财政部门批准，因评审业务需要，评审人员可以向与项目建设单位有经济业务往来的单位查询相关情况，依法向金融机构查询项目建设单位及相关单位有关银行账户资金情况。

相关单位和金融机构应当对财政投资评审机构的查询工作予以配合。

第十二条 财政部门对评审意见的批复和处理决定，作为调整项目预算、掌握项目建设资金拨付进度、办理工程价款结算、竣工财务决算等事项的依据之一。

第十三条 财政投资评审机构出具的评审报告质量达不到委托要求、在评审或核查中出现严重差错、超过评审及专项核查业务要求时间且没有及时书面说明或者说明理由不充分的，财政部门将相应扣减委托业务费用，情节严重的，将不支付委托业务费用。

财政投资评审机构故意提供内容不实或虚假评审报告的，财政部门将不支付委托业务费用，终止其承担委托业务的资格，并按有关规定严肃处理。

第十四条 对投资评审机构在财政投资评审工作中存在的违反财政法规行为，财政部门应当按照国务院《财政违法行为处罚处分条例》予以处理。

第十五条 各省、自治区、直辖市、计划单列市财政厅（局）可以根据本办法并结合本地区实际情况制定具体实施办法，并报财政部备案。

第十六条　各级财政部门所属的财政投资评审机构可根据本规定及相关文件，制定财政投资评审内部操作办法、内部控制与评审风险管理办法、评审工作底稿及档案管理办法、评审人员管理办法以及投资评审质量管理技术岗位职责等办法，报同级财政部门核准后执行。

第十七条　本规定自 2009 年 10 月 1 日起施行。财政部颁布的《财政投资评审管理暂行规定》(财建[2001]591 号)同时废止。

附：建设项目投资评审报告(略)。

第五章　工程变更与签证阶段纠纷分析与处理

第一节　工程签证与变更

一、关于工程签证

1. 工程签证的概念

工程签证是按照施工发承包合同约定，由工程承发包双方的法定代表人及其授权代表等在施工工程及结算过程中对确认工程量、增加合同价款、支付各种费用、顺延竣工日期、承担违约责任、赔偿损失等内容达成的一致意见的补充协议(注：目前一般以技术核定单和业务联系单的形式反映者居多)。

工程签证以书面形式记录了施工现场发生的特殊费用，直接关系到业主与施工单位的切身利益，是工程结算的重要依据。特别是对一些投标报价包死的工程，结算时更是要对设计变更和现场签证进行调整。现场签证是记录现场发生情况的第一手资料。通过对现场签证的分析、审核，可为索赔事件的处理提供依据，并据以正确地计算索赔费用。

【概念依据】

在现行法律及规范中，有三处提及工程签证，分别是：

(1)《建设工程价款结算暂行办法》规定第 14 条第 6 款规定："发包人要求承包人完成合同以外零星项目，承包人应在接受发包人要求的 7 天内就工程数量和单价、机械台班数量和单价、使用材料和金额等向发包人提出施工签证，发包人签证后施工……"

(2)《建设工程工程量清单计价规范》第 2.0.11 条将工程签证定义为："发包人现场代表与承包人现场代表就施工过程中涉及的责任事件所作的签认证明。"根据该规范条文说明第 2.0.11 条，所谓"责任事件"指"由于发包人责任致使承包人在工程施工过程中于合同内容外发生了额外的费用"，所谓"签认证明"指"签字确认的证明"：结合该规范第 4.6.6 款规定，"应发包人要求完成的合同以外的零星工作"也属责任事件范围。

(3)《最高人民法院关于审理建设工程施工合同纠纷案件适用法律问题的解释》第 19 条规定："当事人对工程量有争议的，按照施工过程中形成的签证等书面文件确认"。

2. 工程签证的分类

(1)从结算结果上分：一种是已经发生或履行完毕事项的签证，如土方外运量的签证，可以直接作为结算依据。另一种是准备发生或未履行完毕事项的签证，如设计变更联系单(4 层楼改为 5 层楼)，必须与履行资料结合才能作为结算依据。

(2)从目的上分：工期签证、费用签证、工期＋费用签证。

1)工期签证，避免工期罚款的签证，包括：

①零星用工。施工现场发生的与主体工程施工无关的用工，如定额费用以外的搬运拆除用工等。

②零星工程。

③临时设施增补项目。

④隐蔽工程签证。

⑤窝工、非施工单位原因停工造成的人员、机械经济损失。如停水、停电,业主材料不足或不及时,设计图纸修改等。

⑥议价材料价格认价单。结算资料汇编规定允许计取议价材差的材料,需要在施工前确定材料价格。

⑦其他需要签证的费用。

2)工期签证,追加工程价款的签证,包括:停水、停电签证;非施工单位原因停工造成的工期拖延。

3)工期+费用签证:两者兼而有之。

(3)从表现形式上分:签证单(发包人比较反感)、工作联系单、工程联系单、工程联系单备忘录。

(4)按签证的时间分:施工阶段签证、施工完成后的补办签证。

(5)从价款是否明确角度又可分为:工程量签证,比如桩基工程量签证;价款(费用)签证,比如人工费签证。

(6)按建设单位签证人员主观意愿分:正常签证、过失签证、恶意签证。

3. 工程签证的构成要件

工程签证采用共同签认的方式,由施工发承包双方作为主体,有关的工程监理、工程造价咨询者共同签认,作为它的附件还会有设计方等的签认。签证在权力行使上强调由发、承包双方法人代理人来行使这个签认的权力,将权力集中下放。工程签证作为工程进度款支付与工程结算的凭据,其构成要件包括:

(1)签证主体:合同双方当事人。

(2)签证授权:有签证权的人签字方为有效。如甲方代表、监理工程师、项目经理等。

(3)签证内容:必须涉及工期顺延、费用变化、工程量变化等内容。

(4)意思表示一致:表述如下:双方一致同意、发包人同意、发包人批准。如果签字为:"情况属实",则有歧义,应避免。

4. 工程签证的法律特征

(1)工程签证是双方协商一致的结果,是双方法律行为。建设工程施工合同履行的可变更性及实际施工活动的变动性决定了合同双方必须对变更后的权利义务关系重新予以确认并达成一致意见。几乎所有的建设工程承包合同都对变更及如何达成一致意见有规定。工程签证无疑是合同双方意思表示一致的结果。因此,工程签证也是建设工程施工合同中出现的新的补充合同,是整个建设工程施工合同的组成部分。基于这样的认识,工程签证一旦获得双方的确认,即成为规范合同双方行为的依据。

(2)工程签证涉及的利益已经确定,可直接作为工程结算的凭据。在工程结算时,凡已获得双方确认的签证,均可直接在工程形象进度结算或工程最终造价结算中作为计算工程量及工程价款的依据。

(3)工程签证是工程施工过程中的例行工作,一般不依赖于证据。工程施工过程中往往会发生不同于原设计、原计划安排的变化,这些变化对原合同进行相应的调整,是常理之中的例行工作。正是因为工程签证合同双方是在没有分歧意见的情况下,对这些调整用书面方式互相确认,双方认识一致,因此不需要什么证据。如,只要发包方对承包方提交的费用计算没有异议并加以签字确认，这份工程签证就成为日后工程结算的依据。对于工程签证如何进行，工程签证的主体、范围和程序，应当在工程承发包合同中加以明确。原建设部和国家工商总局制定的《建设工程施工合同(示范文本)》(GF－1999－0201)，对有关工程签证的规定散见于各个具体的条款中。如"第二部分通用条款"中"23. 合同价款及调整"第23.4条："承包人应当在23.3款情况发生后14天，将调整原因、金额以书面形式通知工程师，工程师确认调整金额后作为追加合同价款，与工程款同期支付。工程师收到承包人通知后14天内不予确认也不提出修改意见，视为已经同意该项调整。"又如"25. 工程量的确认"第25.1条："承包人应按专用条款约定的时间，向工程师提交已完工程量的报告。工程师接到报告后7天内按设计图纸核实已完工程量(以下称计量)，并在计量前24小时通知承包人，承包人为计量提供便利条件并派人参加。承包人收到通知后不参加计量，计量结果有效，作为工程价款支付的依据。"

从以上特点可以看出，工程签证对于施工单位具有重要作用，它真实地反映了工程合同实际履行过程中的双方各自的权利和义务；对于日后一旦发生合同纠纷时，在司法诉讼中，手续齐全的工程签证，可以作为直接认证双方利益的证据或作为计算工程款的直接证据，使合同当事人的合法权益受到最大限度的保护。

二、工程签证的程序与原则

1. 签证的工作程序

承包人提交签证报告→监理人初核后→项目业主现场代表审核→项目业主职能部门负责人和分管领导按审批权限审批→签证报告返还给承包人和监理人。

2. 监理工程师签证工作原则

(1)签证确认必须实事求是，并附简图，标明几何尺寸、标高、面积或体积、工程量计算式等，不得笼统签注工程量。

(2)应在合同中约定的，不能以签证形式出现：如人工浮动工资、材料价格涨跌、议价项目等。没有合同约定的，应以补充协议的形式取代。

(3)凡涉及现场经济费用支出的停工、窝工、停水、停电、机械台班签证及甲供材供应不及时等造成的签证经认真核实后签认工程量。

(4)已纳入施工组织设计和投标文件的内容和措施，不能作签证处理，如：临设的措施、塔吊台数、机械数量、挖土方式、钢筋搭接方式、混凝土搅拌方式、脚手悬挑方式等。

(5)对周转性材料一般只签认摊销费或租赁费，不认材料费。

(6)工程施工现场签证由施工单位、工程监理和工程科现场管理人员共同签证，严禁事后补签。

(7)现场签证必须在确保工程技术标准和质量标准保持不变的前提下，方能实施签证。

3. 现场签证程序及变更价款确定

(1)现场签证单由施工单位报送，经现场监理工程师审核签字盖章后，由业主复核后签证。

(2)现场签证变更价款应按合同要求确定，如无明确规定建议下列方法计算：

1)合同价或审定的施工图预算中已有与变更工程相同的单价，应按已有的单价计算；

2)合同价或审定的施工图预算中没有与变更工程相同的单价时，应按相类似项目确定变更价格；

3)合同价或审定的施工图预算没有适用和类似的单价时，应由施工单位按照合同规定，编制补充单价由工程监理、业主审核后确定。

【解决纠纷的依据】

工程建设现场签证管理制度

为规范工程建设的现场签证管理工作，使现场签证程序有章可循，确保签证的质量，杜绝不实及虚假签证的发生，特制定本制度。

一、现场签证的原则

1. 工程施工单位应严格按工程施工图组织施工，不得任意更改。如发生合同中约定可以变更的情况或非施工单位原因造成的工程内容及工程量的增减经批准后，方能实施签证。

2. 工程施工现场签证由施工单位、监理单位、工程部现场管理人员共同及时办理签证，如涉及较大工程量变更还需设计单位签证；严禁事后补签，工程签证一般在当天完成，特殊情况也不得超过三天，超过三天以上的工程签证一律不得作为竣工结算的依据，以保证隐蔽工程及工序交叉作业的单项工程客观数据资料的真实性。

3. 现场签证必须在确保工程技术标准和质量标准保持不变的前提下，方能实施签证。

4. 对工程签证的描述要客观、准确，对隐蔽工程签证要以图纸为依据，标明被隐蔽部位、工程项目和工艺、质量完成情况。

5. 对施工图以外的现场签证，必须写明时间、地点、事由、几何尺寸或原始数据，并附上简图，不能笼统地签注工程量清单和工程造价。

6. 签证时应注意同工程量清单的比较，如工程量清单包含的内容，就不可再重复签证。

7. 未报经公司审批并加盖公章的现场签证一律不得作为竣工结算的依据。

二、现场签证程序及变更价款确定

1. 现场签证由施工单位报送，经现场监理工程师审核签字盖章后，由工程部现场管理人员和工程部负责人复核后签证，工程部负责人管理的项目由分管经理审核后签证，报分管经理审核。

2. 涉及造价或费用改变较大的变更或签证由工程部负责人现场审查后，报分管经理复核，总经理审批。

3. 工程实际使用材料的质量、价格如与工程量清单项目特征描述不一致需签证时，由工程监理、工程部管理人员按有关程序共同签证。必要时进行招标。

4. 现场签证变更价款应按下列方法计算。

(1)合同中已有适用于或类似于变更工程的价格，按合同已有或参照类似价格变更合同价款；

(2)合同中没有适用于或类似于变更工程的价格，由施工单位按照合同价格规定，提出适当的变更价格，经工程部负责人审查后，报公司审批确定。

5. 公司领导和工程部负责人应随时到公司所属各项目现场，对涉及造价或费用改变较大的变更或签证进行抽查，工程部现场管理人员必须积极配合。抽查中一旦发现以权谋私，即按违反公司纪律解除劳动合同，予以辞退；情节严重，给国家财产造成重大损失的，移送司法机关追究其刑事责任。

三、应当签证的常见情形

从签证目的出发，合同履行之中所有发生工期延误、价款调整或损失发生的事实均应当签证，常见应当签证的主要情形有如下几种：

1. 开工延期的签证

发包人提供原材料、设备、场地、资金、施工图纸、技术资料迟延导致开工延期，承包人应当及时提请签证。

2. 设计变更通知单

设计变更是由设计方提出，对原设计图纸的某个部位局部或全部进行修改的一种记录，设计单位应及时下达设计变更通知单，内容翔实，必要时应附图，并逐条注明应修改图纸的图号。设计变更通知单参考格式见表5-1。

表5-1　设计变更通知单

编号：×××

工程名称	××工程	专业名称	结构
设计单位名称	×××设计院	日期	××年×月×日

序号	图号	变更内容		
1	结施2、3	DL1、DL2梁底标高－2.000改为－1.800，切DL1上挑耳取消		
2	结施－14	Z10中配筋ϕ18改为ϕ20，根数不对		
3	结施－30	KL－42，44的梁高700改为900		
4	结施－40	二层梁顶LL－18梁高出板面0.55改为0.60		
5	结施－50	结构图中标注尺寸878全都改为873		
6	结施－55	KZ5截面1378改为1373，基础也相应改变		
签字栏	建设(监理)单位		设计单位	施工单位
	×××		×××	×××

设计变更单、工程联系单与工程签证的关系：签证不能与设计变更单矛盾(只有设计单位有资格进行设计变更)，工程联系单内容与设计变更单矛盾时，应该以联系单生效后的变更单为准。如果没有再变更，应该以原变更为准。当联系单与签证单矛盾时，应该看与联系单的议定纪录是否矛盾，有矛盾时，一方面看两者生效日期，以后生效的为准；一方面看实际发生情况，以发生事实为准。结算时，应该要以合同为中心，涉及合同价款变更的以上三单逐一论证是否可调价款。

3. 工作联系单

工作联系单用于甲乙双方日常工作联系。只需建设、监理(或设计)、施工单位签认。工作联系单是用于联系工程技术手段处理，工程质量问题处理，设计变更等的函件，一般多见于施工单位出具联系单给建设单位或设计单位，建设单位也常常向设计单位出具联系单，收件单位均要依据具体情况予以答复。工作联系单参考格式见表5-2。

表5-2　工作联系单

工程名称		编号	

致____________________(单位)

事由：

内容

单　位__________

负责人__________

日　期__________

【解决纠纷的依据】

工程联系单管理规定

第一章 总 则

第一条 为了加强对工程投资的管理，进一步规范参建各方在工程联系单提出、审核、确认、实施等环节的行为，提高管理与协商效率，明确程序和办理期限，有效地控制工程造价和合理控制施工进度，保证工程质量，根据有关法律法规和合同条款，制定本规定。

第二条 本规定适用于管委会发包的工程范围内，管委会有关处室和参建的施工单位、设计单位、监理单位，对工程联系单涉及的技术、经济、工期等内容，所进行的协商、管理活动。

本规定"附件一"列出工程联系单管理工作流程，参建各方均应严格执行。

本规定"附件二"为工程联系单处理意见表，由工程处、总工室技术处在受理工程联系单后填写。

暂定价物资的选用与计价管理，在《××生态园管委会工程材料设备监督管理规定（试行）》中另作专门规定。

第三条 工程联系单是参建一方对有关工程内容在事前提出、经确认后作为施工和结算依据、涉及工程量变更和工程价款调整的补充性文件，是参建双方履行合同的一个重要组成部分，是控制造价和调整的重要依据。

第四条 管委会实行工程联系单分级管理制度，将工程联系单按所含内容的重要、复杂程度，分为一般事项联系单、重要事项联系单。

一般事项联系单涉及的技术内容较为简单明确；增加或减少造价在2万元以下；延长或缩短工期在一周以内；换用或新增次要材料设备等。

重大事项联系单涉及结构安全或影响使用功能；增加或减少造价2万元以上；延长或缩短工期一周以上；改变了原平面布置或整体外观效果；换用或新增主要材料设备等。

第二章 工程联系单的提出

第五条 施工单位应综合考虑施工进度计划、现场情况，加强施工前的图纸审查等技术管理工作，及时在工程联系单中说明需要事先协商或联系的事项。

施工单位在工程联系单中列出的项目名称，应符合《建设工程工程量清单计价规范》关于分部分项工程项目、措施项目或其他项目的划分设置规定，并说明各项目的特征。提出合同外新增项目、桩基等隐蔽工程的变更，须报综合单价及预算总价。

施工单位提出的工程联系单，其格式应符合城建档案管理机构的有关要求，留出其他参建方签字、盖章的"一致意见"栏。

第六条 设计单位应根据施工图设计文件审查意见、施工图会审纪要和管委会的意见，及时提出工程联系单，对施工图中的缺陷进行修改、补充，以免延误施工，引起争议和索赔。

较大型工程的设计单位，应派出现场代表或指定专人，负责工程联系单办事事项。

对于工程设计更改，在《工程设计变更管理制度（暂行）》中另作专门规定。

第七条 因管委会自身要求或出于优化设计、改变材料设备等需要，由有关处室提出相应的工程联系单，其格式见"附件三"。

第八条 一次事件只能办理一次联系单，不得分解联系单。

第三章 工程联系单的审核与确认

第九条 施工单位提出的工程联系单，经监理单位审核后，由管委会工程处受理。

第十条 工程处应及时填写工程联系单办理意见表（见附件二）；属一般事项的，工程处负责人在工程联系单上签字审批；属重大事项的，经管委会领导审定后，工程处负责人在工程联系单上签字。

第十一条 设计单位、管委会内部机构提出的工程联系单，统一归口管委会总工室技术处受理；属一般事项的，由总工室负责人批准实施；属重大事项的，由总工室技术处填写工程联系单办理意见表，报管委会领导审批。

需要与施工单位事先协商工程造价的，须经管委会工程处会签。

第十二条 监理单位要根据施工合同文件和工程实际，严格审核各种联系单，对涉及的技术可行性、费用增减、工期变动情况，提出评估意见。

第十三条 在特定情况下，如遇紧急情况（如抢险等），工程处的现场负责人可根据施工需要，提前批准施工单位的工程变更要求，但必须从批准后的次日起，按审批程序及时补办工程联系单确认事项。

第四章 工程联系单的签发、答复

第十四条 经批准实施的工程联系单，统一由管委会总工室技术处在工程联系单上加盖“××生态园管委会工程技术专用章”后生效。

第十五条 按照国家财政部、建设部联合下发的《建设工程价款结算暂行办法》通知要求，严格按规定的时限逐级对工程联系单作出审核审批意见。

对属于一般事项的工程联系单，在受理后的3个工作日内，给予签发或答复；对属于重大事项的工程联系单，在受理后的7个工作日内，给予签发或答复。

第十六条 总工室技术处将加盖有工程技术专用章的工程联系单，发放到工程处；工程处根据签发时限要求，及时将工程联系单传送给监理单位、施工单位。

第十七条 工程联系单未经管委会加盖“公章”确认的，不能生效作为施工、办理竣工资料和办理结算的依据；施工单位如擅自实施，承担相应增加的费用和质量、安全管理责任。

附件：（略）。

4. 工期延误的签证

造成工期延误的事实包括：发包人未能按专用条款的约定提供图纸及开工条件；未能按约定日期支付工程预付款、进度款，致使施工不能正常进行；工程师未按合同约定提供所需指令、批准等，致使施工不能正常进行；设计变更和工程量增加；一周内非承包人原因停水、停电、停气造成停工累计超过8小时；不可抗力；专用条款中约定或工程师同意工期顺延的其他情况。

5. 价款调整的签证

可导致工程价款增加的情形包括工程量增加、质量标准提高、工程设计变更、施工条件变更、固定价可调条件成就等。

（1）工程价款调整的原则。

工程建设过程中，发、承包双方都是国家法律、法规、规章及政策的执行者。因此，在发、承包双方履行合同的过程中，当国家的法律、法规、规章及政策发生变化，国家或省级、行业建设主管部门或其授权的工程造价管理机构据此发布工程造价调整文件，工程价款应当进行调整。《建设工程工程量清单计价规范》（GB 50500—2008）中规定：“招标工程以投标截止日前28天，非招标工程以合同签订前28天为基准日，其后国家的法律、法规、规章和政策发生变化影响工程造价的，应按省级或行业建设主管部门或其授权的工程造价管理机构发布的规定调整合同价款。”

（2）工程价款的调整方法。按照《中华人民共和国标准施工招标文件》（2007年版）中的有关规定，对物价波动引起的价格调整有以下两种方式：

1）采用价格指数调整价格差额：

①价格调整公式。因人工、材料和设备等价格波动影响合同价格时，根据投标函附录中的价格指数和权重表约定的数据，按以下公式计算差额并调整合同价格：

$$P=P_0\left[A+\left(B_1\times\frac{F_{t1}}{F_{01}}+B_2\times\frac{F_{t2}}{F_{02}}+B_3\times\frac{F_{t3}}{F_{03}}+\cdots+B_n\times\frac{F_{tn}}{F_{0n}}\right)-1\right]$$

式中　P——需调整的价格差额；

P_0——约定的付款证书中承包人应得到的已完成工程量的金额。此项金额应不包括价格调整、不计质量保证金的扣留和支付、预付款的支付和扣回。约定的变更及其他金额已按现行价格计价的，也不计在内；

A——定值权重(即不调部分的权重)；

$B_1,B_2,B_3,\cdots,B_n$——各可调因子的变值权重(即可调部分的权重)，为各可调因子在投标函投标总报价中所占的比例；

$F_{t1},F_{t2},F_{t3},\cdots,F_{tn}$——各可调因子的现行价格指数，指约定的付款证书相关周期最后一天的前42天的各可调因子的价格指数；

$F_{01},F_{02},F_{03},\cdots,F_{0n}$——各可调因子的基本价格指数，指基准日期的各可调因子的价格指数。

以上价格调整公式中的各可调因子、定值和变值权重，以及基本价格指数及其来源在投标函附录价格指数和权重表中约定。价格指数应首先采用有关部门提供的价格指数，缺乏上述价格指数时，可采用有关部门提供的价格代替。

②暂时确定调整差额。在计算调整差额时得不到现行价格指数的，可暂用上一次价格指数计算，并在以后的付款中再按实际价格指数进行调整。

③权重的调整。约定的变更导致原定合同中的权重不合理时，由监理人与承包人和发包人协商后进行调整。

④承包人工期延误后的价格调整。由于承包人原因未在约定的工期内竣工的，则对原约定竣工日期后继续施工的工程，在使用上述价格调整公式时，应采用原约定竣工日期与实际竣工日期的两个价格指数中较低的一个作为现行价格指数。

2)采用造价信息调整价格差额。施工期内，因人工、材料、设备和机械台班价格波动影响合同价格时，人工、机械使用费按照国家或省、自治区、直辖市建设行政管理部门、行业建设管理部门或其授权的工程造价管理机构发布的人工成本信息、机械台班单价或机械使用费系数进行调整；需要进行价格调整的材料，其单价和采购数应由监理人复核，监理人确认需调整的材料单价及数量，作为调整工程合同价格差额的依据。

(3)工程价款调整注意事项。

1)若施工期内市场价格波动超出一定幅度时，应按合同约定调整工程价款；合同没有约定或约定不明确的，可按以下规定执行：

①人工单价发生变化时，发、承包双方应按省级或行业建设主管部门或其授权的工程造价管理机构发布的人工成本文件调整工程价款。

②材料价格变化超过省级和行业建设主管部门或其授权的工程造价管理机构规定的幅度时应当调整，承包人应在采购材料前将采购数量和新的材料单价报发包人核对，确认用于本合同工程时，发包人应确认采购材料的数量和单价。发包人在收到承包人报送的确认资料后3个工作日不予答复的视为已经认可，作为调整工程价款的依据。如果承包人未报经发包人核对即自行采购材料，再报发包人确认调整工程价款的，如发包人不同意，则不做调整。

③施工机械台班单价或施工机械使用费发生变化超过省级或行业建设主管部门或其授权的工程造价管理机构规定的范围时，按其规定进行调整。

2)因不可抗力事件导致的费用，发、承包双方应按以下原则分别承担并调整工程价款。

①工程本身的损害、因工程损害导致第三方人员伤亡和财产损失以及运至施工场地用于施

工的材料和待安装的设备的损害，由发包人承担；

②发包人、承包人人员伤亡由其所在单位负责，并承担相应费用；

③承包人的施工机械设备损坏及停工损失，由承包人承担；

④停工期间，承包人应发包人要求留在施工场地的必要的管理人员及保卫人员的费用，由发包人承担；

⑤工程所需清理、修复费用，由发包人承担。

3)工程价款调整报告应由受益方在合同约定时间内向合同的另一方提出，经对方确认后调整合同价款。受益方未在合同约定时间内提出工程价款调整报告的，视为不涉及合同价款的调整。

收到工程价款调整报告的一方应在合同约定时间内确认或提出协商意见，否则，视为工程价款调整报告已经确认。

当合同中未就工程价款调整报告作出约定或《建设工程工程量清单计价规范》(GB 50500—2008)中有关条款未作规定时，按以下规定处理：

①调整因素确定后 14 天内，由受益方向对方递交调整工程价款报告。受益方在 14 天内未递交调整工程价款报告的，视为不调整工程价款。

②收到调整工程价款报告的一方，应在收到之日起 14 天内予以确认或提出协商意见，如在 14 天内未作确定也未提出协商意见时，视为调整工程价款报告已被确认。

4)经发、承包双方确定调整的工程价款，作为追加(减)合同价款与工程进度款同期支付。

6. 窝工停工损失的签证

包括发包人未及时检查隐蔽工程；因发包人原因停建、缓建和返工；发包人未提供施工协助；工程师指令错误或迟延等造成窝工停工的情形。

7. 工程量确认的签证

采用工程量清单报价的，工程款是单价与工程量的乘积，故承包人应当按照专用条款约定每月向工程师提交已完成的工程量报告。确认工程量意味着确认价款，对结算价款和解决争议无不有益。

四、工程签证问题的主要表现方式

工程签证行为本意是高效解决施工过程中在限额范围内各种行为的涉款事件，促进各种不同的有争议施工行为的高效协调和快速解决。在实际施工中，签证分为两类，证明性签证和变更性签证，前者不会引起工程造价变化，也称为事实签证，后者会改变工程造价，也称为增价签证。常见工程签证问题的主要表现方式见表 5-3。

表 5-3　　常见工程签证问题的主要表现方式

序号	常见问题		主要表现
1	签证不合理	签证既签量又签价格	当前，在采用综合单价合同中，业主承担工程量的风险，承包商承担价的风险。而一些施工单位利用建设单位对定额费用组成不了解或者是对材料市场价格不清楚，在工程签证中采用既签量又签价格的手段高套定额，虚高材料价格
		不签事实直接签解决结果	审计过程中经常会发生合同外的零星工程事项及一些零星用工，无法核实发生的相应费用
		不签价格直接签费用	在施工过程中，往往会出现一些无法计算工程量或某些特殊项目，经常以双方商定的具体金额来签证解决，但有些施工单位往往在签证单写上："直接费为××元"，实际中这些价格只能作为独立费而不能作为直接费用，建设单位代表又不了解直接费与独立费的不同，这样就达到了虚增造价的目的

续表

序号	常见问题		主要表现
2	签证不准确	签证计量不准确	签证计量不准确表现为：一是签证量大于施工量，二是虽签证量等于施工量，但计入了浪费量
		签证计量方法不正确	工程量确定方法不正确多发生在清单计价的工程中，主要是因为清单与定额计价规则不同造成的。如：在挖基坑土方中，按传统的定额计算工作面和放坡，而清单计算规则却不同
3	签证不真实	未经核实随意签证	有的项目工程甲方代表缺乏造价控制意识，对签证工作不负责任。往往因签证内容与实际不符造成不必要的经济浪费
		现场签证不真实	特别对一些隐蔽工程，施工单位往往利用其隐蔽性高及求证难的特点，高估冒算，弄虚作假，从而抬高工程造价
4	签证不规范	签证工程量不完整	签证中往往只计增加工程量部分，而对那些因变更而减少的分部分项工程故意漏签，虚增工程量
		签证要素不齐全	现场签证一般需要业主、监理、施工单位三方共同签字，但审计中发现，现场签证存在缺少一方甚至两方的签字，有的只有相关人员签字无公章，有的签证无签证日期等，造成签证单无法与监理日志、施工日志相对应

五、工程签证审计方法

近年来随着我国经济的快速发展，政府投资建设项目规模越来越大，已成为目前我国最重要的公共支出项目之一。工程签证审计已经成为当前政府投资审计的一个薄弱、风险性极大的环节，更是工程结算审计的关键环节。

在政府投资项目中，为避免财政资金的损失浪费，努力提高资金的使用效益，我们应该预防工程签证过程中的不规范问题的出现，常用审计方法见表5-4。

表5-4　工程签证审计方法

序号	审计方法	具体做法
1	对比法	审计发现许多工程签证存在模仿笔记、变相复印、伪造印章等多种形式。其可以通过与招标文件、施工合同中的签字、印章进行对比；复印件与原件进行对比来保证签证形式合法
2	证据佐证法	审核签证内容与竣工图、隐蔽工程记录和监理日志内容是否一致，如果不一致说明签证内容存在虚假情况，必须纠正
3	隐蔽工程测量法	审核时必须到现场逐项丈量，计算，逐笔核实。对于隐蔽工程或是疑问较多的签证，可以对工程进行破坏性测量，但要注意选好点在不影响工程安全的前提下进行
4	材料价格确认法	客观上，各地区材料有明确指导价，而对很多种材料价格没有明价指导，由于其品种、质量、产地不同，导致了其价格千差万别，业主也不清晰，需要施工方在签证的基础上再提供材料的详细资料
5	客观事实分析法	对一份签证进行审计时，不能仅仅对着图纸审计签证。审计人员应详细了解工程项目，仔细询问工程项目变更的真正原因，调查分析是否存在故意扩大建设规模或者损失浪费等现象，确定工程变更是否合理
6	补充项目认定法	当清单中有与变更工程项目相同或相似子目时，单价执行原清单综合单价，甲乙双方签订的补充协议单价通常较为随意。审计人员在这一问题上应把握的原则是：签证工程单价应与合同中计价规则一致

续表

序号	审计方法	具体做法
7	相关人员调查法	对工程结算审计，签证及设计变更性资料应提报原件，杜绝复印件。对于现场情况不清、相关证据资料不全的，可以同建设方、施工方、监理方工作人员进行多方面了解和座谈，但要避免过度暴露审计目的
8	外部调查法	有时候经过外部调查，可以核对签证的真实性。例如冬雨期施工签证争议较多，可以到气象部门查询天气记录，以验证签证资料的真实性

六、对签证与索赔的时效的规定

时效是签证与索赔成功与否的关键因素之一。在规定时限内没有主张权利，就等于放弃权利；提交签证与索赔报告后，发包人或工程师在规定时间内不予答复则视为认可。施工合同示范文本对签证与索赔的时效规定如下：

(1)通用条款 6.2 款：工程师的口头指令应在发出后的 48 小时内予以书面确认，若未确认，承包人应于工程师发出口头指令后 7 天内提出书面确认要求，工程师收到书面确认要求后 48 小时内应确认，不答复视为认可。

(2)通用条款 6.2 款：承包人认为工程师指令不合理，应在收到指令后 24 小时内向工程师提出修改指令的书面报告，工程师在收到承包人报告后 24 小时内作出修改指令或继续执行原指令的决定，并以书面形式通知承包人。紧急情况下，工程师要求承包人立即执行的指令或承包人虽有异议，但工程师决定仍继续执行的指令，承包人应予执行。

(3)通用条款 12 款：工程师认为确有必要暂停施工时，应当以书面形式要求承包人暂停施工，并在提出要求后 48 小时内提出书面处理意见。承包人应当按工程师要求停止施工，并妥善保护已完工程。承包人实施工程师作出的处理意见后，可以书面形式提出复工要求，工程师应当在 48 小时内给予答复。工程师未能在规定时间内提出处理意见，或收到承包人复工要求后 48 小时内未予答复，承包人可自行复工。

(4)通用条款 13.2 款：工期延误事件发生后 14 天内，承包人就延误工期情况以书面形式向工程师提出报告，工程师在 14 天内予以确认，逾期不提出修改意见也不予以确认的，视为同意顺延工期。

(5)通用条款 17 款：隐蔽工程和中间验收前 48 小时以书面形式通知工程师验收，工程师若不能按时参加验收应提前 24 小时通知承包人，延期不能超过 48 小时，超过后承包人可自行验收。验收 24 小时后工程师不签字的，视为认可，承包人可进行隐蔽后继续施工。

(6)通用条款 23.4 款：工程价款发生调整因素的 14 天内，承包人将调整原因、金额以书面形式通知工程师，工程师在 14 天内予以确认，既不确认也不提出修改意见的，视为同意调整。

(7)通用条款 25 款：工程量的确认，每月 25 日前向工程师提交已完工程量的报告，工程师接到报告后 7 天内核定，计量前 24 小时通知承包人参加。收到报告 7 天内未进行计量，从第 8 天起视为工程量被确认，作为工程价款计算依据。不按约定通知承包人，致使承包人不能参加计量的结果无效。

(8)通用条款 26.1 款：工程款支付。在确认计量结果后 14 天内，发包人应向承包人支付工程款(进度款)。按约定时间发包人应扣回的预付款，与工程款(进度款)同期结算。

(9)通用条款 28.1 款：材料设备清点与检验，承包人在材料设备到货前 24 小时通知工程师清点检验。

(10)通用条款29款、31款:工程设计变更应提前14天以书面形式通知承包人,确定变更价款,承包人在工程确定变更后14天内提出变更工程价款报告,在确定变更后14天内不提出,视为该项变更不涉及合同价款的调整。工程师收到报告14天内予以确认,超过时间无正当理由不予确认,视为变价得到认可。

(11)通用条款32款:竣工验收。发包人收到竣工验收报告28天内组织验收,并在14天内予以认可或提出修改意见,28天内不验收,14天内不提出修改意见,视为竣工报告已被认可,从第29天起发包人承担工程保管及一切意外责任。

(12)通用条款33款:竣工结算。在竣工验收报告认可后28天内承包人向发包人递交,发包人收到结算报告及资料后28天内进行审核,给予确认或者提出修改意见,发包人确认结算报告后支付竣工结算价款,承包人收到价款后14天内将工程交付发包人,竣工报告经认可后28天内承包人未能提供结算报告及结算资料,造成结算不能,发包人要求交付工程的,承包人应当交付。

(13)通用条款36.2款:索赔事件发生后28天内提出索赔意向或通知,发出意向通知后28天内提交索赔报告及有关资料,工程师收到报告及资料后28天内给予答复,28天内不予答复或未要求承包人补充的,视为该索赔已被认可。当索赔事件持续进行时,承包人应当阶段性地向工程师发出索赔意向,在索赔事件终了后28天内,提交索赔报告和有关资料。

(14)通用条款39.2款:不可抗力事件发生后,承包人应立即通知工程师,事件结束后48小时内向工程师通报受灾性情况,不可抗力事件持续发生,每隔7天向工程师报告一次受灾情况,事件结束后14天内,向工程师提交清理和修复费用的正式报告及有关资料。

在履行合同过程中,遇到上述事件或事由时,承包人应在规定时间内完成应完成工作,按规定程序进行签证索赔,要充分利用视为认可和视为确认的规定,维护自身的合法权益,获得应有经济利益。

【注意】 没有签证、工程量已发生,能否计取工程款

《最高法院关于审理建设工程施工合同若干问题的司法解释》第19条规定:"当事人对工程量有争议,按照施工过程中形成的签证等书面文件确认,承包人能够证明发包人同意其施工,但未能够提供签证文件证明工程量发生的,可以按照当事人提供的其他证据确认实际发生的工程量。"该解释明确了工程量签证未获成功如何保护承包人权利的问题,也解决了其他如工期、价格等事项未获签证的解决思路。那就是承包人要及时固定其他相关证据,如承包方指令、工程施工图纸、经业主批准的施工方案设计、监理证明、影像资料、施工记录、会议纪要、往来函件等其他形式的证据,证明索赔事项是有确凿和充分的依据。在签证未获成功的情况下,这是承包人第一时间应当要做的事情,这将为成功索赔奠定基础。

七、工程变更

工程变更指的是在工程项目实施过程中,按照合同约定的程序对部分或全部工程在材料、工艺、功能、构造、尺寸、技术指标、工程数量及施工方法等方面做出的改变。变更是指承包人根据监理签发设计文件及监理变更指令进行的、在合同工作范围内各种类型的变更,包括合同工作内容的增减、合同工程量的变化、因地质原因引起的设计更改、根据实际情况引起的结构物尺寸、标高的更改、合同外的任何工作等。工程变更往往涉及费用和工期的变化,甚至引起争议或索赔,因此应加强对工程变更的管理。

1. 工程变更的分类

(1)按提出工程变更的各方当事人来分类。

1)承包商提出的工程变更。承包方由于现场情况的变化或出于施工便利,或受施工设备限

制，遇到不能预见的地质条件或地下障碍，或为了节约工程成本和加快工程施工进度等原因，可以要求变更设计。

2)业主方提出变更。业主方根据自己的实际需要提出的变更。

3)监理工程师提出工程变更。监理工程师根据施工现场的地形、地质、水文、材料、运距、施工条件、施工难易程度及临时发生的各种问题各方面的原因，综合考虑认为需要的变更。

4)工程相邻地段的第三方提出变更。例如当地政府和群众提出的变更设计。

5)设计方提出变更。设计单位对原设计有新的考虑或为进一步完善设计等提出变更设计。

(2)按工程变更的性质和费用影响来分类，一般可分为如下三类。

1)第一类变更(重大变更)。包括改变技术标准和设计方案的变动：如结构型式的变更、隧道位置的变更、重大防护设施及其他特殊设计的变更。

2)第二类变更(重要变更)。包括不属于第一类范围的较大变更：如标高、位置和尺寸变动；变动工程性质、质量和类型等。

3)第三类变更(一般变更)。变更原设计图纸中明显的差错、碰、漏；不降低原设计标准下的构件材料代换和现场必须立即决定的局部修改等。

2. 工程变更的表现形式

(1)更改工程有关部分的标高、基线、位置和尺寸。

(2)增减合同中约定的工程量。

(3)增减合同中约定的工程内容。

(4)改变工程质量、性质或工程类型。

(5)改变有关工程的施工顺序和时间安排。

(6)为使工程竣工而必须实施的任何种类的附加工作。

3. 工程变更的原则

(1)设计文件是安排建设项目和组织施工的主要依据，设计一经批准，不得任意变更。只有当工程变更按本办法的审批权限得到批准后，才可组织施工。

(2)工程变更必须坚持高度负责的精神与严格的科学态度，在确保工程质量标准的前提下，对于降低工程造价、节约用地、加快施工进度等方面有显著效益时，应考虑工程变更。

(3)工程变更，事先应周密调查，备有图文资料，其要求与现设计相同，以满足施工需要，并填写"变更设计报告单"，详细申述变更设计理由(软基处理类应附土样分析、弯沉检测或承载力试验数据)、变更方案(附上简图及现场图片)、与原设计的技术经济比较(无单价的填写估算费用)，按照本办法的审批权限，报请审批，未经批准的不得按变更设计施工。

(4)工程变更的图纸设计要求和深度等同原设计文件。

4. 工程变更因素

(1)业主原因：工程规模、使用功能、工艺流程、质量标准的变化，以及工期改变等合同内容的调整。

(2)设计原因：设计错漏、设计调整，或因自然因素及其他因素而进行的设计改变等。

(3)施工原因：因施工质量或安全需要变更施工方法、作业顺序和施工工艺等。

(4)监理原因：监理工程师出于工程协调和对工程目标控制有利的考虑，而提出的施工工艺、施工顺序的变更。

(5)合同原因：原订合同部分条款因客观条件变化，需要结合实际修正和补充。

(6)环境原因：不可预见自然因素和工程外部环境变化导致工程变更。

5. 工程变更工作流程

(1)承包商申请。先由承包商提出申请及内容报告,包括变更的理由、变更的方案和数量以及单价和费用,报驻地办审批。

(2)驻地监理审核。驻地监理接到承包商变更申请后及时进行调查、分析,收集相关资料,审核其变更内容、技术方案及变更的工程数量、签批意见后上报监理代表处工程部。

(3)工程部的审查和核实。工程部接到驻地监理签批的工程变更申报资料后,应认真按图纸、规范等审查其提出的工程变更的技术方案是否合理,并组织有关人员复核变更的工程量。对于工程变更的技术方案的审查是一项十分重要的工作,工程变更的技术方案一定要合理,变更的工程内容才能成立。所以,技术方案一定要尽可能地提出两种以上,以便进行对比,要结合经济技术分析选择最优的方案作为最终的工程变更方案执行。

对于变更工程量的核定一般程序是承包商先提供工程变更数量的计算资料,包括图纸及计算公式。驻地监理对承包商提供的变更工程数量先进行核实签认,工程部再对工程变更数量进行核实签认后转合同部核定单价和费用。

(4)合同部审核单价和费用。合同部根据驻地监理和工程部的审核意见,对承包商提出的申报单价进行审核,通过单价分析确定建议的单价和费用。签批意见后上报总监理工程师。

(5)总监理工程师审核。总监理工程师审核后,报业主审批。

(6)业主的审批。业主审批,然后下发工程变更批文,包括对工程数量的确认和对工程单价的审批。

(7)签发“工程变更令”。在变更资料齐全,变更费用确定之后,征得业主审批同意,监理工程师应根据合同规定,签发“工程变更令”,然后监督执行。

【解决纠纷的依据】

工程变更管理办法

1　目的

为了有效控制××高速公路建设期的工程变更,规范工程变更工作的程序,控制工程变更的费用,保证建设项目总投资控制在交通部批准的概算以内,保证变更工程的质量和进度,保障建设、设计、施工、监理单位的合法权益。

2　适用范围

适用于××高速公路筹建管理处(以下简称筹建处)和在××高速公路从事设计、施工、监理的所有单位和个人。

3　职责

××高速公路筹建管理处总工室(以下简称总工室)负责工程变更的管理和组织工作。工程科负责变更工程量的审核。计划科负责变更单价的审核。

4　工作程序

4.1　工程变更的分类和变更原则

4.1.1　工程变更是指工程实施过程中由于工程项目自身的性质和特点,或设计图纸的深度不够,或不可预见的自然因素与环境情况的变化,对第三方的干预和要求或合同双方当事人处于对工程进展有利着想,对合同中部分工程项目进展形式、工程数量、工程质量要求及标准等方面的变更。

4.1.2　根据提出变更申请和变更要求的不同部门,将工程变更划分为三种。即筹建处变更、施工单位变更、监理单位变更。

4.1.3　第一种变更　筹建处变更(包含上级部门变更、筹建处变更、设计单位变更)

上级部门变更:指上级交通行政主管部门提出的政策性变更和由于国家政策变化引起的变更。

筹建处变更:筹建处根据现场实际情况,为提高质量标准、加快进度、节约造价等因素综合考虑而提出的工程变更。

设计单位变更:指设计单位在工程实施中发现工程设计中存在的设计缺陷或需要进行优化设计而提出的工程变更。

第二种变更 监理单位变更:监理工程师根据现场实际情况提出的工程变更和工程项目变更、新增工程变更等。

第三种变更 施工单位变更:指施工单位在施工过程中发现的设计与施工现场的地形、地貌、地质构造等情况不一致而提出来的工程变更。

4.1.4 工程变更原则。

1. 设计文件是安排建设项目和组织施工的主要依据,设计一经批准,不得任意变更。只有当工程变更按本办法的审批权限得到批准后,才可组织施工。

2. 工程变更各有关单位应对变更工作高度负责和严格把关。

3. 工程变更的图纸设计要求和深度等同原设计文件。

4.1.5 设计文件一经批准,不得任意变更,符合下列条件之一的,可以考虑工程变更。

1. 因自然条件包括水文、地形、地质情况与设计文件出入较大的;因施工条件所限,材料规格、品种、质量难以达到设计要求的。

2. 不降低原设计技术标准,而能节省原材料,或者可少占用耕地,并便利施工,缩短工期和节省投资的。

3. 能提高技术标准,减少工程病害,便于采用新技术,提高工程使用年限或者提高服务等级,而不增加投资或者增加较小数量投资的。

4. 由于铁路、水利、农田、矿工、环保、文物以及地方工作等方面不可预见的因素,需要变更设计的。

5. 上级交通行政主管部门和筹建处对工程提出新的要求。

4.1.6 工程变更后单价的确定遵循下列原则。

1. 合同中已有适用于变更工程的价格,按合同已有的价格确定变更价格。

2. 合同中已有类似于变更工程的价格,可以参照此价格确定变更价格。

3. 合同中没有适用或类似于变更工程的价格,遵照本工程招投标时确定的费率、价格,由承包方通过单价分析计算后上报变更单价,按照相关规定报驻地监理工程师办公室(以下简称驻地办)、总监理工程师办公室(以下简称总监办)、筹建处按审批权限批准。

4. 如果变更设计后,其合同价格经核查后,未超过有效合同价格的2%,而实际的工程数量又不超过或不少于该项工程量清单所列单项工程数量的25%时,则该项工程的单价或总额价就不应考虑其变更。

4.1.7 工程变更后工程量的确定遵循下列原则和程序。

新增项目的工程量由变更方根据筹建处变更通知、设计图纸和实际施工情况,如实计算工程量,单标段单项工程累计总费用5万元人民币以内的,其变更后工程量、单价、费用由总监办审批。累计变更费用大于5万元人民币的,其变更后工程量、单价、费用由总监办审查,报筹建处审批。

4.2 工程变更的审批权限和责任

4.2.1 工程变更审批权限:

工程变更的审批权限按照《××省公路工程勘察设计管理暂行办法》通知中的有关规定执行。

4.2.2 紧急变更是指施工现场突然发生的、难以预料的事件,需要立即做出变更决定。推迟变更,将给国家和社会造成重大损失。当这种情况发生时,总监办应在征得筹建处领导口头同意的情况下,立即主持现场的变更工作,并于开始变更后十日之内办理有关变更手续。

4.2.3 监理(监理工程变更审批权限之内的除外)、设计、施工单位未经筹建处或交通行政主管部门审批,擅自决定工程变更的变更单位和个人应承担由此造成的一切费用和损失,情节特别严重的,筹建处可诉诸法律。

4.2.4 工程变更的实施过程中,筹建处、监理、设计、施工由哪一方原因造成的变更失败和损失的,由该方承担一切责任。

4.3 工程变更的变更程序

4.3.1 ××高速公路的工程变更管理实行工程变更申请审批制度和工程变更令申请审批制度,所有工程变更项目都要执行工程变更申请和工程变更令申请审批制度,两种审批制度均采用书面审批。按照变更单项工程累计费用≤5万元的工程变更申请和工程变更令申请由总监办审批。变更单项工程累计费用>5万元的变更设计由筹建处审批。总监办负责对所有上报筹建处的工程变更项目的变更申请报告、所有工程变更令申请进行统一编号管理。

1. 变更单项工程累计费用大于5万元人民币的项目,由筹建处审批变更申请和工程变更令申请。总工室负责将筹建处变更申请和工程变更令申请的审批结果抄送总监办。总监办按监理有关支付程序和规定执行。

2. 工程变更累计费用在5万元人民币以内的,由总监办负责审批变更申请和工程变更令申请。总监办须先将申请报告和工程变更令申请的审批结果报总工室备案并签字确认收到后,方可组织变更和费用支付。关键部位的变更设计和影响到工程质量的变更,总监办必须在征得筹建处同意的情况下组织实施。

3. 所有工程变更文件(申请报告和变更令申请单)均为一式7份,筹建处保留4份(筹建处、总工室、工程科、计划科),监理保留两份(总监办、驻地办),施工单位保留1份,其余由总监办或驻地办转发。

4.《工程变更申请报告》的各部门审批时间和下发时间:驻地办3天,总监办5天,筹建处14天,《工程变更令申请单》的审批时间为驻地办7天,总监办14天,筹建处28天。

5. 所有工程变更令申请单未经审批的均不能支付。

6. 筹建处和总监办对工程变更的申请不同意的,应以书面形式通知变更单位。

4.3.2 筹建处批准的累计费用大于5万元的工程变更审批程序:

根据对工程变更种类的划分,分别对三类工程变更程序规定如下:

第一类变更:筹建处变更的程序。

筹建处接到了上级变更批示和有关变更意向后,经认真核实后,负责按工程变更的审批权限(第十一条)履行变更审批手续,审批同意后用《筹建处工程变更通知》通知总监办实施变更,总监办经过澄清、核实、校对后,转发筹建处通知给变更单位进行变更。待变更完成后,变更单位根据筹建处通知和实际发生的变更工程量和单价,填写工程变更令申请及其附件上报驻地办、总监办,驻地办应在7日内、总监办在14日内完成审查并签字确认后报筹建处审批。筹建处如无特殊情况应在28日内将工程变更令申请审批结果通知总监办,总监办通知变更单位计入中间计量表。

第二类变更:监理单位变更的程序。

监理单位将拟变更的工程项目填写《工程变更申请报告》，上报筹建处，筹建处应在接到申请书后按变更设计审批权限履行审批手续。审批同意后发布《筹建处工程变更通知》给总监办。总监办澄清、核实、校对后指示施工单位变更。变更完成后变更单位按筹建处变更通知和实际完成的变更工程量和单价填写《工程变更令申请及其附件》经驻地办、总监办签字确认后上报筹建处，筹建处如无特殊情况应在28日内做出审批。并将审批结果通知总监办，总监办通知变更单位计入中间计量表。

第三类：施工单位变更的程序。

施工单位应首先填写《工程变更申请报告》上报驻地办、总监办，经统一编号和总监办组织审查后上报筹建处，筹建处在接到申请书后按工程变更审批权限履行审批手续。审批同意后下发《筹建处工程变更通知》给总监办，总监办转发给变更单位实施变更。变更完成后，变更单位应根据筹建处通知和实际完成的变更工程量和单价填写工程变更令申请及其附件上报驻地办、总监办，总监办根据审批权限提出审查意见上报筹建处，筹建处如无特殊情况应在接到变更令的28日内完成审批，并将工程变更令申请审批结果通知总监办，总监办通知变更单位计入中间计量表。

4.3.3 总监办审批的工程变更项目（累计总费用≤5万元人民币的）要求采用筹建处规定的《工程变更申请报告》和工程变更令申请及其附件的格式。变更令附件还包括与变更有关的所有资料，如变更会议纪要、申请报告、筹建处有关变更通知、单价分析表、相关图纸、变更依据等。

4.3.4 特殊情况下的变更程序。

1. 当遇到特殊情况时，如施工现场停工等待变更，无法履行变更申请手续时，监理工程师或在得到筹建处主管领导口头同意后即主持开始实施变更，待变更开始后，必须补办申请书手续，否则不予支付。

2. 遇到不可预见因素或大的自然灾害时需紧急变更时，监理工程师在得到筹建处领导口头同意后，即主持实施变更，待变更开始后，必须补办申请书手续，并以书面形式报告省交通行政主管部门。

4.4 工程变更令申请的审批制度

4.4.1 为保证工程变更费用批复的公正性、公开性和权威性，筹建处对工程变更令申请采用审批制度，详见工程变更令申请审批单。

4.5 工程变更的会议协调制度

4.5.1 当遇到重大变更或变更工作遇到困难时，处领导可通知总工室召集各科室参加会议共同研究讨论决定有关事宜。

4.6 工程变更的会议检查制度

为了加强对工程变更的监督检查，筹建处每3个月举行1次联合会议检查，检查项目由处领导根据变更情况决定。总工室负责召集工程科、计划科、地方科和其他有关部门参加检查。

检查的范围：

1. 所有变更项目，包括监理工程师批复的变更项目和筹建处批复的变更项目。处领导，总工室、工程科、计划科、地方科均可对每个变更项目提出检查意见，会议共同研究处理决定。

2. 检查通过的变更项目的费用是该项目的最终费用，如果监理单位批复结果和检查结果不一致，总监办应按筹建处检查结果执行。

3. 总工室负责监督会议检查中发现的问题和会议决定的落实情况。

4.7 工程变更工作的奖惩和处罚细则

1. 奖责：筹建处将对下列情况工程变更的当事人给予奖励。

(1)监理、设计、施工单位提出的在不降低工程质量标准、不降低使用功能的条件下，能给筹建处带来显著经济效益的工程变更；

(2)监理工程师对工程变更的批复准确、及时，对变更的工程量和单价审核认真负责的；

(3)施工单位如实上报工程变更的工程量和单价的；

(4)筹建处工作人员在工程变更工作中坚持公正立场、认真负责，并给筹建处节省大量变更费用的。

2. 罚责：筹建处将对下列情况工程变更的当事人和变更单位给予批评教育、通报、经济处罚。

(1)工程变更的施工单位，偷工减料，施工质量低劣，或给筹建处造成损失的；对上报的变更工程量和单价弄虚作假的；

(2)设计单位提出的变更图纸粗糙、错误遗漏较多，拖延工期的；

(3)监理工程师故意拖延，吃、拿、卡、要，接受贿赂的，故意多报变更工程量和单价的；

(4)筹建处工作人员玩忽职守，故意拖延，对施工单位提出无理要求的。

3. 处罚细则：

(1)通报批评：

①违规情节不太严重的在项目办系统内通报；

②违规情节严重的在省交通厅系统内通报；

③违规情节特别严重的在征得交通部意见的情况下，在全国范围内通报。

(2)对通报两次以上的单位和个人给予以下经济处罚：

①扣除施工单位标段总标价的5%；

②扣除监理单位监理费用的5%；

③扣除设计单位设计总费用的2%；

④扣除违规的筹建处工作人员的半年工资。

5　相关文件

略。

6　质量记录

略。

八、变更与签证的控制

工程部负责对签证的实施和控制，负责对工程所需变更的确认。预算审计部负责对签证工作的成本控制监督和审核。

(1)在设计变更及签证控制管理工作中必须“以合同为中心”，在合同中要明确约定可调整工程造价的设计变更范围及幅度。现场签证要反复对照合同及有关文件规定慎重处理。

(2)现场签证必须列清事由、工程实物量及其价值量，并由工程师和造价员以及监理单位现场管理人员共同签名，其中造价员必须对工程量、单价、用工量负责把关。

(3)现场签证必须按当时发生当时签证的原则，一般工程签证在事后7日内，隐蔽工程要在隐蔽前办理完毕，严禁事后补签及事后人情签证的发生。签证内容、原因、工程量必须清楚明了，涂改后的签证及复印件不得作为结算依据。

(4)凡实行招标造价大包干的工程和取费系数中已计取预算包干费用或不可预见费的工程项目费用的，在施工过程中原则上不得办理任何签证。

(5)要及时建立健全的设计变更及签证登记台账，统计变更签证的造价，及时反馈有关成本变动情况,预测成本变动趋势,并通过各种有效途径(如成本控制小组会议制度)及时进行调整、消除造成成本异常波动的不合理因素,从而真正实现成本可控。

【解决纠纷的依据】

工程项目设计变更及现场签证管理办法(试行)

根据《中华人民共和国招标投标法》规定,必须进行施工招标的工程,原则上应实行无现场签证的管理制度,但发生特殊情况时,由于非施工单位原因造成的工程内容及工程量的增减,可以办理设计变更或现场签证。其中政府投资项目现场签证的办理还应当符合有关管理机构的程序规定。

按照以上规定,为了规范建设工程设计变更和现场签证行为,保证学校资产投资资金的使用效益,杜绝或减少因设计变更和现场签证随意性而引起的工程造价纠纷,特制定本办法。

第一条 建设工程设计变更及现场签证管理应遵守有关法律、法规的规定,必须遵循合法性、真实性、科学性、全面性和时效性的原则。

第二条 本办法所称"现场工程师",是指学校派驻施工现场履行合同的代表、项目管理单位(以下简称代甲方)项目工程师和监理单位委派的总监理工程师。

第三条 工程开工前,基建处、代甲方和施工监理、投资监理单位必须明确"现场工程师"的具体人选、职权及行使职权的期限,代甲方以书面方式通知施工单位。更换"现场工程师"或者变更其职权时,代甲方及时书面通知施工单位。

第四条 设计变更,是指由于现场条件的变化或国家政策、法规的改变,或由于学校提出要求等原因,需要变更原有施工图等设计文件资料时,由设计单位做出的修改设计文件或补充设计文件的行为。

一、设计变更的确定:

由代甲方负责组织,会同工程科、设计单位、施工监理、投资监理、施工单位进行论证后,出具变更意见书,并以书面报告附变更意见书(包括原因或依据、内容及范围、引起的工程量及投资预算的增减及工期影响)的形式报学校基建处按相关程序审批。

二、设计变更的实施:

基建处按相关程序审核同意后,由代甲方交由原设计单位完成具体的设计变更工作,并发出正式的设计变更通知书(包括施工图纸)。施工监理和投资监理对设计变更通知书进行核实后,由施工监理对施工单位下达工程变更令,施工单位组织实施。

第五条 现场签证,是指由于施工现场的各种原因,出现了与合同规定不符的条件和事实情况,需要明确并作为继续工程其他有关程序的依据和前提条件时,由基建处与施工单位签字确认的备忘文件的行为。现场签证必须同时有基建处、代甲方、施工单位、施工监理和投资监理现场工程师签名并加盖公章。

一、工程现场签证文件的内容:

工程现场签证内容必须规范、齐全、具体。

1. 签证应按统一格式填写、编号。

2. 说明发生地点、事由、处理方案。

3. 草图及尺寸、必要的照片资料(隐蔽工程必须附)。

4. 工程量计算书、预算书。

二、签证方案的确定:

代甲方组织方案的分析、论证工作,经施工单位上报、施工监理、投资监理、代甲方、基建处工程科逐级审核、签字、盖章。上报的方案需附工程费用预算。

三、计量与费用的确定(按照量价分离审核原则)

1. 方案确定后,代甲方负责组织实施。

2. 投资监理、施工监理根据合同的规定和项目管理程序负责工程计量的确认和审核工作。

3. 计量完成后,施工单位根据合同规定的时效及时将签证单、工程量计算书、预算书上报施工监理、投资监理、代甲方、工程科审核。

4. 根据审批权限基建处对审核后的工程签证进行审批。

四、无效签证:

1. 资料不全、不规范、不具体的签证。

2. 方案未经许可的签证。

3. 隐蔽前未经会签、认定的签证。

4. 超过时效的签证(工程完成并检验合格后7日内及隐蔽工程覆盖前为有效)。

5. 超出批复方案要求及因自身原因造成返工的签证。

五、操作流程:

各单位核认实际发生的工作量,并进行工程预算审核,提出初审意见流转时间:3个工作日(特殊情况事先向基建处)。

各有关单位职责:

1. 施工单位:在实施前两周以工作联系单的形式报送变更签证申请。

2. 施工监理:负责审核变更签证对工期、进度、质量、费用的影响,并将意见报送代甲方转投资监理审核。

3. 投资监理:方案确定阶段对签证方案进行费用比选,提出建议;签证工程实施后,根据基建处认可的变更方案,协同施工监理、施工单位现场计量确认。

4. 代甲方:签证工程实施前,专业工程师组织对变更签证方案进行分析,提出审核意见,按程序流转;根据基建处审批意见签发同意实施的工作联系单并及时反馈项目工程师;签证工程实施完成后,对经施工监理、投资监理核认的工程量进行审核,对工程质量进行确认,满足要求后根据投资监理的工程预算核认结果,签署意见后报基建处审批。

5. 基建处:根据项目工程师提出的建议提出方案审批意见和核价意见。

第六条 设计变更与现场签证审批权限:

一、预算1万元以下:施工监理、投资监理单位初审,代甲方、基建处工程科长审核,基建处长审批。

二、预算1万元~10万元:施工监理、投资监理单位初审,代甲方、基建处工程科复核,基建处报主管校长审批。

三、预算10万元~50万元:施工监理、投资监理单位初审,代甲方、基建处工程科复核,基建处报基建修缮工作领导小组审批。

四、预算50万元以上:施工监理、投资监理单位初审,代甲方、基建处工程科复核,基建处报基建修缮工作小组审核后,提交校长办公会或党委办公会审批。

五、在上述基础上,基建处长审批累计金额原则上不超过合同价的5%(含,下同),主管校长审批累计金额原则上不超过合同价的10%,基建修缮工作领导小组审批累计金额原则上不超过合同价的15%。

第七条 所有设计变更、现场签证必须有文字记载,紧急情况下经主管校长或基建处长口头认可的,事后必须在7日内补齐有关手续。

第八条 在办理设计变更和现场签证程序中,基建处、代甲方、施工单位和设计、监理等单位之间的函件往来均须办理有关签收手续。基建处工程科和代甲方应保存完整的设计变更及现场签证单原件，及时收集整理、妥善保管并归档，作为工程结算的依据。

第九条　如非施工单位原因造成工程停工、窝工涉及工程价款索赔的，施工单位应按有关索赔程序申报、审批后提出现场签证要求，明确停工、窝工的时间、涉及的人员和费用计算办法。工程科、代甲方、施工监理和投资监理应按本办法规定的相关内容和时限办理现场签证手续。在停工、窝工事件发生当日起14天内，施工单位未提出现场签证的，视为该事件不涉及工程造价的变更。

第十条　本办法由基建处负责解释。

【解决纠纷的依据】

××市建设工程设计变更及现场签证管理办法

第一条　为了规范建设工程设计变更和现场签证行为，保证国有或集体资产投资资金的使用效益，杜绝或减少因设计变更和现场签证随意性而引起的工程造价纠纷，根据有关法律、法规制定本办法。

第二条　在本市行政区域内由财政性资金投资建设的工程项目，其设计变更、现场签证必须根据本办法规定的条件和程序办理，并在招标文件及合同条款中明确写明执行本办法，否则，不能作为办理工程结算的依据。其他工程项目可参照本办法执行。

第三条　建设工程设计变更及现场签证管理必须遵循合法性、真实性、科学性、全面性和时效性的原则。建设单位应保存完整的设计变更及现场签证单原件，并及时归档。

第四条　设计变更是指，由于某种原因，需要变更原有施工图等设计文件资料时，由设计单位做出的修改设计文件或补充设计文件的行为。

第五条　现场签证，是指由于施工现场的各种原因，出现了与合同规定的情况、条件和事实不符的事件，需要明确并作为继续工程其他有关程序的依据和前提条件时，由发包人与承包人签字确认的备忘文件的行为。现场签证必须同时有发包人、承包人、监理等有关单位的项目现场负责人签名。

第六条　本办法所称“现场工程师”是指，发包人派驻施工现场履行合同的代表、或者监理单位委派的总监理工程师、或者前述两者的统称。

第七条　工程开工前，发包人和监理单位必须明确“现场工程师”的具体人选、职权及行使职权的期限，并以书面方式通知承包人。发包人代表与项目总监的职权不应相互交叉。更换“现场工程师”或者变更其职权时，发包人或(和)监理单位应书面通知承包人。

第八条　设计变更的程序：

(一)设计变更的提出。设计单位、承包人、发包人或监理单位提出书面的设计变更申请和建议书时，应填写《工程变更申请表》，包括以下主要内容：

(1)变更的原因或依据；

(2)变更的内容及范围；

(3)变更引起的工程量及投资估算的增减；

(4)变更对工期等相关工作的影响；

(5)必要的附图及计算资料等。

(二)设计变更的审查和实施。参与工程建设任何一方提出设计变更申请后，监理单位应根据设计工程变更引起的合同工期、质量、进度、造价等要素进行审查后，提出书面设计变更方案意见交发包人审查同意后，由发包人交由原设计单位提出设计方案及估算，然后由发包人召集财务总监(若设)、财政局、监察局(若需要)等单位人员现场签订、核准变更事项(若单项设计变更引起工程造价增加额在5万元以下的,可由发包人自行研究确定、核准变更事项),经发包人同意后,由原设计单位负责完成具体的设计变更工作,并签发出正式的设计变更通知书(包括施工图纸)。监理单位对设计变更通知书进行核实并经发包人批准后,对承包人下达工程变更令,由承包人组织实施。

(三)设计变更的程序应接受监察、财政、审计及建设行政主管等部门的监督检查。

为确保工程建设顺利进行,财政、监察等部门须指派专人负责参与工程建设的设计变更或现场签证的办理,在发包人召集进行设计变更或现场签证时,发包人需提前1天通知上述部门,紧急情况如抢险时应随叫随到。财政、监察部门的相应人员应当在接到发包人电话通知后按时到发包人指定地点开会研究。否则,视为其同意会议结论。

第九条 设计变更必须以"工程变更令"为标题,并载明变更的原因、工程部位、施工要求、日期等;现场签证必须以"现场签证单"为标题,并载明签证事件发生的时间、签证的原因和范围、确认的工程量、签证费用或费用计算标准或规定、办理签证的时间等,并附上必要的图纸及相应的计算资料。政府投资项目中投资100万元以上的单项工程,单项设计变更或现场签证导致总投资增加超过10%的,或设计变更及现场签证累计增加的造价超过10%的,需按基本建设程序办理有关手续。

设计变更增加单项建设内容投资100万元以上的,必须提交市政府常务会议讨论后按程序办理相关手续。

第十条 设计变更通知书应由设计单位做出,并经由设计单位项目负责人或其委托的代理人签字、加盖设计单位图章,报送发包人。发包人确认同意时,须签字并加盖单位公章,然后按合同约定的程序送达现场工程师和承包人。承包人在收到设计变更通知单后,应在14天内提出变更合同价款的报告,报发包人和现场工程师进行审查确认,否则,该项设计变更视为不涉及合同价款的变更。发包人和现场工程师应在14天内就变更合同价款的报告给予答复,逾期没有答复的,变更合同价款的报告视为已被认可。经发包人确认的设计变更和变更合同价款的报告作为工程结算的依据,合同价款变更报告作为造价控制和工程款拨付的参考依据。

第十一条 现场签证及相应的报价由承包人在变更项目完成7天内提出,签字并加盖单位公章,报送给发包人或其委托的现场工程师。若承包人逾期未提出,视为承包人放弃该项签证。发包人或其委托的现场工程师应在14天内予以答复,确认同意时,须签字并加盖单位公章;不同意时,应提出异议。发包人或其委托的现场工程师逾期没有答复的,该现场签证及其报价视为被确认同意。经发包人或其委托的现场工程师确认同意的现场签证及其相应的报价,作为工程结算的依据,经确认的相应报价作为造价控制和工程款拨付的参考依据。现场签证的费用若超过5万元的应按第九条中有关签订、核准程序办理。

第十二条 在办理设计变更和现场签证程序中,发包人、承包人和设计、监理等单位之间的函件往来均须办理有关签收手续,并作为工程结算的证据。

第十三条 经批准的施工组织设计和施工方案,如非承包人原因需修改且修改涉及工程造价的变更时,必须按现场签证办理。否则,视为已批准的施工组织设计或者施工方案的修改不涉及工程造价的变更。其他资料,如技术处理单、隐蔽验收单、材料验收单等均不能作为工程结算的依据。

第十四条 如非承包人原因造成工程停工、窝工涉及工程价款索赔的,承包人应按有关索赔程序申报、审批后提出现场签证要求,明确停工、窝工的时间、涉及的人员和费用计算办法。发包人或其委托的现场工程师应按本办法第五条、第九条、第十一条和第十二条规定的内容和时限办理现场签证手续。在停工、窝工事件发生当日起14天内,承包人未提出现场签证的,视为该事件不涉及工程造价的变更。经发包人或其委托的现场工程师确认的停工、窝工现场签证，作为工程结算的依据。

第十五条 设计变更和现场签证的办理程序和内容等，必须同时遵守有关法律、法规的规定。

第十六条 负责设计变更和现场签证工作的有关人员相互串通弄虚作假、提供虚假资料的，将根据相关执业人员管理办法予以处罚，构成犯罪的，移交司法机关处理。

第十七条 根据《中华人民共和国招标投标法》规定，必须进行施工招标的工程，原则上应实行无现场签证的管理制度，但发生特殊情况时，由于非承包方原因造成的工程内容及工程量的增减，可以办理设计变更或现场签证。其中政府投资项目现场签证的办理还应当符合有关管理机构的程序规定。

第十八条 本办法由发文单位负责解释。

第十九条 本办法自公布之日起执行。

第二节 变更与签证阶段易引起的纠纷及其处理措施

一、未办理变更或签证手续

一个工程项目要想很好地控制造价，在工程实施过程中，最主要的是控制管理好工程设计变更和签证，因蓝图设计在前期已经过研究评审和优化，造价已在业主或建设单位的理想控制范围内，但很多业主在施工过程中经常改动一些部位，既无设计变更，也不办理现场签证，到结算时往往发生补签困难，引发纠纷。因此要想控制好造价，建设单位在工程项目开工前要制定好设计变更及工程签证管理办法，以便在执行中有章可依。

设计变更是保证设计和施工质量，完善工程设计，纠正设计错误以及满足现场条件变化而进行的设计修改工作，设计文件一经审查通过，任何单位和个人不得随意更改。由于项目建设条件的改变或施工实际需要更改原设计，必须经过深入的调查研究并充分论证，还必须遵守项目合同中的全部规定。

工程签证指除施工图纸所确定的工程内容以外的施工现场发生的实际工作，由监理工程师确认其工程行为的发生与数量，是否予以计量与支付，应按合同原则及项目的有关规定办理。在管理办法中，明确规定了不予签证的几种情况：

(1)由于工程的施工标段众多，工期紧迫，会出现许多交叉施工机会，由此所发生的费用，在招标文件中已明确规定，此项费用应在投标报价时就充分考虑，不得签证。

(2)在施工过程中，可能受拆迁工作的影响干扰，承包单位在投标中就充分考虑这一因素，由此而引起的费用增加，不得签证。

(3)因赶工期而需要增加的费用，已包含在投标报价中，不得签证。

(4)因工期紧迫，要求承包人提前进入现场，做好施工准备工作，由此产生的设备闲置费用已考虑在施工合同总价中，不得签证。

【例】 20××年，某施工单位与业主签订某画廊基础土建工程施工合同，工程总价约定为50万，并注明工程根据设计一次性包死。后又就合同补充项目进行了约定，口头委托施工单位进行装修，但未签订相关协议。工程竣工后，双方就合同款额发生争议。

分析：施工单位提供了装修工程的概算书、预算书和核实价清单，以此证明双方对装修工程进行了结算，但该部分工程价格没有甲方签字或盖章。且装修工程没有任何设计图纸。

结论：依照《关于审理建设工程施工合同纠纷案件适用法律问题的解释》第22条："当事人约定按照固定价结算价款，一方当事人请求对建设工程造价进行鉴定的，不予支持。"另依据《中华人民共和国合同法》第62条规定："价款或者报酬不明确的，按照订立合同时履行地市场价格履行。"

【解决纠纷的依据】

关于施工过程中变更及工程量签证程序管理的规定

为了进一步加强基建工程施工管理，规范设计变更及现场签证管理，提高工程质量，有效控制工程造价，基建处对原有有关管理制度和工作规程进行了进一步的完善和补充，在此基础上特制定本办法，请基建管理人员遵照执行。

工程量签证和经济签证要严格控制，要做到实事求是，并严格履行签发程序。

1. 工程开工前"事前控制"。由处分管领导和工程科科长牵头组织，会同工程技术科、规划预算科、材料科、设计、施工、监理等工程建设各相关单位参加进行施工图图纸会审和技术交底工作，并做出会议记录。对于会审中涉及的影响建筑效果、质量和使用功能及造成工程造价增减较大的变更，要以书面报告的形式报处领导审批后，方可签署正式的图纸会审记录。

2. 施工过程"事中控制"。由于现场条件的变化或国家政策、法规的改变或由于学校、使用单位提出的要求等原因造成的变更，由各有关单位提出书面变更要求报分管校长批示，分别按以下情况处理：

(1)对不涉及工程造价增减且对工程整体影响很小的变更，由工程科负责组织规划预算科、施工、监理单位讨论后，出具变更文件签字，工程科长审核签字盖章后实施。对不涉及工程造价增减，但影响较大的变更，需经基建处处长、分管校长同意批示后实施。技术变更和验收单据要注明，不能作为工程量确认签证。

(2)对涉及工程造价增减数额1～2万元以下且对工程整体影响较小的变更，由工程科长和现场负责人组织，会同工程技术科、规划预算科、监理一起讨论、测量或出具变更文件后，由工程科科长报处领导审阅批示。批复后方可下发变更通知单实施。

(3)对涉及工程造价增减数额2万元以上或对工程整体影响较大的变更。由工程科或规划科提出，基建处分管领导组织各科有关人员，到现场进行论证后，出具变更意见书，并以书面报告形式报处领导审核批示，之后请示学校分管领导批复。需设计院参与的变更，由工程科或预算科联系设计院办理变更文件或变更图纸；不涉及设计院的，由基建处出具变更通知单。

(4)对涉及"工程结构"造价增减数额5万元以上的或工程造价增减数额2万元以上5万元以下但对"工程结构"或"造型美观"整体影响较大的变更。由基建处报请学校分管领导并组织有关专家，进行现场论证后，出具变更意见书，并以书面报告附变更意见书的形式报学校分管领导批示。最后由基建处工程科和规划预算科联系设计院办理变更文件或变更图纸，再行实施。

3. 工程的"事后控制"。校领导现场指导或节假日以及紧急情况下施工现场口头认可的预算增加额度2万元以上的变更，先应以电话的形式报请校领导，事后处里分管领导和工程科长必须在7日内补齐相关手续。校内设计变更应有设计、工程科科长、规划科科长、分管处领导和处长审核签字。设计院出具的变更应有设计者签字及设计院单位公章，基建处补办手续。如增加额度在5万元以上，须报请校领导专门议定。

4. 所有签证，必须是在工程现场管理人员允许实施的前提下发生的，并且必须经工程现场管理人员、监理单位、施工单位和相关科成员实地查验、确定工程量后，签字、盖章生效，同时测量人员、工程科长、单位分管领导签字报处领导批示。如果发生签证数额大于两万元的，应报学校分管领导批复。非以上人员签字、盖章的签证均为无效签证。

5. 所有工程的设计变更文件和签证均一式五份,由工程科或规划科及时分发处办公室、工程科、规划科或材料科、施工,审计存档以便工程的决算。

6. 对于各专业工种的设计变更,各专业人员应及时沟通,避免信息不通产生新的变更,造成投资浪费,其变更及签证手续同以上程序。

7. 工程竣工验收后。由处分管领导组织开协调会议,对竣工资料档案和决算有关事宜进行布置,对小型工程提交时间半个月,对大型工程项目提交时间一个月。由工程科长或现场负责人负责督促施工单位按合同要求及时报送完整结算资料,并在审查资料的完整性、真实性后交规划预算科。由规划预算组织初步审核后交学校审计处。

基建处

二〇〇八年十二月十一日

二、变更或签证手续不完善

工程变更签证是工程施工过程中根据工程具体情况对施工图纸的调整、进一步优化完善,进而由现场的建设单位代表、监理工程师、施工单位项目负责人共同签署的书面手续。它不仅关系到工程质量,还对整个工程项目的总造价有着重要影响,各建设单位必须依照国家有关法律法规,结合本单位特点,建立健全必要的变更签证规章制度,特别是要严格变更签证的审批程序,建立分级审批制度。

变更与签证在某种意义上是对合同的变更或补充,因而一定要履行完善的手续。但在实际工作中,签证时手续不全,要素不全,内容不齐等现象时有发生,从而导致一定的造价纠纷。

变更与现场签证必须具备业主驻工地代表至少 2 人以上和承包商驻工地代表双方签字,对于价款较大或大宗材料单价,应加盖公章。缺少任何一方都属于不规范的签证,不能作为结算和索赔的依据。

【例】 20××年,某工程甲乙双方签订了一个 7 层框架结构工程的施工合同,建筑面积为 6814m^2,合同价款 290 万元,合同工期 230 天。后又签订一份补充协议,协议内容为:工程承包内为固定总价,工程量清单中缺项或少计部分属承包范围内不予计算;设计变更、现场签证按实计算,涉及工程价款调整的文件,均须经甲方批准并有代表签字盖章后才生效。工程竣工后,双方发生纠纷。

分析:合同价款调整、材料单价未按合同约定的条款履行确认手续。固定总价合同价款的调增应按合同条款约定的办法在约定的时间内办理变更合同价款调整手续,会议纪要中涉及造价调整的内容与合同优先解释的协议条款相冲突时,承包方应将涉及造价调整的内容报经发包方批准或在会议纪要中详细列明调整的办法。

结论:设计变更、现场签证按合同约定的预算单价计算。甲方代表已签字但未加盖公章的签证、会议纪要中记录的现场工程师同意增加的项目工程造价(未签证)的项目单列,供参考。

三、变更或签证手续与原件不一致

有些施工单位在实际工作中没有按要求提供签证单原件,为了一己之私,在复印件中增加变更内容或涂改,出现了复印件和原件不一致的现象。

【例】 在某工程中,施工单位提出“为防止后浇带处梁板因上部及自身荷载较大引起局部开裂、断折等问题的发生,沿后浇带侧边,在现浇钢筋混凝土框架梁下梁增加 200mm×200mm 矩形柱(临时性),以支撑钢筋混凝土梁板,形成稳固体系。待后浇带施工完毕,且后浇带混凝土强度达到设计要求后，再将其拆除。上述工程量列入工程结算。"甲方和监理单位各两名现场代表在工程签证单上签了字，尤其是监理的一名现场代表在签字单上注明"梁下口处有一根构造柱，情况属实，结算由审计定"。

分析：因本工程的层高、轴线间跨度、后浇带以及其处梁板的尺寸未发生任何变化，招标文件写得很清楚，要求施工单位将技术措施费等各项费用都要按有关规定和标准计算出金额列入投标报价中。承包商在投标文件中对招标文件同样做了响应、承诺、确认和说明。这增加的构造柱属施工单位在投标报价时应考虑好的（不论采取何施工措施），必须保质保量完成好工程项目后浇带的施工措施费，应含在了合同总价中，否则是违标。

结论：不应增加这笔费用。

第六章　工程施工索赔处理

第一节　施工索赔的分类、起因与索赔要求

在国际建筑市场上，工程索赔是承包商保护自身正当权益、补偿工程损失、提高经济效益的重要和有效手段。许多国际工程项目，通过成功的索赔能使工程收入的增加额达到工程造价的10%～20%，有些工程的索赔额甚至超过了工程合同额本身。

一、索赔的概念与特征

索赔是当事人在合同实施过程中，根据法律、合同规定及惯例，对不应由自己承担责任的情况造成的损失，向合同的另一方当事人提出给予赔偿或补偿要求的行为。建设工程索赔的概念有狭义和广义之分。

狭义的建设工程索赔，是指人们通常所说的工程索赔或施工索赔。工程索赔是指由于发包人的原因或发生承包商和发包人不可控制的因素而遭受损失时，建设工程承包商向发包人提出的补偿要求。这种补偿包括补偿损失费用和延长工期。

广义的建设工程索赔，是指建设工程承包商由于合同对方的原因或合同双方不可控制的原因而遭受损失时，向对方提出的补偿要求。这种补偿要求可以是损失费用索赔，也可以是索赔实物。它不仅包括承包商向发包人提出的索赔，还包括承包商向保险公司、供货商、运输商、分包商等提出的索赔。

从索赔的基本含义可以看出，索赔具有双向性、实际性和单方行为性，具体见表6-1。

表6-1　　索赔的特征

索赔特征	定　义	特　点
双向性	承包人可以向发包人索赔，发包人同样也可以向承包人索赔	发包人始终处于主动和有利地位，对承包人的违约行为他可以通过直接从应付工程款中扣抵、扣留保留金或通过履约保函向银行索赔来实现自己的索赔要求
实际性	只有实际发生了经济损失或权利损害一方才能向对方索赔	经济损失是指因对方因素造成合同外的额外支出，如人工费、材料费、机械费、管理费等额外开支。 权利损害是指虽然没有经济上的损失，但造成了一方权利上的损害，如由于恶劣气候条件对工程进度的不利影响，承包人有权要求工期延长等
单方行为性	索赔是一种未经对方确认的单方行为	对对方尚未形成约束力，这种索赔要求最终能否得到实现，必须要通过确认（如双方协商、谈判、调解或仲裁、诉讼）后才能得知

二、索赔的分类

索赔从不同的角度、按不同的方法和不同的标准，可以有多种分类方法。为方便探讨各种索

赔问题的规律及特点，通常作如图 6-1 所示分类。

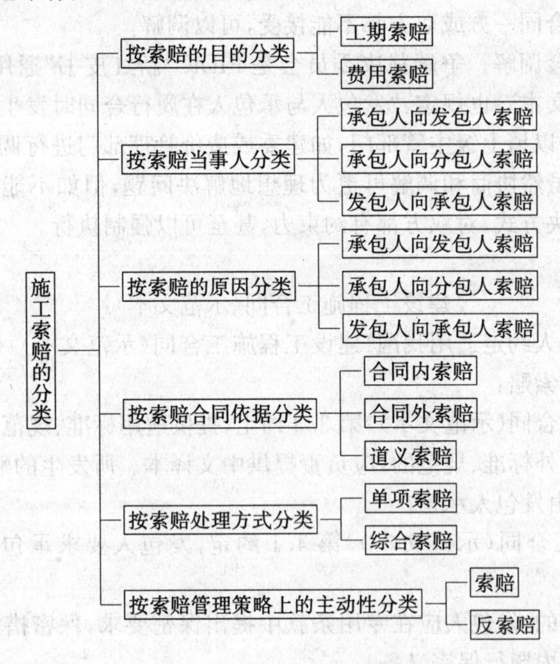

图 6-1 施工索赔的分类

(一)按索赔的目的分类

1. 工期索赔

由于非承包人责任的原因而导致施工进程延误，要求批准顺延合同工期的索赔，称为工期索赔。工期索赔形式上是对权利的要求，以避免在原定合同竣工日不能完工时，被发包人追究拖期违约责任。一旦获得批准，合同工期顺延后，承包人不仅免除了承担拖期违约赔偿费的严重风险，而且可能因使工期提前得到奖励，最终仍反映在经济收益上。

2. 费用索赔

费用索赔的目的是要求经济补偿。指的是当施工的客观条件改变导致承包人增加开支，要求对超出计划成本的附加开支给予补偿，以挽回不应由其承担的经济损失。

(二)按索赔当事人分类

1. 承包人向发包人索赔

承包人向发包人索赔是指承包人在履行合同中因非自方责任事件发生工期延误及额外支出后向发包人提出的索赔要求。

(1)按合同规定的期限提出索赔要求。我国《建设工程施工合同(示范文本)》规定："工程师在收到承包人送交的索赔报告和有关资料后 28 天内，向工程师发出索赔意向通知。"按照 FIDIC"新红皮书"的规定，书面的索赔通知应在索赔事项发生后的 28 天以内，向工程师正式提出，并抄送业主，否则，逾期再报，有可能会遭到业主和工程师的拒绝。

(2)按合同规定期限报送索赔资料和索赔报告。我国《建设工程施工合同(示范文本)》规定："发出索赔意向通知后 28 天内，向工程师提出延长工期和经济损失的索赔报告及有关资料。"FIDIC"新红皮书"也有更详细的规定。工程师在接到承包商索赔报告书和证据资料后，应迅速审阅研究，在不能确认责任人的情况下，可要求承包商补充相关材料。

(3)协商解决索赔问题。在友好协商地解决索赔争端的过程中,工程师起着重要的作用,对工程师做出的决定,若合同一方或双方都不能接受,可以调解。

(4)争端裁决委员会调解。争端裁决委员会是FIDIC"新红皮书"通用条件规定的,我国《建设工程施工合同(示范文本)》也规定:"发包人与承包人在履行合同时发生争议,可以和解或要求有关主管部门调解。"可以请上级主管部门,如建委或造价管理部门进行调解。

(5)仲裁或诉讼。虽然协商和调解可更为理想地解决问题,但如不能奏效,最终只能通过仲裁或诉讼,并且这种解决方式,对双方都有约束力,甚至可以强制执行。

索赔依据

《建设工程施工合同(示范文本)》

如果发包人与承包人约定适用我国《建设工程施工合同(示范文本)》(1999年修订),承包商可以引用以下条件进行索赔:

(1)《建设工程施工合同(示范文本)》第3.3约定,提供适用标准、规范的规定。

发包人要求使用国外标准、规范的,应负责提供中文译本。所发生的购买、翻译标准、规范或制定施工工艺的费用,由发包人承担。

(2)《建设工程施工合同(示范文本)》第4.1约定,发包人要求承包人需要特殊保密的措施费。

对工程有保密要求的,发包人应在专用条款中提出保密要求,保密措施费用由发包人承担,承包人在约定保密期限内履行保密义务。

(3)《建设工程施工合同(示范文本)》第6.2约定,工程师指令错误。

因工程师指令错误发生的追加合同价款和给承包人造成的损失由发包人承担,延误的工期相应顺延。本款规定同样适用于由工程师代表发出的指令、通知。

(4)《建设工程施工合同(示范文本)》第6.3约定,工程师未按合同约定履行义务。

由于工程师未能按合同约定履行义务造成工期延误,发包人应承担延误造成的追加合同价款,赔偿承包人有关损失,并顺延延误的工期。

(5)《建设工程施工合同(示范文本)》第7.3约定,因发包人的原因,承包人在施工中采取紧急措施。

项目经理按发包人认可的施工组织设计(施工方案),工程师依据合同发出的指令组织施工。在情况紧急且无法与工程师取得联系时,项目经理应当采取保证人员生命和工程、财产安全的紧急措施,并在采取措施后48小时内向工程师送交报告。责任在发包人或第三人的,由发包人承担由此发生的追加合同价款,相应顺延工期;责任在承包人的,由承包人承担费用,不顺延工期。

(6)《建设工程施工合同(示范文本)》第8.3约定,发包人未能完成8.1款的各项义务。

发包人未能履行8.1款提供初步施工条件的各项义务,导致工期延误或给承包人造成损失的,发包人赔偿承包人有关损失,顺延延误的工期。

(7)《建设工程施工合同(示范文本)》第11.2约定,因发包人原因不能按约定日期开工。

因发包人原因不能按照协议书约定的开工日期开工,工程师应以书面形式通知承包人,推迟开工日期。发包人赔偿承包人因延期开工造成的损失,并相应顺延工期。

(8)《建设工程施工合同(示范文本)》第12约定,因发包人原因暂停施工。

因发包人原因造成停工的,由发包人承担所发生的追加合同价款,赔偿承包人由此造成的损失,相应顺延工期;因承包人原因造成停工的,由承包人承担发生的费用,工期不予顺延。

(9)《建设工程施工合同(示范文本)》第13约定,工期延误条款。

因发包人的原因或不可抗力造成工期延误条款,在13.1款情况发生后14天内,就延误的工期以书面形式向工程师提出报告。工程师在收到报告后14天内予以确认，逾期不予以确认也不提出修改意见，视为同意顺延工期。

(10)《建设工程施工合同(示范文本)》第15约定，工程质量因发包人原因达不到约定条件。

因发包人原因工程质量达不到约定的质量标准，发包人承担违约责任，赔偿承包人由此造成的损失，相应顺延工期。

(11)《建设工程施工合同(示范文本)》第16.3约定，工程师检查影响施工正常进行，检验为合格的。

工程师的检查检验不应影响施工正常进行。如果影响施工正常进行，检查检验不合格时，由此发生的费用由承包人承担；除此之外影响正常施工的追加合同价款由发包人承担，相应顺延工期。

(12)《建设工程施工合同(示范文本)》第16.4约定，因工程师不正确纠正或其他非承包人原因造成返工或修改。

因工程师指令失误或其他非承包人原因发生的追加合同价款，由发包人承担。

(13)《建设工程施工合同(示范文本)》第18约定，工程师要求重新检验，工程合格的。

无论工程师是否进行验收，当其要求对已经隐蔽的工程重新检验时，承包人应按要求进行剥离或开孔，并在检验后重新覆盖或修复。检验合格，发包人承担由此发生的全部追加合同价款，赔偿承包人损失，并相应顺延工期。

(14)《建设工程施工合同(示范文本)》第19.5约定，由于设计原因试车达不到验收要求，发包人应要求设计单位修改设计，承包人按修改后的设计重新安装。发包人承担修改设计、拆除及重新安装的全部费用和追加合同价款，工期相应顺延。由于设备制造原因试车达不到验收要求，由该设备采购一方负责重新购置或修理，承包人负责拆除和重新安装。设备由发包人采购的，发包人承担上述各项追加合同价款，工期相应顺延。

(15)《建设工程施工合同(示范文本)》第20.2约定，因发包人原因导致安全事故。

发包人应对其在施工场地的工作人员进行安全教育，并对他们的安全负责。发包人不得要求承包人违反安全管理的规定进行施工。因发包人原因导致的安全事故，由发包人承担相应责任及发生的费用。

(16)《建设工程施工合同(示范文本)》第23.3约定，合同价款调整条款。

符合可调价格调整因素的，如法律、行政法规和国家有关政策变化影响合同价款；工程造价管理部门公布的价格调整；一周内非承包人原因停水、停电、停气造成停工累计超过8小时；双方约定的其他因素。承包人应当在发生后14天内，将调整原因、金额以书面形式通知工程师，工程师确认调整金额后，作为追加合同价款，与工程款同期支付。工程师收到承包人通知后14天内不予确认也不提出修改意见，视为已经同意该项调整。

(17)《建设工程施工合同(示范文本)》第24约定，发包人不按约定支付预付款。

发包人不按约定支付预付款，承包人在约定预付时间7天后向发包人发出要求预付的通知，发包人收到通知后仍不能按要求预付款的，承包人可在发出通知后7天停止施工，发包人应从约定应付之日起向承包人支付应付款的贷款利息，并承担违约责任。

(18)《建设工程施工合同(示范文本)》第26.3约定，发包人不按约定支付工程款。

发包人超过约定的支付时间不支付工程款(进度款)，承包人可向发包人发出付款要求，可与承包人协商签订延期付款协议，经承包人同意后可延期支付。协议应明确延期支付的时间，并从计量结果确认后第15天起计算应付款的贷款利息。

(19)《建设工程施工合同(示范文本)》第27.4约定，发包人供应材料、设备延误或不合格。

发包人供应的材料设备与一览表不符时，发包人承担有关责任，发包人供应的材料设备使用前，由承包人负责检验或试验，不合格的不得使用，检验或试验费用由发包人承担。

(20)《建设工程施工合同(示范文本)》第39.3约定，不可抗力的情形。

因不可抗力导致的费用及延误的工期由发包人承担的情况有：①工程本身的损害、因工程损害导致第三方人员伤亡和财产损失以及运至施工场地用于施工的材料和待安装的设备的损害，由发包人承担；②发包人人员伤亡由其所在单位负责，并承担相应费用；③停工期间，承包人应工程师要求留在施工场地的必要的管理人员及保卫人员的费用由发包人承担；④工程所需清理、修复费用，由发包人承担；⑤延误的工期相应顺延。

(21)《建设工程施工合同(示范文本)》第43.2约定，工程施工发现地下障碍和文物而采取保护措施。

施工中发现影响施工的地下障碍物时，承包人应于8小时内以书面的形式通知工程师，同时提出处置方案，工程师收到处置方案后24小时内予以认可或提出修改方案，发包人承担由此发生的费用，顺延延误的工期。

索赔依据

FIDIC《施工合同条件》中承包商向业主索赔的条款

1.9 拖延的图纸或指示

当因必要的图纸或指示不能在一合理的特定时间内颁发给承包商，从而可能引起工程延误或中断时，承包商应通知工程师。通知中应包括所必需的图纸或指示的详细内容，应颁发的详细理由和时间，以及如果因图纸或指示迟发可能造成的延误或中断的具体性质和程度。

如果因工程师未能在一合理的、且已在(附有详细证据的)通知中说明的时间内颁发承包商在通知中要求的图纸或指示，而导致承包商延误和(或)导致费用增加时，承包商应向工程师发出进一步的通知，且按照第20.1款【承包商的索赔】有权获得：

(a)根据第8.4款【竣工时间的延长】对任何此类延误的一段延期，如果竣工被拖延或将被拖延；

(b)对此费用加上合理利润的支付，此支付应包括在合同价中。

收到上述进一步的通知后，工程师应按照第3.5款【决定】对这些事项表示批准或作出决定。但是，如果工程师未能及时提供图纸或指示是由承包商的错误或延误(包括递交承包商文件时的错误和延误)引起的，则承包商无权获得上述延期、费用或利润。

1.13 遵守法律

除非在专用条件中另有说明，履行合同时，承包商应遵守适用的法律的规定：

(a)雇主应已经(或将要)获得永久工程的规划、分区和其他类似许可，及规范中说明已经(或将要)由雇主取得的其他许可；雇主应保障承包商不受其未得到上述许可的后果的侵害；

(b)对于法律中要求的与实施、完成工程和修补缺陷有关的各项事宜，应由承包商发出通知，支付税款、关税和费用，并获得所有的许可、许可证和批准；承包商应保障雇主免遭其未做到上述要求的后果的损失。

2.1 进入现场的权利

雇主应在投标函附录中注明的时间(或各时间段)内给予承包商进入和占用现场的权利。此类进入和占用权可不为承包商独享。如果合同要求雇主赋予(承包商)对基础、结构、永久设备或通行手段的占用权，则雇主应在规范注明的时间内按照规范中规定的方式履行该职责。但是在收到履约保证之前，雇主可以不给予任何此类权利或占用。

如果投标函附录中未注明时间，则雇主应在一合理的时间内给予承包商进入现场和占用现场的权利，此时间应能使承包商可以按照第 8.3 款【进度计划】提交的进度计划顺利开始施工。

如果由于雇主一方未能在规定时间内给予承包商进入现场和占用现场的权利，致使承包商延误了工期和(或)增加了费用，承包商应向工程师发出通知，并依据第 20.1 款【承包商的索赔】有权：

(a)如果竣工已经或将被延误，根据第 8.4 款【竣工时间的延长】的规定，对所有此类延误获得延长的工期；

(b)获得任何有关费用加上合理利润的支付，并将之计入合同价格。

在收到此通知后，工程师应按照第 3.5 款【决定】对此事作出商定或决定。

然而，如果雇主的过失(并且在一定程度上)是由于承包商的某些错误或延误造成的，包括承包商的文件中的错误或提交的延误，则承包商无权要求获得此类延长的工期、费用或利润。

2.4 雇主的资金安排

在接到承包商的请求后，雇主应在 28 天内提供合理的证据，表明他已作出了资金安排，并将一直坚持实施这种安排，此安排能够使雇主按照第 14 条【合同价格和支付】的规定支付合同价格(按照当时的估算值)的款额。如果雇主欲对其资金安排做出任何实质性变更，雇主应向承包商发出通知并提供详细资料。

3.3 工程师的指示

工程师可以按照合同的规定(在任何时候)向承包商发出指示以及为实施工程和修补缺陷所必需的附加的或修改的图纸。承包商只能从工程师以及按照本条款授权的助理处接受指示。

如果某一指示构成了变更，则适用于第 13 条【变更和调整】。

承包商必须遵守工程师或授权助理对有关合同的某些问题所发出的指示。只要有可能，这些指示均应是书面的。如果工程师或授权助理：

(a)发出一口头指示；

(b)在发出指示后 2 个工作日内，从承包商(或承包商授权的他人)处接到指示的书面确认；

(c)在接到确认后 2 个工作日内未颁发一书面拒绝和(或)指示作为回复，则此确认构成工程师或授权助理的书面指示(视情况而定)。

4.6 合作

承包商应按照合同的规定或工程师的指示，为下述人员从事其工作提供一切适当的机会：

(a)雇主的人员；

(b)雇主雇用的任何其他承包商；

(c)任何合法公共机构的人员，这些人员可能被雇用于现场或于现场附近从事合同中未包括的任何工作。

如果(并在一定程度上)此类指示使承包商增加了不可预见的费用，则构成了变更。为这些人员和其他承包商的服务包括使用承包商的设备，承包商负责的临时工程或通行道路安排。

如果按照合同规定，要求雇主按照承包商的文件给予承包商对任何基础、结构、永久设备或通行手段的占用，承包商应在规范规定的时间内以其规定的方式向工程师提交此类文件。

4.7 放线

承包商应根据合同中规定的或工程师通知的原始基准点、基准线和参照标高对工程进行放线。承包商应对工程各部分的正确定位负责，并且矫正工程的位置、标高或尺寸及准线中出现的任何差错。

雇主应对此类给定的或通知的参照项目的任何差错负责，但承包商在使用这些参照项目前应付出适当的努力去证实其准确性。

如果由于这些参照项目的差错而不可避免地对实施工程造成了延误和(或)导致了费用,而且一个有经验的承包商无法合理发现这种差错并避免此类延误和(或)费用,承包商应向工程师发出通知并有权依据第20.1款【承包商的索赔】,要求:

(a)根据第8.4款【竣工时间的延长】的规定,获得任何延长的工期,如果竣工已经或将被延误;

(b)支付任何有关费用加上合理利润,并将之计入合同价格。

在接到此类通知后,工程师应按照第3.5款【决定】的规定作出商定或决定:

(i)是否以及(如果是的话)在多大程度上该差错不能合理被发现;

(ii)上面(a)、(b)段中描述的与该程度相关事项。

4.12 不可预见的外界条件

本款中,"外界条件"是指承包商在实施工程中遇到的外界自然条件及人为的条件和其他外界障碍和污染物,包括地表以下和水文条件,但不包括气候条件。

如果承包商遇到了在他看来是无法预见的外界条件,则承包商应尽可能快地通知工程师。

此通知应描述该外界条件以便工程师审查,并说明为什么承包商认为是不可预见的。承包商应继续实施工程,采用在此外界条件下合适的以及合理的措施,并且应该遵守工程师给予的任何指示。如果此指示构成了变更,将适用第13条【变更和调整】。

如果且在一定程度上承包商遇到了不可预见的外界条件,发出了通知,且因此发生了延误和(或)导致了费用,承包商有权依据第20.1款【承包商的索赔】要求:

(a)根据第8.4款【竣工时间的延长】的规定,获得任何延长的工期,如果竣工已经或将被延误;

(b)支付任何有关费用,并将之计入合同价格。

在接到此通知并对此外界条件进行审查和(或)检查以后,工程师应按照第3.5款【决定】的规定,作出商定或决定:

(i)是否以及(如果是的话)在多大程度上该外界条件不可预见;

(ii)上面(a)、(b)段中描述的与该程度相关的事项。

然而,在依照子段(ii)最终商定或决定附加费用之前,工程师还应审查是否在工程类似部分(如有时)上,其他外界条件比承包商在提交投标文件时合理预见的外界条件更为有利。如果并且在一定程度上承包商遇到了此类更为有利的条件,工程师应按照第3.5款【决定】的规定对因此条件而应支付费用的扣除作出商定或决定,并且加入合同价格和支付证书中(作为扣除)。但由于工程类似部分遭受的所有外界条件而按(b)款所作的调整和所有这些扣除的净作用,不应导致合同价格的净扣除。

工程师可以考虑承包商对提交投标文件时合理预见的外界条件提交的任何证据,但不受这些证据的约束。

4.24 化石

在工程现场发现的所有化石、硬币、有价值的物品或文物、建筑结构以及其他具有地质或考古价值的遗迹或物品应处于雇主的看管和权力之下。承包商应采取合理的预防措施防止承包商的人员或其他人员移动或损坏这些发现物。

一旦发现此类物品,承包商应立即通知工程师,工程师可发出关于处理上述物品的指示。如果承包商由于遵守该指示而引起延误和(或)招致了费用,则应进一步通知工程师并有权依据第20.1款【承包商的索赔】,要求:

(a)根据第8.4款【竣工时间的延长】的规定,获得任何延长的工期,如果竣工已经或将被延误；

(b)支付任何有关费用，并将之计入合同价格。

在接到此进一步通知后，工程师应按照第 3.5 款【决定】的规定对此事作出商定或决定。

7.2　样本

承包商应向工程师提交以下材料的样本以及有关资料，以在工程中或为工程使用该材料之前获得同意：

(a)制造商的材料标准样本和合同中规定的样本均由承包商自费提供；

(b)工程师指示作为变更增加的样本。

每件样本都应标明其原产地以及在工程中的预期使用部位。

7.4　检验

本款适用于所有合同中规定的检验，竣工后的检验(如有时)除外。

承包商应提供所有为有效进行检验所需的装置、协助、文件和其他资料、电、燃料、消耗品、仪器、劳工、材料与适当的有经验的合格职员。承包商应与工程师商定对任何永久设备、材料和工程其他部分进行规定检验的时间和地点。

工程师可以按照第 13 款【变更和调整】的规定，变更规定检验的位置或细节，或指示承包商进行附加检验。如果此变更或附加检验证明被检验的永久设备、材料或工艺不符合合同规定，则此变更费用由承包商承担，不论合同中是否有其他规定。

工程师应提前至少 24 小时将其参加检验的意图通知承包商。如果工程师未在商定的时间和地点参加检验，除非工程师另有指示，承包商可着手进行检验，并且此检验应被视为是在工程师在场的情况下进行的。

如果由于遵守工程师的指示或因雇主的延误而使承包商遭受了延误和(或)导致了费用，则承包商应通知工程师并有权依据第 20.1 款【承包商的索赔】要求：

(a)根据第 8.4 款【竣工时间的延长】的规定，获得任何延长的工期，如果竣工已经或将被延误；

(b)支付任何有关费用加上合理利润，并将之计入合同价格。

在接到此通知后，工程师应按照第 3.5 款【决定】的规定，对此事作出商定或决定。

承包商应立即向工程师提交具有有效证明的检验报告。当规定的检验通过后，工程师应对承包商的检验证书批注认可或就此向承包商颁发证书。若工程师未能参加检验，他应被视为对检验数据的准确性予以认可。

8.3　进度计划

在按照第 8.1 款【工程的开工】的规定接到通知后 28 天内，承包商应向工程师提交详细的进度计划。当原进度计划与实际进度或承包商的义务不符时，承包商还应提交一份修改的进度计划。每份进度计划应包括：

(a)承包商计划实施工程的次序，包括设计(如有时)，承包商的文件、采购、永久设备的制造及运达现场、施工、安装和检验的各个阶段的预期时间；

(b)每个指定分包商(在第 5 款【指定分包商】中定义的)的工程的各个阶段；

(c)合同中规定的检查和检验的次序和时间；

(d)一份证明文件；

(i)对实施工程中承包商准备采用的方法和主要阶段的总体描述；

(ii)各主要阶段现场所需的各等级的承包商的人员和各类承包商的设备的数量的合理估算的详细说明。

除非工程师在接到进度计划后21天内通知承包商该计划不符合合同规定，否则承包商应按照此进度计划履行义务，但不应影响到合同中规定的其他义务。雇主的人员应有权在计划他们的活动时参照该进度计划。

承包商应及时通知工程师，具体说明可能发生将对工程造成不利影响、使合同价格增加或延误工程施工的事件或情况。工程师可能要求承包商提交一份对将来事件或情况的预期影响的估计，和(或)按第13.3款【变更程序】提交一份建议书。

如果在任何时候工程师通知承包商该进度计划(规定范围内)不符合合同规定，或与实际进度及承包商说明的计划不一致，承包商应按本款规定向工程师提交一份修改的进度计划。

8.4 竣工时间的延长

如果由于下述任何原因致使承包商对第10.1款【对工程和区段的接收】中的竣工在一定程度上遭到或将要遭到延误，承包商可依据第20.1款【承包商的索赔】要求延长竣工时间：

(a)一项变更(除非已根据第13.3款【变更程序】商定对竣工时间作出调整)或其他合同中包括的任何一项工程数量上的实质性变化；

(b)导致承包商根据本合同条件的某条款有权获得延长工期的延误原因；

(c)异常不利的气候条件；

(d)由于传染病或其他政府行为导致人员或货物的可获得的不可预见的短缺；

(e)由雇主、雇主人员或现场中雇主的其他承包商直接造成的或认为属于其责任的任何延误、干扰或阻碍。

如果承包商认为他有权获得竣工时间的延长，承包商应按第20.1款【承包商的索赔】的规定，向工程师发出通知。当依据第20.1款确定每一延长时间时，工程师应复查以前的决定并可增加(但不应减少)整个延期时间。

8.5 由公共当局引起的延误

如果下列条件成立，即：

(a)承包商已努力遵守了工程所在国有关合法公共当局制定的程序；

(b)这些公共当局延误或干扰了承包商的工作；

(c)此延误或干扰是无法预见的；

则此类延误或干扰应被视为是属于第8.4款【竣工时间的延长】(b)段中规定的一种延误原因。

8.6 进展速度

如果任何时候：

(a)实际进度过于缓慢以致无法按原定竣工时间完工；

(b)进度已经(或将要)落后于第8.3款【进度计划】中规定的现行进度计划，除了由于第8.4款【竣工时间的延长】中所列原因导致的落后，工程师可以指示承包商按照第8.3款【进度计划】的规定提交一份修改的进度计划以及证明文件，详细说明承包商为加快施工并在竣工时间内完工拟采取的修正方法。

除非工程师另有通知，承包商应自担风险和自付费用采取这些修正方法，这些方法可能需要增加工作时间和(或)增加承包商人员和(或)货物。如果这些修正方法导致雇主产生了附加费用，则除第8.7款中所述的误期损害赔偿费(如有时)外，承包商还应按第2.5款【雇主的索赔】的规定向雇主支付该笔附加费用。

8.7 误期损失赔偿费

如果承包商未能遵守第8.2款【竣工时间】，承包商应依据第2.5款【雇主的索赔】为此违约向雇主支付误期损害赔偿费。这笔误期损害赔偿费是指投标函附录中注明的金额，即自相应的竣工时间起至接收证书注明的日期止的每日支付。但全部应付款额不应超过投标函附录中规定的误期损失的最高限额(如有时)。

除工程竣工之前根据第15.2款【雇主提出终止】发生终止事件的情况之外，此误期损害赔偿费是由于承包商违约所应支付的唯一损失费。此损失费并不解除承包商完成工程的义务或合同规定的其他职责、义务或责任。

8.9　暂停引起的后果

如果承包商在遵守工程师根据第8.8款【工程暂停】所发出的指示以及(或)在复工时遭受了延误和(或)导致了费用，则承包商应通知工程师并有权依据第20.1款【承包商的索赔】要求：

(a)根据第8.4款【竣工时间的延长】的规定，获得任何延长的工期，如果竣工已经或将被延误；

(b)支付任何有关费用，并将之计入合同价格。

在接到此通知后，工程师应按照第3.5款【决定】的规定对此事作出商定或决定。

如果以上后果是由承包商错误的设计、工艺或材料引起的，或由于承包商未能按第8.8款【工程暂停】的规定采取保护、保管及保障措施引起，则承包商无权获得为修复上述后果所需的延期和招致的费用。

8.10　暂停时对永久设备和材料的支付

承包商有权获得未被运至现场的永久设备以及(或)材料的支付，付款应为该永久设备以及(或)材料在停工开始日期时的价值，如果：

(a)有关永久设备的工作或永久设备以及(或)材料的运送被暂停超过28天；

(b)承包商根据工程师的指示已将这些永久设备和(或)材料标记为雇主的财产。

8.11　持续的暂停

如果第8.8款【工程暂停】所述的暂停已持续84天以上，承包商可要求工程师同意继续施工。若在接到上述请求后28天内工程师未给予许可，则承包商可以通知工程师将把暂停影响到的工程视为第13款【变更和调整】所述的删减。如果此类暂停影响到整个工程，承包商可根据第16.2款【承包商提出终止】发出通知，提出终止合同。

9.2　延误的检验

如果雇主无故延误竣工检验，则第7.4款【检验】(第五段)和(或)第10.3款【对竣工检验的干扰】将适用。

9.4　未能通过竣工检验

当整个工程或某区段未能通过根据第9.3款【重新检验】所进行的重复竣工检验时，工程师有权：

(a)指示按照第9.3款再进行一次重复的竣工检验；

(b)如果由于该过失致使雇主基本上无法享用该工程或区段所带来的全部利益，拒收整个工程或区段(视情况而定)，在此情况下，雇主应获得与第11.4款【未能修补缺陷】(c)段中的规定相同的补偿；

(c)颁发一份接收证书(如果雇主如此要求的话)。

在(c)段所述的情况下，承包商应根据合同中规定的所有其他义务继续工作，并且合同价格应按照可以适当弥补由于此类失误而给雇主造成的减少的价值数额予以扣除。除非合同中已规定了此类失误的有关扣除(或定义了计算方法)，雇主可以要求此扣除(i)以双方商定的数额(仅限于用来弥补此类失误)，并在颁发接收证书前获得支付，或(ii)依据第2.5款【雇主的索赔】和第

3.5 款【决定】作出决定及支付。

10.2 对部分工程的接收

在雇主定后，工程师可以为部分永久工程颁发接收证书。

雇主不得使用工程的任何部分(合同规定或双方协议的临时措施除外)，除非且直至工程师已颁发了该部分的接收证书。但是，如果在接收证书颁发前雇主确实使用了工程的任何部分：

(a)该被使用的部分自被使用之日，应视为已被雇主接收；

(b)承包商应从使用之日起停止对该部分的照管责任，此时，责任应转给雇主；

(c)当承包商要求时，工程师应为此部分颁发接收证书。

工程师为此部分工程颁发接收证书后，应尽早给予承包商机会以使其采取可能必要的步骤完成任何尚未完成的竣工检验，承包商应在缺陷通知期期满前尽快进行此类竣工检验。

如果由于雇主接收和(或)使用该部分工程(合同中规定的及承包商同意的使用除外)而使承包商招致了费用，承包商应(i)通知工程师并(ii)有权依据第 20.1 款【承包商的索赔】获得有关费用以及合理利润的支付，并将之加入合同价格。在接到此通知后，工程师应按照第 3.5 款【决定】，对此费用及利润作出商定或决定。

若对工程的任何部分(而不是区段)颁发了接收证书，对于完成该工程的剩余部分的延误损失应减少。同样，包含该部分的区段(如有时)的剩余部分的延误损失也应减少。在接收证书注明的日期之后的任何拖延期间，延误损失减少的比例应按已签发部分的价值相对于整个工程或区段(视情况而定)的总价值的比例计算。工程师应根据第 3.5 款【决定】，对此比例作出商定或决定。本段规定仅适用于第 8.7 款【延误损失】规定的延误损失的日费率，但并不对其最大限额构成影响。

10.3 对竣工检验的干扰

如果由于雇主负责的原因妨碍承包商进行竣工检验已达 14 天以上，则应认为雇主已在本应完成竣工检验之日接收了工程或区段(视情况而定)。

工程师随后应相应地颁发一份接收证书，并且承包商应在缺陷通知期期满前尽快进行竣工检验。工程师应提前 14 天发出通知，要求根据合同的有关规定进行竣工检验。

若延误进行竣工检验致使承包商遭受了延误和(或)导致了费用，则承包商应通知工程师并有权依据第 20.1 款【承包商的索赔】，要求：

(a)根据第 8.4 款【竣工时间的延长】的规定，获得任何延长的工期，如果竣工已经或将被延误；

(b)支付任何有关费用加上合理的利润，并将之计入合同价格。

在接到此通知后，工程师应按照第 3.5 款【决定】的规定，对此事作出商定或决定。

11.2 修补缺陷的费用

如果所有第 11.1 款【完成扫尾工作和修补缺陷】(b)段中所述工作的必要性是由下列原因引起的，则所有此类工作应由承包商自担风险和费用进行：

(a)任何承包商负责的设计；

(b)永久设备、材料或工艺不符合合同要求；

(c)承包商未履行任何其他义务。

如果且在一定程度上上述工作的必要性是由于任何其他原因引起的，雇主(或雇主授权的他人)应立即通知承包商，此时适用第 13.3 款【变更程序】。

11.6 进一步的检验

如果任何缺陷或损害的修补工作可能影响到工程运行，工程师可要求重新进行合同中列明的任何检验。该要求应在修补缺陷或损害后28天内通知承包商。

此类检验应按照以前的检验适用的条件进行，但是依据第11.2款【修补缺陷的费用】，此类检验的风险和费用由责任方承担，并承担修补工作的费用。

11.8　承包商的检查

如果工程师要求的话，承包商应在其指导下调查产生任何缺陷的原因。除非此类缺陷已依据第11.2款【修补缺陷的费用】，由承包商支付费用进行了修补，否则调查费用及其合理的利润应由工程师依据第3.5款【决定】，作出商定或决定，并计入合同价格。

12.4　省略

当对任何工作的省略构成部分(或全部)变更且对其价值未达成一致时，如果：

(a)承包商将招致(或已经招致)一笔费用，这笔费用应被视为如果工作未被省略时，在构成部分接受的合同款额的一笔金额中所包含的；

(b)该工作的省略将导致(或已经导致)这笔金额不构成部分合同价格；

(c)这笔费用并不被认为包含在任何替代工作的估价之中，承包商应随即向工程师发出通知，并附具体的证明资料。在接到通知后，工程师应依据第3.5款【决定】，对此费用作出商定或决定，并将之加入合同价格。

13.1　有权变更

在颁发工程接收证书前的任何时间，工程师可通过发布指示或以要求承包商递交建议书的方式，提出变更。

承包商应执行每项变更并受每项变更的约束，除非承包商马上通知工程师(并附具体的证明资料)并说明承包商无法得到变更所需的货物。在接到此通知后，工程师应取消、确认或修改指示。

每项变更可包括：

(a)对合同中任何工作的工程量的改变(此类改变并不一定必然构成变更)；

(b)任何工作质量或其他特性上的变更；

(c)工程任何部分标高、位置和(或)尺寸上的改变；

(d)省略任何工作，除非它已被他人完成；

(e)永久工程所必需的任何附加工作、永久设备、材料或服务，包括任何联合竣工检验、钻孔和其他检验以及勘察工作；

(f)工程的实施顺序或时间安排的改变。

承包商不应对永久工程作任何更改或修改，除非且直到工程师发出指示或同意变更。

13.2　价值工程

承包商可以随时向工程师提交一份书面建议，如果该建议被采用，它(在承包商看来)将(i)加速完工，(ii)降低雇主实施、维护或运行工程的费用，(iii)对雇主而言能提高竣工工程的效率或价值，或(iv)为雇主带来其他利益。

承包商应自费编制此类建议书，并将其包括在第13.3款【变更程序】所列的条目中。

如果由工程师批准的建议包括一项对部分永久工程的设计的改变，除非双方另有协议，否则：

(a)承包商应设计该部分工程；

(b)第4.1款【承包商的一般义务】(a)至(d)段将适用；

(c)如果此改变造成该部分工程的合同的价值减少，工程师应依据第3.5款【决定】，商定或决定一笔费用，并将之计入合同价格。这笔费用应是以下金额的差额的一半(50%)；

(i)由此改变造成的合同价值的减少,不包括依据第13.7款【法规变化作出的调整】和第13.8款【费用变化引起的调整】所作的调整;

(ii)考虑到质量、预期寿命或运行效率的降低,对雇主而言,已变更工作价值上的减少(如有时)。

但是,如果(i)的金额少于(ii),则没有该笔费用。

13.5　暂定金额

每一笔暂定金额仅按照工程师的指示全部或部分地使用,并相应地调整合同价格。支付给承包商的此类总金额仅应包括工程师指示的且与暂定金额有关的工作、供货或服务的款项。对每一笔暂定金额,工程师可指示:

(a)由承包商实施工作(包括提供永久设备、材料或服务),并按照第13.3款【变更程序】进行估价;

(b)由承包商从指定分包商(第5.1款【指定分包商】中所定义的)处或其他人处购买永久设备、材料或服务,并应加入合同价格;

(i)承包商已支付(或将支付)的实际款额;

(ii)采用适用的报表中规定的相关百分比(如有时),以此实际款额的一个百分比来计算一笔金额,包括上级管理费和利润。如果没有这一相关百分比,则可采用投标函附录中规定的百分比。

当工程师要求时,承包商应出示报价单、发票、凭证以及账单或收据,以示证明。

13.7　法规变化引起的调整

如果承包商由于此类在基准日期后所作的法律或解释上的变更而遭受了延误(或将遭受延误)和(或)承担(或将承担)额外费用,承包商应通知工程师并有权依据第20.1款【承包商的索赔】,要求:

(a)根据第8.4款【竣工时间的延长】的规定,获得任何延长的工期,如果竣工已经或将被延误;

(b)支付任何有关费用,并将之加入合同价格。

在接到此通知后,工程师应按照第3.5款【决定】的规定,对此事作出商定或决定。

13.8　费用变化引起的调整

在本款中,"数据调整表"是指投标函附录中包括的调整数据的一份完整的报表。如果没有此类数据调整表,则本条款不适用。

如果本条款适用,应支付给承包商的款额应根据劳务、货物以及其他投入工程的费用的涨落进行调整,此调整根据所列公式确定款额的增减。如果本条款或其他条款的规定不包括对费用的任何涨落进行充分补偿,接受的合同款额应被视为已包括了其他费用涨落的不可预见费的款额。

对于其他应支付给承包商的款额,其价值依据合适的报表以及已证实的支付证书决定,所作的调整应按支付合同价格的每一种货币的公式加以确定。此调整不适用于基于费用或现行价格计算价值的工作。公式常用的形式如下:

$$P_n = a + b \cdot L_n/L_o + c \cdot M_n/M_o + d \cdot E_n/E_o + \cdots$$

其中:"P_n"是对第"n"期间内所完成工作以相应货币所估算的合同价值所采用的调整倍数,此期间通常是一个月,除非投标函附录中另有规定;

"a"是在相关数据调整表中规定的一个系数,代表合同支付中不调整的部分;

"b"、"c"、"d"是相关数据调整表中规定的系数,代表与实施工程有关的每项费用因素的估算

比例,此表中显示的费用因素可能是指资源,如劳务、设备和材料;

“L_n”、“M_n”、“E_n”、…是第 n 期间时使用的现行费用指数或参照价格,以相关的支付货币表示,而且按照该期间(具体的支付证书的相关期限)最后一日之前第 49 天当天对于相关表中的费用因素适用的费用指数或参照价格确定;

“L_o”、“M_o”、“E_o”、…是基本费用指数或参照价格,以相应的支付货币表示,按照在基准日期时相关表中的费用因素的费用指数或参照价格确定。

应使用数据调整表中规定的费用指数或参照价格。如果对其来源持怀疑态度,则由工程师确定该指数或价格。为此,为澄清其来源之目的应参照指定日期(如表中第 4 栏和第 5 栏分别所列)的指数值,尽管这些日期(以及这些指数值)可能与基本费用指数不符。

当“货币指数”(表中规定的)不是相应的支付货币时,此指数应依照工程所在国中央银行规定的在以上所要求的指数适用的日期,该相应货币的售出价转换成相应的支付货币。

在获得所有现行费用指数之前,工程师应确定一个期中支付证书的临时指数。当得到现行费用指数之后,相应地重新计算并作出调整。

如果承包商未能在竣工时间内完成工程,则应利用下列指数或价格对价格作出调整(i)工程竣工时间期满前第 49 天当天适用的每项指数或价格,或(ii)现行指数或价格:取其中对雇主有利者。

如果由于变更使得数据调整表中规定的每项费用系数的权重(系数)变得不合理、失衡或不适用,则应对其进行调整。

15.5 雇主终止合同的权利

在任何雇主认为适宜时,雇主有权向承包商发出终止通知,终止合同。此类终止应在下述日期较晚者后 28 天生效:(i)收到该终止通知的日期,或(ii)雇主退还履约保证的日期。如果雇主为了自己实施工程或为了安排由其他承包商实施工程,则他将无权根据本款终止合同。

在此类终止之后,承包商应按照第 16.3 款【通知工作及承包商的设备的撤离】的要求执行,并应按照第 19.6 款【可选择的终止、支付和返回】从雇主处得到支付。

16.1 承包商有权暂停工作

如果工程师未能按照第 14.6 款【期中支付证书的颁发】开具支付证书,或者雇主未能按照第 2.4 款【雇主的资金安排】或第 14.7 款【支付】的规定执行,则承包商可在提前 21 天以上通知雇主,暂停工作(或降低工作速度),除非并且直到承包商收到了支付证书,合理的证明或支付(视情况而定并且遵守通知的指示)。

此行为不应影响承包商根据第 14.8 款【延误的支付】得到融资费和根据第 16.2 款【承包商提出终止】终止合同的权利。

如果在发出终止通知之前,承包商随即收到了此类支付证书、证明或支付(如相关条款和上述通知中所述),则承包商应尽快恢复正常工作。

如果承包商根据本款规定暂停工作或降低工作速度而造成拖期和(或)导致发生费用,则承包商应通知工程师,并根据第 20.1 款【承包商的索赔】承包商有权:

(a)根据第 8.4 款【竣工时间的延长】的规定,就任何此类延误获得延长的工期,如果竣工时间已经(或将要)被延误;

(b)获得任何此类费用加上合理的利润,并将之计入合同价格。

在收到此类通知后,工程师应根据第 3.5 款【决定】,对上述事宜表示同意或作出决定。

16.2 承包商提出终止

如果发生下述情况,承包商应有权终止合同:

(a)在根据第16.1款【承包商有权暂停工作】发出通知(有关于雇主未能按照第2.4款【雇主的资金安排】的规定执行)后42天内,承包商没有收到合理的证明;

(b)在收到报表和证明文件后56天内,工程师未能颁发相应的支付证书;

(c)在第14.7款【支付】规定的支付时间期满后42天内,承包商没有收到按开具的期中支付证书应向其支付的应付款额(根据第2.5款【雇主的索赔】进行扣除的金额除外);

(d)雇主基本上没有执行合同规定的义务;

(e)雇主未能按照第1.6款【合同协议书】或第1.7款【转让】的规定执行;

(f)第8.11款【持续的暂停】所述的持续的暂时停工影响到整个工程;

(g)雇主破产或无力偿还债务,或停业清理,或已由法院委派其破产案财产管理人或遗产管理人,或为其债权人的利益与债权人达成有关协议,或在财产管理人、财产委托人或财务管理人的监督下营业,或承包商所采取的任何行动或发生的任何事件(根据有关适用的法律)具有与前述行动或事件相似的效果。

如果发生上述事件或情况,则承包商可在向雇主发出通知14天后,终止本合同。此外,如果发生(f)段或(g)段的情况,承包商可通知雇主立即终止合同。

承包商选择终止合同不应影响他根据合同或其他规定享有的承包商的任何其他权利。

16.4　终止时的支付

在根据第16.2款【承包商提出终止】发出的终止通知生效后,雇主应尽快:

(a)将履约保证退还承包商;

(b)根据第19.6款【可选择的终止、支付和返回】向承包商进行支付;

(c)向承包商支付因终止合同承包商遭受的任何利润的损失或其他损失或损害的款额。

17.4　雇主的风险造成的后果

如果上述第17.3款所列的雇主的风险导致了工程、货物或承包商的文件的损失或损害,则承包商应尽快通知工程师,并且应按工程师的要求弥补此类损失或修复此类损害。

如果为了弥补此类损失或修复此类损害使承包商延误工期和(或)承担了费用,则承包商应进一步通知工程师,并且根据第20.1款【承包商的索赔】,有权:

(a)根据第8.4款【竣工时间的延长】的规定,就任何此类延误获得延长的工期,如果竣工时间已经(或将要)被延误;

(b)获得任何此类费用,并将之计入合同价格中。如果第17.3款【雇主的风险】(f)段及(g)段的情况发生,上述费用应加上合理的利润。

在收到此类通知后,工程师应根据第3.5款【决定】,对上述事宜表示同意或作出决定。

17.5　知识产权和工业产权

本款中,"侵权"的含义是指对与工程有关的任何专利权,已注册的设计、版权、商标、商品名称、商业秘密或其他知识产权的侵权(或声称的侵权);"索赔"的含义是指声称侵权的索赔(或为索赔进行的诉讼活动)。

如果一方在收到此类索赔后28天内未向任何索赔事件的另一方发出通知,则认为前者已经放弃了根据本款得到保障的一切权利。

雇主应保障和保护承包商免遭由于下述情况(或以前发生的情况)导致的任何对于声称的侵权的索赔:

(a)由于承包商遵循合同而必然引起的结果;

(b)由于雇主使用任何工程引起的结果:

(i)不是为合同中指明或可合理推论出来的目的;

(ii)与非承包商提供的任何事物联合使用,除非此类使用在基准日期之前已向承包商公开说明或在合同中指出。

承包商应保障和保护雇主免遭由于下述情况导致的或与下述情况相关的任何其他索赔:

(i)所有货物的制造、使用、出售或进口;

(ii)承包商负责进行的设计。

如果一方有权根据本款得到保障,则保障方可以(自费)为解决该索赔进行谈判和进行由此索赔而引起的任何诉讼或仲裁。应保障方的要求并在由其负担费用的情况下,被保障方应协助对此类索赔进行争辩。该被保障方(包括其人员)不应承认任何有损于保障方的谈判、诉讼或仲裁,除非保障方未能按照被保障方的要求进行谈判、诉讼或仲裁。

18.1　有关保险的总体要求

当承包商作为保险方时,他应按照雇主批准的承保人及条件办理保险。这些条件应与中标函颁发日期前达成的条件保持一致,且此达成一致的条件优先于本条的各项规定。

如果某一保险单被要求对联合被投保人进行保障,则该保险应适用于每一单独的被投保人,其效力应和向每一联合被投保人颁发了一张保险单的效力一致。如果某一保险单保障了另外的联合被投保人,即本条款规定的被投保人以外的被投保人,则(i)承包商应代表此类另外的联合被投保人根据保险单行动(雇主代表雇主的人员行动的情况除外),(ii)另外的联合被投保人应无权直接从承保人处获得支付,或者直接与承保人办理任何业务,以及(iii)保险方应要求所有另外的联合被投保人遵循保险单规定的条件。

为防范损失或损害,对于所办理的每份保险单应规定按照修复损失或损害所需的货币种类进行补偿。从承保人处得到的赔偿金应用于修复和弥补上述损失或损害。

在投标函附录中规定的各个期限内(从开工日期算起),相应的保险方应向另一方提交:

(a)本条所述的保险已生效的证明;

(b)第 18.2 款【工程和承包商的设备的保险】和第 18.3 款【人员伤亡和财产损害的保险】所述的保险单的副本。

保险方在支付每一笔保险费后,都应将支付证明提交给另一方。在提交此类证明或投保单的同时,保险方还应将此类提交事宜通知工程师。

每一方都应遵守每份保险单规定的条件。保险方应将工程实施过程中发生的任何有关的变动通知给承保人,并确保保险条件与本条的规定一致。

没有另一方的事先批准,任一方都不得对保险条款作出实质性的变动。如果承保人作出(或欲作出)任何实质性的变动,承保人先行通知的一方应立即通知另一方。

如果保险方未能按合同要求办理保险并使之保持有效,或未能按本款要求提供令另一方满意的证明和保险单的副本,则另一方可以(按他自己的决定且不影响任何其他权利或补救的情况下)为此类违约相关的险别办理保险并支付应交的保险费。保险方应向另一方支付此类保险费的款额,同时合同价格应做相应的调整。

本条规定不限制合同的其余条款或其他文件所规定的承包商或雇主的义务、职责或责任。任何未保险或未能从承保人处收回的款额,应由承包商和(或)雇主根据上述义务、职责或责任相应负担。但是,如果保险方未能按合同要求办理保险并使之保持有效(且该保险是可以办理的),并且另一方没有批准将其作为一项工作的删减,也没有为此类违约相关的险别办理保险,则任何通过此类保险本可收回的款项应由保险方支付给另一方。

一方向另一方进行的支付必须遵循第 2.5 款【雇主的索赔】或第 20.1 款【承包商的索赔】(如适用)的规定。

19.4 不可抗力引起的后果

如果由于不可抗力，承包商无法依据合同履行他的任何义务，而且已经根据第 19.2 款【不可抗力的通知】，发出了相应的通知，并且由于承包商无法履行此类义务而造成工期的延误和（或）费用的增加，则根据第 20.1 款【承包商的索赔】，承包商有权：

(a)根据第 8.4 款【竣工时间的延长】的规定，就任何此类延误获得延长的工期，如果竣工时间已经（或将要）被延误；

(b)获得任何此类费用的支付款额，如果发生了如第 19.1 款【不可抗力的定义】中(i)至(iv)段所描述的事件或情况，以及如果在工程所在国发生了如(ii)至(iv)段中所述的事件或情况。

在收到此类通知后，工程师应根据第 3.5 款【决定】对上述事宜表示同意或作出决定。

19.7 根据法律解除履约

除非本条另有规定，如果合同双方无法控制的任何事件或情况（包括，但不限于不可抗力）的发生使任一方（或合同双方）履行他（或他们）的合同义务已变为不可能或非法，或者根据本合同适用的法律，合同双方均被解除进一步的履约，那么在任一方向另一方发出此类事件或情况的通知的条件下：

(a)合同双方应被解除进一步的履约，但是不影响由于任何以前的违约，任一方享有的权利；

(b)如果合同是依据第 19.6 款的规定终止的，雇主支付给承包商的金额应与根据第 19.6 款【可选择的终止、支付和返回】终止合同时支付给承包商的金额相同。

2. 承包人向分包人索赔

承包人向分包人索赔是指承包人与分包人之间为共同完成工程施工所签订的合同、协议，在实施中出现相互干扰事件影响利益平衡，其相互之间发生的赔偿要求。

3. 发包人向承包人索赔

发包人向承包人索赔是指发包人向不能有效地管理、控制施工全局，造成不能按时、按质、按量的要求完成合同内容的承包人提出的赔偿要求。

索赔依据

FIDIC《施工合同条件》中业主向承包商索赔的条款

4.2 履约保证

承包商应（自费）取得一份保证其恰当履约的履约保证，保证的金额和货币种类应与投标函附录中的规定一致。如果投标函附录中未说明金额，则本款不适用。

承包商应在收到中标函后 28 天内将此履约保证提交给雇主，并向工程师提交一份副本。该保证应在雇主批准的实体和国家（或其他管辖区）管辖范围内颁发，并采用专用条件附件中规定的格式或雇主批准的其他格式。

在承包商完成工程和竣工并修补任何缺陷之前，承包商应保证履约保证将持续有效。如果该保证的条款明确说明了其期满日期，而且承包商在此期满日期前第 28 天还无权收回此履约保证，则承包商应相应延长履约保证的有效期，直至工程竣工并修补了缺陷。

雇主不能按照履约保证提出索赔，但以下按照合同雇主有权获得款额的情况除外：

(a)承包商未能按照上一段的说明，延长履约保证的有效期，此时雇主可对履约保证的全部金额进行索赔；

(b)按照承包商同意或依据第 2.5 款【雇主的索赔】或第 20 条【索赔、争端和仲裁】的决定，在此协议或决定后 42 天内承包商未能向雇主支付应付的款额；

(c)在接到雇主要求修补缺陷的通知后 42 天内，承包商未能修补缺陷；

(d)按照第 15.2 款【雇主提出终止】的规定雇主有权提出终止的情况，无论是否发出了终止通知。

雇主应保障并使承包商免于因为雇主按照履约保证对无权索赔的情况提出索赔的后果而遭受损害、损失和开支(包括法律费用和开支)。

雇主应在接到履约证书副本后21天内将履约保证退还给承包商。

4.19 电、水、气

除以下说明外,承包商应对其所需的所有电力、水及其他服务的供应负责。

为工程之目的,承包商有权享用现场供应的电、水、气及其他设施,其详细规定和价格在规范中给出。承包商应自担风险和自付费用,为此类设施的使用以及所消耗的数量的测定提供任何必需的仪器。

此类设施所消耗的数量和应支付的款额(在此价格上),应由工程师按照第3.5款【决定】的规定作出商定或决定。承包商应向雇主支付该项款额。

4.20 雇主的设备和免费提供的材料

雇主应按规范中说明的细节、安排和价格,在实施工程中向承包商提供雇主的设备(如有时)。除非规范中另有规定,否则:

(a)雇主应对雇主的设备负责;

(b)当承包商的任何人员在操作、驾驶、指导、占有或控制雇主的设备时,承包商应对每项雇主的设备负责。

工程师应对使用雇主的设备的合适数量及应支付的款额(以上述指定价格)按照第3.5款【决定】的规定作出商定或决定。承包商应向雇主支付该项款额。

雇主应按照规范中规定的细则,免费提供那些“免费提供的材料”(如有时)。雇主应自担风险和自付费用按照合同中规定的时间和地点提供这些材料。然后,承包商应对材料进行目测检查,并应将这些材料的任何短缺、缺陷或损坏通知工程师。除非双方另有协议,否则雇主应立即补齐任何短缺,修复任何缺陷或损坏。

在目测检查后,此类免费提供的材料将归承包商照管、监护和控制。承包商检查、照管、监护和控制的义务,不应解除雇主对此材料目测检查时不明显的短缺、缺陷或损坏所负有的责任。

5.4 支付的证据

在颁发一份包括支付给指定分包商的款额的支付证书之前,工程师可以要求承包商提供合理的证据,证明按以前的支付证书已向指定分包商支付了所有应支付的款额(适当地扣除保留金或其他)。除非承包商:

(a)向工程师提交了合理的证据;

(b)以下两种情况:

(i)以书面材料使工程师同意他有权扣留或拒绝支付该项款额;

(ii)向工程师提交了合理的证据表明他已将此权利通知了指定分包商。

否则,雇主应(自行决定)直接向指定分包商支付部分或全部已被证实应支付给他的(适当地扣除保留金)并且承包商不能按照上述(a)、(b)段所述提供证据的那一项款额。承包商应向雇主偿还这笔由雇主直接支付给指定分包商的款额。

7.5 拒收

如果从审核、检查、测量或检验的结果看,发现任何永久设备、材料或工艺是有缺陷的或不符合合同其他规定的,工程师可拒收此永久设备、材料或工艺,并通知承包商,同时说明理由。承包商应立即修复上述缺陷并保证使被拒收的项目符合合同规定。

若工程师要求对此永久设备、材料或工艺再度进行检验,则检验应按相同条款和条件重新进行。如果此类拒收和再度检验致使雇主产生了附加费用,则承包商应按照第 2.5 款【雇主的索赔】的规定,向雇主支付这笔费用。

7.6 补救工作

不论以前是否进行了任何检验或颁发了证书,工程师仍可以指示承包商:

(a)将工程师认为不符合合同规定的永久设备或材料从现场移走并进行替换;

(b)把不符合合同规定的任何其他工程移走并重建;

(c)实施任何因保护工程安全而急需的工作,无论因为事故、不可预见事件或是其他事件。

承包商应在指示规定的期限内(如有时)在一合理的时间或立即[如果依(c)段所述是急需的]执行该指示。

如果承包商未能遵守该指示,则雇主有权雇用其他人来实施工作,并予以支付。除非承包商有权获得此类工作的付款,否则他按照第 2.5 款【雇主的索赔】的规定,向雇主支付因其未完成工作而导致的费用。

9.2 延误的检验

如果承包商无故延误竣工检验,工程师可通知承包商要求他在收到该通知后 21 天内进行此类检验。承包商应在该期限内他可能确定的某日或数日内进行检验,并将此日期通知工程师。

若承包商未能在 21 天的期限内进行竣工检验,雇主的人员可着手进行此类检验,其风险和费用均由承包商承担。此类竣工检验应被视为是在承包商在场的情况下进行的且检验结果应被认为是准确的。

9.4 未能通过竣工检验

当整个工程或某区段未能通过根据第 9.3 款【重新检验】所进行的重复竣工检验时,工程师有权:

(a)指示按照第 9.3 款再进行一次重复的竣工检验;

(b)如果由于该过失致使雇主基本上无法享用该工程或区段所带来的全部利益,拒收整个工程或区段(视情况而定),在此情况下,雇主应获得与第 11.4 款【未能修补缺陷】(c)段中的规定相同的补偿;

(c)颁发一份接收证书(如果雇主如此要求的话)。

在(c)段所述的情况下,承包商应根据合同中规定的所有其他义务继续工作,并且合同价格应按照可以适当弥补由于此类失误而给雇主造成的减少的价值数额予以扣除。除非合同中已规定了此类失误的有关扣除(或定义了计算方法),雇主可以要求此扣除(i)以双方商定的数额(仅限于用来弥补此类失误),并在颁发接收证书前获得支付,或(ii)依据第 2.5 款【雇主的索赔】和第 3.5 款【决定】作出决定及支付。

11.3 缺陷通知期的延长

如果且在一定程度上工程、区段或主要永久设备(视情况而定,并且在接收以后)由于缺陷或损害而不能按照预定的目的进行使用,则雇主有权依据第 2.5 款【雇主的索赔】要求延长工程或区段的缺陷通知期,但缺陷通知期的延长不得超过 2 年。

如果永久设备和(或)材料的运送以及(或)安装根据第 8.8 款【工程暂停】或第 16.1 款【承包商有权暂停工作】发生了暂停,则本款所规定的承包商的义务不适用于永久设备和(或)材料的缺陷通知期期满 2 年后发生的任何缺陷或损害的情况。

11.4 未能补救缺陷

如果承包商未能在某一合理时间内修补任何缺陷或损害,雇主(或雇主授权的他人)可确定一日期,规定在该日或该日之前修补缺陷或损害,并且应向承包商发出一份合理的通知。

如果承包商到该日期尚未修补好缺陷或损害，并且依据第 11.2 款【修补缺陷的费用】，这些修补工作应由承包商自费进行，雇主可(自行)：

(a)以合理的方式由自己或他人进行此项工作，并由承包商承担费用，但承包商对此项工作不负责任，并且承包商应依据第 2.5 款【雇主的索赔】，向雇主支付其因修补缺陷或损害导致的合理费用；

(b)要求工程师依据第 3.5 款【决定】，对合同价格的合理减少额作出商定或决定；

(c)在该缺陷或损害致使雇主基本上无法享用全部工程或部分工程所带来的全部利益时，对整个工程或不能按期投入使用的那部分主要工程终止合同。但不影响任何其他权利，依据合同或其他规定，雇主还应有权收回为整个工程或该部分工程(视情况而定)所支付的全部费用以及融资费用、拆除工程、清理现场和将永久设备和材料退还给承包商所支付的费用。

11.11 现场的清理

在接到履约证书以后，承包商应从现场运走任何剩余的承包商的设备、剩余材料、残物、垃圾或临时工程。

若在雇主接到履约证书副本后 28 天内上述物品还未被运走，则雇主可对此留下的任何物品予以出售或另作处理。雇主应有权获得为此类出售或处理及整理现场所发生的或有关的费用的支付。

此类出售的所有余额应归还承包商。若出售所得少于雇主的费用支出，则承包商应向雇主支付不足部分的款项。

13.7 法规变化引起的调整

如果在基准日期以后，能够影响承包商履行其合同义务的工程所在国的法律(包括新法律的实施以及现有法律的废止或修改)或对此法律的司法的或官方政府的解释的变更导致费用的增减，则合同价格应作出相应调整。

15.4 终止后的支付

在根据第 15.2 款【雇主提出终止】发出的终止通知生效后，雇主可以：

(a)按照第 2.5 款【雇主的索赔】的要求执行；

(b)扣留向承包商支付的进一步款项，直至雇主确定了施工、竣工和修补任何工程缺陷的费用、误期损害赔偿费(如有时)，以及雇主花费的所有其他费用；

(c)在考虑根据第 15.3 款【终止日期时的估价】应支付承包商的任何金额后，自承包商处收回雇主由此招致的任何损失以及为完成工程所导致的超支费用。在收回此类损失和超支费用后，雇主应向承包商支付任何结存金额。

17.1 保障

承包商应保障和保护雇主、雇主的人员，以及他们各自的代理人免遭与下述有关的一切索赔、损害、损失和开支(包括法律费用和开支)：

(a)由于承包商的设计(如有时)、施工、竣工以及任何缺陷的修补导致的任何人员的身体伤害、生病、病疫或死亡，由于雇主、雇主的人员或他们各自的代理人的任何渎职、恶意行为或违反合同而造成的除外；

(b)物资财产，即不动产或私人财产(工程除外)的损伤或毁坏，当此类损伤或毁坏是：

(i)由于承包商的设计(如有时)、施工、竣工以及任何缺陷的修补导致的；

(ii)由于承包商、承包商的人员，他们各自的代理人，或由他们直接或间接雇用的任何人的任何渎职、恶意行为或违反合同而造成的。

雇主应保障和保护承包商、承包商的人员，以及他们各自的代理人免遭与下述有关的一切索

赔、损害、损失和开支(包括法律费用和开支):

(a)由于雇主、雇主的人员或他们各自的代理人的任何渎职、恶意行为或违反合同而造成的身体伤害、生病、病疫或死亡;

(b)没有承保的责任,如第 18.3 款【人员伤亡和财产损害的保险】第(d)段(i)、(ii)及(iii)中所述的。

18.1 有关保险的总体要求

当雇主作为保险方时,他应按照专用条件后所附详细说明的承保人及条件办理保险。

如果某一保险单被要求对联合被投保人进行保障,则该保险应适用于每一单独的被投保人,其效力应和向每一联合被投保人颁发了一张保险单的效力一致。如果某一保险单保障了另外的联合被投保人,即本条款规定的被投保人以外的被投保人,则(i)承包商应代表此类另外的联合被投保人根据保险单行动(雇主代表雇主的人员行动的情况除外),(ii)另外的联合被投保人应无权直接从承保人处获得支付,或者直接与承保人办理任何业务,以及(iii)保险方应要求所有另外的联合被投保人遵循保险单规定的条件。

为防范损失或损害,对于所办理的每份保险单应规定按照修复损失或损害所需的货币种类进行补偿。从承保人处得到的赔偿金应用于修复和弥补上述损失或损害。

在投标函附录中规定的各个期限内(从开工日期算起),相应的保险方应向另一方提交:

(a)本条所述的保险已生效的证明;

(b)第 18.2 款【工程和承包商的设备的保险】和第 18.3 款【人员伤亡和财产损害的保险】所述的保险单的副本。

保险方在支付每一笔保险费后,均应将支付证明提交给另一方。在提交此类证明或投保单的同时,保险方还应将此类提交事宜通知工程师。

每一方都应遵守每份保险单规定的条件。保险方应将工程实施过程中发生的任何有关的变动通知给承保人,并确保保险条件与本条的规定一致。

没有另一方的事先批准,任一方都不得对保险条款作出实质性的变动。如果承保人作出(或欲作出)任何实质性的变动,承保人先行通知的一方应立即通知另一方。

如果保险方未能按合同要求办理保险并使之保持有效,或未能按本款要求提供令另一方满意的证明和保险单的副本,则另一方可以(按他自己的决定且不影响任何其他权利或补救的情况下)为此类违约相关的险别办理保险并支付应交的保险费。保险方应向另一方支付此类保险费的款额,同时合同价格应做相应的调整。

本条规定不限制合同的其余条款或其他文件所规定的承包商或雇主的义务、职责或责任。任何未保险或未能从承保人处收回的款额,应由承包商和(或)雇主根据上述义务、职责或责任相应负担。但是,如果保险方未能按合同要求办理保险并使之保持有效(且该保险是可以办理的),并且另一方没有批准将其作为一项工作的删减,也没有为此类违约相关的险别办理保险,则任何通过此类保险本可收回的款项应由保险方支付给另一方。

一方向另一方进行的支付必须遵循第 2.5 款【雇主的索赔】或第 20.1 款【承包商的索赔】(如适用)的规定。

18.2 工程和承包商的设备的保险

保险方应为工程、永久设备、材料以及承包商的文件投保,该保险的最低限额应不少于全部复原成本,包括补偿拆除和移走废弃物以及专业服务费和利润。此类保险应自根据第 18.1 款【有关保险的总体要求】提交证明之日起,至颁发工程的接收证书之日止保持有效。

对于颁发接收证书前发生的由承包商负责的原因以及承包商在进行任何其他作业(包括第

11 条【缺陷责任】所规定的作业）过程中造成的损失或损坏，保险方应将此类保险的有效期延至履约证书颁发的日期。

保险方应为承包商的设备投保，该保险的最低限额应不少于全部重置价值（包括运至现场）。

对于每项承包商的设备，该保险应保证其运往现场的过程中以及设备停留在现场或附近期间，均处于被保险状态，直至不再将其作为承包商的设备使用为止。

除非专用条件中另有规定，否则本款规定的保险：

(a)应由承包商作为保险方办理并使之保持有效；

(b)应以合同双方联合的名义投保，联合的合同双方均有权从承保人处得到支付，仅为修复损失或损害的目的，该支付的款额由合同双方共同占有或在各方间进行分配；

(c)应补偿除第 17.3 款【雇主的风险】所列雇主的风险之外的任何原因所导致的所有损失和损害；

(d)还应补偿由于雇主使用或占用工程的另一部分而对工程的某一部分造成的损失或损害，以及第 17.3 款【雇主的风险】(c)、(g)及(h)段所列雇主的风险所导致的损失或损害（对于每种情况，不包括那些根据商业合理条款不能进行保险的风险），每次发生事故的扣减不大于投标函附录中注明的款额[如果没有注明此类款额，(d)段将不适用]；

(e)将不包括下述情况导致的损失、损害，以及将其恢复原状：

(i)工程的某一部分由于其设计、材料或工艺的缺陷而处于不完善的状态（但是保险应包括直接由此类不完善的状态[下述(ii)段中的情况除外]导致的工程的任何其他部分的损失和损害）；

(ii)工程的某一部分所遭受的损失或损害是为了修复工程的任何其他部分所致，而此类其他部分由于其设计、材料或工艺的缺陷而处于不完善的状态；

(iii)工程的某一部分已移交给雇主，但承包商负责的损失或损害除外；

(iv)根据第 14.5 款【用于永久工程的永久设备和材料】，货物还未运抵工程所在国时。

如果在基准日期后超过一年时间，上述(d)段所述保险由于商业合理条件（commercially reasonable terms）而无法再获得，则承包商（作为保险方）应通知雇主，并提交详细证明文件。雇主应该随即(i)有权根据第 2.5 款【雇主的索赔】，获得款额与此类商业合理条件相等的支付，作为承包商为此类保险本应作出的支付，以及(ii)被认为（除非他依据商业合理条件办理了保险）已经根据第 18.1 款【有关保险的总体要求】，批准了此类工作的删减。

19.5 不可抗力对分包商的影响

如果根据有关工程的任何合同或协议，分包商有权在附加的或超出本款规定范围之外的不可抗力发生时解除其义务，则在此类附加的或超出的不可抗力事件或情况发生时，承包商应继续工作，且他无权根据本款解除其履约义务。

19.6 可选择的终止、支付和返回

如果由于不可抗力，导致整个工程的施工无法进行已经持续了 84 天，且已根据第 19.2 款【不可抗力的通知】发出了相应的通知，或如果由于同样原因，停工时间的总和已经超过了 140 天，则任一方可向另一方发出终止合同的通知。在这种情况下，合同将在通知发出后 7 天终止，同时承包商应按照第 16.3 款【停止工作及承包商的设备的撤离】的规定执行。

一旦发生此类终止，工程师应决定已完成的工作的价值，并颁发包括下列内容的支付证书：

(a)已完成的且其价格在合同中有规定的任何工作的应付款额；

(b)为工程订购的，且已交付给承包商或承包商有责任去接受交货的永久设备和材料的费用：当雇主为之付款后，此类永久设备和材料应成为雇主的财产（雇主亦为之承担风险），并且承包商应将此类永久设备和材料交由雇主处置；

(c)为完成整个工程，承包商在某些合理情况下导致的任何其他费用或负债；

(d)将临时工程和承包商的设备撤离现场并运回承包商本国设备基地的合理费用(或运回其他目的地的费用，但不能超过运回本国基地的费用)；

(e)在合同终止日期将完全是为工程雇用的承包商的职员和劳工遣返回国的费用。

(三)按索赔的原因分类

(1)工程延误索赔。因发包人未按合同要求提供施工条件，如未及时交付设计图纸、施工现场、道路等，或因发包人指令使工程暂停或不可抗力事件等原因造成工期拖延的，承包商对此提出索赔。

(2)工程范围变更索赔。工程范围变更索赔是指发包人和承包商对合同中规定工程理解的不同而引起的索赔。其责任和损失不像延误索赔那么容易确定，如某分项工程所包含的详细工作内容和技术要求、施工要求很难在合同文件中用语言描述清楚，设计图纸也很难对每一个施工细节的要求都说得清清楚楚。另外，设计的错误和遗漏，或发包人和设计者主观意志的改变都会导致向承包商发布变更设计的命令。

工程范围的索赔很少能独立于其他类型的索赔。例如，工程范围的索赔通常导致延期索赔；设计变更引起的工作量和技术要求的变化都可能被认为是工程范围的变化，为完成此变更可能增加时间，并影响原计划工作的执行，从而可能导致随之而来的延期索赔。

(3)施工加速索赔。施工加速索赔经常是延期索赔或工程范围索赔的结果，有时也称为“赶工索赔”。而施工加速索赔与劳动生产率的降低关系极大，因此又可称为劳动生产率损失索赔。

如果发包人要求承包商比合同规定的工期提前，或者因工程前段的承包商的工程拖期，要后一阶段工程的另一位承包商弥补已经损失的工期，使整个工程按期完工，这样承包商可以因施工加速成本超过原计划的成本提出索赔，其索赔的费用一般应考虑加班工资，雇用额外劳动力，采用额外设备，改变施工方法，提供额外监督管理人员和由于拥挤、干扰、加班引起的疲劳造成的劳动生产率损失等所引起的费用的增加。在国外的许多索赔案例中，对劳动生产率损失进行索赔的数量通常很大，一般不易被发包人接受。这就要求承包商在提交施工加速索赔报告中提供施工加速对劳动生产率的消极影响的证据。

(4)不利现场条件索赔。不利的现场条件是指合同的图纸和技术规范中所描述的条件与实际情况有实质性的不同或虽合同中未作描述(一般是地下的水文地质条件)，但也包括某些隐藏着的不可知的地面条件。

不利现场条件索赔近似于工程范围索赔，然而二者又有所不同。不利现场条件索赔应归咎于确实不易预知的某个事实。如对现场的水文地质条件在设计时全部弄得一清二楚几乎是不可能的，只能根据某些地质钻孔和土样试验资料来分析和判断。要对现场进行彻底全面的调查将会耗费大量的成本和时间，发包人一般不会这样做，承包商在短短的投标报价时间内更不可能做这种现场调查工作。这种不利现场条件的风险由发包人来承担是合理的。

(四)按索赔合同依据分类

1. 合同内索赔

合同内索赔是以合同条款为依据，在合同中有明文规定的索赔，如工期延误、工程变更、工程师提供的放线数据有误、发包人不按合同规定支付进度款等。一般情况下，合同内索赔由于在合同中有明文规定，往往不容易发生争议。

2. 合同外索赔

合同外索赔在合同文件中没有明确的叙述，但根据合同文件的某些内容能合理推断出可以进行此类索赔，而且此类索赔并不违反合同文件的其他任何内容。例如在国际工程承包中，当地货币贬值可能给承包商造成损失；对于合同工期较短的，合同条件中可能没有规定如何处理。当由于发包人原因使工期拖延，而又出现汇率大幅度下跌时，承包商可以提出这方面的补偿要求。

3. 道义索赔

道义索赔又称额外支付，是指承包商在合同内或合同外都找不到可以索赔的合同依据或法律根据，因而没有提出索赔的条件和理由，但其在合同履行中诚恳可信，在工程的质量、进度及配合上尽了最大的努力。承包商认为自己有要求补偿的道义基础，而对其遭受的损失提出具有优惠性质的补偿要求。道义索赔的主动权在发包人手中，发包人在下面四种情况下，可能会同意并接受这种索赔：

(1)若另找其他承包商，费用会更大。

(2)为了树立自己的形象。

(3)出于对承包商的同情和信任。

(4)谋求与承包商更理解或更长久的合作。

由此可见，道义索赔的基础是合同当事人双方友好合作、相互信任。

(五)按索赔处理方式分类

1. 单项索赔

单项索赔是针对某一干扰事件提出的，在影响原合同正常运行的干扰事件发生时或发生后，由合同管理人员立即处理，并在合同规定的索赔有效期内向发包人或监理工程师提交索赔要求和报告。单项索赔通常原因单一、责任单一，分析起来相对容易，由于涉及的金额一般较小，双方容易达成协议，处理起来也比较简单。因此，合同双方应尽可能地用此种方式来处理索赔。

2. 综合索赔

综合索赔又称一揽子索赔，一般在工程竣工前和工程移交前，承包商将工程实施过程中因各种原因未能及时解决的单项索赔集中起来进行综合考虑，提出一份综合索赔报告，由合同双方在工程交付前后进行最终谈判，以一揽子方案解决索赔问题。在合同实施过程中，有些单项索赔问题比较复杂，不能立即解决，为不影响工程进度，经双方协商同意后可留待以后解决。有的是发包人或监理工程师对索赔采用拖延办法，迟迟不作答复，使索赔谈判旷日持久；还有的是承包商因自身原因，未能及时采用单项索赔方式等，这些情况都有可能出现一揽子索赔。由于在一揽子索赔中许多干扰事件交织在一起，影响因素比较复杂而且相互交叉，责任分析和索赔值计算都很困难，索赔涉及的金额往往又很大，双方都不愿或不容易作出让步，使索赔的谈判和处理都很困难。因此，综合索赔的成功率比单项索赔要低得多。

(六)按索赔管理策略上的主动性分类

1. 索赔

索赔指在工程合同履行过程中，合同当事人一方因非自身因素或对方不履行或未能正确履行合同而受到经济损失或权利损害时，通过一定的合法程序向对方提出经济或时间补偿的要求。

索赔是一种正当的权利要求，它是发包方、监理工程师和承包方之间一项正常的、大量发生而且普遍存在的合同管理业务，是一种以法律和合同为依据的、合情合理的行为。

2. 反索赔

为防止被索赔，不给对方留有进行索赔的漏洞，使对方找不到索赔的机会，在工程管理中签署严密的合同条款，避免自方违约的做法称为反索赔。当对方向自方提出索赔时，对索赔的证据进行质疑，对索赔理由进行反驳，以达到减少索赔额度甚至否定对方索赔要求之目的。

三、索赔的起因

在现代承包工程中，特别是在国际承包工程中，由于工程规模大、施工工期长、多专业相互交叉的项目多，索赔经常发生，而且索赔额很大。引起索赔的起因复杂多样，但一般可归纳为五个方面：①甲方原因；②参与工程建设主体的多元性；③不可预见因素；④合同变更；⑤合同矛盾和缺陷等。

（一）甲方原因

甲方原因指发包人违约或可归责于发包人的原因。

按照《标准合同07版》规定，甲方原因包括：拖延供图纸、甲供料拖延不符、基准资料错误、因发包人原因导致的暂停施工、拖延预付款进度款、发包人造成工期延误的其他原因、发包人原因造成缺陷、补救发包人原因造成的缺陷。

显然，甲方原因不限于《标准合同07版》罗列情形，只要依据法律、合同甚至惯例规定，比如独立承包人造成拖延、图纸错误等，发包人未尽到义务或可以归责于发包人的，均可视为甲方原因，因此造成承包人的损失均可索赔。

1. 发包人拖延提供施工条件

在合同有约定的情况下，发包人应按约定的时间和要求完成土地征用，房屋拆迁，清除地上、地下障碍，提供地下管网线路资料，保证施工用水、用电、道路畅通、场地平整，办理施工所需各种证件、批件及有关申报批准手段等。如果发包人不能在合同约定的时间内给承包人的施工队伍进场并开始施工提供施工条件，应该赔偿因此给承包人造成的损失。在工程实践中，发包人有时会将上述提供施工条件中的一些工作委托承包人办理，在不具办理条件时，承包人应该及时通知发包人。

索赔依据

建设工程施工合同示范文本

8　发包人工作

8.1　发包人按专用条款约定的内容和时间完成以下工作：

(1)办理土地征用、拆迁补偿、平整施工场地等工作，使施工场地具备施工条件，在开工后继续负责解决以上事项遗留问题；

(2)将施工所需水、电、电讯线路从施工场地外部接至专用条款约定地点，保证施工期间的需要；

(3)开通施工场地与城乡公共道路间的通道，以及专用条款约定的施工场地内的主要道路，满足施工运输的需要，保证施工期间的畅通；

(4)向承包人提供施工场地的工程地质和地下管线资料，对资料的真实准确性负责；

(5)办理施工许可证及其他施工所需证件、批件和临时用地、停水、停电、中断道路交通、爆破作业等的申请批准手续(证明承包人自身资质的证件除外)；

(6)确定水准点与坐标控制点，以书面形式交给承包人，进行现场交验；

(7)组织承包人和设计单位进行图纸会审和设计交底；

(8)协调处理施工场地周围地下管线和邻近建筑物、构筑物(包括文物保护建筑)、古树名木的保护工作，承担有关费用；

(9)发包人应做的其他工作，双方在专用条款内约定。

8.2 发包人可以将8.1款部分工作委托承包人办理，双方在专用条款内约定，其费用由发包人承担。

8.3 发包人未能履行8.1款各项义务，导致工期延误或给承包人造成损失的，发包人赔偿承包人有关损失，顺延延误的工期。

2. 发包人拖延提供施工图纸

发包人为赶施工进度，在图纸不完善、不完整的情况下匆忙开工，边施工、边设计，导致施工图纸交付落后于施工进度，从而影响工期，导致工期延误。

3. 发包人未按约提供甲供料

若在合同中约定由发包人供应材料和设备，而发包人供应的材料和设备的种类、规格、数量、质量等级以及供应到施工现场的时间和地点等与合同约定的不符，这些都可能对承包人施工造成影响。

索赔依据

建设工程施工合同示范文本

27 发包人供应材料设备

27.1 实行发包人供应材料设备的，双方应当约定发包人供应材料设备的一览表，作为本合同附件(附件2)。一览表包括发包人供应材料设备的品种、规格、型号、数量、单价、质量等级、提供时间和地点。

27.2 发包人按一览表约定的内容提供材料设备，并向承包人提供产品合格证明，对其质量负责。发包人在所供材料设备到货前24小时，以书面形式通知承包人，由承包人派人与发包人共同清点。

27.3 发包人供应的材料设备，承包人派人参加清点后由承包人妥善保管，发包人支付相应保管费用。因承包人原因发生丢失损坏，由承包人负责赔偿。

发包人未通知承包人清点的，承包人不负责材料设备的保管，丢失损坏由发包人负责。

27.4 发包人供应的材料设备与一览表不符时，发包人承担有关责任。发包人应承担责任的具体内容，双方根据下列情况在专用条款内约定：

(1)材料设备单价与一览表不符，由发包人承担所有价差；

(2)材料设备的品种、规格、型号、质量等级与一览表不符，承包人可拒绝接收保管，由发包人运出施工场地并重新采购；

(3)发包人供应的材料规格、型号与一览表不符，经发包人同意，承包人可代为调剂串换，由发包人承担相应费用；

(4)到货地点与一览表不符，由发包人负责运至一览表指定地点；

(5)供应数量少于一览表约定的数量时，由发包人补齐，多于一览表约定数量时，发包人负责将多出部分运出施工场地；

(6)到货时间早于一览表约定时间，由发包人承担因此发生的保管费用；到货时间迟于一览表约定的供应时间，发包人赔偿由此造成的承包人损失，造成工期延误的，相应顺延工期。

27.5 发包人供应的材料设备使用前，由承包人负责检验或试验，不合格的不得使用，检验或试验费用由发包人承担。

27.6 发包人供应材料设备的结算方法，双方在专用条款内约定。

4. 发包人拖延支付进度款

发包人按合同约定向承包人支付工程款是发包人最重要的合同义务之一。发包人拖延支付进度款,会对承包人的资金计划和承包人对其他人的付款造成影响。若发包人不及时支付工程款,导致承包人停工窝工,发包人应向承包人补偿停、窝工损失。

索赔依据

建设工程施工合同示范文本

26 工程款(进度款)支付

26.1 在确认计量结果后14天内,发包人应向承包人支付工程款(进度款)。按约定时间发包人应扣回的预付款,与工程款(进度款)同期结算。

26.2 本通用条款第23条确定调整的合同价款,第31条工程变更调整的合同价款及其他条款中约定的追加合同价款,应与工程款(进度款)同期调整支付。

26.3 发包人超过约定的支付时间不支付工程款(进度款),承包人可向发包人发出要求付款的通知,发包人收到承包人通知后仍不能按要求付款,可与承包人协商签订延期付款协议,经承包人同意后可延期支付。协议应明确延期支付的时间和从计量结果确认后第15天起应付款的贷款利息。

26.4 发包人不按合同约定支付工程款(进度款),双方又未达成延期付款协议,导致施工无法进行,承包人可停止施工,由发包人承担违约责任。

5. 指定分包拖延

一般情况下,总承包人应对其管理的分包人的行为向发包人负责,但发包人往往因各种原因直接指定某分包人分包工程,或指定总承包人向某供应人采购材料,甚至发包人把接受指定分包作为与总承包人签订合同的前提条件,在这种情况下,这些分包商并不是总承包人自愿选择的。《最高院工程合同解释》第12条有关发包人承担指定分包人原因造成工程质量缺陷的规定,因指定分包人拖延造成的损失应该由发包人承担。

(二)参与工程建设主体的多元性

由于一个工程项目往往会有发包人、总包商、监理工程师、分包商、指定分包商、材料设备供应商等众多参加单位,各单位的技术、经济关系错综复杂,相互联系又相互影响,只要一方失误,不仅会造成自身的损失,而且会影响其他合作者,给他人造成损失,从而导致争执和索赔。

【例】 某施工单位通过对某工程的投标,获得了该工程的承包权,并与建设单位签订了施工总价合同。在施工过程中发生了如下事件:

事件1:基础施工时,建设单位负责供应的钢筋混凝土预制桩供应不及时,使该工作延误4天。

事件2:建设单位因资金困难,在应支付工程月进度款的时间内未支付,导致承包方停工10天。

事件3:在主体施工期间,施工单位与某材料供应商签订了室内隔墙板供销合同,在合同内约定:如供方不能按约定时间供货,每天赔偿订购方合同价万分之五的违约金。供货方因原材料问题未能按时供货,拖延8天。

事件4:施工单位根据合同工期要求,冬期继续施工,在施工过程中,施工单位为保证施工质量,采取了多项技术措施,由此造成额外的费用开支共20万元。

事件5:施工单位进行设备安装时,因业主选定的设备供应商接线错误造成设备损坏,使施工单位安装调试工作延误5天,损失12万元。

分析:

事件1:钢筋混凝土预制桩供应不及时,造成该工作延误,属于建设单位的责任。

事件2：由于建设单位的原因造成施工临时中断，从而导致承包商工期的拖延和费用支出的增加，应由建设单位承担。

事件3：材料供应商在履行该供销合同时，已构成了违约行为，所以应由材料供应商来承担违约金；而对于延误的工期来说，材料供应商不可能去承担此责任，反映在建设单位和施工单位的合同中，属于施工单位的责任，应由施工单位承担。

事件4：在签订合同时，保证施工质量的措施费已包括在合同价款内。

事件5：建设单位分别与施工单位和设备供应商签订了合同，而施工单位与设备供应商不存在合同关系，无权向设备供应商提出索赔，对施工单位而言，应视为建设单位的责任。

结论：

事件1：建设单位应给施工单位补偿4天工期和相应的费用。

事件2：应由建设单位承担施工单位延误的工期和增加的费用的责任。

事件3：应由材料供应商承担违约金，施工单位承担工期延误和费用增加的责任。

事件4：应由施工单位承担由此造成的费用增加的责任。

事件5：应由建设单位承担由此造成的工期延误和费用增加的责任。

随着工程的逐步开展，问题会不断暴露出来，工程项目必然会受到影响，从而导致工程项目成本和工期的变化，这就是索赔形成的根源。因此，索赔的发生，不仅是一个索赔意识或合同观念的问题，从本质上讲，索赔也是一种客观存在。

【例】 某工程项目通过公开招标的方式确定了三个不同性质的施工单位承担该项工程的全部施工任务，建设单位分别与A公司签订了土建施工合同；与B公司签订了设备安装合同；与C公司签订了电梯安装合同。三个合同协议中都对甲方提出了一个相同的条款，即建设单位应协调现场其他施工单位，为三公司创造可利用条件。合同执行过程中，发生如下事件：

事件1：A公司在签订合同后因自身资金周转困难，随后和承包商D公司签订了分包合同，在分包合同中约定D公司按照建设单位(业主)与A公司约定的合同金额的10%向A公司支付管理费，一切责任由D公司承担。

事件2：由于A公司在现场施工时间拖延5天，造成B公司的开工时间相应推迟了5天，B公司向A公司提出了索赔。

事件3：顶层结构楼板吊装后，A公司立刻拆除塔吊，改用卷扬机运送材料做屋面及装饰，C公司原计划由建设单位协调使用塔吊将电梯设备吊上9层楼顶的设想落空后，提出用A公司的卷扬机运送，A公司提出卷扬机吨位不足，不能运送。最后，C公司只好为机房设备的吊装重新设计方案。C公司就新方案的实施引起的费用增加和工期延误向建设单位提出索赔。

【问题】

1. 事件1中A公司的做法是否符合国家有关法律规定？其行为属于什么行为？

2. 事件2中B公司向A公司提出索赔是否正确？如不正确，请说明正确的做法。

3. 事件3中C公司向建设单位提出的索赔是否合理？为什么？

分析：

事件1：根据《招标投标法》规定，A公司的行为属于非法转包行为，这是所应禁止的行为。

事件2：不正确。B公司应就因A公司的拖延造成其开工推迟的工期和费用损失，向建设单位提出索赔。

事件3：在施工合同中约定，建设单位应协调现场其他施工单位为承包单位创造可利用条件，因此C公司向建设单位提出的索赔是合理的。

(三)不可预见因素

不利地下条件是一个有经验的承包商事先无法合理预料的,例如地下水、未探明的地质断层、溶洞、沉陷等;另外还有地下的实物障碍,如:经承包商现场考察无法发现的、发包人资料中未提供的地下人工建筑物,地下自来水管道、公共设施、坑井、隧道、废弃的建筑物混凝土基础等,这都需要承包商花费更多的时间和金钱去克服和除掉这些障碍与干扰。因此,承包商有权据此向发包人提出索赔要求。

【例】 某承包商投标一个中型水电站,合同中要求施工方根据已有的资料自行对围堰进行设计和施工,费用总包。从业主发出招标通知到投标截止日不足一个月,承包方根据初设文件资料对围堰进行了设计,围堰总报价 77 万元。在施工过程中,承包商施工的防渗墙渗水量较大,承包方在已成型的防渗墙上进行补孔补漏,基坑开挖才得以继续进行,但围堰施工成本达到 150 万元以上。在基坑开挖完成后承包方发现除河床面存在许多体积大于 $2m^3$ 的大孤石外,实际河床基岩面高程也比大坝初设图纸标示的基岩高程降低 2m,承包商以地表以下地质资料存在错误为由要求索赔,补偿围堰施工增加的防渗墙费用和围堰初期渗水严重造成的抽水费用增加共计 78 万元。

分析:不利的自然条件是指施工中遭遇到的实际自然条件比招标文件中所描述的更为困难和恶劣,是一个有经验的承包商无法预测的不利自然条件与人为障碍,导致承包商必须花费更多的时间和费用,在这种情况下,承包商可以向业主提出索赔要求。

结论:在非设计、勘探、施工总包合同中,特别是对地质条件,承包商虽有责任全面了解地质资料,但在合同范围内,并没有独立进行地勘的合同义务,其对地质条件的理解,更多的是依赖于工程建设第三方合同——地勘单位所提供地质资料,而对于地质资料的真实性与完备性,地勘单位应当负责,而不应由施工承包商来承担其责任。

索赔依据

建设工程施工合同示范文本

43 文物和地下障碍物

43.1 在施工中发现古墓、古建筑遗址等文物及化石或其他有考古、地质研究等价值的物品时,承包人应立即保护好现场并于 4 小时内以书面形式通知工程师,工程师应于收到书面通知后 24 小时内报告当地文物管理部门,发包人承包人按文物管理部门的要求采取妥善保护措施。发包人承担由此发生的费用,顺延延误的工期。

如发现后隐瞒不报,致使文物遭受破坏,责任者依法承担相应责任。

43.2 施工中出现影响施工的地下障碍物时,承包人应于 8 小时内以书面形式通知工程师,同时提出处置方案,工程师收到处置方案后 24 小时内予以认可或提出修正方案。发包人承担由此发生的费用,顺延延误的工期。

所发现的地下障碍物有归属单位时,发包人应报请有关部门协同处置。

(四)合同变更

合同变更的含义是很广泛的,它包括了工程设计变更、施工方法变更、工程量的增加与减少等。对于土木工程项目的实施过程来说,变更是客观存在的。

只是这种变更必须是在原合同工程范围内的变更,若属超出工程范围的变更,承包商有权予以拒绝。特别是当工程量变化超出招标时工程量清单的 20%以上时,可能导致承包商的现场施工人员不足,需另雇工人;也可能导致承包商的施工机械设备失调。工程量的增加,往往要求承包商增加新型号的施工机械设备,或增加机械设备数量等。人工和机械设备的需求增加,则会引起承包商额外的经济支出，增加工程成本。反之，若工程项目被取消或工程量大减，又势必会引起承包商原有人工和机械设备的窝工和闲置，造成资源浪费，导致承包商的亏损。因此，在合同变更时，承包商有权提出索赔。

【例】 某小型水坝工程，系匀质土坝，下游设滤水坝址，土方填筑量743829m^3，砂砾石滤料62538m^3，中标合同价为18275673元，工期2年。在投标报价书中，工程净值直接费以外，另加12%的工地管理费，构成工程工地总成本；另列8%的总部管理费及利润。

开始施工后，咨询工程师先后发出8个变更指令，其中有3个指令涉及工程量的大幅度增加，而且土料和砂砾料的运输距离也有所增加，因此，承包商要求按新单价计算新增加的工程量的价格，并提出工期索赔。

分析：案例中体现了费用索赔计算的两个原则，即实际损失原则和合同原则之间的差异：①先看承包商提出的新单价是否符合合同约定，即在土方报价中将运输费按运输距离提高，而其他费用不变，以确定新增加的工程量的单价。②变换施工场地会造成劳动效率损失。

结论：工程量增加、运距增加，是处于施工高效率段的增加，完全符合赔偿实际损失原则。

索赔依据

工程变更索赔管理办法

第一章　总　则

第一条　为了规范变更、索赔工作，强化业务管理，提高全公司变更索赔水平，充分调动全员、特别是各级机构和管理人员进行变更索赔工作的主动性和积极性，实现工程项目减亏、增盈及企业效益最大化，参照股份公司及集团公司有关意见和办法，特制定本办法。

第二条　本办法的适用范围：公司全部工程项目。

第三条　本办法所指的变更，是指在满足业主要求的前提下，从项目立项跟踪直至竣工审计全过程中发生的建设范围、实施时间或价款调整的任何行为，通过主动地、有目的性地依据项目实际与合同约定进行总体策划进行工程变更，达到优化设计、增收节支、便于施工、维护企业自身权益的行为。

索赔，则是指在合同实施过程中，根据合同及法律规定，对并非由于自己的过错且应由业主或第三方承担责任的情况所造成的实际损失，凭有关证据向业主或工程师（指监理单位）或第三方提出的赔偿，包括变更、补差或其他索赔事项。

第二章　变更索赔管理体系

第四条　变更索赔工作贯穿于企业管理和项目管理的全过程，是企业管理和项目管理中的一项重要的日常工作，各单位务必引起高度重视。

为加强变更索赔工作的管理，公司特成立工程变更索赔领导小组，由指挥长任组长；总工程师、总经济师、总会计师任副组长；经济管理部、经营部、工程技术部、物资设备部、运输部、财务部、安全质量监察部、法律事务部等部门负责人为组员，变更索赔管理办公室设在公司经济管理部。

第五条　项目经理部（工程指挥部）组建后，同步成立以项目经理（指挥长）为组长，总工程师为副组长，计划合同部、工程技术部、物资设备部、财务部、征地拆迁办公室、试验室、安全质量监察部等部门负责人为成员的项目变更索赔工作领导小组，全面负责项目变更设计、索赔工作等日常工作。

第三章　变更索赔业务分工

第六条　公司变更索赔管理的主管部门是经济管理部，实施主体是公司所属项目经理部（工程指挥部）。

1. 经济管理部负责全公司变更索赔工作的日常管理。根据上级下达的计划和各项目实施情况，分解下达公司变更索赔计划，审批变更索赔奖励基金的分配方案，建立变更索赔管理台账，定期进行检查和督导。

2. 项目经理部（工程指挥部）负责变更索赔方案的策划和上报，并按下达的变更索赔计划认真落实各项具体工作，提出变更索赔奖励基金的分配和奖励方案等。

第七条 项目经理（指挥长）是变更索赔第一责任人，总工程师为项目变更索赔业务负责人，计划合同部、工程部是变更索赔业务主办部门。项目应根据工程特点，细化责任到具体人员。

第八条 在实施变更索赔的过程中，涉及数量的签认资料应由项目总工程师牵头，工程部门负责完成；涉及费用的资料应由计划合同部门牵头，相关部门或人员配合完成；按项目职责分工及索赔发生的范围，宜由其他部门签证的资料，应指定其他部门按期完成签证。所有签证完成的资料应及时移交计划合同部门处理，主办部门留存备案。

第九条 基础资料作为变更索赔的重要依据，各单位必须加强对施工过程中基础资料的签证与搜集；所有变更索赔基础资料必须保存完好并在项目完工后存档备查，项目的相关人员工作关系发生变化时，变更索赔基础资料应一并移交；否则，追究相关人员责任，并不得安排新的工作岗位。

第四章 变更索赔类别及统计

第十条 变更是指修正设计图纸中的错误、漏项、增减工程以及为优化设计、方便施工发生的变更。工程变更一般伴有费用变化，变更的范围也非常广泛。工程变更的定义包括广义和狭义两种，广义的工程变更包含合同变更的全部内容，如设计方案和施工方案的变更，工程量清单数量的增减，工程质量和工期要求的变动，建设规模和建设标准的调整，政府行政法规的调整，合同条款的修改以及合同主体的变更，等等；而狭义的工程变更只包括以工程变更令形式变更的内容，如建筑物尺寸的变动，桥梁基础型式的调整，施工条件的变化，等等。

索赔是指在合同实施过程中，因非自身原因造成的工程延期、费用增加而要求业主给予补偿损失的权利要求。

第十一条 变更索赔的分类：

一、变更设计

因修正设计图纸中的错误、漏项和改变结构、增减单项工程致使施工单位增减费用以及为优化设计、方便施工发生的变更。主要有：

1. 现场实际施工环境与设计图纸不符，主要表现为地质情况的差异、地面横断面变化、分项工程数量差等。

2. 业主基于质量、安全、造价、竣工后使用等原因，要求增减的工程项目，以及为满足环保等要求需增设的工程。

3. 应地方政府和当地群众要求需增设的工程。

二、施工图量差

铁路项目：采用技术设计或初步设计资料进行投招标的项目，施工图数量与投标数量变化引起的工程造价调整。

公路项目：采用一阶段设计图与二阶段施工图之间的量差引起的工程造价调整。

三、索赔

根据发生的原因不同，分六种情况：

1. 外部环境：由于业主供图、供料或村民干扰等原因造成停工、赶工费用损失而产生的费用。

2. 不可抗力:因地质条件、恶劣气候等现场条件变化引起的以及地震、洪涝等其他不可抗力造成的损失。

3. 工期变化:由于业主要求提前竣工或由于业主原因导致工期延误而引起的施工费用增加。

4. 价格变化:物价上涨超过一定幅度、物资运输价格或方案发生变化等增加的费用。

5. 工程保险:施工单位在遭受损失时,根据投保的内容,在规定期限和范围内向保险公司提出的索赔。

6. 其他:合同约定的其他索赔条款。

四、政策性调整

指因国家政策发生变化、建设项目的标准发生改变、技术方案和工程措施调整,引起工程项目、数量和造价的增加。主要指铁路工程中的价差调整、建设标准提高增加费用。

第十二条　变更索赔的统计口径

一、纳入统计项目

1. 风险包干费、暂列金额、激励奖金、安全生产费,在合同额内不统计,超过部分按实际统计。

2. 施工图量差:列入变更索赔额统计。

3. 人工、材料价差:列入变更索赔额统计。

4. Ⅰ类变更或其他行业可单独计价的变更。按业主已批复并计价的实际变更索赔额进行统计。

5. 对总价承包项目,不扣减合同总价的负变更也按其绝对值进行统计。

6. 对于自然灾害、不可抗力、停工损失、保险、地方各类收费补偿等非承包人原因造成的索赔事件以实际批复计价额进行统计。

7. 对于实现正收益或减亏的负变更按其绝对值列入统计。

8. 其他变更索赔的费用按已计价额列入统计。

二、不纳入统计项目

1. 业主重大变更,但该部分工程的变更索赔部分纳入统计。

2. 合同外附加工程,如新增合同标段。

3. 合同内的暂列金额、风险包干费、激励奖金、安全生产费等。

三、其他

暂定金额内发生的变更索赔也列入统计,其他按索赔总额计列(结合股份公司《工程变更索赔定期报表》统一统计口径)。

第五章　变更索赔考核及奖惩

第十三条　变更索赔是一项涉及法律法规、技术性很强且又错综复杂的综合工程。为激发和提高变更索赔人员的积极性,落实变更索赔责任制,公司建立变更索赔的考核和奖惩制度。

第十四条　变更索赔工作的考核

实行年度考核制度。考核指标包括目标规划、管理体制、运转机制、基础工作、激励措施、上级下达指标完成情况等六大方面。根据各单位年度考核成绩,通报表彰先进单位。对工作表现突出的先进个人,在公司范围内通报表彰。

第十五条　变更索赔奖惩条件

1. 完成公司下达的分年度变更索赔考核计划指标。

2. 经业主、保险公司批复的有收益的变更索赔,并且业主已办理验工计价手续或保险公司已将理赔款划拨入账。

3. 已批复实际发生的变更索赔项目，对施工队伍的计价单价应控制在限价内，工程数量按实计量并控制在业主批复的变更数量内。

第十六条 实行项目终结评估奖惩制：即在工程项目终结，工程价款确定后实施具体奖惩。计提的奖励基金用于变更索赔有关人员的奖励，奖励标准如下：

工程项目按以下1～7项标准采用累进法计算奖励基金：

1. 变更设计增加投资部分，500万元以下的按变更设计金额的2%实施奖励，500万～3000万元的部分按1%实施奖励，3000万元以上的部分按0.5%实施奖励。

2. 各种政策性调整增加投资部分，按增加总额的0.1%实施奖励。

3. 与业主签订的施工合同（含补充合同）中明确实行总承包风险包干的工程项目，对计量超过合同风险包干费部分按2%实施奖励。

4. 保险索赔按索赔额的3%实施奖励。

5. 其他索赔总额为1000万元及以下的，按其总额的3%实施奖励，1000万～3000万元的部分按2%实施奖励，3000万元的以上部分按1%实施奖励。

6. 协作施工项目，变更索赔奖励基金的计取基数按计提管理费实际增加额以5%实施奖励。

7. 路外工程（公路、地铁、市政、水利、房建等）项目按变更索赔增加合同总价（扣除暂定金额）以2%实施奖励，其中暂定金额索赔增加部分按增加额的1%实施奖励。

8. 在优化设计过程中，对于中标单价低于成本价的工程项目，变更使得数量减少的，按照此项减亏额计算奖励。

第十七条 由业主统一上报全线共性问题的Ⅰ类变更设计原则上不予奖励；以上奖励不重复计列。

第十八条 项目经理部（指挥部）按其建安产值的0.05%提取变更索赔奖励专项费用，用于奖励第十七条所列项目以外的变更索赔项目，实行专款专用，此项费用评估时直接列入项目管理费。实施奖励时需报公司经济管理部审批、备案。

第十九条 项目经理部（指挥部）应高度重视变更索赔工作，要求每个项目的工程变更索赔额必须达到该建设项目所有标段变更索赔的平均值以上。工作不力的，给予相应的经济与行政处罚：

1. 与业主签订的施工合同（含补充合同）中明确实行总承包风险包干的工程项目，合同风险包干费在决算中未能全额计价的，按其不足额的10%处罚。

2. 对可能变更而没有力争变更以及盲目变更给企业造成损失的，按其损失金额的3%～5%处罚。

3. 对变更索赔不主动、提供资料不及时（或不完整）影响变更索赔效果的相关人员分别给予5000～10000元罚款，不称职人员调离工作岗位。

第二十条 奖惩实施

1. 变更索赔奖惩按项目一次性实施。在工程项目终结、工程价款确定后，项目经理部（指挥部）将变更索赔收入情况、业主变更索赔费用批复件、保险公司索赔费用批复件、末次验工计量报表及奖励费用计算表一并上报至公司经济管理部，待审核后报主管领导审批。

2. 项目经理部（指挥部）按公司批复意见，提出变更索赔奖励分配意见报公司审批后实施。奖励应依个人贡献大小分配，重点是奖励有突出贡献人员，严禁搞平均主义。

第六章 附 则

第二十一条 本办法自下发之日起实施，公司原相关变更索赔管理办法同时废止。已开工但未办理工程决算的项目亦适用于本办法。

第二十二条　本办法由公司经济管理部负责解释。项目经理部(指挥部)可依据本办法,制定具体的实施细则。

(五)合同矛盾和缺陷

合同矛盾和缺陷常表现为合同文件规定不严谨,合同中有遗漏或错误。这些矛盾常反映为设计与施工规定相矛盾,技术规范和设计图纸不相符或相互矛盾,以及一些商务和法律条款规定有缺陷等。在这种情况下,承包商应及时将这些矛盾和缺陷反映给监理工程师,由监理工程师作出解释。若承包商执行监理工程师的解释指令后,造成施工工期延长或工程成本增加,则承包商可提出索赔要求,监理工程师应予以证明,发包人应给予相应的补偿。因为发包人是工程承包合同的起草者,应该对合同中的缺陷负责,除非其中有非常明显的遗漏或缺陷,依据法律或合同可以推定承包商有义务在投标时发现并及时向发包人报告。

【例】　一工程采用固定单价承包形式的合同,在施工合同专用条款中明确的组成本合同的文件及优先解释顺序如下:①本合同协议书;②中标通知书;③投标书及附件;④本合同专用条款;⑤本合同通用条款;⑥标准、规范及有关技术文件;⑦图纸;⑧工程量清单;⑨工程报价单或预算书。合同履行中,发包人、承包人有关工程的洽商、变更等书面协议或文件视为本合同的组成部分。

在实际施工过程中发生了如下事件:工程开工后,因发包人未按合同规定交付全部施工场地,致使承包人停工 20 天。承包人提出将工期延长 20 天及停工损失人工费、机械闲置费等 4.0 万元的索赔。且由于钢筋价格由原来的 3700 元/吨上涨到 4000 元/吨,承包人经过计算,认为中标的钢筋制作安装的综合单价每吨亏损 300 元,承包人在此情况下向发包人提出请求,希望发包人考虑市场因素,酌情给予补偿。

分析:(1)对于工期延长和费用索赔的要求,根据合同专用条款的约定,发包人未按合同规定交付全部施工场地,导致工期延误和给承包人造成损失的,发包人应赔偿承包人有关损失,并顺延因此而延误的工期,所以承包人提出对工期的延长和费用索赔是符合合同约定的。

(2)关于材料费涨价费用索赔要求,根据合同专用条款的有关约定,本工程属于固定单价包干合同,所有因素的单价调整将不予考虑。

结论:发包人无须赔偿材料涨价方面的费用,但因发包人未按合同规定交付全部施工场地而延误的工期和相关方面的损失应予以赔偿。

四、索赔的要求

在承包工程中,索赔要求通常有两个。

(1)合同工期的延长。承包合同中都有关于工期(开始时间和持续时间)和工程拖延的罚款条款。如果工程拖期是由承包商管理不善造成的,则必须由自己承担责任,接受合同规定的处罚。而对外界干扰引起的工期拖延,承包商可以通过索赔,取得发包人对合同工期延长的认可,在这个范围内则可免去对承包商的合同处罚。

【例】　江苏某工程施工中发生有关拆迁的工期索赔,由于施工现场的路一侧的旧配电房直接阻挡了承包商的施工,使承包商的导墙和地下连续墙施工停工 8 天,承包商提出 8 天的工期索赔。但业主认为该导墙和地下连续墙施工不在关键线路上而加以拒绝。承包商在对工程网络计划进行分析后,证明由于拖延 8 天使该导墙施工从原来的非关键线路变成了关键线路,最后建设单位同意了 4 天的工期顺延。

(2)费用补偿。由于非承包商自身责任造成工程成本增加,使承包商增加额外费用,蒙受经济损失，承包商可以根据合同规定提出费用赔偿要求。如果该要求得到发包人的认可，发包人应向承包商追加支付这笔费用以补偿其损失。这样，实质上承包商通过索赔提高了合同价格，常常不仅可以弥补自身的经济损失，而且还能增加工程的利润。

【注意】 要取得索赔的成功，索赔要求必须符合三个基本条件：

(1)客观性。确实存在不符合合同或违反合同的干扰事件，它对承包商的工期和成本造成影响。必须是事实，有确凿的证据证明。由于合同双方都在进行合同管理，都在对工程施工过程进行监督和跟踪，对索赔事件都应该也都能清楚地了解，所以承包商提出的任何索赔，首先必须是真实的。

(2)合法性。干扰事件非承包商自身责任引起，按照合同条款对方应给予补(赔)偿。索赔要求必须符合本工程承包合同的规定。根据所签订的合同，判定干扰事件的责任由谁承担，承担什么样的责任，应赔偿多少等。所以，因不同的合同条件，索赔要求就有不同的合法性，会有不同的解决结果。

(3)合理性。索赔要求合情合理，符合实际情况，真实地反映了由于干扰事件引起的实际损失，采用合理的计算方法和计算基础。承包商必须证明干扰事件与干扰事件的责任、施工过程所受到的影响、承包商所受到的损失、所提出的索赔要求之间存在着因果联系。

五、通常可能提出索赔的干扰事件

在施工过程中，通常可能提出索赔的干扰事件主要有：

(1)发包人没有按合同规定的时间交付设计图纸数量和资料，未按时交付合格的施工现场等，造成工程拖延和损失。

(2)工程地质条件与合同规定、设计文件不一致。

(3)发包人或监理工程师变更原合同规定的施工顺序，扰乱了施工计划及施工方案，使工程数量有较大增加。

(4)发包人指令提高设计、施工、材料的质量标准。

(5)由于设计错误或发包人、工程师错误指令，造成工程修改、返工、窝工等损失。

(6)发包人和监理工程师指令增加额外工程，或指令工程加速。

(7)发包人未能及时支付工程款。

(8)物价上涨，汇率浮动，造成材料价格、工人工资上涨，承包商蒙受较大损失。

(9)国家政策、法令修改。

(10)不可抗力因素等。

【注意】在实际工程中，干扰事件的原因比较复杂，许多因素、甚至许多干扰事件搅在一起，常常双方都有责任，难以具体分清。对这方面的争执，通常可以从如下3种状态的分析入手，分清各方的责任，分析各干扰事件的实际影响，以准确地计算索赔值。

索赔处理方法不同，分析的对象也会有所不同。但以下3种状态的分析必须采用相同的分析对象、分析方法、分析过程和分析结果表达形式，如相同格式的表格，从而便于分析结果的对比、索赔值的计算、对方对索赔报告的审查分析等。

(1)合同状态分析。这里不考虑任何干扰事件的影响，仅对合同签订的情况作重新分析。

1)合同状态及分析基础。从总体上说，合同状态分析是重新分析合同签订时的合同条件、工程环境、实施方案和价格。其分析基础为招标文件和各种报价文件，包括合同条件、合同规定的工程范围、工程量表、施工图纸、工程说明、规范、总工期、双方认可的施工方案和施工进度计划、合同报价的价格水平等。

在工程施工中，由于干扰事件的发生，往往造成合同状态其他几个方面——合同条件、工程环境、实施方案的变化，原合同状态被打破。这是干扰事件影响的结果，理应按合同的规定，重新确定合同工期和价格。新的工期和价格必须在合同状态的基础上分析计算。

2)分析的内容和次序。合同状态分析的内容和次序为：

①各分项工程的工程量。

②按劳动组合确定人工费单价。

③按材料采购价格、运输、关税、损耗等确定材料单价。

④确定机械台班单价。

⑤按生产效率和工程量确定总劳动力用量和总人工费。

⑥列各事件表，进行网络计划分析，确定具体的施工进度和工期。

⑦劳动力需求曲线和最高需求量。

⑧工地管理人员安排计划和费用。

⑨材料使用计划和费用。

⑩机械使用计划和费用。

⑪各种附加费用。

⑫各分项工程单价、报价。

⑬工程总报价等。

3)分析的结论。合同状态分析确定的是：如果合同条件、工程环境、实施方案等没有变化，则承包商应在合同工期内，按合同规定的要求完成工程施工，并得到相应的合同价格。

合同状态的计算方法和计算基础是极为重要的，它直接制约着后面所述的两种状态的分析计算。它的计算结果是整个索赔值计算的基础。在实际工作中，人们往往仅以自己的实际生产值、生产效率、工资水平和费用支出作为索赔值的计算基础，以为这即是索赔实际损失原则，但这是一种误解。这样做常常会过高地计算了赔偿值，而使整个索赔报告被对方否定。

(2)可能状态分析。合同状态仅为计划状态或理想状态。在任何工程中，干扰事件都是不可避免的，所以合同状态很难保持。要分析干扰事件对施工过程的影响，必须在合同状态的基础上加上干扰事件的分析。为了区分各方面的责任，这里的干扰事件必须为非承包商自己责任引起，而且不在合同规定的承包商应承担的风险范围内，才符合合同规定的赔偿条件。

仍然引用上述合同状态的分析方法和分析过程，再一次进行工程量核算，网络计划分析，确定这种状态下的劳动力、管理人员、机械设备、材料、工地临时设施和各种附加费用的需要量，最终得出这种状态下的工期和费用。

这种状态实质上仍为一种计划状态，是合同状态在受外界干扰后的可能情况，所以被称为可能状态。

(3)实际状态分析。按照实际的工程量、生产效率、人力安排、价格水平、施工方案和施工进度安排等确定实际的工期和费用。这种分析以承包商的实际工程资料为依据。

比较上述3种状态的分析结果可以看到：

(1)实际状态和合同状态结果之差即为工期的实际延长和成本的实际增加量。这里包括所有因素的影响，如发包人责任、承包商责任、其他外界干扰等。

(2)可能状态和合同状态结果之差即为按合同规定承包商真正有理由提出工期和费用赔偿的部分。它可以直接作为工期和费用的索赔值。

(3)实际状态和可能状态结果之差为承包商自身责任造成的损失和合同规定的承包商应承担的风险。它应由承包商自己承担，不给予补偿。

第二节 施工索赔的工期分析

在工程施工中，常常会发生一些不能预见的干扰事件使施工不能顺利进行，使预定的施工计划受到干扰，结果造成工期延长。工期索赔就是取得发包人对于合理延长工期的合法性的确认。

一、工程延误的分类与识别

在工程施工过程中，发生的工期延误，其分类随分类标准的不同而不同，具体见表 6-2。

表 6-2 工程延误的分类与识别

分类标准	工期延误类别	说明
按工程延误原因分类	因发包人及工程师原因引起的延误	发包人及工程师原因引起的延误一般可分为两种情况，第一种是发包人或工程师自身责任原因引起的延误，第二种是合同变更原因引起的延误。具体包括： (1)发包人拖延交付合格的施工现场。在工程项目前期准备阶段，由于发包人没有及时完成征地、拆迁、安置等方面的有关前期工作，或未能及时取得有关部门批准的施工执照或准建手续等，造成现场交付时间推迟，承包商不能及时进驻现场施工，从而导致工程拖期。 (2)发包人拖延交付图纸。发包人未能按合同规定的时间和数量向承包商提供施工图纸，尤其是目前国内较多的边设计、边施工的项目，从而引起工期索赔。 (3)发包人或工程师拖延审批图纸、施工方案、计划等。 (4)发包人拖延支付预付款或工程款。 (5)发包人指定的分包商违约或延误。 (6)发包人未能及时提供合同规定的材料或设备。 (7)发包人拖延关键线路上工序的验收时间，造成承包商下道工序施工计划受阻。 (8)发包人或工程师发布指令延误，或发布的指令打乱了承包商的施工计划。 (9)发包人提供的设计数据或工程数据延误。 (10)发包人原因暂停施工导致的延误。 (11)发包人设计变更或要求修改图纸，导致工程量增加。 (12)发包人对工程质量的要求超出原合同的约定。 (13)发包人要求增加额外工程。 (14)发包人的其他变更指令导致工期延长等
	因承包商原因引起的延误	由承包商原因引起的延误一般是其内部计划不周、组织协调不力、指挥管理不当等原因引起的，具体如下： (1)施工组织不当，如出现窝工或停工待料现象。 (2)质量不符合合同要求而造成的返工。 (3)资源配置不足，如劳动力不足或不配套、技术力量薄弱、管理水平低、缺乏流动资金等造成的延误。 (4)开工延误。 (5)劳动生产率低。 (6)承包商雇用的分包商或供应商引起的延误等。 显然上述延误难以得到发包人的谅解，也不可能得到发包人或工程师给予延长工期的补偿。承包商若想避免或减少工程延误的罚款及由此产生的损失，只有通过加强内部管理或增加投入，或采取加速施工的措施
	不可控制因素导致的延误	(1)人力不可抗拒的自然灾害导致的延误。 (2)特殊风险如战争、叛乱、革命、核事故等造成的延误。 (3)不利的施工条件或外界障阻引起的延误等

续一

分类标准	工期延误类别	说　明
按工程延误的可能结果划分	可索赔延误	可索赔延误是指非承包商原因引起的工程延误,包括发包人或工程师的原因和双方不可控制的因素引起的索赔,并且该延误工序或作业一般应在关键线路上。这类延误属于可索赔延误,承包商可提出补偿要求,发包人应给予相应的合理补偿。根据补偿内容的不同,可索赔延误可进一步分为以下三种情况: (1)只可索赔工期的延误。这类延误是由发包人、承包商双方都不可预料、无法控制的原因造成的延误,如不可抗力、异常恶劣气候条件、特殊社会事件等原因引起的延误。对于这类延误,一般合同规定,发包人只给予承包商延长工期,不给予费用损失的补偿。 (2)可索赔工期和费用的延误。这类延误主要是由于发包人或工程师的原因而直接造成工期延误并导致经济损失。一般而言,造成这类延误的活动应在关键线路上。在这种情况下,承包商不仅有权向发包人索赔工期,而且还有权要求发包补偿应延误而发生的、与延误时间相关的费用损失。 (3)只可索赔费用的延误。这类延误是指由于发包人或工程师的原因引起的延误,但发生延误的活动对总工期没有影响,而承包商却由于该项延误负担了额外的费用损失。在这种情况下,承包商不能要求延长工期,但可要求发包人补偿费用损失,前提是承包商必须能证明其受到了损失或发生了额外费用,如因延误工期而造成的人工费增加、材料费增加、劳动生产率降低等。 在正常情况下,对于可索赔延误,承包商首先应得到工期延长的补偿。但在工程实践中,由于发包人对工期要求的特殊性,对于即使因发包人原因造成的延误,发包人也不批准任何工期的延长。即发包人愿意承担工期延误的责任,却不希望延长总工期。发包人这种做法实质上是要求承包商加速施工。由于加速施工所采取的各种措施而多支出的费用,就是承包商提出费用补偿的依据
	不可索赔延误	不可索赔延误是指因承包商原因引起的延误。在这种情况下,承包商不应向发包人提出任何索赔,发包人也不会给予工期或费用的补偿。如:由于承包商对质量事故引起的工期延误;发包人提供的电器设备延误,但该延误不影响关键线路上的其他作业或工作。相反,如果承包商未能按期竣工,还应支付误期损害赔偿费。 注:不可索赔的延误有时也会转化为可索赔的延误。由于非承包商的原因引起的延误不发生在关键工序上,当延误超过该工序的自由时差时,超过部分的延误,则成为可索赔的延误

续二

分类标准	工期延误类别	说　明
按延误事件之间的时间关联性划分	单一延误	单一延误是指在某一延误事件从发生到终止的时间间隔内，没有其他延误事件的发生，仅有该延误事件引起的延误
	共同延误	当两个或两个以上的延误事件从发生到终止的时间完全相同时，这些事件引起的延误称为共同延误。共同延误的补偿分析比单一延误要复杂些。下图列出了共同延误发生的部分可能性组合及其索赔补偿分析结果。对下图需要指出的是，在发包人引起的或双方不可控制因素引起的延误与承包商原因引起的延误同时发生时，即可索赔延误与不可索赔延误同时发生时，则可索赔延误就变成不可索赔延误，这是工程索赔的惯例之一 共同延误组合： 不可索赔延误＋可索赔工期的延误；不可索赔延误＋可索赔工期和费用的延误；不可索赔延误＋只可索赔费用的延误；不可索赔延误＋可索赔工期的延误＋可索赔工期和费用的延误 → 得不到任何补偿 可索赔工期的延误＋可索赔工期的延误 → 可得一项工期补偿 可索赔工期的延误＋可索赔工期和费用的延误 → 可得一项工期和费用补偿 只可索赔费用的延误＋只可索赔费用的延误 → 可得两项费用补偿 可索赔工期的延误＋可索赔工期和费用的延误＋可索赔工期和费用的延误 → 可得一项工期和两项费用补偿 共同延误组合及其补偿分析
	交叉延误	当两个或两个以上的延误事件从发生到终止只有部分时间重合时，称为交叉延误。由于工程项目是一个复杂的系统工程，影响因素众多，常常会出现多种原因引起的延误交织在一起的情况，这种交叉延误的补偿分析比较复杂。比较共同延误和交叉延误，不难看出，共同延误是交叉延误的一种特殊情况

续三

分类标准	工期延误类别	说明
按延误发生的时间分布划分	关键线路延误	关键线路延误是指发生在工程网络计划关键线路上的延误。由于在关键线路上全部工序的总持续时间即为总工期，因而任何工序的延误都会造成总工期的推迟。因此，非承包商原路因引起的关键线路延误，必定是可索赔延误
	非关键线路延误	非关键线路延误是指在工程网络计划关键线中上的延误。由于非关键线路上的工序可能存在机动时间，因而当非承包商原因造成非关键线路延误时，会出现两种可能性： (1)延误时间少于该工序的机动时间。在此种情况下，所发生的延误不会导致整个工程的工期延误，因而发包人一般不会给予工期补偿。但若因延误发生额外开支时，承包商可以提出费用补偿要求。 (2)延误时间多于该工序的机动时间。此时，非关键线路上的延误会全部或部分转化为关键线路延误，从而成为可索赔延误

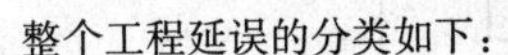

整个工程延误的分类如下：

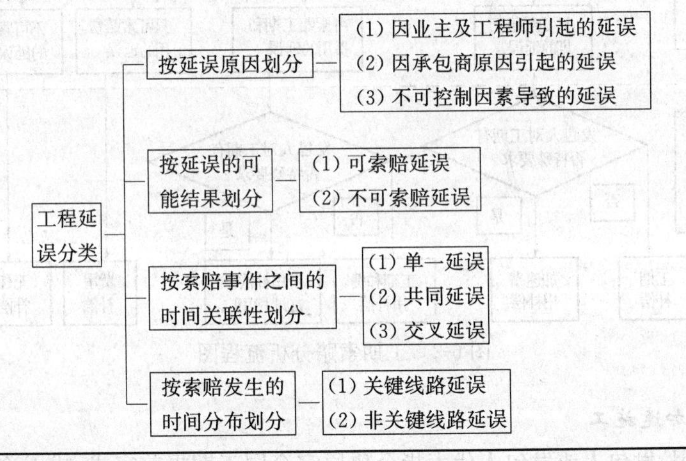

二、工期索赔分析流程

工期索赔的分析流程包括延误原因分析、网络计划(CPM)分析、发包人责任分析和索赔结果分析等，如图 6-2 所示。

三、加速施工分析

通过加速施工使工期提前，将意味着承包人完成某项工程必须投入更多的人力、财力和物力，且加速的幅度越大，承包商投入费用越多。按照工程中发生的加速施工的情况，主要可以分为以下四种：

1. 合同要求加速施工

合同要求加速施工是指合同中工期天数明显少于正常情况下的最佳工期，且在合同条款中有要求加速施工的文字记录。就是说，在合同签订时，承包人就已明确必须加速施工，发包人也充分表示了加速施工的愿望。一般说来，合同要求加速施工都有其特殊情况。如某工程的竣工使用日期因故不能改变，所能使用的施工时间已大大短于合同的最佳工期的情况；发包人因资金等原因在招标文件中明确要求以加速施工措施为投标条件之一。签订合同时承包人一般都会把加速施工费用要求写入有关条款。

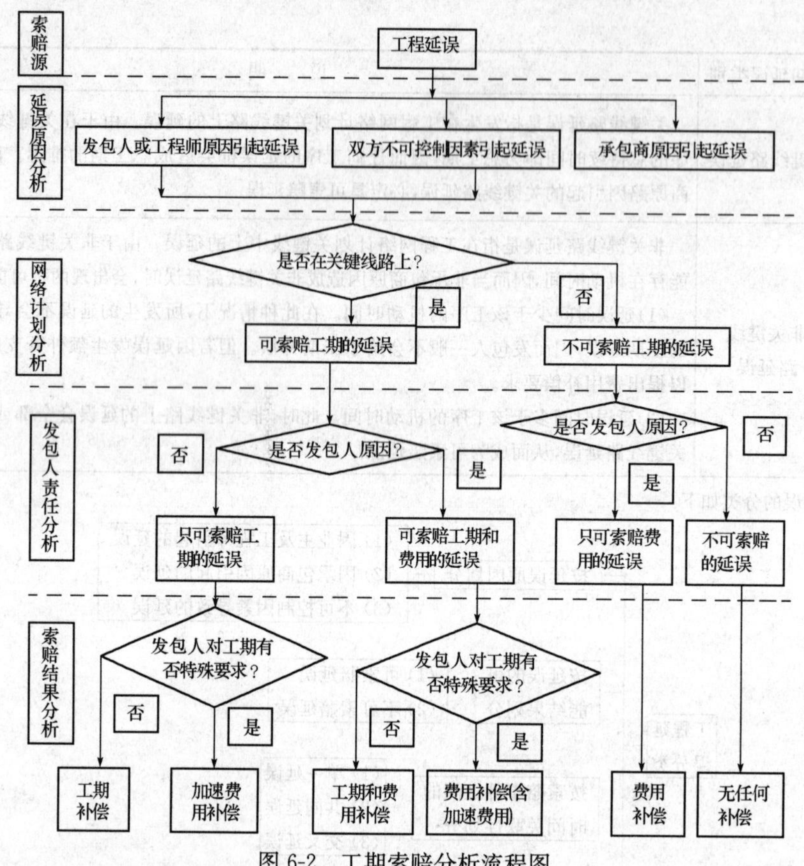

图 6-2　工期索赔分析流程图

2. 直接指令加速施工

由于某些原因，发包人或发包人代表指令比原定合同工期提前完成，或无论发生何种工期延误发包人都不同意改变合同的完工日期。这种直接指令应理解为合同变更，这种指令中应有明确的加速施工目标及相应的加速费用补偿意向。

3. 隐含指令加速施工

隐含指令加速施工是指发包人或其代表的行为客观上已使承包商明显地觉察出必须加速施工，但却拿不到有关加速指令的情况。如：

(1)承包人正在照原批准的进度计划进行施工，发包人代表却反复表示工程进度不理想。

(2)承包人按批准的施工方案正常实施时，发包人代表从加速工程进度的角度出发，提出采用某种新方案或施工技术。

(3)发生可补偿工期的延误后，延长工期的合理要求没有被批准等。

4. 承包人自愿加速施工

承包人为了保证所承包的工程能够按合同工期完成，避免因自身原因延误后被罚款，维护企业信誉，往往采取主动加速施工的办法。承包人这种自愿加速施工所增加的额外成本，发包人不会给予补偿。

四、工期拖延与索赔处理

施工过程中，许多原因都可能导致工期拖延，但只有在某些特定情况下才能进行工期索赔，见表 6-3。

表 6-3　工期拖延与索赔处理

种　类	原因分析	处　理
可原谅，不补偿延期	责任不在任何一方 如不可抗力、恶性自然灾害	工期索赔
可原谅，应补偿延期	建设单位违约 非关键线路上工程延期引起费用损失	费用索赔
	建设单位违约 导致整个工程延期	工期及费用索赔
不可原谅延期	承包商违约 导致整个工程延期	承包商承担违约罚款并承担违约后建设单位要求加快施工或终止合同所引起的一切经济损失

【例】 某综合楼工程项目合同价为 1750 万元，该工程签订的合同为可调值合同。合同开工日期为 2006 年 3 月，合同工期为 12 个月，每季度结算一次。工程开工日期为 2006 年 4 月 1 日。施工单位 2006 年第四季度完成产值 710 万元。工程人工费、材料费构成比例以及相关季度造价指数见表 6-4。

表 6-4　数据表

项目	人工费	材料费						不可调值费用
		钢材	水泥	集料	砖	砂	木材	
比例(%)	28	18	13	7	9	4	6	15
2006 年第一季度造价指数	100	100.8	102.0	93.6	100.2	95.4	93.4	
2006 年第四季度造价指数	116.8	100.6	110.5	95.6	98.9	93.7	95.5	

在施工过程中，发生如下几项事件：

事件 1：2006 年 4 月，在基础开挖过程中，个别部位实际土质与给定地质资料不符，造成施工费用增加 2.5 万元，相应工序持续时间延长了 4 天。

事件 2：2006 年 7 月，在主体砌筑工程中，因施工图设计有误，实际工程量增加导致费用增加 3.8 万元，相应工序持续时间延长了 2 天。

事件 3：2006 年 8 月，进入雨季施工，恰逢 20 天大雨，造成停工损失 2.5 万元，工期延长了 4 天。

以上事件中，除事件 3 外，其余工序均不是发生在关键线路上，并对总工期无影响。针对上述事件，施工单位提出如下索赔要求：

(1)增加合同工期 13 天；

(2)增加费用 11.8 万元。

分析：

事件 1：费用索赔成立，工期不予延长。因为业主提供的地质资料与实际情况不符是承包商不可预见的，但该工序未处在关键线路上，故只给予费用补偿。

事件 2：费用索赔成立，工期不予延长，因为设计方案有误，应由建设单位承担责任；但该工序未处在关键线路上,因此只能给予费用补偿。

事件3:费用索赔不成立,工期可以延长,因为异常的气候条件变化承包商不应得到费用补偿。

五、工期索赔的原则

1. 工期索赔的一般原则

工期延误的影响因素,可以归纳为两大类:第一类是合同双方均无过错的原因或因素而引起的延误,主要指不可抗力事件和恶劣气候条件等;第二类是由于发包人或工程师原因造成的延误。

一般地说,根据工程惯例对于第一类原因造成的工程延误,承包商只能要求延长工期,很难或不能要求发包人赔偿损失;而对于第二类原因,假如发包人的延误已影响了关键线路上的工作,承包商既可要求延长工期,又可要求相应的费用赔偿;如果发包人的延误仅影响非关键线路上的工作,且延误后的工作仍属非关键线路,而承包商能证明如此,则因劳动窝工、机械停滞费用等引起的损失或额外开支,承包商不能要求延长工期,但完全有可能要求费用赔偿。

2. 交叉延误的处理原则

交叉延误的处理可能会出现以下几种情况:

(1)在初始延误是由承包商原因造成的情况下,随之产生的任何非承包商原因的延误都不会对最初的延误性质产生任何影响,直到承包商的延误缘由和影响已不复存在。因而在该延误时间内,发包人原因引起的延误和双方不可控制因素引起的延误均为不可索赔延误。

(2)如果在承包商的初始延误已解除后,发包人原因的延误或双方不可控制因素造成的延误依然在起作用,那么承包商可以对超出部分的时间进行索赔。

(3)反之,如果初始延误是由于发包人或工程师原因引起的,那么其后由承包商造成的延误将不会使发包人摆脱(尽管有时或许可以减轻)其责任。此时承包商将有权获得从发包人的延误开始到延误结束期间的工期延长及相应的合理费用补偿。

(4)如果初始延误是由双方不会控制因素引起的,那么在该延误时间内,承包商只可索赔工期,而不能索赔费用。

六、工期索赔计算方法

(1)网络分析法。网络分析计算法是指通过分析延误发生前后的网络计划,对比两种工期计算结果,计算索赔值。这是一种科学合理的计算方法,适用于各类工期索赔。

分析的基本思路为:假设工程施工一直按原网络计划确定的施工顺序和工期进行,现发生了一个或多个延误,使网络中的某个或某些活动受到影响,如延长持续时间,或活动之间逻辑关系变化,或增加新的活动。将这些活动受影响后的持续时间代入网络中,重新进行网络分析,得到一新工期。则新工期与原工期之差即为延误对总工期的影响,即为工期索赔值。通常,如果延误在关键线路上,则该延误引起的持续时间的延长即为总工期的延长值。如果该延误在非关键线路上,受影响后仍在非关键线路上,则该延误对工期无影响,故不能提出工期索赔。

这种考虑延误影响后的网络计划又作为新的实施计划,如果有新的延误发生,则在此基础上可进行新一轮分析,提出新的工期索赔。

由此可知,工程实施过程中的进度计划是动态的,会不断被调整。而延误引起的工期索赔也可以随之同步进行。

【例】 某工程主要活动的实施计划如图6-3所示,经网络分析,计划工期为23周,现受到干扰，使计划实施产生了以下变化：

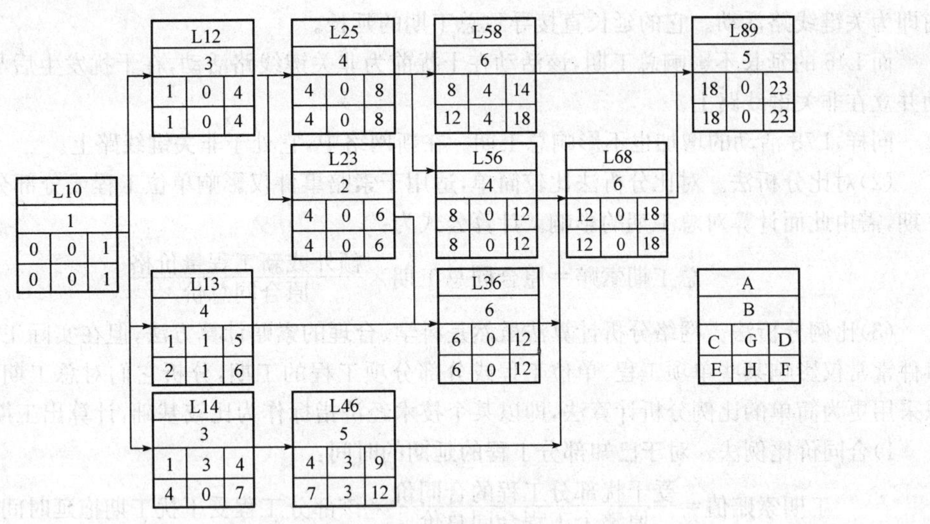

图 6-3　原网络计划

A——工程活动号；B——持续时间；C——最早开始时间；D——最早结束时间；
E——最迟开始时间；F——最迟结束时间；G——总时差；H——自由时差

1)活动 L25 工期延长 2 周，即实际工期为 6 周。

2)活动 L46 工期延长 3 周，即实际工期为 8 周。

3)增加活动 L78，持续时间为 6 周，L78 在 L13 结束后开始，在 L89 开始前结束。将它们一起代入原网络中，得到一新网络图，经过新一轮分析，总工期为 25 周（图 6-4）。即工程受到上述干扰事件的影响，总工期延长仅 2 周，这就是承包商可以有理由提出索赔的工期拖延。

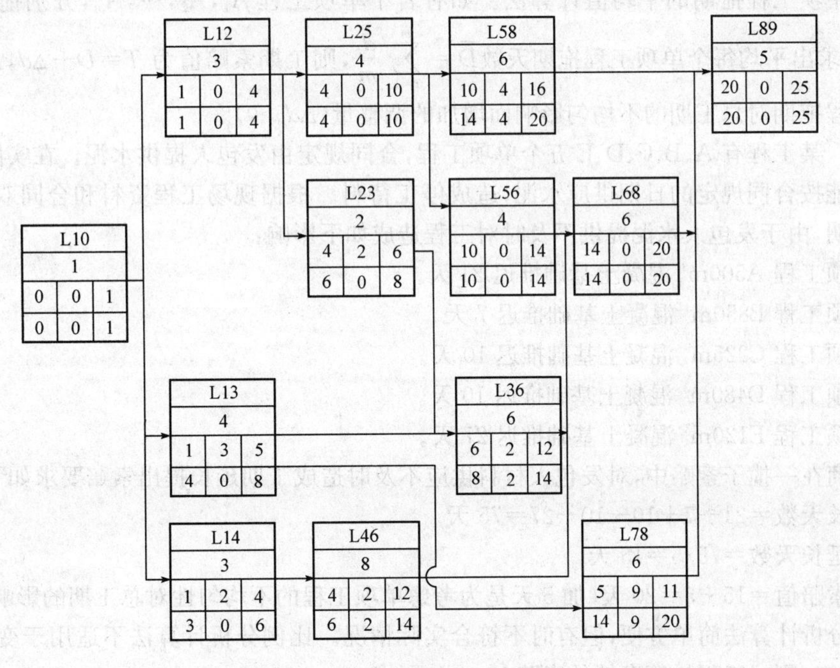

图 6-4　干扰后的网络计划

从上面的网络分析可知：总工期延长2周完全是由于L25活动的延长造成的，因为它在干扰前即为关键线路活动。它的延长直接导致总工期的延长。

而L46的延长不影响总工期，该活动在干扰前为非关键线路活动，在干扰发生后与L56等活动并立在非关键线路上。

同样，L78活动的增加也不影响总工期。在新网络中，它处于非关键线路上。

(2)对比分析法。对比分析法比较简单，适用于索赔事件仅影响单位工程或分部分项工程的工期，需由此而计算对总工期的影响。计算公式为：

$$\text{总工期索赔}=\text{原合同总工期}\times\frac{\text{额外或新工程量价格}}{\text{原合同总价}}$$

(3)比例分析法。网络分析计算法虽然是科学、合理的索赔计算方法，但在实际工程中，干扰事件常常仅影响某些单项工程、单位工程或分部分项工程的工期，分析它们对总工期的影响，可以采用更为简单的比例分析计算法，即以某个技术经济指标作为比较基础，计算出工期索赔值。

1)合同价比例法。对于已知部分工程的延期的时间：

$$\text{工期索赔值}=\frac{\text{受干扰部分工程的合同价}}{\text{原整个工程合同总价}}\times\text{该部分工程受干扰工期拖延时间}$$

对于已知增加工程量或额外工程的价格：

$$\text{工期索赔值}=\frac{\text{增加的工程量或额外工程的价格}}{\text{原合同总价}}\times\text{原合同总工期}$$

【例】 某工程施工中，发包人改变办公楼工程基础设计图纸的标准，使该单项工程延期10周，该单项工程合同价为80万美元，而整个工程合同总价为400万美元。则承包商提出工期索赔额可按上述公式计算：

$$\text{工期索赔值}=\frac{80}{400}\times 10=2\text{周}$$

2)按单项工程拖期的平均值计算法。如有若干单项工程 $A_1, A_2, \cdots, A_m$，分别拖期 $d_1, d_2, \cdots, d_m$ 天，求出平均每个单项工程拖期天数 $\overline{D}=\sum_{i=1}^{m}\frac{d_i}{m}$，则工期索赔值为 $T=\overline{D}+\Delta d$，Δd 为考虑各单项工程拖期对总工期的不均匀影响而增加的调整量($\Delta d>0$)。

【例】 某工程有A、B、C、D、E五个单项工程，合同规定由发包人提供水泥。在实际工程中，发包人没能按合同规定的日期供应水泥，造成停工待料。根据现场工程资料和合同双方的通信等证据证明，由于发包人水泥提供不及时对工程造成如下影响：

①单项工程A500m³ 混凝土基础推迟21天。

②单项工程B850m³ 混凝土基础推迟7天。

③单项工程C225m³ 混凝土基础推迟10天。

④单项工程D480m³ 混凝土基础推迟10天。

⑤单项工程E120m³ 混凝土基础推迟27天。

承包商在一揽子索赔中，对发包人材料供应不及时造成工期延长提出索赔要求如下：

总延长天数＝21＋7＋10＋10＋27＝75天

平均延长天数＝75/5＝15天

工期索赔值＝15＋5＝20天(加5天是为考虑单项工程的不均匀性对总工期的影响)

比例分析计算法简单方便，但有时不符合实际情况。比例分析计算法不适用于变更施工顺序、加速施工、删减工程量等事件的索赔。

(4)劳动生产率降低计算法。在索赔事件干扰正常施工导致劳动生产率降低而使工期拖延时，可采用劳动生产率降低计算法按下式计算：

$$索赔工期=计划工期\times\frac{预期劳动生产率-实际劳动生产率}{预期劳动生产率}$$

(5)简单累加法。在施工过程中，由于恶劣气候、停电、停水及意外风险造成全面停工而导致工期拖延时，可以一一列举各种原因引起的停工天数，累加结果，即可作为索赔天数。应该注意的是由多项索赔事件引起的总工期索赔，最好用网络分析法计算索赔工期。

第三节　施工索赔的费用分析

费用索赔是指承包商在非自身因素影响下而遭受经济损失时向发包人提出补偿其额外费用损失的要求，是施工索赔的主要内容。索赔费用的存在是由于建立合同时还无法确定的某些应由发包人承担的风险因素导致的结果。承包商的投标报价中一般不考虑应由发包人承担的风险对报价的影响，因此一旦这类风险发生并影响承包商的工程成本时，承包商提出费用索赔是一种正常现象和合情合理的行为。

一、索赔费用的种类及其构成

1. 工程量增加费

工程量增加费用指实际施工过程中的工程量超过了原合同或图纸的工程量而发生的费用。引起工程量增加的常见原因见表6-5。

表6-5　引起工程量增加的常见原因

序号	项目	工程内容
1	设计变更	设计变更是指设计单位依据建设单位要求调整，或对原设计内容进行修改、完善、优化。设计变更产生的原因有：①修改工艺技术，包括设备的改变；②增减工程内容；③改变使用功能；④设计错误、遗漏；⑤提高合理化建议；⑥施工中产生错误；⑦使用的材料品种的改变；⑧工程地质勘察资料不准确而引起的修改，如基础加深。 由于以上原因所提出变更的有可能是建设单位、设计单位、施工单位或监理单位中的任何一个单位，有些则是上述几个单位都会提出
2	合同规定变更	工程量增加费用的数量是由所确认的工程增加量的直接费、间接费和其他费用构成。并按照合同工程价款确定的原则进行计算的
3	发包人代表指令	发包人代表在合同规定的限度内可以反映发包人的增加工程量的愿望
4	不确定性障碍	由于对不确定性障碍的处理往往不能预先准确地计算工程量，所以实施处理的结果往往会引起工程量增加
5	不可预见性障碍	不可预见性障碍，是指承包人在开工前，根据发包人所提供的工程地质勘察报告及现场资料，并经过现场调查，都无法发现的地下自然或人工障碍。如：古井、墓坑、断层、溶洞及其他人工构筑物类障碍等

2. 发包人或工程师违约造成损失费

发包人或工程师违约损失费，是指在施工合同履行过程中，由于发包人或工程师违背合同规定，给承包人造成实际损失而发生的施工索赔费用。发包人或工程师违约损失费在工程实践中经常发生，但其费用构成却较为复杂，应根据具体情况具体分析：

(1)发包人延迟付款。发包人因某种原因不能按合同条款规定的时间支付承包人工程款项的违约行为，会造成承包人该部分款项的利息损失，导致承包人该部分款项不能用于施工准备而造成其他损失。

(2)发包人或工程师工作失误。发包人或工程师在行使合同所赋予的权利时，由于业务能力、工作经验等原因，往往发生不正确纠正工程问题，提出不能实现的工程要求，进行了不自觉的苛刻检查等，无意但确实对承包人的正常施工造成了干扰，这类工作失误无疑会给承包人造成某些损失。如承包人进行了不必要的返工；不必要的多次暂停；干扰造成生产效率明显减低；增加不必要的工序和工器具；更新某种材料或施工设备等。

(3)发包人对已完工程修改。承包人按照发包人提供的施工图纸进行施工后，发包人对已完成部位又提出修改要求，这在工程装修阶段是时常发生的，这种修改一般都会因此而增加施工费用。

3. 加速施工费

加速施工费是由于加速施工，使工程费用比正常状态下完成的同等数量的工程量多付出的费用部分。通常情况下，加速施工费由以下几种原因构成：

(1)采用比定额标准工资高的薪酬制度，配备更多的人力资源。

(2)采用高性能、高质量、高价格采购的材料。

(3)施工机械设备的增加及因加速施工采用高价的施工方法。

(4)加速施工中各工种交叉干扰加大了加速工作量的成本等。

4. 可补偿延误损失费

在某些情况下，如由于业主或工程师的错误或失误而造成的工期延误、不可预见性障碍处理引起的延误、不确定性障碍处理引起的延误、异常气候条件引起的延误、特殊社会条件引起的延误等，承包商不仅可得到工期延长，还可以得到经济补偿。

5. 国家政策、法规的变化

通常指直接影响到工程造价的某些国家政策、法规的变化。常见的国家政策、法规的变更有：

(1)由工程造价管理部门发布的建筑工程材料预算价格调整；

(2)建筑材料的市场价与概预算定额文件价差的有关处理规定；

(3)国家调整关于建设银行贷款利率的规定；

(4)国家有关部门的工程中停止使用某种设备、某种材料的通知；

(5)国家有关部门在工程中推广某些设备、施工技术的规定；

(6)国家对某种设备、建筑材料限制进口、提高关税的规定等。

显然，上述有关政策、法规对建筑工程的造价必然产生影响，承包人可依据这些政策、法规的规定向发包人提出补偿要求。

索赔依据

原建设部2004年公布的限制使用的建筑材料部分内容

(1)平口、企口混凝土排水管(≤500mm)，不得用于城镇市政污水、雨水管道系统。自2005

年1月1日起执行。

(2)灰口铸铁管材、管件，不得用于城镇供水、燃气等市政管道系统。口径>400mm的管材及管件不允许在污水处理厂、排水泵站及市政排水管网中的压力管线中使用。自2004年7月1日起执行。

(3)桥面沥青弹塑体填充式伸缩缝，不得用于大、中型市政桥梁。自2004年7月1日起执行。

(4)桥面连续构造处橡胶片隔离层材料，不得用于市政桥梁。自2004年7月1日起执行。

(5)外墙内保温浆体材料，不得用于大城市民用建筑外墙内保温工程。自2004年7月1日起执行。

(6)非断热金属型材制作的单玻窗，不得用于具有节能要求的房屋建筑。自2004年7月1日起执行。

(7)低碳冷拔钢丝的应用，不得用于钢筋混凝土结构或构件中的受力钢筋。自2005年1月1日起执行。

(8)钢制闭式串片散热器，不得用于住宅建筑的供暖系统。自2004年7月1日起执行。

索赔依据

原建设部2004年公布的禁止使用的建筑机械与建筑材料部分内容

(1)QT60～80塔式起重机，禁止用于房屋建筑施工。自2004年7月1日起执行。

(2)井架式塔式起重机，禁止用于房屋建筑施工。自2006年1月1日起执行。

(3)灰铸铁长翼型散热器，禁止用于房屋建筑供暖系统。自2004年7月1日起执行。

索赔依据

原建设部2004年公布推广使用的建筑材料、建筑设备、建筑技术部分内容

(1)卫星定位测量技术应用，GPS卫星定位测量技术可提供平面和高程的三维位置信息，具有精度高、速度快、全天候、无须通视，点位不受限制等优点。并且建筑物越高，几何形状越复杂，其精度误差、速度等优点越明显。

(2)地面辐射采暖系统，以水为介质的采暖系统，有利于节约能源。房间热舒适性好，不占用房间使用面积，便于装修和家具布置。可预设采暖温度，可分室调节室温，便于计量收费。

(3)逆作法或半逆作法施工技术(地基处理与深基础技术)，对于施工场地狭窄、工期要求高的大型公共建筑，可采用逆作或半逆作法施工。工程从地面开始，作地下连续墙，在柱子位置向下作支承桩，然后，自上而下一层一层地挖土逆作施工。地上部分也可同时由下而上正作施工，可缩短工期。

(4)陶瓷片密封水嘴采用陶瓷阀芯，密封性能好，耐磨性好，使用寿命较长，有利于节水。产品性能应符合国家或行业相关技术标准。

(5)装配式卫生间管道墙，系统采用同层排水的方式，将卫生洁具和管道按设计要求，预制集成到钢结构支架上形成管道墙系统，定位准确，安装方便，具有整体设计、工厂生产、现场装配和维修不干扰上下层住户的特点。

二、索赔事件的费用项目构成

费用项目构成、计算方法与合同报价中基本相同，但具体的费用构成内容却因索赔事件性质不同而有所不同。表6-6中列出了工期延长、建设单位指令工程加速、工程中断、工程量增加或附加工程等类型索赔事件的可能费用损失项目的构成及其示例。

表 6-6　索赔事件的费用项目构成示例表

索赔事件	可能的费用损失项目	示　例
工期延长	(1)人工费增加； (2)材料费增加； (3)现场施工机械设备停置费； (4)现场管理费增加； (5)因工期延长和通货膨胀使原工程成本增加； (6)相应保险、保函费用增加； (7)分包商索赔； (8)总部管理费分摊； (9)推迟支付引起的兑换率损失； (10)银行手续费和利息支出	工资上涨，现场停工、窝工，生产效率降低，不合理使用劳动力等损失； 因工期延长，材料价格上涨； 设备因延期所引起的折旧费、保养费或租赁费等； 现场管理人员的工资及其附加支出，生活补贴，现场办公设施支出，交通费用等； 分包商因延期向承包商提出费用索赔； 因延期造成公司总部管理费增加； 工程延期引起支付延迟
建设单位指令工程加速	(1)人工费增加； (2)材料费增加； (3)机械使用费增加； (4)因加速增加现场管理人员的费用； (5)总部管理费增加； (6)资金成本增加	因建设单位指令工程加速造成增加劳动力投入，不经济地使用劳动力，生产率降低和损失等； 不经济地使用材料，材料提前交货的费用补偿，材料运输费增加； 增加机械投入，不经济地使用机械； 费用增加和支出提前引起负现金流量所付的利息
工程中断	(1)人工费； (2)机械使用费； (3)保函、保险费，银行手续费； (4)贷款利息； (5)总部管理费； (6)其他额外费用	留守人员工资，人员的遣返和重新招雇费，对工人的赔偿金等； 设备停置费，额外的进出场费，租赁机械的费用损失等； 停工、复工所产生的额外费用，工地重新整理费用等
工程量增加或附加工程	(1)工程量增加所引起的索赔额，其构成与合同报价组成相似； (2)附加工程的索赔额，其构成与合同报价组成相似	工程量增加小于合同总额的 5%，为合同规定的承包商应承担的风险，不予补偿； 工程量增加超过合同规定的范围（如合同额的 15%～20%），承包商可要求调整单价，否则合同单价不变

三、费用索赔的原则

费用索赔是整个施工阶段索赔的重点和最终目标，工期索赔在很大程度上也是为了费用索赔。因而费用索赔的计算就显得十分重要，必须按照如下原则进行：

(1)赔偿实际损失的原则，实际损失包括直接损失（成本的增加和实际费用的超支等）和间接损失（可能获得的利益的减少，比如发包人拖欠工程款，使得承包商失去了利息收入等）。

(2)合同原则，通常是指要符合合同规定的索赔条件和范围，符合合同规定的计算方法，以合同报价为计算基础等。

(3)符合通常的会计核算原则，通过计划成本或报价与实际工程成本或花费的对比得到索赔费用值。

(4)符合工程惯例，费用索赔的计算必须采用符合人们习惯的、合理的、科学的计算方法，能够让发包人、监理工程师、调解人、仲裁人接受。

四、费用损失索赔额的计算

1. 人工费索赔额的计算

人工费属工程直接费，指直接从事施工的工人、辅助工人、工长的工资及其有关的费用。施工索赔额中的人工费是指额外劳务人员的雇用、加班工作、人员闲置和劳动生产率降低的工时所花费的费用。一般有以下两种情况。

(1)由增加或损失工时计算索赔额：

额外劳务人员雇用、加班人工费索赔额＝增加工时×投标时人工单价

闲置人员人工费索赔额＝闲置工时×投标时人工单价×折扣系数

建设单位通常认为不应计算闲置人员奖金、福利等报酬，所以折扣系数一般为0.75。

(2)由劳动生产率降低而额外支出人工费的索赔计算：

1)实际成本和预算成本比较法。这种方法就是对受干扰影响工作的实际成本和合同中的预算成本进行比较。这种方法需要有正确合理的估价体系和详细的施工记录。这种索赔只要预算成本和实际成本计算合理，成本的增加确属建设单位的原因，其索赔成功的把握性是很大的。

2)正常施工期与受影响施工期比较法。这种方法是承包商的正常施工受到干扰后导致生产率降低的索赔。

2. 材料费索赔额的计算

材料费的索赔主要包括材料涨价费用、额外新增材料运输费用、额外新增材料使用费用、材料破损消耗估价费用等。

材料费用索赔主要包括因材料用量和材料价格的增加而增加的费用。材料单价提高的因素主要是材料采购费，通常指手续费和关税等。运输费增加可能是运距加长、二次倒运等原因。仓储费增加可能是因为工作延误，使材料储存的时间延长导致费用增加。

额外工程材料的使用，主要表现为追加额外工作、工程变更、改变施工方法等。计算时应将原来的计划材料用量与实际消耗使用了的材料定购单、发货单、领料单或其他材料单据加以比较，以确定材料的增加量。此外，工期的延误会造成材料采购不到位，不得不采用代用材料，进行设计变更时增加的工程成本也可以列入材料费用索赔之中。

3. 施工机械索赔额的计算

机械费索赔包括增加台班量、机械闲置或工作效率降低、台班费率上涨等费用。台班费率按照有关定额和标准手册取值。对于工作效率降低，可参考劳动生产率降低的人工费索赔的计算方法。台班量的计算数据来自机械使用记录。对于租赁的机械，取费标准按租赁合同计算。施工机械索赔额计算通常有以下两种方法：

(1)采用公布的行业标准的租赁费率。承包商采用租赁费率基于以下两种考虑：一是如果承包商的自有设备不用于施工，他可将设备出租而获利；二是虽然设备是承包商自有，他却要为该设备的使用支出一笔费用，这笔费用应与租用某种设备所付出的代价相等。因此在索赔计算中，施工机械索赔费用的计算公式如下：

机械索赔费＝设备额外增加工时(包括闲置)×设备租赁费率

对于上述这种计算，建设单位往往会提出不同的意见，认为承包商不应得到使用租赁费率中所得的附加利润，因此一般将租赁费率打一折扣。

(2)参考定额标准进行计算。在进行索赔计算时，采用标准定额中的费率或单价是一种能为双方所接受的方法。对于监理工程师指令实施的计日工作，应采用计日工作表中的机械设备单

价进行计算。对于租赁的设备，均采用租赁费率。在处理设备闲置时的单价时，一般都建议对设备标准费率中的不变费用和可变费用分别扣除50%和25%。

4. 管理费索赔额的计算

管理费是无法直接计入某具体合同或某项具体工作中，只能按一定比例进行分摊的费用。管理费用包括现场管理费(工地管理费)和总部管理费(公司管理费、上级管理费)两部分。

(1)现场管理费。现场管理费是具体到某项工程合同而发生的间接费用，该项索赔费用应列入以下内容：额外新增工作雇用额外的工程管理人员费，管理人员工作时间延长的费用，工程延长期的现场管理费，办公设施费，办公用品费，临时供热、供水及照明费，保险费，管理人员工资和有关福利待遇的提高费等。现场管理费索赔计算一般用下式表达：

$$\text{现场管理费索赔值}=\text{索赔的直接成本费用}\times\text{现场管理费率}$$

现场管理费率的确定可选用以下方法：

1)合同百分比法，即管理费比率在合同中规定。

2)行业平均水平法，即采用公开认可的行业标准费率。

3)原始估价法，即采用承包报价时确定的费率。

4)历史数据法，即采用以往相似工程的管理费率。

(2)总部管理费。总部管理费是属于承包商整个公司，而不能直接归于直接工程项目的管理费用。它包括：总部办公大楼及办公用品费用、总部职工工资、投标组织管理费用、通信邮电费用、会计核算费用、广告及资助费用、差旅费等其他管理费用。目前在国外用来计算公司管理费索赔的方法是埃尺利(Eichealy)公式。该公式可分为两种形式，一种是用于延期索赔计算的日费率分摊法，另一种是用于工作范围索赔的工程总直接费用分摊法。

1)日费率分摊法。在延期索赔中采用，计算公式如下：

$$\text{延期合同应分摊的管理费}(A)=\frac{\text{延期合同额}}{\text{同时期公司所有合同额之和}}\times\text{同期公司总计划管理费}$$

【例】 某承包商承包某工程，合同价为750万元，合同工期为860天，为施工单位原因工程被拖延了93天，在这860天中，承包商承包其他工程的合同总额为3500万元，总部管理费总额为350万元，则

$$\text{按合同应分摊的总部管理费}=\frac{750}{750+3500}\times350$$
$$=61.78\text{万元}$$

$$\text{日总部管理费率}=\frac{61.78\text{万元}}{860\text{天}}\times350$$
$$=718.4\text{元/天}$$

$$\text{总部管理费索赔额}=718.4\times93$$
$$=66811.2\text{元}$$

2)总直接费用分摊法。在工作范围变更索赔中采用，计算公式为：

$$\text{被索赔合同应分摊的管理费}(A_1)=\frac{\text{被索赔合同原计划直接额}}{\text{同时期公司所有合同直接费总和}}\times\text{同期公司计划管理费总和}$$

$$\text{每元直接费包含管理费率}(B_1)=\frac{(A_1)}{\text{被索赔合同原计划直接费}}$$

$$\text{应索赔的公司管理费}(C_1)=(B_1)\times\text{工作范围变更索赔的直接费}$$

【例】 某工程争议合同的实际直接费为750万元，在争议合同执行期间，承包商同时完成的

其他合同的直接费为 6500 万元，该项阶段承包商总部管理费总额为 500 万元，则

$$单位直接费的总部管理费率=\frac{500}{750+6500}\times100\%=6.9\%$$

$$总部管理费索赔值=6.9\%\times750=51.75\ 万元$$

埃尺利(Eichealy)公式最适用的情况是：承包商应首先证明由于索赔事件出现确实引起管理费用的增加，在工程停工期间，确实无其他工程可干；对于工作范围索赔的额外工作费用不包括管理费，只计算直接成本费。如果停工期短，时间不长，工程变更的索赔费用中已包括了管理费，Eichealy 公式将不再适用。

5. 融资成本

融资成本又称资金成本，即取得和使用资金所付出的代价，其中最主要的是支付资金供应者利息。

由于承包商只能在索赔事件处理完结以后的一段时间内才能得到其索赔费用，所以承包商不得不从银行贷款或以自己的资金垫付。这就产生了融资成本问题，主要表现在额外贷款的利息支出和自有资金的机会损失。在以下几种情况下，可以进行利息索赔：

(1)建设单位推迟支付工程款和保留金，这种金额的利息通常以合同中约定的利率计算。

(2)承包商借款或动用自己的资金来弥补合法索赔事项所引起的现金流量缺口。在这种情况下，可以参照有关金融机构的利率标准，或者假定把这些资金用于其他工程承包可得到的收益来计算索赔费用，后者实际上是机会利润损失。

五、费用索赔计算方法

费用索赔的计算方法一般有两种：一是总费用法；二是分项法。

1. 总费用法

(1)基本思路。总费用法的基本思路是把固定总价合同转化为成本加酬金合同，以承包商的额外成本为基点加上管理费和利润等附加费作为索赔值。

(2)使用条件。这是一种最简单的计算方法，但通常用得较少，且不容易被对方、调解人和仲裁人认可，因为它的使用有以下几个条件：

1)合同实施过程中的总费用核算是准确的；工程成本核算符合普遍认可的会计原则；成本分摊方法，分摊基础选择合理；实际总成本与报价总成本所包括的内容一致。

2)承包商的报价是合理的，反映实际情况。如果报价计算不合理，则按这种方法计算的索赔值也不合理。

3)费用损失的责任，或干扰事件的责任完全在于发包人或其他人，承包商在工程中无任何过失，而且没有发生承包商风险范围内的损失。

4)合同争执的性质不适用其他计算方法。例如由于发包人原因造成工程性质发生根本变化，原合同报价已完全不适用。这种计算方法常用于对索赔值的估算。有时，发包人和承包商签订协议，或在合同中规定，对于一些特殊的干扰事件，例如特殊的附加工程、发包人要求加速施工、承包商向发包人提供特殊服务等，可采用成本加酬金的方法计算赔(补)偿值。

(3)注意事项。在计算过程中要注意以下几个问题：

1)索赔值计算中的管理费率一般采用承包商实际的管理费分摊率。这符合赔偿实际损失的原则。但实际管理费率的计算和核实是很困难的，所以通常都用合同报价中的管理费率，或双方

商定的费率。这全在于双方商讨。

2)在费用索赔的计算中,利润是一个复杂的问题,故一般不计利润,以保本为原则。

3)由于工程成本增加使承包商支出增加,这会引起工程的负现金流量的增加。为此,在索赔中可以计算利息支出(作为资金成本)。利息支出可按实际索赔数额、拖延时间和承包商向银行贷款的利率(或合同中规定的利率)计算。

2. 分项法

分项法是按每个(或每类)干扰事件,以及这事件所影响的各个费用项目分别计算索赔值的方法,通常在实际工程中费用索赔计算都采用分项法。但对具体的干扰事件和具体费用项目,分项法的计算方法又是千差万别。分项法计算索赔值,通常分三步:

(1)分析每个或每类干扰事件所影响的费用项目。这些费用项目通常应与合同报价中的费用项目一致。

(2)确定各费用项目索赔值的计算基础和计算方法,计算每个费用项目受干扰事件影响后的实际成本或费用值,并与合同报价中的费用值对比,即可得到该项费用的索赔值。

(3)将各费用项目的计算值列表汇总,得到总费用索赔值。

用分项法计算,重要的是不能遗漏。在实际工程中,许多现场管理者提交索赔报告时常常仅考虑直接成本,即现场材料、人员、设备的损耗(这是由他直接负责的),而忽略计算一些附加成本,例如工地管理费分摊;由于完成工程量不足而没有获得企业管理费;人员在现场延长停滞时间所产生的附加费,如假期、差旅费、工地住宿补贴、平均工资的上涨;由于推迟支付而造成的财务损失;保险费和保函费用增加等。

第四节　施工索赔程序

施工索赔程序是指从索赔事件产生到最终处理全过程所包括的工作内容和工作步骤。由于索赔工作实质上是承包商和业主在分担工程风险方面的重新分配过程,涉及双方的众多经济利益,因而是一项烦琐、细致、耗费精力和时间的过程。因此,合同双方只有严格按照合同规定的索赔程序工作,才能获得成功的索赔。

承包人的索赔程序通常可分为以下几个步骤,如图 6-5 所示。

一、发现索赔机会

在合同实施过程中经常会发生一些非承包商责任引起的,而且承包商不能影响的干扰事件。它们不符合“合同状态”,造成施工工期的拖延和费用的增加,是承包商的索赔机会。承包商必须对索赔机会有敏锐的感觉。寻找索赔机会是合同管理人员的工作重点之一。一经发现索赔机会就应进行索赔处理,不能有任何拖延。

在承包合同的实施中,索赔机会通常表现为如下现象:

(1)发包人或他的代理人、工程师等有明显的违反合同或未正确地履行合同责任的行为。

(2)承包商自己的行为违约,已经或可能完不成合同责任,但究其原因却在发包人、工程师或他的代理人等。由于合同双方的责任是互相联系、互为条件的,如果承包商违约的原因是发包人造成,同样是承包商的索赔机会。

(3)工程环境与“合同状态”的环境不一样,与原标书规定不一样,出现“异常”情况和一些特殊问题。

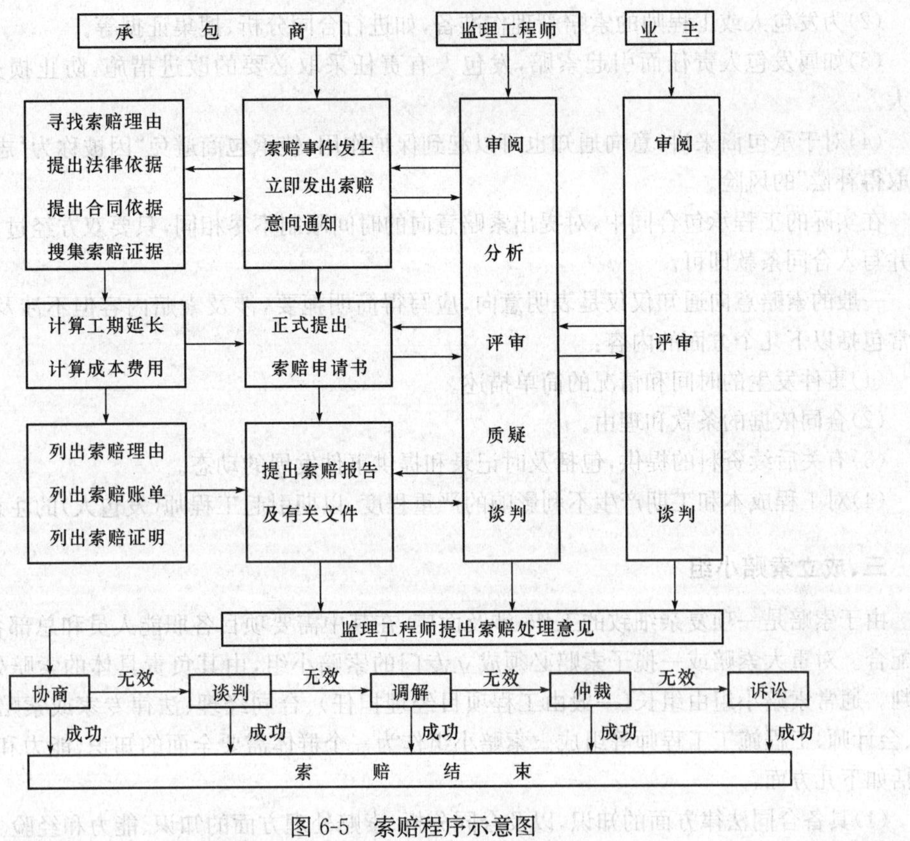

图 6-5　索赔程序示意图

(4)合同双方对合同条款的理解发生争执，或发现合同缺陷、图纸出错等。

(5)发包人和工程师作出变更指令，双方召开变更会议，双方签署了会谈纪要、备忘录、修正案、附加协议。

(6)在合同监督和跟踪中承包商发现工程实施偏离合同，如月形象进度与计划不符、成本大幅度增加、资金周转困难、工程停滞、质量标准提高、工程量增加、施工计划被打乱、施工现场紊乱、实际的合同实施不符合合同事件表中的内容或存在差异等。

二、索赔意向通知

索赔事件发生后，承包商应在合同规定的时间内，及时向发包人或工程师提出书面索赔意向通知，亦即向发包人或工程师就某一个或若干个索赔事件表示索赔愿望、要求或声明而保留索赔的权利。索赔意向的提出是索赔工作程序中的第一步，其关键是抓住索赔机会，及时提出索赔意向。

我国建设工程合同规定：承包商应在索赔事件发生后的 28 天内，将其索赔意向通知工程师。反之，如果承包商没有在合同规定的期限内提出索赔意向或通知，承包商则会丧失在索赔中的主动和有利地位，发包人和工程师也有权拒绝承包商的索赔要求，这是索赔成立的有效和必备条件之一。因此在实际工作中，承包商应避免合理的索赔要求由于未能遵守索赔时限的规定而导致无效。

工程合同要求承包商在规定期限内首先提出索赔意向，是基于以下考虑：

(1)提醒发包人或工程师及时关注索赔事件的发生、发展等全过程。

(2)为发包人或工程师的索赔管理作准备,如进行合同分析、搜集证据等。

(3)如属发包人责任而引起索赔,发包人有责任采取必要的改进措施,防止损失的进一步扩大。

(4)对于承包商来讲,意向通知也可以起到保护作用,使承包商避免"因被称为'志愿者'而无权取得补偿"的风险。

在实际的工程承包合同中,对提出索赔意向的时间限制不尽相同,只要双方经过协商达成一致并写入合同条款即可。

一般的索赔意向通知仅仅是表明意向,应写得简明扼要,涉及索赔内容但不涉及索赔数额,通常包括以下几个方面的内容:

(1)事件发生的时间和情况的简单描述。

(2)合同依据的条款和理由。

(3)有关后续资料的提供,包括及时记录和提供事件发展的动态。

(4)对工程成本和工期产生不利影响的严重程度,以期引起工程师(发包人)的注意。

三、成立索赔小组

由于索赔是一项复杂细致的工作,涉及面广,在其中需要项目各职能人员和总部各职能部门的配合。对重大索赔或一揽子索赔必须成立专门的索赔小组,由其负责具体的索赔处理工作和谈判。通常索赔小组由组长(一般由工程项目经理担任)、合同经理、法律专家或索赔专家、估算师、会计师、工程施工工程师等组成。索赔小组作为一个群体需要全面的知识、能力和经验,主要包括如下几方面:

(1)具备合同法律方面的知识,以及合同分析、索赔处理方面的知识、能力和经验。

(2)现场施工和组织计划安排方面的知识、能力和经验。能进行实际施工过程的网络计划编制和关键线路分析、计划网络和实际网络的对比分析。应参与本工程的施工计划的编制和实际施工管理工作。

(3)工程成本核算和财务会计核算方面的知识、能力和经验。参与该工程报价、工程计划成本的编制。懂得工程成本核算方法,如成本项目的划分和分摊方法等。

(4)其他方面。如索赔的计划和组织能力、合同谈判能力、经历和经验、写作能力和语言表达能力、在国际工程中的外语水平等。

索赔是一项非常复杂的工作,要取得索赔成功,必须注意如下几个方面:

(1)索赔是企业经营战略的一部分,承包商不仅要取得索赔的成功,取得利益,而且要搞好合同双方的关系,为将来进一步合作创造条件,不能损害企业信誉。在索赔中索赔小组必须全面领会和贯彻执行总部的索赔总策略,不能为了自己的业务工作成果而片面追求索赔额。

(2)索赔小组应努力争取索赔的成功。在索赔中充分发挥每人的工作能力和工作积极性,为企业追回损失,增加盈利。

(3)加强索赔过程中的保密工作。特别是索赔策略和在谈判过程中的一些策略,作为企业的绝密文件,不仅在索赔中,而且在索赔后也要保密,这不仅关系到索赔的成败,而且涉及企业的声誉,影响到企业将来的经营。

(4)要取得索赔的成功,必须经过索赔小组认真细致地工作。不仅要在大量复杂的合同文件、各种实际工程资料、财务会计资料中分析研究索赔机会、索赔理由和证据,不放弃任何机会,不遗漏任何线索,而且要在索赔谈判中耐心说服对方。

(5)对复杂的合同争执必须有详细的计划安排,否则很难达到目的。

四、收集索赔证据

1. 索赔证据的种类

索赔的证据主要来源于施工过程中的信息和资料。承包商只有平时经常注意这些信息资料的收集、整理和积累，存档于计算机内，才能在索赔事件发生时，快速地调出真实、准确、全面、有说服力、具有法律效力的索赔证据来。以便在索赔报告中使用，或在监理工程师和发包人要求时出示。根据工程项目的性质和内容不同，索赔时应准备的证据资料也是多种多样的，可以直接或间接作为索赔证据的资料很多，详见表6-7。

表6-7　索赔的证据

施工记录方面	财务记录方面
(1)施工日志	(1)施工进度款支付申请单
(2)施工检查员的报告	(2)工人劳动计时卡
(3)逐月分项施工纪要	(3)工人分布记录
(4)施工工长的日报	(4)材料、设备、配件等的采购单
(5)每日工时记录	(5)工人工资单
(6)同发包人代表的往来信函及文件	(6)付款收据
(7)施工进度及特殊问题的照片或录像带	(7)收款单据
(8)会议记录或纪要	(8)标书中财务部分的章节
(9)施工图纸	(9)工地的施工预算
(10)发包人或其代表的电话记录	(10)工地开支报告
(11)投标时的施工进度表	(11)会计日报表
(12)修正后的施工进度表	(12)会计总账
(13)施工质量检查记录	(13)批准的财务报告
(14)施工设备使用记录	(14)会计往来信函及文件
(15)施工材料使用记录	(15)通用货币汇率变化表
(16)气象报告	(16)官方的物价指数、工资指数
(17)验收报告和技术鉴定报告	

2. 索赔证据的内容

在合同实施过程中，资料很多，面很广。因而在索赔中要分析考虑发包人和仲裁人需要哪些证据，及哪些证据最能说明问题、最有说服力等，这需要索赔管理人员有较丰富的索赔工作经验。从多年的工程索赔实践来看，承包商应该准备和提交的索赔账单和证据资料主要如下：

(1)施工日志。应指定有关人员现场记录施工中发生的各种情况，包括天气、出工人数、设备数量及使用情况、进度情况、质量情况、安全情况、监理工程师在现场有什么指示、进行了什么试验、有无特殊干扰施工的情况、遇到了什么不利的现场条件、多少人员参观了现场等。这种现场记录和日志有利于及时发现和正确分析索赔，可能成为索赔的重要证明材料。

(2)来往信件。对与监理工程师、发包人和有关政府部门、银行、保险公司的来往信函，必须认真保存，并注明发送和收到的详细时间。

(3)气象资料。在分析进度安排和施工条件时，天气是应考虑的重要因素之一，因此，要保持一份真实、完整、详细的天气情况记录，包括气温、风力、湿度、降雨量、暴风雪、冰雹等。

(4)备忘录。承包商对监理工程师和发包人的口头指示和电话应随时书面记录，并请其签字给予书面确认。事件发生和持续过程中的重要情况都应有详细记录。

(5)会议纪要。承包商、发包人和监理工程师举行会议时要做好详细记录，对其主要问题形成会议纪要，并由会议各方签字确认。

(6)工程照片和工程声像资料。这些资料都是反映工程客观情况的真实写照，也是法律承认的有效证据，对工程重要部位应拍摄有关资料并妥善保存。

(7)工程进度计划。承包商编制的经监理工程师或发包人批准同意的所有工程总进度、年进度、季进度、月进度计划都必须妥善保管，在任何有关工期延误的索赔中，进度计划都是非常重要的证据。

(8)工程核算资料。所有人工、材料、机械设备使用台账，工程成本分析资料，会计报表，财务报表，货币汇率，现金流量，物价指数，收付款票据，都应分类装订成册，这些都是进行索赔费用计算的基础。

(9)工程报告。包括工程试验报告、检查报告、施工报告、进度报告、特别事件报告等。

(10)工程图纸。工程师和发包人签发的各种图纸，包括设计图、施工图、竣工图及其相应的修改图，承包商应注意对照检查并妥善保存。对于设计变更索赔，原设计图和修改图的差异是索赔最有力的证据。

(11)招标投标阶段有关现场考察和编标的资料，各种原始单据(工资单，材料设备采购单)，各种法规文件，证书证明等都应积累保存，它们都有可能是某项索赔的有力证据。

由此可见，高水平的文档管理信息系统，对索赔的资料准备和证据提供是极为重要的。

3. 索赔证据的收集

一般情况下，承包人提出索赔要求时，必须能够证明自己的索赔要求的合理性。为防止发包人在审查索赔要求时，提出这样或那样的质疑。收集索赔证据时应注意以下几点：首先，收集的证据材料必须是原件。没有原件时，需要在复印件上加盖发文单位的公章或者重现取得签字。其次，收集的证据材料必须有签章。再次，签发人员及单位必须有权签发，如合同约定签发人员和单位受权的签发人员。如无权签发，则需补齐手续或者通过会议纪要的方式加以固定，单方面声明对对方没有约束力。

五、索赔报告的编写

索赔报告是承包商在合同规定的时间内向监理工程师提交的要求发包人给予一定经济补偿和延长工期的正式书面报告。索赔报告的水平与质量如何，直接关系到索赔的成败与否。大型土木工程项目的重大索赔报告，承包商都是非常慎重、认真而全面地论证和阐述，充分地提供证据资料，甚至专门聘请合同及索赔管理方面的专家，帮助编写索赔报告，以尽力争取索赔成功。

1. 索赔报告编写基本要求

承包商的索赔报告必须能有力地证明自己正当合理的索赔报告资格，损失的时间和金钱，以及有关事项与损失之间的因果关系。首先，必须说明索赔的合同依据，即基于何种理由提出索赔要求。一种是根据合同某条某款规定，承包商有资格因合同变更或追加额外工作而取得费用补偿和(或)延长工期；一种是发包人或其代理人如何违反合同规定给承包商造成损失，承包商有权索取补偿。第二，索赔报告中必须有详细准确的损失金额及时间的计算。第三，要证明客观事实与损失之间的因果关系，要以合同为依据，说明索赔事件前因后果的关联性，说明发包人违约或合同变更与引起索赔的必然联系。如果不能有理有据地说明因果关系，而仅在事件的严重性和损失的巨大上花费过多的笔墨，对索赔的成功是无济于事的。

2. 索赔报告编写注意事项

编写索赔报告是一项比较复杂的工作，必须有一个专门的小组并在各方的大力协助下才能完成。索赔小组的人员应具有合同、法律、工程技术、施工组织计划、成本核算、财务管理、写作等各方面的知识，进行深入的调查研究，对较大的、复杂的索赔需要向有关专家咨询，对索赔报告进行反复讨论和修改，保证写出的报告不仅有理有据，而且必须准确可靠。因此，应特别强调以下几点：

(1)责任分析应清楚、准确。在报告中所提出的索赔事件的责任是对方引起的，应把全部或主要责任推给对方，不能有责任含混不清和自我批评式的语言。要做到这一点，就必须强调索赔事件的不可预见性，承包商对它不能有所准备，事发后尽管采取能够采取的措施也无法制止；同时指出索赔事件使承包商工期拖延，费用增加的严重性和索赔值之间的直接因果关系。

(2)索赔值的计算依据要正确，计算结果要准确。计算依据要用文件规定的和公认合理的计算方法，并加以适当的分析。数字计算上不要有差错，一个小的计算错误可能影响到整个计算结果，进而对索赔的可信度产生不好的印象。

(3)用词要婉转、恰当。在索赔报告中避免使用强硬的、不友好的、抗议式的语言，不能因语言而伤害了双方的和气和感情，切忌断章取义、牵强附会、夸大其词。

3. 索赔报告的内容

在实际承包工程中，索赔报告通常包括三个部分：

(1)承包商或其他的授权人致发包人或工程师的信。信中简要介绍索赔的事项、理由和要求，说明随函所附的索赔报告正文及证明材料情况等。

(2)索赔报告正文。针对不同格式的索赔报告，其形式可能不同，但实质性的内容相似，一般主要包括：

1)题目。简要地说明针对什么事件提出索赔。

2)索赔事件陈述。叙述事件的起因，事件的经过，事件过程中双方的活动，事件的结果，重点叙述我方按合同所采取的行为，对方不符合合同的行为。

3)理由。总结上述事件，同时引用合同条文或合同变更和补充协议条文，证明对方行为违反合同或对方的要求超过合同规定，导致了该项事件的责任，因此有责任对此造成的损失给予赔偿。

4)影响。简要说明事件对承包商施工过程的影响，而这些影响与上述事件有直接的因果关系。重点围绕由于上述事件原因造成的成本增加和工期延长。

5)结论。对上述事件的索赔问题作出最后总结，提出具体索赔要求，包括工期索赔和费用索赔。

(3)经济支出和费用计算。应指明计算依据与计算资料的合理性。还应在正文后面附上详细的计算过程和证明材料，以及政府有关部门的法规文件复印件，作为对正文的补充和支持。

索赔报告正文该编写至何种程度，需附上多少证明材料，计算书该详细和准确到何种程度，这都根据监理工程师评审索赔报告的需要而定。对承包商来说，可以根据过去的索赔经验或直接询问工程师或发包人的意图，以便配合协调，有利于施工和索赔工作的开展。

六、索赔报告的递交

索赔意向通知提交后的28天内或工程师可能同意的其他合理时间，承包人应递送正式的索赔报告。

如果索赔事件的影响持续存在，28天内还不能算出索赔额和工期延误天数时，承包人应按工程师合理要求的时间间隔(一般为28天)，定期交出每一个时间段内的索赔证据资料和索赔要求。在该项索赔事件的影响结束后的28天内，报出最终详细报告，提出索赔论证资料和累计索赔额。

承包人发出索赔意向通知后，可以在工程师指示的其他合理时间内再报送正式索赔报告，也就是说，工程师在索赔事件发生后有权不马上处理该项索赔事件。如果事件发生时，现场施工非常紧张，工程师不希望分散施工各方的精力，可通知承包人将索赔的处理留待施工不太紧张时再去解决。但承包人的索赔意向通知必须在事件发生后的28天内提出，包括因对变更估价双方不能取得一致意见，而先按工程师单方面决定的单价或价格执行时，承包人提出的保留索赔权利的意向通知。如果承包人未能按时间规定提出索赔意向和索赔报告，则失去了就该项事件请求补偿的索赔权利。此时其所受到损害的补偿，将不超过工程师认为应主动给予的补偿额。

七、索赔报告的审查

工程索赔的提出与审查过程，是当事双方在承包合同的基础上，逐步分清在某些索赔事件中的权利和责任以使其数量化的过程。作为发包人或工程师，应明确审查的目的和作用，掌握审查的内容和方法，处理好索赔审查中的特殊问题，保证工程的顺利进行。

施工合同通用条款第36条规定："工程师在收到承包人送交的索赔报告和有关资料后，于28天内给予答复，或要求承包人进一步补充索赔理由和证明；工程师在收到承包人送交的索赔报告和有关资料后28天内未予答复或未对承包人作进一步要求，视为该项索赔已经认可。"

在具体索赔审查操作中，应首先进行索赔资格条件的审查，然后进行索赔具体数据的审查，如图6-6所示。

1. 工程师审核承包人的索赔申请

在接到承包人的索赔意向通知后，工程师应建立索赔档案，密切关注事件的影响，在检查承包人的同期纪录时，随时就记录内容提出其不同意见或其希望予以增加的记录项目。

工程师在接到正式索赔报告以后，应认真研究承包人报送的索赔资料。首先，在不确认责任归属的情况下，客观分析事件发生的原因，重温合同的有关条款，研究承包人的索赔证据，并检查其同期纪录。其次，通过对事件的分析，工程师再依据合同条款划清责任界限，必要时还可以要求承包人进一步提供补充资料。尤其是对承包人与发包人或工程师都负有一定责任的事件影响，更应划出各方应该承担合同责任的比例。最后，再审查承包人提出的索赔补偿要求，剔除其中的不合理部分，拟定自己计算的合理索赔数额和工期顺延天数。

2. 判定索赔成立的原则

工程师判定承包人索赔成立的条件为：

(1)与合同相对照，事件已造成了承包人施工成本的额外支出，或总工期延误。

(2)造成费用增加或工期延误的原因，按合同约定不属于承包人应承担的责任，包括行为责任或风险责任。

(3)承包人按合同规定的程序提交了索赔意向通知和索赔报告。

上述三个条件没有先后主次之分，应同时具备。只有工程师认定索赔成立后，才能处理应给予承包人的补偿额。

3. 对索赔报告的审查

(1)事态调查。通过对合同实施的跟踪，分析了解事件经过、前因后果，掌握事件的详细情况。

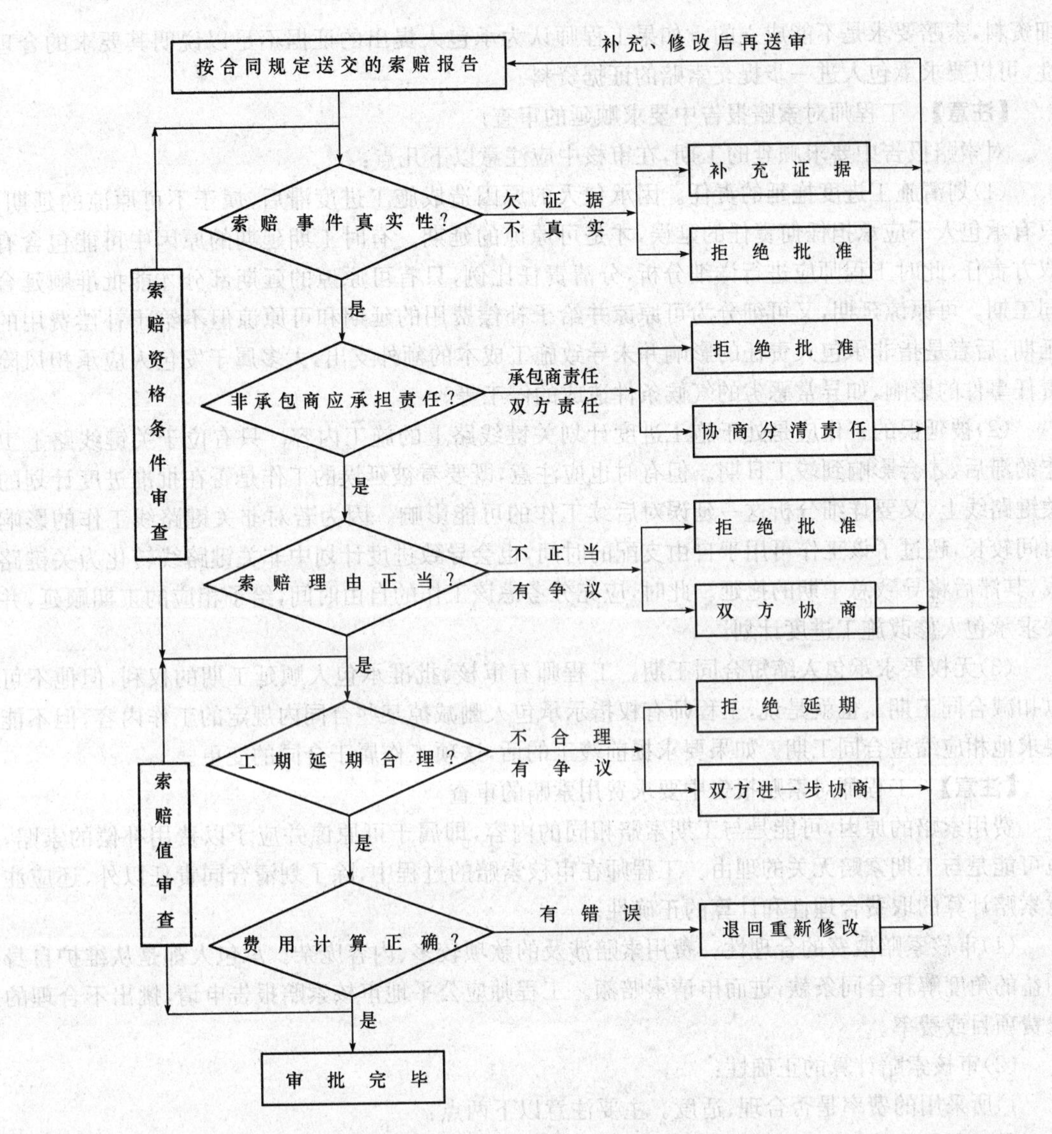

图 6-6　索赔审查的程序

(2)损害事件原因分析。即分析索赔事件是由何种原因引起，责任应由谁来承担。在实际工作中，损害事件的责任有时是多方面原因造成的，故必须进行责任分解，划分责任范围，按责任大小承担损失。

(3)分析索赔理由。主要依据合同文件判明索赔事件是否属于未履行合同规定义务或未正确履行合同义务导致，是否在合同规定的赔偿范围之内。只有符合合同规定的索赔要求才有合法性，才能成立。

(4)实际损失分析。即分析索赔事件的影响，主要表现为工期的延长和费用的增加。如果索赔事件未造成损失，则无索赔可言。损失调查的重点是分析、对比实际和计划的施工进度，工程成本和费用方面的资料，在此基础上核算索赔值。

(5)证据资料分析。主要分析证据资料的有效性、合理性、正确性，这也是索赔要求有效的前提条件。如果在索赔报告中未提出证明其索赔理由、索赔事件的影响、索赔值的计算等方面的详细资料，索赔要求是不能成立的。如果工程师认为承包人提出的证据不足以说明其要求的合理性，可以要求承包人进一步提交索赔的证据资料。

【注意】 工程师对索赔报告中要求顺延的审查

对索赔报告中要求顺延的工期，在审核中应注意以下几点：

(1)划清施工进度拖延的责任。因承包人的原因造成施工进度滞后，属于不可原谅的延期；只有承包人不应承担任何责任的延误，才是可原谅的延期。有时工期延期的原因中可能包含有双方责任，此时工程师应进行详细分析，分清责任比例，只有可原谅的延期部分才能批准顺延合同工期。可原谅延期，又可细分为可原谅并给予补偿费用的延期和可原谅但不给予补偿费用的延期；后者是指非承包人责任的影响并未导致施工成本的额外支出，大多属于发包人应承担风险责任事件的影响，如异常恶劣的气候条件造成的停工等。

(2)被延误的工作应是处于施工进度计划关键线路上的施工内容。只有位于关键线路上工作的滞后，才会影响到竣工日期。但有时也应注意，既要看被延误的工作是否在批准进度计划的关键路线上，又要详细分析这一延误对后续工作的可能影响。因为若对非关键路线工作的影响时间较长，超过了该工作可用于自由支配的时间，也会导致进度计划中非关键路线转化为关键路线，其滞后将导致总工期的拖延。此时，应充分考虑该工作的自由时间，给予相应的工期顺延，并要求承包人修改施工进度计划。

(3)无权要求承包人缩短合同工期。工程师有审核、批准承包人顺延工期的权利，但他不可以扣减合同工期。也就是说，工程师有权指示承包人删减掉某些合同内规定的工作内容，但不能要求他相应缩短合同工期。如果要求提前竣工的话，这项工作属于合同的变更。

【注意】 工程师对索赔报告中要求费用索赔的审查

费用索赔的原因，可能是与工期索赔相同的内容，即属于可原谅并应予以费用补偿的索赔，也可能是与工期索赔无关的理由。工程师在审核索赔的过程中，除了划清合同责任以外，还应注意索赔计算的取费合理性和计算的正确性。

(1)审核索赔取费的合理性。费用索赔涉及的款项较多、内容庞杂。承包人都是从维护自身利益的角度解释合同条款，进而申请索赔额。工程师应公平地审核索赔报告申请，挑出不合理的取费项目或费率。

(2)审核索赔计算的正确性：

1)所采用的费率是否合理、适度。主要注意以下两点：

①工程量表中的单价是综合单价，不仅含有直接费，还包括间接费、风险费、辅助施工机械费、公司管理费和利润等项目的摊销成本。在索赔计算中不应有重复取费。

②停工损失中，不应以计日工费计算。不应计算闲置人员在此期间的奖金、福利等报酬，通常采取人工单价乘以折算系数计算，停驶的机械费补偿，应按机械折旧费或设备租赁费计算，不应包括运转操作费用。

2)正确区分停工损失与因工程师临时改变工作内容或作业方法的功效降低损失的区别。凡可改作其他工作的，不应按停工损失计算，但可以适当补偿降效损失。

4. 工程师提出质疑

工程师可根据自己掌握的资料和处理索赔的工作经验就以下问题提出质疑：

(1)索赔事件不属于发包人和监理工程师的责任，而是第三方的责任；

(2)事实和合同依据不足；

(3)承包商未能遵守意向通知的要求；

(4)合同中的开脱责任条款已经免除了发包人补偿的责任；

(5)索赔是由不可抗力引起的，承包商没有划分和证明双方责任的大小；
(6)承包商没有采取适当措施避免或减少损失；
(7)承包商必须提供进一步的证据；
(8)损失计算夸大；
(9)承包商以前已明示或暗示放弃了此次索赔的要求。
在评审过程中，承包商应对工程师提出的各种质疑作出圆满的答复。

八、索赔的处理与解决

从递交索赔文件到索赔结束是索赔的处理与解决过程。工程师经过对索赔文件的评审，与承包商进行比较充分的讨论后，应提出对索赔处理决定的初步意见，并参加发包人和承包商之间的索赔谈判，根据谈判达成索赔最后处理的一致意见。

如果索赔在发包人和承包商之间未能通过谈判得以解决，可将有争议的问题进一步提交工程师决定；如果一方对工程师的决定不满意，双方可寻求其他友好解决方式，例如中间人调解、争议评审团评议等；如果友好解决无效，一方可将争端提交仲裁或诉讼。

一般合同条件规定争端的解决程序如下：

(1)合同的一方就其争端的问题书面通知工程师，并将一份副本提交对方。

(2)工程师应在收到有关争端的通知后，在合同规定的时间内作出决定，并通知发包人和承包商。

(3)发包人和承包商在收到工程师决定的通知后，均未在合同规定的时间内发出要将该争端提交仲裁的通知，则该决定视为最后决定，对发包人和承包商均有约束力。若一方不执行此决定，另一方可按对方违约提出仲裁通知，并开始仲裁。

(4)如果发包人或承包商对工程师的决定不同意，或在要求工程师作决定的书面通知发出后，未在合同规定的时间内得到工程师决定的通知，任何一方可在其后在合同规定的时间内就其争端问题向对方提出仲裁意向通知，将一份副本送交工程师。在仲裁开始前应设法友好协商解决双方的争端。

工程项目实施中会发生各种各样、大大小小的索赔、争议等问题，应该强调的是，合同各方应该争取尽量在最早的时间、最低的层次，尽最大可能以友好协商的方式解决索赔问题，不要轻易提交仲裁。因为对工程争议的仲裁往往是非常复杂的，要花费大量的人力、物力、财力和精力，对工程建设会带来不利有时甚至是严重的影响。

索赔依据

××市建设工程索赔实施意见

××建建管[2008]55号

第一章　总　则

第一条　为提高发、承包方的合同观念和履约意识，加强管理，提高履约率，根据《建设工程施工合同示范文本》和建设部“关于下发《关于促进工程建设索赔工作健康开展的意见》通知”精神结合我市建设工程实际制定本实施意见。

第二条　凡在××市区域内的建设工程(建筑、装饰装修、安装、市政、园林绿化工程等)索赔活动，均适用本实施意见，国家法律、法规另有规定的，从其规定。

第三条　本实施意见所称的索赔是指在合同履行过程中，对于并非自己的过错，而是应由对方承担责任的情况造成的实际损失，向对方提出经济补偿和(或)工期顺延的要求。

第四条　建设工程造价管理部门负责监督管理发包人、承包人、造价咨询机构、工程监理单位之间工程索赔活动。

第五条 工程索赔活动，应当遵循合法、平等、诚信的原则，并符合国家、省、市有关法律、法规和政策。

第二章 工程索赔的分类和内容

第六条 本实施意见中索赔分为施工索赔和反索赔

(一)施工索赔是指由承包人向发包人提出的、旨在为了取得经济补偿和(或)工期延长的要求的索赔。

(二)反索赔是指发包人向承包人提出的索赔。

第七条 发生下列情况的，可提请施工索赔

(一)不利的自然条件；

(二)人为障碍；

(三)工期延长和延误；

(四)因施工临时中断；

(五)发包人不正当终止合同或不属于承包人原因终止合同；

(六)工程款支付(发包人未按合同约定支付工程款)；

(七)发包人不履行或不完全履行合同。

第八条 发生下列情况的，可提请反索赔

(一)由于承包人原因造成工期延误；

(二)施工缺陷；

(三)对指定分包人的付款；

(四)发包人合理终止合同或承包人不正当放弃工程。

第三章 工程索赔程序和计算

第九条 发、承包人应当在合同条款中对索赔依据、程序和时效约定、索赔费用计算、工期延误计算和支付方式进行约定，未曾约定或约定不明的，发、承包双方应按照本意见十至十六条规定处理：

第十条 工程索赔依据

(一)国家有关法律、法规和规章制度；

(二)国务院建设行政主管部门发布的建设工程标准、规范及有关技术文件；

(三)建设项目的招标文件(工程量清单)、合同文本及附件；补充协议、变更签证和现场签证，以及经发、承包双方认可的其他有效文件；

(四)投标文件及投标报价(工程报价单或预算书)；

(五)造价管理部门发布的工程造价、工期计算标准、计价办法、价格信息等有关规定；

(六)建设项目施工图纸及地质勘察资料；

(七)索赔事件发生时照片(或其他影像)资料、气象报告；

(八)施工现场各种信息(人员、材料、机械、管理)的记录及各种会议纪要；

(九)其他可依据的材料。

第十一条 索赔程序和时效：

(一)索赔事件发生后 28 天内，索赔人向工程师提交对索赔事件发生的要求延长工期和(或)补偿经济损失索赔意向通知书。

(二)发出索赔意向通知后 28 天内，向工程师提出的索赔报告及有关资料。

工程师初步审查索赔费用和(或)工期申请表，对其索赔理由的正当性和索赔事件发生时证

据的有效性进行审查；工程师通过审查，并在初步确定一个额度后，与承包人和发包人进行协商。

(三)被索赔人应在收到索赔人送交的索赔报告和有关资料28天内签署索赔费用和(或)工期审批表，或发出要求索赔人提交有关索赔报告的进一步详细资料的通知，待收到索赔人提交的详细资料后，按本条的第(二)款的规定处理。

(四)被索赔人在收到索赔人送交的最终索赔报告和有关资料后28天内未予答复或未对索赔作进一步要求，视为对该项索赔已经认可。

(五)当该索赔事件持续进行时，索赔人应当阶段性向工程师发出索赔意向，在索赔事件终了后28天内，向工程师送交索赔的有关资料和最终索赔报告。索赔答复程序按本条的第(三)、(四)款的规定处理。

(六)被索赔人不得以不正当理由拒绝索赔人提出的索赔报告及有关资料。由第三方见证已送达被索赔人的索赔报告及有关资料，被索赔人在28天内未予答复或未对索赔人作进一步要求，视为该项索赔已经认可。

第十二条　索赔费用计算、工期延误计算和支付方式

(一)施工索赔费用计算

1. 按定额计价的工程项目其工程索赔费用计算按合同或招标文件约定的计价依据进行计算索赔的各项费用。

2. 按工程量清单计价的工程项目其工程索赔费用计算计价依据和综合价格组成同招标时发包人编制的工程拦标价。

3. 停、窝工时发生的索赔费用计算。

①人工费按经签证后的工日数量乘定额人工费单价或造价管理部门公布的定额人工工日单价；

②周转性材料费按定额计算出已投入使用的周转性材料摊销费用和维护费用除以合同工期再乘以停、窝工的天数；

③机械费：按机械台班费用定额中公布停滞台班单价乘经签证的机械台班数量；

④停、窝工发生的周转性材料费、机械费的总额不得超过该种材料、机械的现值减去折旧后的残值。

⑤管理费：按确定后的停、窝工人工费总额乘30%。

4. 未按约定支付的工程款，发包人除支付给定的工程款外还按同期银行同类贷利率款支付拖欠工程款的利息。

(二)反索赔费用计算

1. 每延期一天的违约金按合同造价同期银行同类贷款利率计算。

2. 发包人雇用他人完成承包人施工缺陷维修的，发生的费用由承包人承担，其费用计算同施工索赔费用。

3. 总承包人未能按合同约定支付发包人指定分包人的工程款，发包人将总包人应付工程款直接支付给指定分包人。

4. 发包人合理终止合同或承包人不正当放弃工程后，发包人有权从承包人手中收回由新的承包人完成全部工程所需的工程款和原合同未付部分的差额。

(三)确定的索赔费用应列入工程进度款一并支付或扣减

第十三条　工期延长和(或)延误的确认一般需符合以下条件

(一)施工索赔工期

1. 非承包人本身的原因导致工期延长或延误；

2. 由于客观原因(如不可抗力、外部环境变化等)造成的工期延长;

3. 属于业主或工程师的原因引起的工期延长或延误;

4. 根据网络计划(网络图)提出索赔的其延长或延误时间需在关键线路上。

(二)反索赔工期:由于承包人本身的原因导致工期延误;

(三)施工索赔延误工期确认后,合同工期可以顺延。

(四)反索赔延误工期确认后,承包人承担合同约定或本规定延误工期赔偿费用。

第四章 工程索赔管理和争议处理

第十四条 从事工程索赔活动执业人员必须是造价工程师、造价员(费用的确认)、监理工程师(工期的确认),接受委托承接有关工程索赔业务的咨询机构应具有工程造价咨询企业资质或工程监理企业资质,其出具的索赔费用和(或)工期确认文件,须由造价工程师(费用的确认)、监理工程师(工期的确认)签字,并加盖执业专用章和单位公章。

第十五条 发包人和承包人要加强施工现场的造价控制,及时对工程索赔事件发生的相关事项如实记录并履行书面手续。凡由发、承包双方授权的现场代表签字的现场签证以及发、承包双方协商确定的索赔费用和(或)工期顺延,均不得因发、承包双方现场代表的中途变更改变其有效性。

第十六条 发包人、承包人或工程造价咨询单位在工程计索赔费用计算中对因工程造价计价依据、办法以及有关政策规定发生争议事项的,当事人一方可提请造价管理部门认定。

第十七条 当事人在工程索赔活动中发生合同纠纷,可通过下列办法解决:

双方协商确定;协商不成可以向造价管理部门提请调解;未达一致调解意见的可以通过以下两种方式解决:向有关仲裁机构申请仲裁;向人民法院提起诉讼。

第五章 附 则

第十八条 政府投资项目除执行本实施意见有关规定外,政府财政部门对政府投资项目工程索赔、工程索赔争议处理等事项如另有特殊规定的,从其规定。

第十九条 凡实行监理、施工阶段全过程工程造价控制的工程项目,工程索赔过程中涉及监理工程师、造价工程师签证事项,应按工程监理合同、建设工程造价咨询合同约定执行。

第二十条 本实施意见由市建委造价管理部门负责解释。

第二十一条 本办法自公布之日起施行。

第五节 索赔策略与技巧

索赔工作既有科学严谨的一面,又有艺术灵活的一面。对于一个确定的索赔事件往往没有预定的、确定的解,它往往受制于双方签订的合同文件、各自的工程管理水平和索赔能力以及处理问题的公正性、合理性等因素。因此索赔成功不仅需要令人信服的法律依据、充足的理由和正确的计算方法,索赔的策略、技巧和艺术也相当重要。如何看待和对待索赔,实际上是个经营战略问题,是承包商对利益、关系、信誉等方面的综合权衡。首先承包商应防止两种极端倾向:

(1)只讲关系、义气和情景,忽视应有的合理索赔,致使企业遭受不应有的经济损失。

(2)不顾关系,过分注重索赔,斤斤计较,缺乏长远和战略目光,以致影响合同关系、企业信誉和长远利益。

一、索赔策略

索赔成功的首要条件,是建好工程。只有建好工程,才能赢得业主和监理工程师在索赔问题上的合作态度，才能使承包商在索赔争端的调解和仲裁中处于有利的位置。因此，必须把建好合同项目、认真履行合同义务放在首要的位置上。

索赔的战略和策略研究，针对不同的情况，包含着不同的内容，有不同的侧重点。一般应研究以下几个方面：

(1)确定索赔目标。承包商的索赔目标是指承包商对索赔的基本要求，可对要达到的目标进行分解，按难易程度排队，并大致分析它们各自实现的可能性，从而确定最低、最高目标。

分析实现目标的风险状况，如能否在索赔有效期内及时提出索赔，能否按期完成合同规定的工程量，按期交付工程，能否保证工程质量，等等。总之，要注意对索赔风险的防范，否则会影响索赔目标的实现。

(2)对被索赔方的分析。分析对方的兴趣和利益所在，要让索赔在友好和谐的气氛中进行。处理好单项索赔和一揽子索赔的关系，对于理由充分而重要的单项索赔应力争尽早解决，对于发包人坚持后拖解决的索赔，要按发包人意见认真积累有关资料，为一揽子解决准备充分的材料。要根据对方的利益所在，对双方感兴趣的地方，承包商可在不过多损害自己利益的情况下作适当让步，打破问题的僵局。在责任分析和法律分析方面要适当，在对方愿意接受索赔的情况下，就不要得理不让人，否则会达不到索赔目的。

(3)承包商的经营战略分析。承包商的经营战略直接制约着索赔的策略和计划。在分析发包人情况和工程所在地情况以后，承包商应考虑有无可能与发包人继续进行新的合作，是否在当地继续扩展业务，承包商与发包人之间的关系对在当地开展业务有何影响等等。这些问题决定着承包商的整个索赔要求和解决的方法。

(4)对外关系分析。利用同监理工程师、设计单位、发包人的上级主管部门对发包人施加影响，往往比同发包人直接谈判更有效。承包商要同这些单位搞好关系，取得他们的同情和支持，并与发包人沟通。这就要求承包商对这些单位的关键人物进行分析，同他们搞好关系，利用他们同发包人的微妙关系从中斡旋、调停，能使索赔达到十分理想的效果。

(5)谈判过程分析。索赔一般都在谈判桌上最终解决，索赔谈判是合同双方面对面的较量，是索赔能否取得成功的关键。一切索赔的计划和策略都要在谈判桌上体现和接受检验，因此，在谈判之前要做好充分准备，对谈判的可能过程要做好分析。

因为索赔谈判的目的是承包商要求业主认可自己的要求，承包商处于很不利的地位，如果谈判一开始就气氛紧张，情绪对立，有可能导致发包人拒绝谈判，使谈判旷日持久，这是最不利于解决索赔问题的。谈判应从发包人关心的议题入手，从发包人感兴趣的问题开谈，稳扎稳打，并始终注意保持友好和谐的谈判气氛。

二、索赔技巧

索赔技巧是为索赔的战略和策略目标服务的，因此，在确定了索赔的战略和策略目标之后，索赔技巧就显得格外重要，它是索赔策略的具体体现。索赔技巧应因人、因客观环境条件而异，一般索赔技巧包括以下几方面。

1. 及早发现索赔机会

一个有经验的承包商，在投标报价时就应考虑到将来可能要发生的索赔问题，要仔细研究招标文件中的合同条款和规范，仔细查勘施工现场，探索可能索赔的机会，在报价时要考虑索赔的需要。在进行单价分析时，应列入生产效率，把工程成本与投入资源的效率结合起来。这样，在施工过程中论证索赔原因时，可引用效率降低来论证索赔的根据。

在索赔谈判中，如果没有证明效率降低的资料，则很难说服监理工程师和发包人，索赔无取胜可能。反而可能被认为生产效率的降低是承包商组织施工不利,没有达到投标时的承诺,应采取措施提高效率,赶上工期。

要论证效率降低,承包商应做好施工记录,记录好每天使用的设备工时、材料和人工数量,完成的工程量及施工中遇到的问题。

2. 商签好合同协议

在商签合同过程中,承包商应对明显把重大风险转嫁给承包商的合同条件提出修改的要求,对其达成修改的协议应以"谈判纪要"的形式写出,作为该合同文件的有效组成部分。

3. 对口头变更指令要得到确认

工程师常常乐于用口头方式指令工程变更,如果承包商不对工程师的口头指令予以书面确认,就进行变更工程的施工,过后一旦工程师矢口否认,拒绝承包商的索赔要求,承包商就可能有苦难言。

4. 及时发出"索赔通知书"

一般合同都规定,索赔事件发生后的一定时间内,承包商必须送出"索赔通知书",过期无效。

5. 索赔事由论证要充足

承包合同通常规定,承包商在发出"索赔通知书"后,每隔一定时间,应报送一次证据资料,在索赔事件结束后的28日内报送总结性的索赔计算及索赔论证,提交索赔报告。索赔报告一定要令人信服,经得起推敲。

6. 索赔计价方法和款额要适当

索赔计算时采用"附加成本法"容易被对方接受。因为这种方法只计算索赔事件引起的计划外的附加开支,计价项目具体,经济索赔也能较快得到解决。另外索赔计价不能过高,要价过高容易让对方产生反感,使索赔报告束之高阁,长期得不到解决。另外还有可能让发包人准备周密的反索赔计价,以高额的反索赔对付高额的索赔,使索赔工作更加复杂化。

7. 力争单项索赔,避免一揽子索赔

单项索赔事件简单,容易解决,而且能及时得到支付。一揽子索赔问题复杂,金额大,不易解决,往往到工程结束后还得不到付款。

8. 坚持采用"清理账目法"

承包商往往只注意接受发包人按月结算索赔款,而忽略了索赔款的不足部分,没有以文字的形式保留自己今后应获得不足部分款额的权利,等于同意并承认了发包人对该项索赔的付款,以后再无权追索。因为在索赔支付过程中,承包商和工程师对确定新单价和工程量方面经常存在不同意见。按合同规定,工程师有决定单价的权利,如果承包商认为工程师的决定不尽合理,而坚持自己的要求时,可同意接受工程师决定的"临时单价",或按"临时价格"付款,先拿到一部分索赔款,对其余不足部分,则书面通知工程师和发包人,作为索赔款的余额,保留自己的索赔权利,否则将失去将来要求付款的权利。

9. 力争友好解决,防止对立情绪

索赔争端是难免的,如果遇到争端不能理智地协商讨论问题,会使一些本来可以解决的问题悬而未决。承包商尤其要头脑冷静,防止对立情绪,力争友好解决索赔争端。

10. 注意同工程师搞好关系

工程师是处理解决索赔问题的公正的第三方,因此应注意同工程师搞好关系,争取工程师的公正裁决,竭力避免仲裁或诉讼。

第六节　反索赔

按《合同法》和《通用条款》的规定,索赔应是双方面的。在工程项目过程中,发包人与承包商之间,总承包商和分包商之间,合伙人之间,承包商与材料和设备供应商之间都可能有双向的索赔与反索赔。例如,承包商向发包人提出索赔,则发包人反索赔;同时发包人又可能向承包商提出索赔,则承包商必须反索赔;而工程师一方面通过圆满的工作防止索赔事件的发生,另一方面又必须妥善地解决合同双方的各种索赔与反索赔问题。按照通常的习惯,我们把追回自方损失的手段称为索赔,把防止和减少向自方提出索赔的手段称为反索赔。

索赔和反索赔的关系是进攻和防守的关系。在合同实施过程中,合同双方都在进行合同管理,都在寻找索赔机会,一经干扰事件发生,都企图推卸自己的合同责任,企图进行索赔。如不能进行有效的反索赔,同样要蒙受损失,所以反索赔和索赔具有同等重要的地位。

一、反索赔的种类

反索赔是由发包人向承包商提出的索赔,一般包括以下几种情况:

(一)工程质量问题

对于土木工程承包合同,都严格规定了工程质量标准,有严格细致的技术规范和要求。因为工程质量的好坏直接与发包人的利益和工程的效益紧密相关。发包人只承担直接负责设计所造成的质量问题,工程师虽然对承包商的设计、施工方法、施工工艺、施工工序以及对材料进行过批准、监督、检查,但只是间接责任,并不能因而免除或减轻承包商对工程质量应负的责任。发包人在工程施工期间和缺陷责任期(保修期)内认为工程质量没有达到合同要求,并且这种质量缺陷是由于承包商的责任造成的,而承包商又没有采取适当的补救措施,发包人可以向承包商要求赔偿,这种赔偿一般采用从工程款或保留金(保修金)中扣除的办法。另外,发包人向承包商提出工程质量缺陷的反索赔要求时,往往不仅包括工程缺陷所产生的直接经济损失,也包括该缺陷带来的间接经济损失。

常见的工程质量缺陷表现为以下几个方面:

(1)由承包商负责设计的部分永久工程和细部构造,虽然经过工程师的复核和审查批准,仍出现了质量缺陷或事故。

(2)承包商的临时工程或模板支架设计安排不当,造成了施工后的永久工程的缺陷,如悬臂浇注混凝土施工的连续梁,由于挂篮设计强度及稳定性不够,造成梁段下挠严重,致使跨中无法合拢。

(3)承包商使用的工程材料和机械设备等不符合合同规定和质量要求,从而使工程质量产生缺陷。

(4)承包商施工的分项分部工程,由于施工工艺或方法问题,造成严重开裂、下挠、倾斜等缺陷。

(5)承包商没有按照合同条件完成规定的工作或隐含的工作,如对工程的保护和照管,安全及环境保护等。

【注意】 工程质量保修书

工程质量保修书是《建设工程施工合同》的一个子合同,开头是发包人(全称)、承包人(全称)对保修书的认定:为保证××××工程在合同使用期限内正常使用,经发包人、承包人协商一致,签订工程质量保修书。承包人在质量保修期内按照有关管理规定及双方约定承担工程质量保修责任。保修书最后是双方代表人签字及单位公章、时间。保修书包括6项内容：

(1)工程质量保修范围和内容。质量保修范围包括地基基础工程、主体结构工程、屋面防水工程和双方约定的其他土建工程，以及电气管线、上下水管线的安装工程，供冷、供热系统工程等项目。具体质量保修内容由双方具体约定。

(2)质量保修期。质量保修期从工程竣工验收合格之日算起。分单项竣工验收的工程，按单项工程分别计算质量保修期。

根据国家有关规定，具体工程质量保修期为：

1)土建工程(基础设施工程、房屋建筑的地基基础工程和主体结构工程)为设计文件规定的该工程的合理使用年限，屋面防水工程及有防水要求的卫生间、房间和外墙面的防渗漏为5年；

2)电气管线、给排水管道、设备安装和装修工程为2年；

3)供热及供冷系统为2个采暖期；

4)室外的上下水和小区道路等市政公用工程保修期可以根据有关规定由双方约定，还可以有其他约定。

(3)质量保修责任。属于保修范围和内容的项目，承包人应在接到修理通知书之日7天内派人修理。承包人不在约定期限内派人修理，发包人可委托其他人员修理，保修费用从质量保修金内扣除。

若发生须紧急抢修事故(如上水跑水、暖气漏水漏气、燃气漏气等)，承包人接到事故通知后，应立即到达事故现场抢修。非承包人施工引起的质量事故，抢修费用由发包人承担。

在国家规定的工程合理使用期限内，承包人确保地基基础工程和主体结构工程的质量。因承包人原因致使工程在合理使用期限内造成人身和财产损害的，承包人应承担损害赔偿责任。

(4)质量保修金的支付。工程质量保修金一般为合同价款的3%～5%。具体金额经双方协商确定后在保证书中写明，并注明银行利率。

(5)质量保证金的返还。发包人在质量保修期满后14天内，将剩余保修金和利息返还承包人。

(6)其他需要双方约定的工程质量保证事项。

【例】 某综合楼工程项目合同价为1750万元，该工程签订的合同为可调值合同。合同开工日期为2006年3月，合同工期为12个月，每季度结算一次。工程竣工后，在工程保修期间发生了由施工单位原因引起的屋顶漏水、墙面剥落等问题，业主在多次催促施工单位修理而施工单位一再拖延的情况下，只得另请其他施工单位维修。

分析：质量控制是施工合同履行中的重要环节，也是合同双方经常引起争议的条款和内容之一。承包人应按照合同约定的标准、规范、图样、质量等级以及工程师发布的指令认真施工，并达到合同约定的质量等级。不论何时，工程师一经发现质量达不到约定标准的工程部分，均可要求承包人返工。承包人应当按照工程师的要求返工，直到符合约定标准。因承包人的原因达不到约定标准的，由承包人承担返工费用，工期不予顺延。对竣工后，在工程保修期间发生的由施工单位原因引起的质量问题，应由施工单位承担，所发生的维修费应从乙方保修金(或质量保证金、保留金)中扣除。

结论：另请其他施工单位维修所发生的维修费应从乙方保修金(或质量保证金、保留金)中扣除。

(二)工程拖期

依据合同条件规定，承包商必须在合同规定的时间内完成工程的施工任务。如果由于承包商的原因，部分或整个工程未能按合同规定的日期（包括已批准的工期延长时间）竣工，则会影响发包人对该工程的使用和运营生产计划，从而给发包人带来经济损失，则发包人有权索取延期赔偿。一般合同中已规定了工程延期赔偿的标准，在此基础上按延期天数计算即可。如果仅是部分工程延期，而其他部分已颁发移交证书，则应按延期部分在整个工程中所占价值比重进行折算。如果延期部分是关键工程，即该部分工程的延期将影响整个工程的主要使用功能，则不应进行折算。

【例】 某承包商与业主签订一份施工合同，规定合同工期为一年，工期每提前一天奖励2000元，每拖后一天罚款3000元。在主体施工期间，与施工单位签订了室内隔墙板供销合同的某材料供应商，在合同期间，因原材料问题未能按时供货，造成工期拖延8天。

分析：进度控制条款是施工合同中的重要条款，主要围绕工程项目的进度目标来设置双方当事人的有关责任和义务，要求双方当事人在合同规定的工期内完成各自的工作和施工任务。承包人应当在专用条款约定的日期，将施工组织设计和施工进度计划提交工程师。群体工程中采取分阶段进行施工的单项工程，承包人则应按照发包人提供图纸及有关资料的时间，按单项工程编制进度计划，分别向工程师提交。对于因承包人自身原因造成的工程实际进度与确认的计划进度不符的，所有的后果均应由承包人自行承担，承包人无权就改进措施提出追加合同价款，工程师也不对改进措施的效果负责。如果采用改进措施一段时间后发现工程实际进度仍明显与计划进度不符，则工程师可以要求承包人修改原进度计划，并经工程师确认后执行，但这种确认并不是工程师对工程延期的批准，而仅仅是要求承包人在合理的状态下施工。因此，如果承包人按修改后的进度计划施工不能按期竣工的，承包人仍应承担相应的违约责任。

材料供应商在履行该供销合同时，已构成了违约行为，所以应由材料供应商来承担违约金；而对于延误的工期来说，材料供应商不可能去承担此责任，反映在建设单位和施工单位的合同中，属于施工单位的责任，应由施工单位承担。

结论：应由材料供应商承担违约金，施工单位承担工期延误和费用增加的责任。

【例】 某集团公司通过投标取得了某商贸大楼的施工权利。该工程为建筑面积14000平方米的四层现浇混凝土框架结构，位于市区主要干道交通处，是该市的重点发展地区，合同价为3200万元人民币，合同工期为日历天数550天。但该项工程最后竣工工期由于受市区主干道上立交桥的影响，比合同竣工工期拖后了28天，被甲方提出工期索赔。按照该工程施工合同条款的规定，每推迟竣工一天被扣除合同总价2%的罚金。

分析：在招标答疑会上，甲方已考虑城市立交桥可能发生影响的因素，而且在踏勘现场时，市政府已公布了该桥的施工消息，并看到了该桥施工做准备的工作现场。

结论：施工单位应赔偿甲方提出的工期索赔，支付拖后的索赔款项。

（三）经济担保反索赔

经济担保是国际工程承包活动中不可缺少的部分，担保人要承诺在其委托人不适当履约的情况下代替委托人来承担赔偿责任或原合同所规定的权利与义务。在土木工程项目承包施工活动中，常见的经济担保反索赔有以下几种。

1. 预付款担保反索赔

预付款是指在合同规定开工前或工程价款支付之前，由发包人预付给承包商的款项。预付款的实质是发包人向承包商发放的无息贷款。对预付款的偿还，一般由发包人在应支付给承包商的工程进度款中直接扣还。为了保证承包商偿还发包人的预付款，施工合同中都规定承包商必须对预付款提供等额的经济担保。若承包商不能按期归还预付款，发包人就可以从相应的担保款额中取得补偿，这实际上是发包人向承包商的索赔。

2. 履约担保反索赔

履约担保是承包商和担保方为了发包人的利益不受损害而作的一种承诺，担保承包商按施工合同所规定的条件进行工程施工。履约担保有银行担保和担保公司担保两种方法，以银行担保较常见，担保金额一般为合同价的10%～20%，担保期限为工程竣工期或缺陷责任期满。

当承包商违约或不能履行施工合同时，持有履约担保文件的发包人，可以很方便地在承包商担保人的银行账户中取得金钱补偿。

3. 保留金的反索赔

保留金的作用是对履约担保的补充形式。一般的工程合同中都规定有保留金的数额，为合同价的5%左右。保留金是从应支付给承包商的月工程进度款中扣下一笔合同价百分比的基金，由发包人保留下来，以便在承包商违约时直接补偿发包人的损失。所以说，保留金也是发包人向承包商索赔的手段之一。保留金一般应在整个工程或规定的单项工程完工时退还保留金款额的50%，最后在缺陷责任期满后再退还剩余的50%。

(四)其他损失索赔

根据合同条款，如果由于承包商的过失给发包人造成其他经济损失时，发包人也可提出索赔要求。常见的有以下几种：

(1)承包商运送自己的施工设备和材料时，损坏了沿途的公路或桥梁，引起相应管理机构索赔。

(2)承包商的建筑材料或设备不符合合同要求而进行重复检验时，所带来的费用开支。

(3)工程保险失效，带给发包人的物质损失。

(4)由于承包商的原因造成工程拖期时，在超出计划工期的拖期时段内的工程师服务费用等。

二、反索赔的内容

索赔管理的任务不仅是对已产生的损失的追索，而且要防止将产生或可能产生的损失。追索损失主要通过索赔手段进行，而防止损失主要通过反索赔进行。反索赔的目的是防止损失的发生，它必然包括如下两方面的内容。

(一)防止对方提出索赔

在合同实施中进行积极防御，使自己处于不被索赔的地位，这是合同管理的主要任务。积极防御通常表现为如下几个方面：

(1)尽量防止自己违约，使自己完全按合同办事。通过加强施工管理，特别是合同管理，使对方找不到索赔的理由和根据。工程按合同顺利实施，没有损失发生，不需提出索赔，合同双方没有争执，达到最佳的合作效果。

(2)上述仅为一种理想状态，在合同实施中干扰事件总是有的，许多干扰是承包商不能影响和控制的。干扰事件一经发生，就应着手研究，搜集证据，一方面作索赔处理，另一方面又准备反击对方的索赔。这两手都不可缺少。

(3)在实际工程中，干扰事件常常是双方都有责任，许多承包商采取先发制人的策略，首先提出索赔。它的好处有：

1)尽早提出索赔，防止超过索赔有效期限制而失去索赔机会。

2)争取索赔中的有利地位，因为对方要花许多时间和精力分析研究，以反驳本方的索赔报告。这样打乱对方的步骤，争取主动权。

3)为最终的索赔解决留下余地。通常索赔解决中双方都必须作出让步，而对首先提出的，且索赔额比较高的一方更为有利。

(二)反击对方的索赔要求

为了避免和减少损失，必须反击对方的索赔要求。对承包商来说，这个索赔要求可能来自业主、总(分)包商、合伙人、供应商等。

最常见的反击对方索赔要求的措施有：

(1)用本方提出的索赔要求对抗对方的索赔要求，最终的解决是双方都作让步，互不支付。

在工程实施过程中干扰事件的责任常常是双方面的，对方也有失误和违约的行为，也有薄弱环节。因此要抓住对方的失误，提出索赔，以保证在最终索赔解决中双方都能作出让步。这就是以“攻”对“攻”，用索赔对索赔，是常用的反索赔手段。

在国际工程中，业主常常用这个措施对待承包商的索赔要求，如找出工程中的质量问题及承包商管理不善之处加重处罚，以对抗承包商的索赔要求，达到少支付或不支付的目的。

(2)反驳对方的索赔报告，找出理由和证据，证明对方的索赔报告不符合事实情况，不符合合同规定，没有根据，计算不准确，以推卸或减轻自己的赔偿责任，使自己不受或少受损失。

在实际工程中，以上两种措施都很重要，常常同时使用，即索赔报告中既有索赔，也有反索赔；反索赔报告中既有反索赔，也有索赔。攻守手段并用会收到很好的索赔效果。

三、索赔防范

在建设工程承包施工合同中，发生索赔与反索赔的事情是很正常的。但由于索赔与反索赔事件而发生合同争端，就会给工程项目进展带来不必要的麻烦和困难。在履行施工承包合同的过程中，发包人、工程师和承包商三方都应采取积极措施，尽量预防和减少索赔事件的发生，把索赔事件减少到最低限度。下面分别从发包人和承包商双方各自的角度来进行阐述。

1. 发包人防范索赔的措施

发包人是工程承包合同的主导方，关键问题的决策要由发包人掌握。有经验的发包人不仅会预先采取措施防止索赔的发生，还善于针对承包商提出的索赔为自己辩护，以减少责任。

此外，发包人还经常主动提出反索赔，以抵消、反击承包商提出的索赔。在实际工程中，发包人防范索赔可采取的措施如下：

(1)增加限制索赔的合同条款。发包人最常用的方式是通过对某些常用合同条件的修改，增加一些限制索赔条款，以减少责任，将工程中的风险转移到承包商一方，防止可能发生的索赔。由于招标文件和合同条件一般由发包人准备并提供，发包人往往聘请有经验的法律专家和工程咨询顾问起草合同，并在合同中加入限制索赔条款，如：发包人对招标文件中的地质资料和试验数据的准确性不负责任，要求承包商自己进行勘察和试验；发包人对不利的自然条件引起的工程延误的经济损失不承担责任等。

应该明确的是，当发包人将某些风险转移到承包商一方后，虽然减少了索赔，提高了建设成本的确定性，但承包商在投标报价中必然会考虑这一风险因素，长期来看，会使承包商报价提高，发包人的工程建设成本增大。因此，发包人往往在合同中规定，同意补偿有经验的承包商无法预见的不利的现场条件给承包商造成的额外成本开支，并调整工期，而不补偿利润，这样，从长期来看可降低承包商的报价，减少发包人的工程成本。

(2)提高招标文件的质量。发包人可通过做好招标前的准备工作来提高招标文件的质量，委托技术力量强的咨询公司准备招标文件,以提高规范和图纸的质量,减少设计错误和缺陷,防止漏项,并减少规范和图纸的矛盾和冲突,避免承包商由此而提出的索赔。

发包人还可通过咨询公司,提高招标文件中工程量表中的工程数量的准确性,防止承包商提出的因实际工程量变化过大引起合同总价的变化超过合同规定的限度而产生的要求调整合同价格的索赔。

(3)全面履行合同规定的义务。发包人要做好合同规定的工程施工前期准备工作(如:按时移交无障碍物的工地、支付预付款、移交图纸),并按时履行合同规定的义务(如:按时向承包商提供应由发包人提供的设备、材料等,协助承包商办理劳动证、居住证),防止和减少由于发包人的延误或违约而引起的索赔。

发包人对自身的失误,通常及时采取补救措施,以减少承包商的损失,防止损失扩大出现重大索赔问题。

(4)改变建设工程承包方式和合同形式。在传统的建设工程承包中,发包人常常采用施工合同,由发包人委托设计单位提供图纸,并委托工程师对项目实施过程进行监理,承包商只负责按照发包人提供的图纸和规范施工。在这种承包方式中,往往由于图纸变更和规范缺陷产生大量索赔。近些年来,在英、美等一些国家,发包人为了减少索赔,增加建设项目成本的确定性,减少风险,往往将设计和施工一并委托一家承包商总承包,由承包商对设计和施工质量负责,达到预防和减少索赔,控制工程建设成本的目的。

(5)建立索赔信号系统。发包人预防并减少索赔的一个有效办法,就是尽早发现索赔征兆与信号,及时采取准备措施,有针对性地做好详细记录,以便提出索赔与反索赔,避免因延误索赔时机而使索赔权利受到限制。常见的索赔信号有:合同文件含混不清、承包商的投标报价过低或工程出现亏损、工程中变更频繁或工程变更通知单对工程范围规定不详等。通过对这些索赔信号的分析辨识,发现其产生的原因,并预测其产生的后果,防止并减少工程索赔,为索赔和反索赔提供依据。

2. 承包商防范反索赔的措施

依据合同条件规定,为了维护承包商应得的经济利益,往往会赋予承包商索赔权利,所以承包商是索赔事件的发起者。但是,为了承包商自身的利益和信誉,承包商应慎重使用自己的权利。一方面要建好工程,加强合同管理和成本管理,控制好工程进度,预防发包人的反索赔;另一方面要善于申报和处理索赔事项,尽量减少索赔的数量,并实事求是地进行索赔。

一般来说,承包商在预防和减少索赔与反索赔方面,可以采取的措施如下:

(1)严肃认真地对待投标报价。在每项工程招标、投标与报价过程中,承包商都应仔细研究招标文件,全面细致地进行施工现场查勘,认真地进行投标估算,正确地决定报价。切不可疏忽大意进行报价,或者为了中标故意压低标价,企图在中标后靠索赔弥补盈利,这样在投标时会留下冒险和亏损的根子。在工程施工过程中,千方百计去寻找索赔的机会,实际上这种索赔很难成功,并往往会影响承包商的经济效益和承包信誉。

(2)注意签订合同时的协商与谈判。承包商在中标以后,在与发包人正式签订合同的谈判过程中,应对工程项目合同中存在的疑问进行澄清,并将重大工程风险问题提出来与发包人协商谈判,以修改合同中不恰当的地方。特别是对于工程项目承包合同中的特殊合同条件,如不允许索赔,付款无限制期限,无利息等,都要据理力争,促成对这些合同条款的修改,以"合同谈判纪要"的形式写成书面材料,作为本合同文件的有效组成部分。这样,对合同中的问题都补充为明文条款,也可预防和避免施工中不必要的索赔争端。

(3)加强施工质量管理。承包商应严格按照合同文件中规定的设计、施工技术标准和规范进行工作，并注意按设计图施工，对原材料的质量要求各道工艺工序严格把关，推行全面的质量管理，尽量避免和消除工程质量事故的缺陷，则可避免发包人对施工缺陷的反索赔事项的发生。

(4)加强施工进度计划与控制。承包商应尽力做好施工组织与管理，从各个方面保证施工进度计划的实现，防止由于承包商自身管理不善造成的工程进度拖延。若由于发包人或其他客观原因造成工程进度延误，承包商应及时申报延期索赔申请，以获得合理的工期延长，预防和减少发包人的因“拖期竣工的赔偿金”的反索赔。

(5)注意发包人不得随意变更工程或扩大工程范围。承包商应注意发包人不能随意扩大工程范围。另外，所有的工程变更都必须有书面的工程变更指令，以便对变更工程进行计价。若发包人或工程师下达了口头变更指令，要求承包商执行变更工作，承包商可以予以书面记录，并请发包人或工程师签字确认；若工程师不愿确认，承包商可以不执行该变更工程，以免得不到应有的经济补偿。

(6)加强工程成本的核算与控制。承包商的工程成本管理工作是保证实现施工经济效益的关键工作，也是避免和减少索赔与反索赔工作的关键所在。承包商自身要加强工程成本核算，严格控制工程开支，使施工成本不超过投标报价时的成本计划。当成本中某项直接费用的支出款额超过计划成本时，要立即进行分析，查清原因，若属于自身方面原因，要对成本进行分指标分工艺工序控制；若属于发包人原因或其他客观原因，就要熟悉施工单价调整方法，熟悉和掌握索赔款的具体计价方法，采用实际工程成本法、总费用法或修正的总费用法等计算并提出索赔，索赔款额的计算应符合实际，切不可抬高过多，否则会导致索赔失败或发包人的反索赔发生。

四、反索赔工作步骤

在接到对方索赔报告后，就应着手进行分析、反驳。反索赔与索赔有相似的处理过程，但也有其特殊性。对对方提出的索赔的反驳处理过程如图 6-7 所示。

1. 合同总体分析

反索赔同样是以合同作为法律依据，作为反驳的理由和根据。合同分析的目的是分析、评价对方索赔要求的理由和依据。在合同中找出对对方不利，对自方有利的合同条文，以构成对对方索赔要求予以否定的理由。合同总体分析的重点是与对方索赔报告中提出的问题有关的合同条款，通常有：合同的法律基础；合同的组成及其合同变更情况；合同规定的工程范围和承包商责任；工程变更的补偿条件、范围和方法；合同价格，工期的调整条件、范围和方法，以及对方应承担的风险；违约责任；争执的解决方法等。

2. 事态调查分析

反索赔仍然基于事实基础之上，以事实为根据。这个事实必须有己方对合同实施过程跟踪和监督的结果，即各种实际工程资料作为证据，用以对照索赔报告所描述的事情经过和所附证据。通过调查可以确定干扰事件的起因、事件经过、持续时间、影响范围等真实、详细的情况。此外，还应收集整理所有与反索赔相关的工程资料。

3. 三种状态分析

在事态调查和收集、整理工程资料的基础上进行合同状态、可能状态、实际状态分析。通过三种状态的分析可以达到：

(1)全面地评价合同、合同的实际状况，评价合同双方责任的完成情况。

(2)对对方有理由提出索赔的部分进行总概括。分析出对方有理由提出索赔的干扰事件，索赔的大约值或最高值。

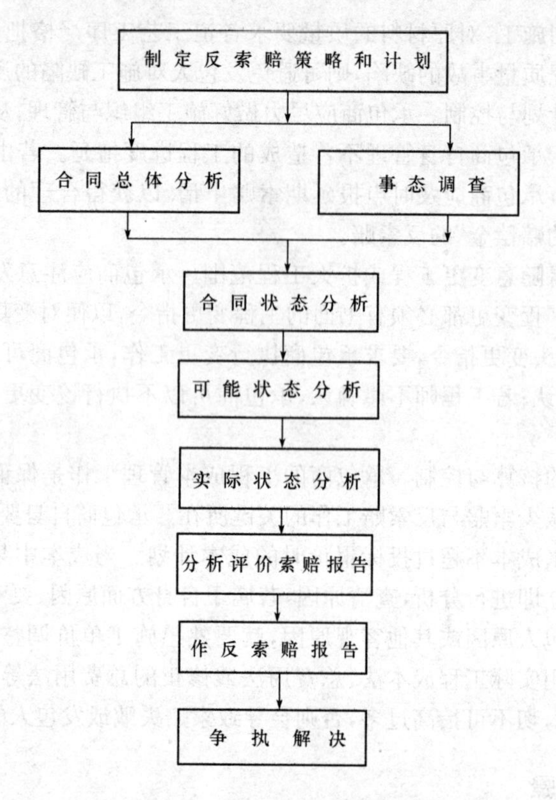

图 6-7 反索赔的工作步骤

(3)对对方的失误和风险范围进行具体指认,这样在谈判中有攻击点。

(4)针对对方的失误作进一步分析,以准备向对方提出索赔。即在反索赔中同时使用索赔手段。国外的承包商和发包人在进行反索赔时,特别注意寻找向对方索赔的机会。

4. 分析评价索赔报告

对索赔报告进行全面分析,对索赔要求、索赔理由逐条进行分析和评价。

分析评价索赔报告,可以通过索赔分析评价表进行。其中,分别列出对方索赔报告中的干扰事件、索赔理由、索赔要求,提出己方的反驳理由、证据、处理意见或对策等。

5. 起草并向对方递交反索赔报告

反索赔报告也是正规的法律文件。在调解或仲裁中,对方的索赔报告和我方的反索赔报告应一起递交调解人或仲裁人。反索赔报告的基本要求与索赔报告相似。通常反索赔报告的主要内容有:

(1)合同总体分析简述。

(2)合同实施情况简述和评价。这里重点针对对方索赔报告中的问题和干扰事件,叙述事实情况,应包括前述三种状态的分析结果,对双方合同责任完成情况和工程施工情况作评价。目标是推卸自己对对方索赔报告中提出的干扰事件的合同责任。

(3)反驳对方的索赔要求。按具体的干扰事件,逐条反驳对方的索赔要求,详细叙述自己的反索赔理由和证据,全部或部分否定对方的索赔要求。

(4)提出索赔。对经合同分析和三种状态分析得出的对方违约责任,提出己方的索赔要求。通常在本反索赔报告中提出索赔,也可另外出具己方的索赔报告。

(5)总结。对反索赔作全面总结,通常包括如下内容:

1)对合同总体分析作简要概括。

2)对合同实施情况作简要概括。

3)对对方索赔报告作总评价。

4)对己方提出的索赔作概括。

5)双方要求,即索赔和反索赔最终分析结果比较。

6)提出解决意见。

7)附各种证据。即本反索赔报告中所述的事件经过、理由、计算基础、计算过程和计算结果等证明材料。

五、反驳索赔报告

对于索赔报告的反驳,通常可从以下几个方面着手。

1. 索赔事件的真实性

对于对方提出的索赔事件,应从两方面核实其真实性:一是对方的证据,如果对方提出的证据不充分,可要求其补充证据,或否定这一索赔事件;二是己方的记录,如果索赔报告中的论述与己方关于工程记录不符,可向其提出质疑,或否定索赔报告。

2. 索赔事件责任分析

认真分析索赔事件的起因,澄清责任。以下五种情况可构成对索赔报告的反驳:

(1)索赔事件是由索赔方责任造成的,如管理不善、疏忽大意、未正确理解合同文件内容等。

(2)此事件应视作合同风险,且合同中未规定此风险由己方承担。

(3)此事件责任在第三方,不应由己方负责赔偿。

(4)双方都有责任,应按责任大小分摊损失。

(5)索赔事件发生以后,对方未采取积极有效的措施以降低损失。

3. 索赔依据分析

对于合同内索赔,可以指出对方所引用的条款不适用于此索赔事件,或者找出可为己方开脱责任的条款,以驳倒对方的索赔依据。对于合同外索赔,可以指出对方索赔依据不足,或者错解了合同文件的原意,或者按合同条件的某些内容,不应由己方负责此类事件的赔偿。此外,可以根据相关法律、法规,利用其中对自己有利的条文来反驳对方的索赔。

4. 索赔事件的影响分析

索赔事件对工期和费用是否产生影响以及影响的程度,直接决定着索赔值的计算。对于工期的影响,可分析网络计划图,通过每一工作的时差分析来确定是否存在工期索赔。通过分析施工状态,可以得出索赔事件对费用的影响。例如,业主未按时交付图纸,造成工程拖期,使承包商未能按合同规定的时间安排人员和机械,因此工期应予顺延,但不存在相应的各种闲置费。

5. 索赔证据分析

索赔证据不足、不当或片面,都可以导致索赔不成立。如索赔事件的证据不足,对索赔事件的成立可提出质疑。对索赔事件产生的影响证据不足,则不能计入相应部分的索赔值。仅出示对自己有利的片面的证据,将构成对索赔的全部或部分的否定。

6. 索赔值审核

索赔值的审核工作量大,涉及的资料和证据多,需要花费许多时间和精力。审核的重点包括以下几方面:

(1)数据的准确性。对索赔报告中的各种计算基础数据均须进行核对,如工程量增加的实际方量、人员出勤情况、机械台班使用量、各种价格指数等。

(2)计算方法的合理性。不同的计算方法得出的结果会有很大出入,应尽可能选择最科学、最精确的计算方法。对某些重大索赔事件的计算,其方法往往需双方协商确定。

(3)是否存在重复计算。索赔的重复计算可能存在于单项索赔与一揽子索赔之间,相关的索赔报告之间,以及各费用项目的计算中。索赔的重复计算包括工期和费用两方面,应认真比较核对,剔除重复索赔。

【注意】 工程师对索赔的反驳

首先要说明的是,这里所讲的反驳索赔仅仅是指反驳承包人不合理索赔或者索赔中的不合理部分,而绝对不是把承包人当做对立面,偏袒发包人,设法不给予或尽量少给予承包人补偿。反驳索赔的措施是指工程师针对一些可能发生索赔的领域,为了今后有充分证据反驳承包人的不合理要求而采取的监督管理措施。反驳索赔措施实际上是包括在工程师的日常监理工作中的。能否有力地反驳索赔,是衡量工程师工作成效的重要尺度。

对承包人的施工活动进行日常现场检查是工程师执行监理工作的基础,以监督现场施工按合同要求进行。检查人员应具有一定的实践经验、认真的工作态度和良好的合作精神。人员素质的高低很大程度上将决定工程师监理工作的成效。

检查人员应该善于发现问题,随时独立保持有关情况记录,绝对不能简单照抄承包人的记录。必要时应对某些施工情况摄取工程照片;每天下班前还必须把一天的施工情况和自己的观察结果简明扼要地写成"工程监理日志",其中特别要指出承包人在哪些方面没有达到合同或计划要求。对这种日志应该逐级加以汇总分析,最后由工程师或其他授权代表把承包人施工中存在的问题连同处理建议书面通知承包人,为今后反索赔提供依据。

合同中通常都会规定承包人应该在多长时间内或什么时间以前向工程师提交什么资料供工程师批准、同意或参考。工程师最好是事先就编制一份"承包人应提交的资料清单",其内容包括资料名称、合同依据、时间要求、格式要求及工程师处理时间要求等,以便随时核对。如果到时承包人没有提交或提交资料的格式等不符合要求,则应该及时记录在案,并通知承包人。承包人的这种问题,可能是今后用来说明某项索赔或索赔中的某部分应由承包人自己负责的重要依据。

工程师要了解承包人施工材料和设备到货情况,包括材料质量、数量和存储方式以及设备种类、型号和数量。如果承包人的到货情况不符合合同要求或双方同意的计划要求,工程师应该及时记录在案,并通知承包人。这些也可能是今后反索赔的重要依据。

与承包人一样,对工程师来说,做好资料档案管理工作也非常重要。如果自己的资料档案不全,索赔处理终究会处于被动,只能是人云亦云。即便是明知某些要求不合理,也无法予以反驳。工程师必须保存好与工程有关的全部文件资料,特别是应该由自己独立采集的工程监理资料。

参考文献

[1] 中华人民共和国住房和城乡建设部 . GB 50300—2008 建设工程工程量清单计价规范[S]. 北京：中国计划出版社，2008.

[2]《建设工程工程量清单计价规范》编制组 .《建设工程工程量清单计价规范 GB 50500—2008》宣贯辅导教材[M]. 北京：中国计划出版社，2008.

[3] 中华人民共和国建设部标准定额司 . GJD—101—95 全国统一建筑工程定额（土建）[S]. 北京：中国计划出版社，1995.

[4] 何辉，吴瑛 . 工程建设定额原理与实务[M]. 北京：中国建筑工业出版社，2008.

[5] 袁建新 . 建筑工程定额与预算[M]. 北京：高等教育出版社，2002.

[6] 王朝霞 . 建筑工程定额与计价[M]. 北京：中国电力出版社，2004.

[7] 杨波 . 建筑预算员一本通[M]. 安徽：安徽科学技术出版社，2011.

[8] 柯洪 . 工程造价计价与控制[M]. 北京：中国计划出版社，2009.